"十四五"普通高等教育本科部委级规划教材

U0149856

材料成型模具设计

贺辛亥　主编

刘　菲　马建华　刘　佳　副主编

中国纺织出版社有限公司

内 容 提 要

本书介绍了常见材料成型模具的结构和工艺原理，总结了各种材料成型模具的设计要点，同时详细阐释了塑料注射模和冲裁模具的设计方法。全书共十四章，包括模具基础知识、塑料成型基础、塑料注射工艺及注射模设计、模具新材料与新技术等内容，每章配有丰富的数字资源。书中设置了思考题，便于读者巩固章节知识点。

本书可作为高等院校材料成型与控制工程、高分子材料与工程、机械工程和工业设计及相关专业的教材，也可供从事材料成型和模具设计的科研人员和工程技术人员参考。

图书在版编目（CIP）数据

材料成型模具设计 / 贺辛亥主编；刘菲，马建华，刘佳副主编. --北京：中国纺织出版社有限公司，2022.10

"十四五"普通高等教育本科部委级规划教材

ISBN 978-7-5180-9290-1

Ⅰ. ①材… Ⅱ. ①贺… ②刘… ③马… ④刘… Ⅲ. ①塑料模具—设计—高等学校—教材 Ⅳ. ①TQ320.5

中国版本图书馆 CIP 数据核字（2022）第 011430 号

责任编辑：孔会云 陈怡晓 责任校对：王花妮
责任印制：王艳丽

中国纺织出版社有限公司出版发行
地址：北京市朝阳区百子湾东里 A407 号楼 邮政编码：100124
销售电话：010—67004422 传真：010—87155801
http://www.c-textilep.com
中国纺织出版社天猫旗舰店
官方微博 http://weibo.com/2119887771
三河宏盛印务有限公司印刷 各地新华书店经销
2022 年 10 月第 1 版第 1 次印刷
开本：787×1092 1/16 印张：26
字数：600 千字 定价：58.00 元

前　言

模具设计及制造是机械生产制造过程的重要部分。在现代工业生产中，先进的成型工艺、高效的成型设备、精密的成型模具是必不可少的三个重要因素。模具直接影响产品的生产效率和新产品开发的速度。采用模具生产零部件，具有生产效率高、质量好、成本低、节省能源和原材料等一系列优点，而模具成型已经成为当代工业生产中的重要手段之一，是最具潜力的成型工艺。模具工业的水平是衡量一个国家制造业水平高低的重要标志，决定着制造业的国际竞争力。现代工业生产的发展和技术水平的提高，很大程度上取决于模具工业发展的水平，同时，模具设计和制造技术的水平也会直接影响工业产品的发展。

本书概括介绍了常见模具的结构和工艺原理，总结了各种模具的设计要点，并详细介绍了塑料注射模和冲裁模具的设计方法。全书共十四章，包括绪论、塑料成型基础、塑料注射工艺及注射模设计、塑料压缩工艺及压缩模设计、塑料压注工艺及压注模设计、塑料挤出工艺及挤塑模设计、其他塑料成型工艺及模具、冲压成型基础、冲裁工艺及冲裁模设计、弯曲工艺及弯曲模设计、拉深工艺及拉深模设计、其他冲压工艺与模具设计、压铸工艺及模具设计、模具新材料与新技术等内容。本书配套课件包含丰富的图片、动画和教学视频等资源，每章后都设置一定数量的思考题，便于学生巩固章节知识点。

本书由贺辛亥担任主编，编写分工如下：第一章、第六章由马建华编写，第二章、第五章由周应学编写，第三章、第四章和第七章由王彦龙、徐洁、刘佳编写，第八章、第十二章由贺辛亥、侯艳编写，第九章、第十章由刘菲、亢永霞编写，第十一章、第十三章由王俊勃、梁军浩编写，第十四章由宋衍滟、张婷编写。

感谢西安工程大学"十四五"规划教材建设项目经费的资助。本书在编写过程中得到了西安工程大学付翀、苏晓磊、金守峰、屈银虎等老师的热情帮助，书中参考并引用了同类教材的部分内容，已列在书后，在此一并表示衷心的感谢。

在本书编写过程中尽管各位编者尽力做到认真严谨，但由于水平所限，难免存在不足之处，敬请读者批评指正。

编者

2022 年 5 月

目　录

第一章　绪论

模具是在工业生产中，通过压力把金属或非金属材料制成所需形状的零件或制品的专用模型工具，这种专用工具一般安装在各种压力机或成型机上。在各种材料加工过程中，各种模具广泛使用，如由金属制成的压铸模、锻压模、铸造模；由非金属制成的玻璃模、陶瓷模、塑料模等。

采用模具生产零部件，具有生产效率高、质量好、成本低、节省能源和原材料等一系列优点，模具成型已经成为当代工业生产中的一种重要手段，是多种成型工艺中最具潜力的方向之一。模具工业的水平是衡量一个国家制造业水平高低的重要标志，决定着国家制造业的国际竞争力。国民经济的五大经济支柱产业——机械、电子、汽车、石化、建筑都要求先进的模具工业与之配套。例如，任意型号的汽车都有上千副各种不同的配套模具，价值上亿元。机械、电子等行业对模具的依赖性也如此，整个行业中约有 60% 的零部件需用模具加工，模具生产费用占产品成本的 30% 左右。对于螺钉、螺母、垫圈等标准紧固件，没有模具就无法大批量生产。同样，工程塑料、橡胶、建材的生产和粉末冶金、金属铸造、玻璃成型等工艺也需要模具来完成大批量生产。同时，模具也是发展和实现少切削和无切削技术不可缺少的工具。

在现代工业生产中，先进的成型工艺、高效的成型设备、精密的成型模具是必不可少的三个重要因素。模具生产直接影响生产效率和新产品开发的速度。如果模具供应不及时，很可能造成停产；模具精度不高，产品质量就得不到保证；模具结构及生产工艺落后，产品产量就难以提高。现代工业生产的发展和技术水平的提高，很大程度上取决于模具工业发展的水平。同时，模具设计和制造技术的水平也会直接影响工业产品的水平，基于此，进一步促进了模具研究、设计和制造技术的迅猛发展。

第一节　材料成型模具的结构及类型

一、模具的类型

在工业生产中，模具的种类很多，按材料在模具中成型的特点，主要分为冷冲模和型腔模两大类，其详细的分类如图 1-1 所示。

冷冲模主要包括冲裁模、弯曲模、拉深模成型模和冷挤压模等。

型腔模主要包括锻模，塑料模，液态金属成型用的金属型，压铸型，粉末冶金压型模等。

二、模具的组成

每一套模具必须形成一个完整的独立体，其结构由各种不同零部件组合而成。根据每个零部件的作用、要求，冷冲模和型腔模均主要由工艺性零件和结构性零件两大类组成。

1. 冷冲模的组成

（1）工艺性零件。直接参与冲压工序，与材料或冲压件发生直接接触的零件，如成型零件（凸模、凹模、凸凹模）、定位零件、压卸料零件等。

（2）结构性零件。在模具中起安装、组合、导向作用的零件，如支撑零件（上下模座、凸凹模固定板）、导向零件（导向杆、导向套）及紧固零件等。

2. 型腔模的组成

（1）工艺性零件。主要完成充型和加压工序，包括浇注系统、成型零件（包括凹模和型腔、凸模和型芯等）、脱模系统（包括推出和抽芯机构等）等。

（2）结构性零件。主要有模架、导向系统（导向杆、导向套）及紧固零件、加热和冷却系统、固定和安装部分等。

三、模具成型的特点

1. 冷冲模的成型特点

在常温下，把金属或非金属板料放入模具内，通过压力机和安装在压力机上的模具对板料施加压力，使板料发生分离或变形，制成所需的零件。

2. 型腔模的成型特点

把经过加热或熔化的金属或非金属，通过压力送入模具型腔内，待冷却后，按型腔表面形状形成所需的零件。

四、模具成型的优点

利用模具加工成型制品与零件，主要有以下优点：

（1）生产效率高，适合大批量生产。

（2）节省原材料，材料利用率高。

（3）操作工艺简单，不需要操作者有较高的水平和技艺。

（4）能制造出用其他加工方法难以加工的、形状复杂的制品。

（5）制品精度高，尺寸稳定，有良好的互换性。

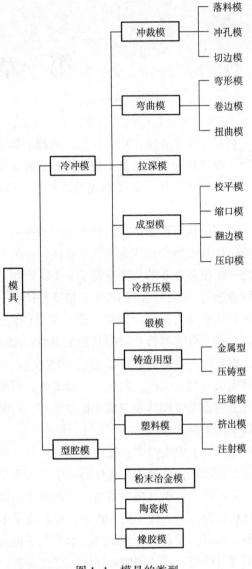

图1-1　模具的类型

（6）制品一般不需要再进一步加工，可一次成型。

（7）容易实现生产的自动化或半自动化。

（8）加工成本比较低。

但由于模具本身多为单件生产，型面复杂，精度要求高，加工难度大，生产周期长。因而模具制作费用较高，不宜用于单件及小批量制品的生产，只适合于生产批量较大的制品。

第二节 模具生产制造的特点

一、模具生产方式的选择

零件批量较小的模具，一般采用单件生产及配制的方式制造。零件批量较大的模具制造，可以采用成套性生产，即根据模具标准化、系列化设计，使模具坯料成套供应。模具各部件的备料、锻、铣、刨、磨等工序均由专人负责，各部件的精加工、热处理、电加工等则由模具钳工管理，最后由钳工整修成型并按装配图装配、调试，直到生产出合格的制品。这样生产出来的模具部件通用性及互换性较好，模具生产周期短，质量稳定。如果同一种零件制品需要多个模具来完成，在加工和调整模具时，应保持前后的连续性。

二、模具生产的工艺特征

一套模具通常可以生产出数十万件制品，但模具只能是单件生产，其生产工艺特征为：

（1）模具零件的毛坯制造一般采用制作木模、手工造型、砂型铸造或自由锻造加工而成，毛坯精度低，加工余量较大。

（2）模具零件除采用车床、万能铣床、内外圆磨床和平面磨床加工外，还需要高效、精密的专用加工设备，如仿形刨床、电火花穿孔机床、线切割加工机床、成型磨削机床、电解加工机床等。

（3）模具零件的加工多采用通用夹具，由划线和试切法来保证尺寸精度，为降低成本，很少采用专用夹具。

（4）一般模具采用配合加工方法，对于精密模具应考虑工作部分的互换性。

（5）模具生产专业厂一般实现了零部件和工艺技术及其管理的标准化、通用化、系列化，可将单件生产转化为批量生产的方式。

三、制造模具的特点

（1）模具在制造过程中，同一道工序，往往内容较多，所以生产效率低。

（2）模具制造对工人的技术等级要求较高。

（3）模具在加工中，某些工作部分的尺寸及位置必须经过试验才能确定。

（4）装配后的模具，均需试模和调整。

（5）模具生产周期一般较长，成本较高。

四、模具的生产过程

模具的生产过程主要包括模具设计、模具制造工艺规程的制定、生产准备、模具毛坯制造、模具零件的加工和热处理、模具的装配、模具调试及模具的检验与包装等。

1. 模具设计

模具设计是模具生产过程中最关键的工作。模具设计图一般包括模具结构总图、模具零部件图，并标有技术要求，如零件材料、热处理要求等。模具设计图确定后，就成为生产的规范性文件，无论是模具原材料的准备、生产工艺的制定还是模具的装配与验收，都按模具设计图的要求进行。

2. 制定工艺规程

工艺规程是指按模具设计图，由工艺人员制定出整个模具或零部件制造工艺过程和操作方法，一般用表格形式制定出文件下发到各生产部门。由于模具生产一般是单件生产，因此模具加工工艺规程常采用工艺过程卡片的形式。工艺过程卡片是以工序为单位，简要说明模具或零部件加工、装配过程的一种工艺文件，是进行技术准备、组织生产的依据。

3. 模具零部件生产

按零部件生产工艺规程或工艺卡片组织零部件的生产，利用机械加工、电加工和其他工艺方法，制造出符合设计图纸要求的零部件。

4. 模具装配

模具装配是按规定的技术要求，将加工合格的零部件进行组合与连接，装配成符合模具设计结构总图要求的模具。

5. 试模与调整

将装配好的模具在规定的压机（或成型机）上进行试模，边试边调整，直到生产出合格的制品为止。

6. 模具的基本要求

模具制造及调试后，应满足以下基本要求：

（1）能正确而顺利地安装在成型加工机械设备上，包括模具的闭合高度、安装槽（孔）尺寸、顶杆和模板尺寸等。

（2）使用模具能生产出合格的产品，产品的形状和尺寸精度等均应符合图纸上的技术要求。

（3）模具的技术状态应保持良好。各零部件间的配合关系应始终处于良好的运行状态，模具的使用、安装、操作、维修应方便。

（4）模具应具有一定的使用寿命。

（5）模具的成本应低廉。

第三节　模具技术的发展趋势

近年来，成型模具的产量迅猛增长，水平不断提升，高效率、自动化、大型、精密、长寿命模具在模具总产量中所占比例越来越大，从模具设计和制造两方面来看，模具发展趋势可以归纳为以下五点。

一、发展精密、高效、长寿命模具

对于精密或超精密制件，不同时期有不同的要求。例如，尺寸公差，国外在 20 世纪 60 年代把 0.01mm 公差的制件称为精密件，70 年代公差为 0.001mm，80 年代公差为 0.0001mm，如今一些精密件制造公差要求更高。如光纤连接器直径公差要求小于 $\pm 1\mu m$，轴斜度小于 $2\mu m$。一些大型棱镜的形状误差小于 $\pm 1\mu m$，表面粗糙度为 $0.01\mu m$。激光盘记录面的粗糙度要达到镜面加工水平的 $0.01 \sim 0.02\mu m$，这要求模具的表面粗糙度要达到 $0.01\mu m$ 以下。

高精度模具在结构上多数采用拼嵌或全拼结构，这要求模具零件的加工精度和互换性均大为提高。精密冲模最有代表性的是各种拼嵌结构的多工位级进模，尤其是电子集成块引线框架级进模，其工件料薄，凸凹模的间隙非常小，对于这类模具应该采用高刚度精密导向、定位、卸料以及防震等结构，并选择高耐磨、耐黏附的模具材料和高精度送料机构。

高效模具主要是成型机床一次成型生产的制品数量较多的模具，为此，大量采用多工位级进模。例如，生产电子产品中的接插件、端子零件的级进模高达 20 ～ 30 个工位甚至 50 个工位；微调电位器簧片模具为多达 10 排的多工位级进模。此外，还发展了具有多种功能的模具，不仅能完成各种冲压，而且可以实现叠装、计数、铆接等功能，从模具生产出来的是成批组件。

长寿命模具对于高效生产很有必要。例如，中速冲床的行程次数是 300 ～ 400 次/min，每班要生产 14 万～20 万件冲压件，只有用高耐磨硬质合金制造冲模才适用。影响模具寿命的因素有模具结构、模具材料性能、热处理和表面处理技术、加工设备和加工技术等。提高模具寿命要采取综合措施。

二、发展模具的高效、精密、数控自动化加工技术

现代模具加工技术的主要特点是：从过去的劳动密集（主要依靠钳工技巧），发展为更多依靠各种高效自动化机床加工，70% ～ 90% 的零件是靠加工保证精度，直接装配的。从过去的车、铣、刨、磨、机床加工，发展至采用各种数控机床和加工中心进行模具零件的加工。从传统的机加工方法，发展至采用机电结合的数控电火花成型、数控电火花线切割以及各种特殊加工技术相结合。例如，电铸成型、精密铸造成型、粉末冶金成型、激光加工、快速模具制造技术等。电加工技术的进步给模具型腔加工带来了巨大的便利，特别是高硬度、高强度材料制造的金属型腔可在淬火后直接加工。用计算机程序控制电火花加工是一项正在发展的高效率、高精度型腔加工新技术，预计它将取代很大一部分型腔的机械切削加工工作量。

三、发展简易模具技术

工业生产中有 70% 是多品种、小批量生产，开发适应这种生产方式的模具技术越来越引起人们的重视。这种生产方式要求模具在满足工件质量的前提下，降低成本，缩短制造周期，能快速更换。

简易模具通常采用低熔点合金、铝合金、锌基合金、铍铜合金甚至塑料等材料制做模具。国外研究了一种增强塑料制造注塑模的型腔及型芯，其主要成分为在塑料中加入碳纤维和专用填料，其导热性接近铝，而耐磨性比铝好，成本仅为铝的一半，制模周期为 3~4 周。这种模具除不适用于添加玻璃纤维的塑料成型外，能生产数万件注塑零件，已应用于医药、计算机等行业所需的零件。此外，还开发了用铁粉、不锈钢纤维和硅酯乙醇混合剂，经震动浇注并烧结压制成型的模具，适用于小批量塑料件生产。

四、实行专业化模具生产

专业化生产方式是现代工业生产的重要特征之一。国外工业先进国家模具专业化程度已达 75% 以上。美国和日本的模具生产企业 80% 规模是 10 人以下，90% 是 20 人以下的"小而专"的企业，一个模具企业只生产一种模具。这种小企业易于管理，容易提高生产质量和效率。

标准化是实现模具专业化生产的基本前提，也是系统提高整个模具行业生产技术水平和经济效益的重要手段，国际上工业发达国家都非常重视模具标准化，20 世纪 50 年代初就着手制定模具标准。现在国外模具标准化生产程度达 80%，标准件品种多，规格全，全部实现商品化，供货及时。

五、相关技术的共同提高

要提高模具制造精度和效率，并相应地降低成本，首先应关注的是模具加工技术本身，与加工技术关系最密切的是模具设计。如果不采用模具计算机辅助设计，提高设计速度和质量，就不能有效缩短模具加工周期。另外，设计模具时必须考虑采用能充分发挥加工设备功能的模具结构形式。例如，要充分发挥磨削加工的作用，则必须设计出合理的镶拼结构。

模具计算机辅助设计（CAD）软件的主要功能是几何造型技术，它将制品图形立体精确地显示在屏幕上，完成制件设计和绘图工作，对制品或模具进行力学分析。而过程软件（CAE）中流动软件可以模拟熔体在模腔内的流动以及凝固过程，预测可能出现的问题和制品缺陷，如翘曲、变形等，并对内应力大小进行模拟，使设计结果优化。应该指出的是，目前 CAE 技术还不能代替人做创造性的设计工作，它只能在众多方案中优选出最佳方案，但是该方案还需要设计人员提出。计算机能大量存储和方便地查找各种设计数据（数据库）和标准件的图形（图形库），并能够绘出模具的零件和装配图，使设计质量提高，设计速度成倍加快。近年来，随着信息网络技术、Internet 和 Web 技术的飞速发展，打破了技术交流的时空限制，基于网络实现资源共享和信息交流的模具协同设计工作模式已经成为模具行业新的发展方向。

采用模具标准件加快模具制造速度是行之有效的方法。在引入 CAD/CAM 等计算机辅助设计系统时，对模具标准化又提出了新的要求。除零件标准化之外，还有组合标准化、设计参数标准化和加工标准化等。

思 考 题

1. 采用模具生产制品与用其他方法（例如，机械切削加工）成型制品相比有哪些优点？

2. 模具的生产制造一般包括哪些过程？

3. 近年来，在成型模具制造领域在哪些方面有重要的技术发展和突破？

4. 为什么要提高模具制造的专业化程度？简述模具标准化的意义。

第二章　塑料成型基础

第一节　塑料的组成和特性

塑料是以高分子聚合物为主要成分，在加工为制品的某阶段可流动成型的材料。高分子聚合物是指由成千上万个结构相同的小分子单体通过加聚或缩聚反应形成的长链大分子。它既存在于大自然中（称为天然树脂），又能够用化学方法人工制备（称为合成树脂）。合成树脂是塑料的主体，在合成树脂中加入某些添加剂，如稳定剂、填料、增塑剂、润滑剂、着色剂等，可以得到各种性能的塑料。由于添加剂所占比例较小，塑料的性能主要取决于合成树脂的性能。

塑料具有特殊的力学性能和化学稳定性能，以及优良的成型加工性能。塑料的这些独特性能归因于高分子聚合物巨大的相对分子质量。一般的低分子物质的相对分子质量仅为几十至几百，如一个水分子仅含一个氧原子和两个氢原子，水的相对分子质量为 18，而一个高分子聚合物的分子含有成千上万个原子，相对分子质量可达到几万乃至几十万、几百万。原子之间具有很强的作用力，分子之间的长链会蜷曲缠绕。这些缠绕在一起的分子既可互相吸引又可互相排斥，使塑料产生弹性。高分子聚合物在受热时不像一般低分子物质那样有明显的熔点，因从长链的一端加热到另一端需要时间，即需要经历一段软化的过程，因此塑料具有可塑性。高分子聚合物与低分子物质的重要区别还在于高分子聚合物没有精确、固定的相对分子质量。同一种高分子聚合物的相对分子质量的大小并不同，因此只能采用平均相对分子质量来描述。例如，低密度聚乙烯的平均相对分子质量为 2.5 万～15 万，高密度聚乙烯的平均相对分子质量为 7 万～30 万。

高分子聚合物常用来制造合成树脂、合成橡胶和合成纤维。这三大合成材料成了 20 世纪乃至 21 世纪材料工业的一个重要支柱。其中，合成树脂的产量最大，应用最广。

一、塑料的组成

塑料是以合成树脂为主要成分，并根据不同需要而添加不同添加剂所组成的混合物。

1. 合成树脂

合成树脂是塑料的主要成分，它决定了塑料的基本性能。在塑料制件中，合成树脂应成为连续相，作用是将各种添加剂黏结成一个整体，使塑料具有一定的物理力学性能。在成型加工中，由合成树脂与所加的添加剂配制成的塑料还应有良好的成型工艺性能。合成树脂是人们模仿天然树脂的成分，并克服了产量低、性能不理想的缺点，用化学方法人工制取的各种树脂。最初制造合成树脂的原料为农副产品，后来改用煤，20 世纪 60 年代以后则主要采用石油和天然气。

2. 稳定剂

塑料在受热、紫外线照射、氧的作用下会逐渐老化。因此，在大多数塑料中都要添加稳定剂，以减缓或阻止塑料在加工和使用过程中的分解变质。根据稳定剂作用的不同，又分为热稳定剂、抗氧化剂和紫外线吸收剂等。各种塑料由于内部结构不同，老化机理差异，所用的稳定剂也不同。例如，有机锡化合物常用作聚氯乙烯的热稳定剂，酚类及胺类有机物常用作抗氧化剂，羟基类衍生物、苯甲酸酯类及炭黑等常用作紫外线吸收剂。稳定剂的用量一般为塑料的 0.3%～0.5%。

3. 填料

填料包括填充剂和增强剂。为降低塑料成本，有时会在合成树脂中掺入一些廉价的填充剂；有时会为改进塑料的性能，如硬度、刚度、冲击韧度、电绝缘性、耐热性、成型收缩率等，添加相应的填充剂。最常用的填充剂是碳酸钙、硫酸钙和硅酸盐等，有时也采用木粉、石棉等。增强剂是一类自身强度很高的纤维组织材料，加入塑料中能显著增大其拉伸强度和弯曲强度。典型品种有玻璃纤维、棉、麻等，性能特殊的还有碳纤维、陶瓷纤维、硼纤维及其单晶纤维。以玻璃纤维和玻璃布作增强剂的塑料俗称玻璃钢。填料的用量通常为塑料组成的 40%以下。

4. 增塑剂

增塑剂用于提高塑料成型加工时的可塑性和增进制件的柔软性。常用的增塑剂是一些高沸点的液态有机化合物或低熔点的固态有机化合物。理想的增塑剂，必须在一定范围内能与合成树脂很好地相容，并具有良好的耐热、耐光、不燃性及无毒等性能。增塑剂的加入会降低塑料的稳定性、介电性能和力学强度。塑料的老化现象就是由增塑剂中的某些挥发性物质逐渐从塑料制品中逸出而产生的。因此，在塑料中应尽量减少增塑剂的含量。大多数塑料一般不添加增塑剂，只有软质聚氯乙烯塑料中含有大量的增塑剂，其增塑剂的含量可高达 50%。

5. 润滑剂

润滑剂对塑料的表面起润滑作用，防止熔融的塑料在成型过程中黏附在成型设备或模具上。添加润滑剂还可改进塑料熔体的流动性能，同时也可以提高制品表面的光亮度。常用的润滑剂有硬脂酸及其盐类等。润滑剂的用量通常小于 1%。

6. 着色剂

合成树脂的本色一般为白色半透明或无色透明。在工业生产中常利用着色剂来增加塑料制品的色彩。一般要求着色剂的着色力强、色泽鲜艳、耐热、耐光。常用的着色剂为有机颜料和矿物颜料两类。有机颜料，如有机柠檬黄、颜料蓝、炭黑等；矿物颜料，如铬黄、氧化铬、铝粉末等。

7. 固化剂

在热固性塑料成型时，有时要加入一种可以使合成树脂完成交联反应而固化的物质。例如，在酚醛树脂中加入六亚甲基四胺，在环氧树脂中加入乙二胺或顺丁烯二酸酐等。这类添加剂称为固化剂或交联剂。

8. 其他添加剂

根据不同的用途，在塑料中还可增添一些其他添加剂。例如，阻燃剂可降低塑料的燃烧性，发泡剂可制成泡沫塑料等。

塑料还可以像金属那样制成"合金"，即把不同品种、不同性能的塑料用机械的方法均匀掺合在一起（共混改性），或者将不同单体的塑料经过化学处理得到新性能的塑料（聚合改性）。例如，ABS 塑料就是由丙烯腈、丁二烯、苯乙烯三种单体共聚制成的三元共聚物。

二、聚合物的特性

物质的性质都是由其结构决定的，高分子材料也不例外。为了改进高分子材料的某种性能，首先应改变其结构。高分子材料结构与性能间的关系是确定其加工成型工艺的依据。更好地了解高聚物的结构与物理性能的关系，就可以正确地选择和使用成型材料，改进成型材料性能，合成新的成型材料，从而进行塑料成型工艺的研究。

如图 2-1 所示，高聚物的分子链结构通常有伸直链、无规则线团、折叠链、螺旋链等。

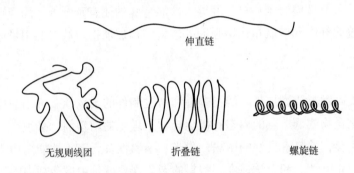

图 2-1　高聚物的分子链结构

高聚物的结构非常复杂，在早期由于受生产和科学技术水平的限制和认识上的错误理解，曾把高分子看成是小分子的简单堆积。随着高分子工业的发展及近代科学技术的进步，人们对高分子结构的探究也在不断深化。与低分子物质相比高分子有如下特点：

（1）高分子是由很大数目（$10^3 \sim 10^5$ 数量级）的结构单元组成的。每一结构单元相当于一个小分子，这些结构单元可以是一种（均聚物），一也可以是几种（共聚物），它们以共价键相连接，形成线型分子、支化分子、网状分子等。

（2）一般高分子的主链都有一定的内旋转自由度，可以使主链弯曲而具有柔性，并且由于分子热运动，柔性链的形状可以不断改变。如果化学键不能作内旋转，或结构单元有强烈的相互作用，则形成刚性链。

（3）高分子结构的不均一性是一个显著特点。即使是相同条件下的反应产物，各个分子的分子量、单体单元的键接顺序、空间构型的规整性、支化度、交联度以及共聚物的组成及序列结构等都存在着或多或少的差异。

（4）由于一个高分子链包含很多结构单元，因此结构单元间的相互作用对其聚集态结构和物理性能有着十分重要的影响。

（5）高分子的聚集态有晶态和非晶态之分，高聚物的晶态比小分子晶态的有序程度差很多，存在很多缺陷。但高聚物的非晶态却比小分子非晶态的有序程度高，这是因为高分子的长链是由结构单元通过化学键联结而成的，故沿着主链方向的有序程度必然高于垂直于主链方向的有序程度，尤其是经过受力变形后的高分子材料更是如此。

（一）高分子与低分子

无论是有机物单体还是无机物，其分子中的原子数都不是很多，一般为几个到几百个不等。例如，氧分子 O_2 由 2 个原子组成，相对分子质量为 32；酒精分子 C_2H_5OH 由 9 个原子组成，相对分子质量为 46；而一种比较复杂的有机物三硬脂酸甘油酯，其分子 $C_{57}H_{110}O_6$ 中也不过只有 173 个原子，其相对分子质量为 890。无论多么复杂的单体化合物，其所含原子数最多也不过几百个，都属于低分子化合物。一个聚合物分子中含有成千上万甚至几十万个原子。例如，尼龙大分子中，约有 4×10^3 个原子，相对分子质量为 2.3×10^4 左右。天然橡胶分子中含有 $5\times10^4 \sim 6\times10^4$ 个原子，相对分子质量约为 4×10^5。由于聚合物的高分子含有很多原子，分子是很长的巨型分子，因此使得聚合物的热力学性能、流变学性质、成型过程中的流动行为和物理及化学变化等方面有其自身的特点。

（二）高聚物的结构特点

高聚物的结构非常复杂，对高聚物结构中的有些问题还尚在研究中。但一般而言，高聚物结构分为高分子链结构和高分子凝聚态结构两个大方面。其中，高分子链结构又可分为高分子近程结构和远程结构。近程结构包括结构单元的化学组成、结构单元的链接方式、结构单元的空间立体结构、支化和交联以及结构单元链接序列等。远程结构包括高分子链尺寸（相对分子质量、均方半径和均方末端距）、高分子链的形态（高分子链的构象、柔性与刚性）。高分子凝聚态结构包含高聚物的晶态结构和非晶态结构、液晶结构、取向结构以及多相结构等，如图 2-2 所示。

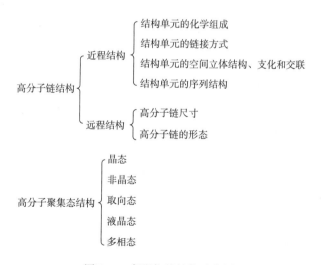

图 2-2　高聚物的结构示意图

1. 高分子链结构特点

高分子的链结构可分为高分子链的近程结构和远程结构。高分子链的近程结构是指链结构单元的化学组成，链接方式。空间立体结构、支化和交联和序列结构等。近程结构与高聚物的凝聚态结构和性能是密切相关的。高分子链结构单元的化学组成是指聚合成高分子链的结构单元的化学结构。如聚乙烯分子式为$\pm CH_2—CH_2\pm_n$，其中—CH_2—CH_2—即为聚乙烯的结构单元，n为结构单元（单元体）的个数，称为聚合度。由聚乙烯分子式可见，其主要由碳原子和氢原子组成。聚合物的分子链可呈不同形状，如线状、支链状或网状，线状分子链组成的高分子称线型聚合物，网状分子链组成的高分子称体型聚合物。

高聚物链结构的主要特点对聚合物成型加工有重要影响。

（1）高分子呈现链式结构。从 H Staudinger 提出大分子学说以来，已知的各种天然高分子、合成高分子和生物高分子都具有链式结构，即高分子是由多价原子彼此以主价键结合而成的长链状分子。

（2）高分子链具有柔性。柔性是指一种分子链卷曲的一种现象。由单键键合而成的高分子主链一般具有一定的内旋转自由度，结构单元间的相对转动使得分子链成卷曲状，这种现象称为高分子链的柔性；由内旋转而形成的原子空间排布称为构象。分子链内结构的变化可能使旋转变得困难或不能旋转，这样的分子链被认为变成了刚性链。

（3）高聚物的多分散性。高分子材料聚合物反应的产物一般是由长短不一的高分子链所组成，聚合物分子的相对分子质量不均一，即高聚物的多分散性。如果合成时所用单体在两种以上，则共聚反应的结果不仅存在分子链长短的分布，而且每个链上的化学组成也有可能呈不同的分布，因此合成高分子材料的聚合反应是一个随机过程。

聚合物分子的链结构不同，其性质也不同。线型聚合物［图 2-3(a)］包括带有支链的线型聚合物［图 2-3(b)］，其物理特性是具有弹性和塑性，在适当的溶剂中可溶胀或溶解。随着温度的不断升高，聚合物微观表现为分子链逐渐由链段运动乃至整个分子链的运动，宏观表现为聚合物逐渐开始软化乃至熔化而流动，这些特性随温度的降低而呈现逆向性。体型聚合物大分子链之间形成立体网状结构［图 2-3(c)］，具有脆性，弹性较高，塑性较低，成型前是可溶可熔的，一旦成型固化后就成为既不溶解也不熔融的固体。

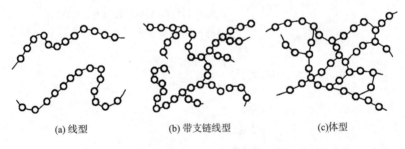

(a) 线型　　　　　　(b) 带支链线型　　　　　　(c)体型

图 2-3　聚合物分子的链结构图

2. 高聚物的聚集态结构特点

聚集态为物质的物理状态，是根据物质的分子运动在宏观力学性能上的表现来区分的，通常包括固体、液体和气体。相态为物质的热力学状态，是根据物质的结构特征和热力学性质来区别的，包括晶态（相）、液态（相）和气态（相）。一般情况下，固体是晶态（相），但也有例外，例如，玻璃不能流动，具有一定形状，属于固体，但从结构上讲，玻璃是一种过冷液体，属于液态（相）。除了上述物质三态外，液晶态具有流动性，从物理状态而言为液体，但其结构上保存着一维或二维有序排列，属于兼有部分晶体和液体性质的过渡或中介状态。高聚物的聚集态是指高分子链之间的几何排列和堆砌状态，包括固体和液体。固体又有晶态和非晶态之分，非晶态聚合物属液相结构（即非晶固体），晶态聚合物属晶相结构。聚合物熔体或浓溶液是液相结构的非晶液体。液晶聚合物是一种处于中介状态的物质。聚合物不存在气态，这是因为高分子的相对分子质量很大，分子链很长，分子间作用力强，超过了组成它的化学键的键能。

高聚物聚集态结构有以下主要特点：

（1）聚集态结构的复杂性。因高分子链依靠分子内和分子间的范德华力相互作用堆积在一起，可导致晶态结构和非晶态结构。高聚物的晶态结构比小分子物质的晶态结构有序程度差得多，但高聚物的非晶态结构却比小分子物质液态结构的有序程度高。高分子链具有特征的堆砌方式，分子链的空间形状可以是卷曲的、折叠的和伸直的，还可能形成某种螺旋结构。如果高分子链是由两种以上的不同化学结构的单体结构所组成，则化学结构不同的高分子链段由于相容性的不同，可能形成多种微相结构。复杂的凝聚态结构是决定高分子材料使用性能的直接因素。

（2）具有交联网络结构。某些种类的高分子链能够以化学键相互连接形成高分子网状结构，这种结构是橡胶弹性体和热固性塑料所特有的。这种高聚物既不能被溶剂溶解，也不能通过加热使其熔融。交联度对此类材料的力学性能有着重要影响。高聚物长链大分子堆砌在一起可能导致链的缠结，缠结点可看成可移动的交联点。

高分子链的结构决定聚合物的基本性能特点，而聚集态与材料的性能有直接的关系。其中结晶对聚合物的性能影响重大，因为结晶体造成了高分子的紧密聚集态，增强了分子间的作用力，所以会使聚合物的强度、硬度、刚度及熔点、耐热性和耐化学性等有所提高，而与链运动有关的性能（如弹性、伸长率和冲击强度等）则降低。因而，研究聚合物的聚集态结构特征、形成条件及其与材料性能之间的关系，对于控制成型加工条件，获得预定结构和性能的材料，以及材料的物理改性都具有十分重要的意义。

（三）聚合物的热力学性能

1. 非晶态高聚物的热力学性能

固体聚合物可分为晶态聚合物和非晶态聚合物。取一块线型非晶态（无定形）聚合物，对它施加恒定外力，试样的形变和温度的关系如图2-4所示。这种描述高聚物在恒定外力作用下形变随温度改变而变化的关系曲线称为热力学曲线。由图中可以看出，当温度较低时，试样呈刚性固体状态，在外力作用下只发生较小变化。当温度升到某一定范围后，试样的形变明显增加，并在随后的温度区间达到相对稳定的形变。在这一区域中，试样变成柔软的弹性体，温度继续升高时形变基本保持不变；温度再进一步升高，则形变量又逐渐加大，试样最后完全变成黏性的流体。根据这种变化特征，可以把非晶态高聚物按温度区域不同划分为三种力学状态——玻璃态、高弹态和黏流态。玻璃态和高弹态之间的转变称为玻璃化转

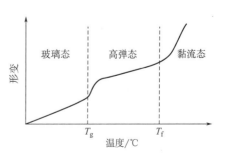

图 2-4　非晶态高聚物形变—温度曲线

变，对应的转变温度即玻璃化温度，通常用 T_g 表示。高弹态与黏流态之间的转变温度称黏流温度，用 T_f 表示。

非晶态高聚物随温度变化出现的三种力学状态，是高聚物分子内部处于不同运动状态的宏观表现。一般非晶态高聚物在25℃左右时，基本处于玻璃态。在玻璃态下，由于温度较低，分子运动的能量很低，不足以克服主链内旋转的位垒，因此不足以激发链段的运动，链段处于"被冻结"的状态，只有那些较小的单元，如侧基、支链和小链节能运动，所以高分子链不能实现从一种构象到另一种构象的转变。此时，高聚物所表现的力学性质和小分子玻璃相近，当非晶态高聚物在较低的温度下受到外力时，由于链段运动被冻结，只能使主链的键长和键角有微小的改变，弹性模量较高，聚合物处于刚性状态。此时，物体受力的变形符合虎克定律，即应力与应变成正比，并在瞬时达到平衡。聚合物处于玻璃态时硬而不脆，可做结构件使用，但使用温度有要求，不能太低，否则会发生断裂，使塑料失去使用价值。通常有一个温度极限 T_b，这个温度称脆化温度，为塑料使用的下限温度。

玻璃态有一个玻璃化温度 T_g，当 $T > T_g$ 时，随着温度的升高，分子热运动的能量逐渐增加，当达到某一温度时，虽然整个分子仍不可移动，但分子热运动的能量已足以克服分子内旋转的位垒。这时就激发了链段运动，链段可以通过主链中单键的内旋转不断改变构象，甚至可以使部分链段产生滑移。即当温度升高到某一温度时，链段的运动可以觉察，则高聚物便进入了高弹态。在高弹态下，高聚物受到外力时，分子链可以通过单键的内旋转和链段的构象改变，适应外力的作用。例如受到拉伸力时，分子链可以从卷曲状态变为伸展状态，因而宏观上表现为弹性回缩，也即除去外力，变形量可以恢复，是可逆的。由于这种变化是外力作用促使高聚物主链发生内旋转的过程，它所需的外力显然比高聚物在玻璃态时变形（改变化学键的键长和键角）所需的外力要小得多，而形变量却很大，弹性模量显著降低，这是非晶态高聚物在高弹态下特有的力学性质。由于高弹态时有链段和整个分子链两种不同的运动单元，因而这种聚集态具有双重性，既表现出液体的性质，又表现出固体的性质。这是因为，就链段运动而言，它是固体，就整个分子链来说，它是液体。高弹态的弹性模量远远小于普弹态，而形变量却远大于普弹态。有一些高分子材料在常温下就处于高弹态，例如橡胶。

当温度继续升高至 $T > T_f$ 时，高分子链不仅链段的松弛时间缩短，而且整个分子链也开始滑动，整个分子链相互滑动的宏观表现为高聚物在外力作用下发生黏性流动。这种流动同低分子流动类似，是不可逆变形，当外力除去后形变再不能自发恢复。但当温度继续上升，超过某一温度极限 T_d 时，聚合物就不能保证其尺寸的稳定性和使用性能，通常将 T_d 称为热分解温度。高聚物在 $T_f \sim T_d$ 之间是黏流态，塑料的成型加工就是在此范围内进行的。由此可见，塑料的使用温度范围为 $T_b \sim T_g$ 之间，而塑料的成型加工温度范围为 $T_f \sim T_d$ 之间。若想使高聚物达到黏流态，加热是主要方法。T_f 是塑料成型加工的最低温度，通过加入增塑剂可降低聚合物黏流温度。黏流温度不仅与聚合物结构有关，而且与其相对分子质量有关，一般相对分子质量越高，黏流温度也越高。塑料成型加工中，其加工温度的选择，首先要进行塑料熔融指数及黏度的测定，黏度小、熔融指数大的塑料，其加工温度相对低一些，但这种材料制成的产品强度不高。热塑性聚合物在不同状态下的物理性能和加工工艺见表2-1。

表 2-1　热塑性聚合物在不同状态下的特点和加工工艺

状态	玻璃态	高弹态	黏流态
温度	T_g 以下	$T_g \sim T_f$	$T_f \sim T_d$
分子状态	分子纠缠为无规则线团或卷曲状	分子链展开，可链段运动	高分子链运动，彼此可滑移
工艺状态	坚硬的固态	高弹性固态，似橡胶状	塑性状态或高黏滞液态
加工工艺	可作为结构材料进行锉、锯、钻、车、铣等加工	弯曲、吹塑、引伸、真空成型、冲压等，成型后内应力较大	可注射、挤出、压延、模压等，成型后内应力小

对于高度交联的体型聚合物（热固性树脂），由于其分子运动受阻，温度对其力学状态的改变一般较小，因此通常不存在黏流态甚至高弹态。

2. 晶态高聚物的热力学性能

由于晶态高聚物中通常存在非晶区，非晶部分在不同的温度条件下也要发生上述两种转变，但随着结晶度的不同，结晶高聚物的宏观表现是不一样的。在轻度结晶的高聚物中，微晶体起类似交联点的作用，试样仍然存在明显的玻璃化转变。当温度升高时，非晶部分从玻璃态转变为高弹态，试样也会变成柔软的皮革状。晶态高聚物的热力曲线如图 2-5 所示。

随着结晶度的增加，相当于交联度的增加，非晶部分处在高弹态的结晶高聚物的硬度将逐渐增加。当结晶度达到 40% 时，微晶体彼此衔接，形成贯穿整个材料的连续结晶相。此时，结晶相承受的应力要比非结晶相大得多，使材料变得坚硬，宏观上玻璃化转变不易察觉，其温度曲线在 $T < T_m$（熔点）以前不出现明显的转折。

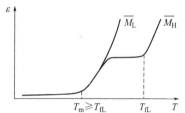

图 2-5　晶态高聚物形变—温度曲线

第二节　塑料的分类与应用

一、塑料的分类

目前，塑料品种已达 300 多种，常见的有 30 多种。可根据塑料的制造方法、成型工艺及其用途将它们进行分类。

（1）按制造方法分类。合成树脂的制造方法主要是根据有机化学中的两种反应：聚合反应和缩聚反应。

聚合反应是将低分子单体（如从煤和石油中得到的乙烯、苯乙烯、甲醛等分子）化合成高分子聚合物的化学反应。在此反应过程中没有低分子物质析出。这种反应既可在同一种物质的分子间进行（反应产物称为均聚物），也可以在不同物质的分子间进行（反应产物称为共聚物）。

缩聚反应也是将相同的或不同的低分子单体化合成高分子聚合物的化学反应，但是在此反应过程中有低分子物质（如水、氨、氯化氢等）析出。

据此，可将塑料划分成聚合树脂和缩聚树脂两类。

（2）按成型性能分类。根据成型工艺性能，塑料可分为热塑性塑料和热固性塑料两类。热塑性塑料主要由聚合树脂制成，热固性塑料以缩聚树脂为主，加入各种添加剂制成。

热塑性塑料的特点是受热后软化或熔融，此时可进行成型加工，冷却后固化，再加热仍可软化。热固性塑料在开始受热时也可以软化或熔融，但一旦固化成型就不会再软化，即使加热到接近分解的温度也无法软化，而且不会溶解在溶剂中。

塑料的热塑或热固的特性，可以从分子的结构特征来解释。一般低分子物质的分子呈球状，而高分子物质的结构，有的像长链，有的像树枝，还有的呈网状（图2-3）。这些结构使得塑料具有热塑或热固的特性。

热塑性塑料的分子结构呈链状或树枝状，常称为线型聚合物。这些分子通常相互缠绕但并不相互连接，受热后具有可塑性。热塑性塑料又可分为无定形塑料和结晶形塑料两类。结晶形的常用塑料如聚乙烯、聚丙烯、聚酰胺（尼龙）等；无定形的常用塑料如聚苯乙烯、聚氯乙烯、ABS等。

热固性塑料在加热开始时也具有链状或树枝状结构，但在受热后这些链状或树枝状分子逐渐结合成网状结构（称为交联反应），成为既不熔化又不溶解的物质，常称为体型聚合物。由于分子的链与链之间产生了化学反应，所以当再次加热时，这类塑料便不能软化。由此可见，热固性塑料的耐热变形性能比热塑性塑料好。常见的热固性塑料有酚醛塑料、脲醛塑料、三聚氰胺甲醛塑料、不饱和聚酯塑料等。

（3）按用途分类。塑料又可分为通用塑料、工程塑料以及特殊用途的塑料等。通用塑料是指用途最广泛、产量最大、价格最低廉的塑料。现在世界公认的通用塑料有聚乙烯塑料（PE）、聚丙烯塑料（PP）、聚苯乙烯塑料（PS）、聚氯乙烯塑料（PVC）、酚醛塑料（PF）和氨基塑料等几大类，产量约占世界塑料总产量的80%。工程塑料是指可用作工程材料的塑料，主要有丙烯腈-丁二烯-苯乙烯共聚物塑料（ABS）、聚酰胺塑料（PA）、聚甲醛塑料（POM）、聚碳酸酯塑料（PC）、聚苯醚塑料（PPO）、聚砜塑料（PSF）等及各种增强塑料。

随着塑料应用范围的不断扩大，通用塑料和工程塑料之间的界线越来越难划分。例如，聚氯乙烯作为耐腐蚀材料已大量用于化工机械中，按用途分类，它又属于工程塑料。

二、常用塑料

（一）热塑性塑料

1. 聚乙烯塑料（PE）

聚乙烯、聚丙烯、聚丁烯等统称为聚烯烃（PO）。它们是世界塑料工业中产量最大的品种。聚乙烯树脂的密度为$0.91\sim0.96g/cm^3$，有一定的机械强度，但表面硬度差，为白色或淡白色，无毒、无味、柔软、半透明，一般呈颗粒状，触感似蜡，因而又称高分子石蜡。

聚乙烯按合成方法不同，分低压、中压和高压三种。低压聚乙烯的分子链支链较少，相对分子质量、结晶度和密度均较高（故又称高密度聚乙烯），所以比较刚硬、耐磨、耐蚀、耐热及绝缘性较好，常用来制造塑料管、塑料板、塑料绳以及承载不高的零件，如齿轮、轴承等。高压聚乙烯带有许多支链，因而相对分子质量较小，结晶度和密度较低（故又称低密度聚乙烯），且具有较好的柔软性、耐冲击性及透明性，成型加工性能也较好，常用于制作塑料薄膜、软管和塑料瓶以及电器工业中的支架、绝缘零件和包覆电缆等。

聚乙烯成型时流动性较好，质软易脱模，塑件有浅的侧凹时可强行脱模。但聚乙烯成型流动性对压力变化敏感，加热时间长易产生分解。聚乙烯收缩率大，方向性明显，易变形、翘曲，产生缩孔，应控制模具温度。

2. 聚丙烯塑料（PP）

聚丙烯树脂的密度为 $0.90\sim0.91g/cm^3$，力学性能优于聚乙烯，有较高的抗弯曲疲劳强度。外观特征与聚乙烯类似，无色、无毒、无味，但比聚乙烯透明度更高，质量更轻。聚丙烯耐热性良好，可在100℃左右使用，同时绝缘性优越。所以，它可作为机器上的某些零部件，如法兰、齿轮、风扇叶轮、泵叶轮、接头、把手；电器元件中的骨架、高频插座、壳体；电容器和微波元件；化工管道的容器及包装薄膜等使用。聚丙烯的成型特点与聚乙烯类似。

3. 聚氯乙烯塑料（PVC）

聚氯乙烯塑料是世界上产量较大的塑料品种之一。聚氯乙烯树脂为白色或浅黄色粉末，造粒后为透明颗粒。纯聚氯乙烯的密度为 $1.4g/cm^3$，加入增塑剂和填料等的聚氯乙烯塑件的密度一般为 $1.15\sim2.00g/cm^3$。根据加入增塑剂的多少聚氯乙烯可分为软、硬两种。硬聚氯乙烯塑料含有少量或不含增塑剂，它的机械强度高、坚韧、介电性能好，对酸碱的抵抗力极强，化学稳定性好，但耐热性不高。它主要用来制造板、片、管、棒等各种型材和各种耐腐蚀零件；此外，还可用它制造泡沫塑料。软聚氯乙烯塑料含有较多的增塑剂，柔软且富有弹性，类似橡胶，但比橡胶的化学稳定性好；它的耐热性低，机械强度、耐磨性、耐溶剂性及介电性能等都不及硬聚氯乙烯，且易老化。软聚氯乙烯可制成压延薄膜和吹塑薄膜，可用挤出成型法制造管及带；也可用注射成型法制造手柄、绝缘垫圈等塑件；此外，也可制成软质泡沫塑料。

聚氯乙烯流动性差，成型温度范围小，加热成型时极易分解，并放出有腐蚀和刺激性的气体；因此，成型困难，必须严格控制料温。

4. 聚苯乙烯塑料（PS）

聚苯乙烯塑料是最早工业化的塑料品种之一，应用广泛。聚苯乙烯无色透明、无毒无味，落地时可发出清脆的金属声，密度约为 $1.05g/cm^3$。其塑件硬而脆，力学性能与聚合方法、相对分子质量大小、取向度和杂质含量等有关，相对分子质量越大，机械强度越高。聚苯乙烯具有优良的绝缘性能、一定的化学稳定性和耐蚀性。聚苯乙烯可用于制造纺织工业中的纱管、纱锭、线轴；电子工业中的仪表零件、设备外壳；化工工业中的贮槽、管道、弯头；车辆上的灯罩、透明窗，以及家具和日用品等。

聚苯乙烯的成型特点是流动性和成型性优良，成品率高，但容易出现裂纹。因此，成型塑件的壁厚应均匀，脱模斜度不宜过小，塑件中不宜有镶件。

5. ABS塑料

ABS塑料是丙烯腈、丁二烯和苯乙烯的三元共聚物。这三种组份有其各自特性，使ABS塑料具有硬、韧、刚的综合力学性能。丙烯腈使ABS有良好的耐化学腐蚀性和表面硬度；

丁二烯使 ABS 坚韧；苯乙烯使 ABS 有良好的加工性和染色性能。ABS 无毒、无味，呈微黄色，成型塑件光泽性好，密度为 $1.02\sim1.05g/cm^3$。ABS 有良好的机械强度和一定的耐磨性、耐寒性、耐油性、耐水性、化学稳定性和电气性能。其尺寸稳定性好，易于成型加工。水、无机盐、碱类、酸类对 ABS 几乎无影响。其缺点是：耐热性不高，连续工作温度只有 70℃左右；耐气候性差，在紫外线作用下易变硬发脆。

根据 ABS 塑料中三种组份之间的比例不同，其性能也略有差异，从而适应不同的用途。根据应用不同，ABS 塑料可分为超高抗冲击型、高抗冲击型、中抗冲击型、低抗冲击型和耐热型等。ABS 可制作齿轮、泵叶轮、轴承、把手、管道、电机外壳、仪表壳、仪表盘、水箱外壳、蓄电池槽、冰箱衬里等；在机械、汽车、电机、纺织器材、电器零件、文体用品、玩具、食品包装容器、家具等方面广为应用。

ABS 原料易吸水，成型加工前应进行干燥处理。ABS 在升温时黏度增高，所以成型压力较高，易产生熔接痕缺陷。

6. 聚甲基丙烯酸甲酯塑料（PMMA）

聚甲基丙烯酸甲酯塑料俗称有机玻璃，是一种透光性塑料，透光率达 92%，优于普通硅玻璃。其密度为 $1.18g/cm^3$，比普通硅玻璃轻一半。机械强度为普通硅玻璃的 10 倍以上。它轻而坚韧，容易着色，有较好的电器绝缘性、化学稳定性，能耐一般的化学腐蚀，在一般条件下尺寸稳定性高。其最大的缺点是表面硬度低，容易被硬物擦伤拉毛。聚甲基丙烯酸甲酯的主要用途是制造具有一定透明度和强度的防振、防爆和观察等方面的零件，如飞机和汽车的窗玻璃、飞机罩盖、油杯、光学镜片、透明模型、透明管道、车灯灯罩等各种零件，也可用作绝缘材料、广告铭牌等。

聚甲基丙烯酸甲酯的流动性中等，因在一般情况下用作透明观察件，所以成型时应注意避免气泡、混浊、银丝、熔接痕和发黄等缺陷，成型前原料应干燥处理，成型时采用低注射速度。

7. 聚酰胺塑料（PA）

聚酰胺塑料又称尼龙。密度一般为 $1.04\sim1.17g/cm^3$。无味、无毒，略呈微黄色。尼龙的命名由其构成中的二元胺与二元酸中的碳原子数来决定，常见的品种有尼龙 1010、尼龙 610、尼龙 66、尼龙 6 等。尼龙有优良的力学性能，抗拉、抗压、耐磨性能好。其抗冲击强度比一般塑料高，作为机械零件材料，具有良好的消声效果和自润滑性能。尼龙耐碱、弱酸；但强酸和氧化剂能侵蚀尼龙。尼龙吸水性强、收缩率大、稳定性差、适用温度为 80~100℃。

尼龙在机械、化学和电器零件上，被广泛地制作轴承、齿轮、泵叶轮、风扇叶片、蜗轮、滚子、辊轴、高压密封圈、垫片、阀座、输油管、储油容器、绳索、传动带、电池箱、电器线圈骨架等零件。

尼龙成型时的特点是熔融黏度低，流动性良好，容易产生飞边。成型加工前必须进行干燥处理；易吸潮，塑件尺寸变化较大。熔融状态的尼龙热稳定性差，易发生降解而使塑件的性能下降。

常用的热塑性塑料还有聚甲醛塑料（POM）、聚碳酸酯塑料（PC）、聚砜塑料（PSU）、聚苯醚塑料（PPO）、氯化聚醚塑料（CPT），以及聚四氟乙烯塑料（PTFE）、聚三氟氯乙烯塑料（PCTFE）、聚全氟乙丙烯塑料（PEP）等的含氟塑料，详见有关塑料性能手册。

（二）热固性塑料

1. 酚醛塑料（PF）

酚醛塑料是以由酚类化合物和醛类化合物经缩聚而成的酚醛树脂制得的塑料。纯酚醛树脂密度为 $1.25 \sim 1.30 \text{g/cm}^3$，脆性高，呈琥珀玻璃态。酚醛树脂使用时须加入各种纤维或粉末状填料，以获得具有一定性能要求的酚醛塑料。酚醛塑料大致可分为酚醛层压塑料、酚醛压塑料、酚醛纤维状压塑料、酚醛碎屑状压塑料 4 类。

酚醛塑料与一般热塑性塑料相比，刚性好，变形小，耐热耐磨，能在 $150 \sim 200℃$ 的温度范围内长期使用。在水润滑条件下，有极低的摩擦系数，绝缘性能优良；其缺点是质脆，抗冲击强度低。

酚醛层压塑料是用浸渍过酚醛树脂溶液的片状填料制成，可制成各种型材和板材。根据所用填料不同，有纸质、布质、木质、石棉和玻璃布等各种层压塑料。布质及玻璃布酚醛层压塑料具有优良的力学性能、耐油性能和一定的介电性能，用于制造齿轮、轴瓦、导向轮、轴承及电工结构材料和电气绝缘材料。木质层压塑料适用于制作水润滑冷却下的轴承及齿轮等。石棉布层压塑料主要用于制作高温下工作的零件。

酚醛纤维状压塑料可以加热模压成各种复杂的机械零件和电器零件，具有优良的电气绝缘性能、耐热、耐水、耐磨。可制作各种线圈架、接线板、电动工具外壳、风扇叶、耐酸泵叶轮、齿轮、凸轮等。

酚醛树脂的成型特点是：成型性能好，特别适用于压缩成型；模温对流动性影响较大，一般当温度超过 $160℃$ 时流动性迅速下降；固化时放出大量热，固化速度慢。厚壁、大型塑件内部温度易过高，发生固化不匀及过热等现象。

2. 氨基塑料

氨基塑料是由氨基化合物与醛类（主要是甲醛）经缩聚反应而制得的塑料，主要包括脲—甲醛、三聚氰胺—甲醛等。

脲—甲醛塑料（UF）是由脲—甲醛树脂和漂白纸浆等制成的压塑粉。它可染成各种鲜艳的色彩，外观光亮，部分透明，表面硬度较高，耐电弧性能好，耐矿物油、耐霉菌的作用强。但耐水性较差，在水中长期浸泡后电气绝缘性能下降。脲—甲醛塑料大量用于压制日用品及电气照明用设备的零件，如开关、插座及电气绝缘零件等。

三聚氰胺—甲醛塑料（MF）是由三聚氰胺—甲醛树脂与石棉滑石粉等制成。三聚氰胺—甲醛塑料可制成各种塑件，耐光、耐电弧、无毒，着色能力强。在 $-20 \sim 100℃$ 的温度内性能变化小，耐沸水及茶、咖啡等污染性强的物质，能像陶瓷一样方便地去掉茶渍类污染物，且质量轻、不易破碎。三聚氰胺—甲醛塑料主要用于制作餐具、航空茶杯、电器开关、灭弧罩及防爆电器的配件等。

氨基塑料常用压缩、压注方法成型，特点是流动性好，固化速度快。因此，预热及成型温度要合适，装料、合模及加工速度要快；压注成型收缩率大，含水分及挥发物多，加工前需预热干燥，且成型时有弱酸性分解及水分析出，所以模具应镀铬防腐，并注意排气；带镶件的塑件易产生应力集中，尺寸稳定性差。

3. 环氧树脂（EP）

环氧树脂是含有环氧基的高分子化合物。未固化之前是线型的热塑性树脂，只有在加入固化剂（如胺类和酸酐等）后才交联成不熔的体型结构聚合物，成为具有实用价值的塑料。环氧树脂种类繁多，应用广泛，有许多优良的性能，最突出的特点是黏结能力很强，是"万能胶"的主要成分。此外，耐化学药品、耐热、电气绝缘性能良好，收缩率小，比酚醛树脂的力学性能好。其缺点是脆性大、抗冲击性和耐气候性差。环氧树脂可用作金属和非金属材料的黏合剂，用于封装各种电子元件。用环氧树脂配以硅粉等可浇注模具，还可以作为产品的防腐涂料。

环氧树脂流动性好，硬化速度快。用于浇注时，因环氧树脂热刚性差，硬化收缩小，难于脱模，所以浇注前应加脱模剂。环氧树脂硬化时不析出任何副产物，成型时不需排气。

4. 不饱和聚酯树脂（UP）

不饱和聚酯树脂指由不饱和二元酸与二元醇缩聚反应形成线型结构，经加热到较高温度时转化为体型结构的聚酯树脂，属热固性塑料。根据其原料和制备方法的不同，不饱和聚酯树脂可以具有不同的性能。未转化的树脂为具有不同黏度的液体，转化后随固化剂的不同，刚性、弹性、透明性有所不同。其最突出的优点是可在常温常压下成型，且不析出任何副产物，尺寸稳定性好，但其耐热性差，抗冲击强度低，因而常用作涂料、胶泥，并用于制作浇注塑料制品的模型等。

以玻璃纤维为填料的不饱和聚酯增强塑料俗称"玻璃钢"。它具有优异的机械强度，主要用于飞机、汽车、船舶、石油、化工、电子等工业中部件的制作。

（三）发泡塑料简介

在热固性树脂和热塑性树脂中，添加适量的发泡剂、添加剂，可得到发泡树脂。能够制作发泡树脂的有：酚醛树脂、脲醛树脂、环氧树脂、聚氨酯树脂、聚苯乙烯树脂、ABS 树脂、聚乙烯树脂、聚丙烯树脂、聚酰胺树脂、丙烯酸树脂、乙烯—醋酸乙烯树脂等。

（1）酚醛树脂。酚醛树脂发泡塑料，具有优越的耐热性、阻燃性、耐药品性和隔声性等。主要用于制作保温冷藏装置、建筑结构的隔热保温材料、工艺品、装饰品等。

（2）环氧树脂。环氧树脂发泡塑料主要用于制作要求质量轻、强度高、多层结构材料、包装材料、吸声材料、降噪声材料等。

（3）聚氨酯树脂。聚氨酯树脂软质发泡塑料，主要应用于家具、床具、床垫、汽车车辆等的坐垫、家庭用品等方面。聚氨酯树脂硬质发泡塑料，用于制作车辆、船舶、冷冻、冷藏库、救生用品、浮力和浮标等浮力材料、缓冲包装材料、家庭用品、保温材料等。

（4）聚苯乙烯树脂。聚苯乙烯树脂发泡塑料，主要应用于隔热材料、结构材料、缓冲材料、包装材料、漂浮材料、布纸代用材料、装饰用材料、浇注用材料等方面。

（5）ABS 树脂。ABS 树脂发泡塑料主要用作蜂窝结构材料。如通过挤出成型设备得到复合制品的板、型材；可制造高尔夫球杆、手柄，电视机、收音机、录像机的机壳等。

（6）聚乙烯树脂。聚乙烯树脂发泡制品，主要用作隔热材料、缓冲材料、包装材料、漂浮材料、绝缘材料，厨房、卫生间的防滑垫、容器，汽车的仪表板、转向盘等。

（7）聚丙烯树脂。聚丙烯树脂发泡塑料，主要应用于绝缘包覆层、桌子、椅子、机壳、风扇叶罩、容器等方面。

（8）聚氯乙烯树脂。聚氯乙烯树脂发泡塑料，主要应用于缓冲材料、发泡人造革、隔热材料、蜂窝夹层结构材料的芯层、包装材料、漂浮材料等方面。

（9）乙烯—醋酸乙烯树脂。乙烯—醋酸乙烯树脂发泡塑料，主要应用于缓冲材料、包覆材料（滑轮部分、滑板）、日用品（地板砖、搅拌器、衬垫）、玩具、隔热材料、渔业用浮漂、衬垫等方面。

三、塑料的应用

（1）一般结构零件用塑料。一般结构零件通常只要求具有较低的强度和耐热性能，有时还要求外观漂亮，例如罩壳、支架、连接件、手轮、手柄等。由于这类零件批量大，要求有较高的生产率和低廉的成本，大致可选用的塑料有：改性聚苯乙烯、低压聚乙烯、聚丙烯、ABS 等。其中前三种塑料经玻璃纤维增强后能显著提高机械强度和刚性，还能提高热变形温度。在精密、综合性能要求高的塑件中，使用最普遍的是 ABS。

有时，为了达到某一项较高性能指标，也采用一些综合性能更好的塑料，如尼龙 1010 和聚碳酸酯等。

（2）耐磨损传动零件用塑料。这类零件要求有较高的强度、刚性、韧性、耐磨损和耐疲劳性，并有较高的热变形温度。例如，各种轴承、齿轮、凸轮、蜗轮、蜗杆、齿条、辊子、联轴器等。优先选用的塑料有 MC 尼龙、聚甲醛、聚碳酸酯；其次是聚酚氧、氯化聚醚、线形聚酯等。其中 MC 尼龙可在常压下于模具内快速聚合成型，用来制造大型塑件。各种仪表中的小模数齿轮可用聚碳酸酯制造；聚酚氧特别适用于精密零件及外形复杂的结构件；而氯化聚醚可用做腐蚀性介质中工作轴承、齿轮等，以及摩擦传动零件与涂层。

（3）减摩自润滑零件用塑料。减摩自润滑零件一般受力较小，对机械强度要求往往不高，但运动速度较高，要求具有低的摩擦系数。这类零件例如，活塞环、机械运动密封圈、轴承和装卸用箱框等，选用的材料为聚四氟乙烯和各种填充物的聚四氟乙烯；以及用聚四氟乙烯粉末或纤维填充的聚甲醛、低压聚乙烯等。

（4）耐腐蚀零件用塑料。塑料一般比金属耐蚀性好，但是既要求耐强酸或强氧化性酸，同时又要求耐碱的，则多采用氟塑料。例如，聚四氟乙烯、聚全氟乙丙烯、聚三氟乙烯及聚偏氟乙烯等。氯化聚醚既有较高的力学性能，同时具有突出的耐蚀特性，这些塑料适用于耐蚀零件。

（5）耐高温零件用塑料。一般结构零件和耐磨损传动零件所选用的塑料，大多只能在 80～120℃温度下工作；当受力较大时，只能在 60～80℃工作。其实，能适应工程需要的新型耐热塑料很多，选作耐高温零件的塑料，除了各种氟塑料外，还有聚苯醚、聚砜、聚酰亚胺、芳香尼龙等，它们大都可以在 150℃以上工作，有的还可以在 260～270℃下长期工作。

（6）光学用塑料。光学塑料在军事上已应用于夜视仪器、飞行器的光学系统、全塑潜望镜、三防（防核武器、防化学武器、防生物武器）保护眼镜等。在民用领域，不仅用于照相机、显微镜、望远镜、各种眼镜，还广泛用于复印机、传真机、激光打印机等办公设备，以及录像机、视频光盘等新型家用电器。目前光学塑料已有十余种，可根据不同用途选用。常用的光学塑料有聚甲基丙烯酸甲酯、聚碳酸酯、聚苯乙烯、聚甲基 1—戊烯、聚丙烯、烯丙基二甘醇碳酸酯、苯乙烯丙烯酸酯共聚物、丙烯腈共聚物等。另外，环氧树脂、硅树脂、聚硫化物、聚酯、透明聚酰胺等也是可供选择的光学塑料。

选择光学塑料的主要依据是光学性能，即透射率（光谱透射比）、折射率、散射及对光的稳定性。因使用条件的不同，还应考虑其他方面的性能，如耐热、耐磨损、抗化学侵蚀及电性能等。

第三节　塑料成型的工艺性能

塑料成型工艺性是指塑料在成型过程中表现出的特有性能，影响成型方法及工艺参数的选择和塑件的质量，并对模具设计的要求及质量影响很大。塑料的成型工艺性的影响因素很多，除热力学性能和结晶性外，取向性，塑料的收缩性、流动性、相容性、吸湿性及热稳定性等都属于它的成型工艺特性。下面分别介绍热塑性塑料与热固性塑料成型的主要工艺性能和要求。

温度对于塑料的加工有着重要的影响。随着加工温度的逐渐升高，塑料将经历玻璃态、高弹态、黏流态直至分解。处于不同状态下的塑料表现出不同的性能，这些性能在很大程度上决定了塑料对加工的适应性。下面以热塑性塑料为例，说明在各种状态下塑料与加工方法的关系。

热塑性塑料的弹性模量 E、形变率 $\dot{\gamma}$ 与温度 θ 的曲线关系如图 2-6 所示。从图中可看出，处于玻璃化温度 θ_g 以下的塑料为坚硬的固体。由于弹性模量高、形变率小，故在玻璃态塑料不宜进行大变形加工，但可进行车、铣、刨、钻等机械切削加工。在 θ_g 以下的某一温度，塑料受力易发生断裂破坏，这一温度称为脆化温度 θ_s。它是材料使用的下限温度。

在 θ_g 以上的高弹态，塑料的弹性模量显著减小，形变能力大大增强。对于无定形塑料在高弹态靠近聚合物流动或软化的黏流温度 θ_f 一侧区域内，材料的黏性很大，某些塑料可进行真空成型、压力成型、压延和弯曲成型等。由于此时的形变是可逆的，为得到符合形状尺寸要求的制品，在加工中把制品温度迅速冷却到 θ_g 以下温度是这类加工过程的关键。对于结晶型塑料，当外力大于材料的屈服点时，可在 θ_g 至熔点温度 θ_m 的区域内进行薄膜或纤维的拉伸。此时 θ_g 是大多数塑料加工的最低温度。

高弹态的上限温度是 θ_f。由 θ_f（或者 θ_m）开始，塑料呈黏流态。通常将呈黏流态

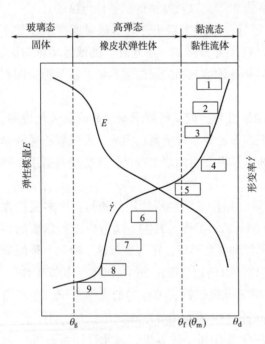

图 2-6　热塑性塑料的状态与加工的关系

1—熔融纺丝　2—注射　3—薄膜吹塑　4—挤出成型
5—压延成型　6—中空成型　7—真空和压力成型
8—薄膜和纤维热拉伸　9—薄膜和纤维冷拉伸

的塑料称为熔体。在 θ_f 以上不高的温度范围内常进行压延、挤出和吹塑成型等。在比 θ_f 高的温度下，塑料的弹性模量降低到最低值，较小的外力就能引起熔体宏观流动。此时在形变中主要是不可逆的黏性变形。塑料在冷却后能够将形变永久保持下去。因此，在这个温度范围内常进行熔融纺丝、注射、挤出和吹塑等加工。但是过高的温度易使制品产生溢料、翘曲等问题，当温度高到分解温度 T_d 时还会导致塑料分解，降低制品的力学性能或者引起制品外观不良。因此，θ_f 与 θ_d 都是塑料进行加工的重要参考温度。

一、热塑性塑料成型的工艺性能

热塑性塑料成型的工艺性能除热力学性能和结晶性外，还应包括流动性、收缩性、热稳定性、吸湿性及相容性等。

1. 流动性

塑料熔体在一定温度与压力作用下充填模腔的能力称为流动性。几乎所有塑料都是在熔融塑化状态下加工成型的，因此，流动性是塑料加工为制品过程中所应具备的基本特性。塑料流动性的好坏，在很大程度上影响着成型工艺的许多参数，如成型温度、压力、模具浇注系统的尺寸及其他结构参数等。在设计塑件大小与壁厚时，也要考虑流动性的影响。

从分子结构来讲，流动的产生实质上是分子间相对滑移的结果。聚合物熔体的滑移是通过分子链段运动来实现的。显然，流动性主要取决于分子组成、相对分子质量大小及其结构。只有线型分子结构而没有或很少有交联结构的聚合物流动性好，而体型结构高分子一般不产生流动。聚合物中加入填料会降低树脂的流动性。加入增塑剂、润滑剂可以提高流动性。流动性差的塑料，在注射成型时不易充满模腔，使塑件产生"缺肉"。当采用多个浇口时，塑料熔体的汇合处可能因熔接不好而产生"熔接痕"。这些缺陷甚至会导致塑件报废。相反，若塑料的流动性太好，注射时容易产生流涎和造成塑件溢边，成型的塑件容易变形。因此，成型过程中应适当控制塑料的流动性，以获得合乎需求的塑料制件。

塑料的流动性采用统一的方法来测定。对于热塑性塑料的流动性常用熔体流动速率指数，简称熔融指数来表示，熔融指数测定仪结构如图 2-7 所示，将被测塑料装于标准装置的塑化室 3 内，加热到使塑料熔融塑化的温度，再在一定压力下使塑料熔体通过标准毛细管（直径为 φ2.09mm 的口模 4），在 10min 内挤出塑料的质量值即为要测定塑料的熔融指数。熔融指数的单位为 g/10min，通常用 MI 表示。熔融指数越大，塑料熔体的流动性越好。塑料熔体的流动性与塑料的分子结构和添加剂有关。在实际成型过程中，可以通过改变工艺参数来改变塑料的流动性，如提高成型温度和压力，合理设计浇口的位置与尺寸，降低模腔表

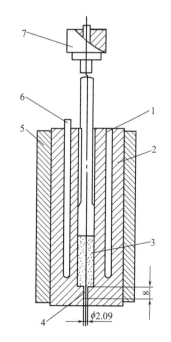

图 2-7　熔融指数测定仪结构示意图
1—温度计孔　2—料筒　3—塑化室
4—口模　5—保温层　6—加热棒
7—重锤和柱塞

面粗糙度值等都能大大提高塑料流动性。

为方便，在设计模具时，常用塑料熔体溢料间隙（溢边值）来反映塑料的流动性。所谓溢料间隙，是指塑料熔体在成型压力下不得溢出的最大间隙值。根据溢料间隙大小，塑料的流动性大致可划分为好、中等和差三个等级，它对设计者确定流道类型及浇注系统的尺寸、控制镶件和推杆等与模具孔的配合间隙等具有实用意义。常用塑料的流动性与溢料间隙见表 2-2。

表 2-2　常用塑料的流动性与溢料间隙

溢料间隙/mm	流动性指标	塑料类型
≤0.03	好	尼龙、聚乙烯、聚丙烯、聚苯乙烯、醋酸纤维素
0.03~0.05	中等	改性聚苯乙烯、ABS、聚甲醛、聚甲基丙烯酸甲酯
0.05~0.08	差	聚碳酸酯、硬聚氯乙烯、聚砜、聚苯醚

2. 收缩性

塑料制件从模具中取出冷却后一般会出现尺寸缩减的现象，这种塑料成型冷却后发生体积收缩的特性称为塑料的成型收缩性。

一般塑料收缩性的大小常用实际收缩率 S_x 和计算收缩率 S_j 来表征：

$$S_x = \frac{a-b}{b} \times 100\%$$

$$S_j = \frac{c-b}{b} \times 100\% \tag{2-1}$$

式中：a 为模具型腔在成型温度时的尺寸；b 为塑料制品在常温时的尺寸；c 为塑料模具型腔在常温时的尺寸。

通常，实际收缩率 S_x 表示成型塑件从其在成型温度时的尺寸到常温时的尺寸之间实际发生的收缩百分数，常用于大型及精密模具成型塑件的计算；S_j 常用于小型模具及普通模具成型塑件的尺寸计算，这是因为，这种情况下实际收缩率 S_x 和计算收缩率 S_j 差别不大。

影响收缩率的因素有很多，如塑料品种、成型特征、成型条件及模具结构等。首先，不同种类塑料的收缩率不相同；同一种塑料，塑料的型号不同收缩率也会发生变化。其次，收缩率与所成型塑件的形状、内部结构的复杂程度、是否有嵌件等都有很大关系。再者，成型工艺条件也会影响塑件的收缩率，例如，成型时如果料温过高则塑件的收缩率增大；成型压力增大，塑件的收缩率减小。总之，影响塑料成型收缩性的因素很复杂，想改善塑料的成型收缩性，不仅需要在选择原材料时慎重考量，而且在模具设计、成型工艺的确定等多方面因素也需认真考虑，才能使生产出的产品质量更高，性能更好。

3. 热稳定性

热稳定性是指塑料在受热时性能上发生变化的程度。有些塑料长时间处于高温状态时会发生降解、分解和变色等现象，使性能发生变化。如聚氯乙烯、聚甲醛、ABS 塑料等在成型时，如在料筒停留时间过长，就会有一种气味放出来，塑件颜色变深，所以它们的热稳定性就不好。因此，这类塑料成型加工时必须正确控制温度及周期，选择合适的加工设备或在塑料中加入稳定剂方能避免上述缺陷发生。

4. 吸湿性

吸湿性是指塑料对水分的亲疏程度。据此塑料大致可以分为两种类型。第一类是具有吸湿或黏附水分倾向的塑料，例如聚酰胺、聚碳酸酯、ABS、聚苯醚、聚砜等。第二类是吸湿或黏附水分倾向极小的材料，如聚乙烯、聚丙烯等。造成这种差别主要是由于其组成及分子结构的不同。如聚酰胺分子链中含有酰胺基 CO—NH 极性基团，对水有吸附能力；而聚乙烯类的分子链是由非极性基团组成，表面呈蜡状，对水不具有吸附能力。材料疏松使塑料表面积增大，也容易增加吸湿性。

塑料因吸湿、黏附水分，在成型加工过程中如果水分含量超过一定限度，则水分会在成型机械的高温料筒中变成气体，促使塑料高温水解，从而导致塑料降解、起泡、黏度下降，给成型带来困难，使制件外观质量及机械强度明显下降。

因此，塑料在加工成型前，一般要经过干燥，使水分含量（质量分数）控制在 0.02% ~ 0.05%。如聚碳酸酯，要求水分含量在 0.02% 以下，可用循环鼓风干燥箱，在 110℃ 温度干燥 12h 以上，并在加工过程中继续保温，防止重新吸潮。

5. 相容性

相容性是指两种或两种以上不同品种的塑料，在熔融状态不产生相互分离的能力。如果两种塑料不相容，则混熔时制件会出现分层、脱皮等表观缺陷。

不同种塑料的相容性与其分子结构有一定关系，分子结构相似者较易相容，例如，高压聚乙烯、低压聚乙烯、聚丙烯彼此之间的混熔等；分子结构不同时较难相容，例如，聚乙烯和聚苯乙烯之间的混熔等。

塑料的相容性俗称共混性。通过塑料的这一性质，可以得到类似共聚物的综合性能，是改进塑料性能的重要途径之一。例如，聚碳酸酯与 ABS 塑料相容，在聚碳酸酯中加入 ABS 能改善其成型工艺性。

塑料的相容性对成型加工操作过程有影响。当改用不同品种的塑料时，应首先确定清洗料筒的方法（一般用清洗法或拆洗法）。相容性塑料只需要将所要加工的原料直接加入成型设备中清洗；不相容的塑料应更换料筒或彻底清洗料筒。

二、热固性塑料成型的工艺性能

热固性塑料同热塑性塑料相比，具有制件尺寸稳定性好、耐热和刚性大等特点，所以在工程上应用十分广泛。热固性塑料的热力学性能明显不同于热塑性塑料，故其成型工艺性能也不同于热塑性塑料。热固性塑料主要的工艺性指标有收缩率、流动性、水分及挥发物含量、固化速度等。

1. 收缩率

同热塑性塑料一样，热固性塑料也具有因成型加工而引起的尺寸减小。标准收缩率是用直径 $\phi100mm$、厚 4mm 的圆片试样来测定。计算方法与热塑性塑料收缩率相同。产生收缩的主要原因有：

（1）热收缩。热收缩指因热胀冷缩而引起的尺寸变化。由于塑料是以高分子化合物为基础组成的物质，线胀系数比钢材大几倍甚至十几倍，制件从成型加工温度冷却到室温时，会产生远大于模具尺寸收缩的收缩。这种热收缩所引起的尺寸减小是可逆的。收缩量大小可以用塑料线胀系数的大小来判断。

（2）结构变化引起的收缩。热固性塑料的成型加工过程是热固性树脂在型腔中进行化学反应的过程，即产生交联结构。分子交联使分子链间距离缩小，结构紧密，引起体积收缩。这种收缩所引起的体积减小是不可逆的，进行到一定程度后不会继续产生。

（3）弹性恢复。塑料制件固化后并非刚性体，脱模时成型压力降低，体积会略有膨胀，形成一定的弹性恢复。这种现象会降低收缩率，在成型以玻璃纤维和布质为填料的热固性塑料时，尤为明显。

（4）塑性变形。塑性变形主要表现在当制件脱模时，成型压力迅速降低，但模壁仍紧压着制件的周围，产生塑性变形。发生变形部分的收缩率比没有发生变形部分的收缩率大，因此，制件往往在平行于加压方向收缩较小，而在垂直于加压方向收缩较大。为防止两个方向的收缩率相差过大，可采用迅速脱模的办法。

影响热固性塑料收缩率的因素主要有原材料、模具结构、成型方法及成型工艺条件等。塑料中树脂和填料的种类及含量，会直接影响收缩率的大小。当所用树脂在固化反应中放出的低分子挥发物较多时，收缩率较大；放出低分子挥发物较少时，收缩率较小。

在同类塑料中，填料含量多，收缩率小；填料中无机填料比有机填料所得的塑件收缩小，例如，以木粉为填料的酚醛塑料的收缩率（0.6%~1%），比相同数量无机填料（如硅粉）的酚醛塑料收缩率（0.15%~0.65%）大。

有利于提高成型压力、增大塑料充模流动性、使制件密实的模具结构，均能减少制件的收缩率。例如，用压缩成型工艺模塑的塑件比注射成型工艺模塑的塑件收缩率小。能使制件密实、成型前使低分子挥发物溢出的工艺因素，都能使制件收缩率减少，例如，成型前对酚醛塑料进行预热、加压等。

2. 流动性

热固性塑料流动性的意义与热塑性塑料流动性相似，但热固性塑料通常以拉西格流动性来表示，而不用熔融指数。测定模如图 2-8 所示，将一定量的被测塑料预压成圆锭，再将圆锭放入压模中，在一定的温度和压力下，测定它从流料槽 3 中挤出的长度（只计算光滑部分，单位为 mm），即为拉西格流动性，数值大则流动性好。

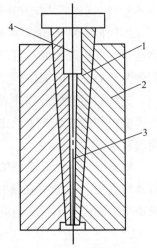

图 2-8　拉西格流动性测定模
1—组合凹模　2—模套
3—流料槽　4—加料室

将每一品种塑料的流动性分为三个不同的等级，其适用范围见表 2-3。

表 2-3　热固性塑料流动性等级及应用

流动性等级	拉西格流动性值/mm	成型方法	适合制造制件类型
一级	100~130	压缩成型	形状简单，壁厚一般，无嵌件
二级	131~150	压缩成型	形状中等复杂
三级	151 以上	压缩、压注成型 拉西格流动性值在 200mm 以上，可用于注射成型	形状复杂、薄壁、大件或嵌件较多的塑件

流动性过大容易造成溢料过多，填充不密实，塑件组织疏松，树脂与填料分别聚积，易粘模而使脱模和清理困难，早期硬化等缺陷；流动性过小则填充不足，不易成型，成型压力增大。影响热固性塑料流动性的主要因素有：

（1）塑料原料。组成塑料的树脂和填料的性质及配比等对流动性均有影响。树脂分子支链化程度低，流动性好；填料颗粒小，流动性好；加入的润滑剂及水分、挥发物含量高时，流动性好。

（2）模具及工艺条件的影响。模具型腔表面光滑，型腔形状简单，采用有利提高型腔压力的模具结构和适当的预热、预压、合适的模温等，有利于提高热固性塑料的流动性。

3. 水分及挥发物含量

塑料中水分及挥发物的含量主要来自两方面：一是热固性塑料在制造中未除尽的水分或在贮存过程中由于包装不当而吸收的水分；二是塑料中树脂制造时化学反应的副产物。

适当的水分及挥发物含量在塑料中可起增塑作用，有利于成型和提高充模流动性。例如，在酚醛塑料粉中通常要求水分及挥发物含量为1.3%；若过多，则会使流动性过大，将导致成型周期增长，制件收缩率增大，易发生翘曲、变形、出现裂纹及表面粗糙，同时，会使塑件性能，尤其是电绝缘性能有所降低。

水分及挥发物的测定采用（15±0.2）g的试验用料，在烘箱中103~105℃干燥30min后，测其试验前后质量差求得。计算公式为：

$$X = \frac{G_b}{G_a} \times 100\% \qquad (2-2)$$

式中：X 为水分及挥发物含量的质量分数；G_a 为塑料干燥前的质量（g）；G_b 为塑料干燥后的质量损失（g）。

4. 硬化速度

硬化速度又称固化速度，是指热固性塑料在压制标准试样时，于模内变成为坚硬而不熔、不溶状态的速度。通常以硬化1mm厚试样所用时间来表示，单位为min/mm。

每一种热固性塑料的硬化速度是一定的。硬化速度太低，会使塑件成型周期延长；硬化速度太高，不易于用来成型形状复杂的塑件。

硬化速度与所用塑料的性能、预压、预热、成型温度和压力的选择有关，采用预热、预压、提高成型温度和压力时，有利于提高硬化速度。

热固性塑料成型工艺性能除上述指标外，还有颗粒度、比体积、压片性等。成型工艺条件不同，对塑料的工艺性能要求也不同，可参照有关资料和具体成型工艺。

第四节　塑料成型流变学基础

流动可视为广义的变形，而变形也可视为广义的流动。两者的差别主要为外力作用时间的长短及观察时间的不同。例如，若按地质年代计算，坚硬的地壳也在流动；而以极快速瞬间打击某种液体，水也可表现出一定的反弹性。广义而言，流动与变形是两个紧密相关的概念。

流变学是研究材料流动及变形规律的科学，是涉及多学科（如力学、化学、材料学和工程科学）交叉的一门学科。流动是液体材料的属性，流动时表现出黏性行为，其形变不可恢复并释放能量；而变形是固体（晶体）材料的属性，其弹性形变能储存能量且能够恢复。因而，流动与变形属于两个范畴。通常，牛顿流体流动时遵从牛顿流动定律，且流动的过程是一个时间过程，只有在一段有限时间内才能观察到材料的流动。而一般固体弹性变形时遵从虎克定律，其应力、应变之间的响应为瞬时响应。

聚合物流变学研究的是聚合物材料在外力作用下产生的力学现象（如应力、应变及应变速率等）与聚合物流动时自身黏度之间的关系，以及影响聚合物流动的各种因素，例如，聚合物的分子结构、相对分子质量的大小及其分布、成型温度、成型压力等。注射成型中，聚合物的成型依靠聚合物自身的变形和流动实现，应了解聚合物流变学，以便应用流变学理论正确地选择和确定合理的成型工艺条件，设计合理的注射成型浇注系统和模具结构。

注射成型是将热塑性树脂或热固性树脂通过塑化注射、保压、冷却定形或交联等工艺制成各种产品的生产过程，是聚合物制品主要的成型方式之一。据统计，注射成型的聚合物制品占全世界聚合物制品的 25%～30%。

聚合物材料在塑化、注射保压、冷却定形等工艺中产生变形和流动，表现为复杂的流变行为，尤其是在塑化、注射、冷却定形等阶段。一般说来，聚合物材料在挤出机内的塑化与注射成型机内的塑化大体上相同，而前者将在第六章中作详尽的论述。因而，本章结合注射成型工艺过程（将在第三章做详细介绍），着重对注射充模阶段和冷却阶段的流变过程进行分析。反应注射是近年来发展较快的一种聚合物制品成型方法，其应用日渐广泛。在反应注射过程中，除产生复杂的黏弹性行为外，还伴随化学反应，属于化学流变学范畴。

一、聚合物的流变学性质

（一）牛顿流动

聚合物的三种物理状态对塑料的使用和加工工艺方法的选择具有重要意义。聚合物成型过程中往往处于黏流态，不仅易于流动，而且易于变形，称为聚合物的流变性，这给原料的输送和造型带来很大便利。

通常把聚合物熔体归为液体。液体在平直导管内受剪切应力而发生流动，分为层流和湍流两种形式。层流时，液体主体的流动是按照许多彼此平行的流层进行，同一流层上的各点速度彼此相同；各层之间的速度不一定相等，贴合管壁处受摩擦影响不可能与中心层等速；各流层完全平行互不干涉。如果层流的速度超过某一临界值，则转变为湍流，此时液体内各点速度的大小和方向都随时间而变化，出现扰动。

流体在管内一般有层流和湍流两种流动状态。层流的特征是流体质点的流动方向与流道轴线平行，流动速度也相同，所有流体质点的流动轨迹均相互平行，如图 2-9（a）所示。湍流的特点是管内的流体质点除在与轴线平行的方向流动外，还在管内横向做不规则的任意流动，质点的流动轨迹呈紊乱状态，如图 2-9（b）所示。

英国物理学家雷诺提出流体的流动状态转变（由层流变为湍流）条件为：

$$Re = dv\rho/\eta \geqslant Re_c \tag{2-3}$$

式中：Re 为雷诺数；d 为管道直径；v 为流体速度；ρ 为流体密度；η 为流体动力黏度；

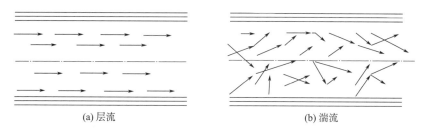

(a) 层流　　　　　　　　　　　　　　　(b) 湍流

图 2-9　流体质点在管内流动轨迹示意图

Re_c 为临界雷诺数。

其中，临界雷诺数 Re_c 的大小与流道的断面形状和流道壁的表面粗糙度有关，对于光滑的圆管，$Re_c = 2000 \sim 2300$，故只有当 Re 的值大于 Re_c 时，流体流动的状态才能转变为湍流。大多数聚合物熔体的黏度都很高，成型时的流速不大，流体流动的 Re 值远小于 Re_c，一般为10左右，因此，通常可将聚合物熔体的流动视为层流状态来进行研究。

牛顿流体是指当流体以切变方式流动时，其切应力与剪切速率间存在线性关系。牛顿流体的流变方程式为：

$$\tau = \eta\dot{\gamma} \tag{2-4}$$

式中：τ 为切应力（Pa）；η 为比例常数（黏度），也称为牛顿黏度，η 的大小反映了牛顿流体抵抗外力引起流动变形的能力（Pa·s）；$\dot{\gamma}$ 为单位时间内流体产生的切应变（s^{-1}），一般称为剪切速率。

（二）非牛顿流动

由于大分子的长链结构和缠结，聚合物熔体的流动行为远比低分子液体复杂。在一定的剪切速率范围内，聚合物液体流动时，切应力和剪切速率不再成正比关系，熔体的黏度也不再是一个常数，因而聚合物熔体的流变行为不服从牛顿流动规律。通常把不服从牛顿流动规律的流动称为非牛顿型流动，具有这种流动行为的液体称为非牛顿流体。在注射成型中，只有少数聚合物熔体的黏度对剪切速率不敏感，经常把它们近似视为牛顿流体，如聚酰胺、聚碳酸酯等，绝大多数的聚合物熔体为非牛顿流体。这些聚合物熔体都近似地服从 Qstwald-DeWaele 提出的指数流动规律，表达式为：

$$\tau = K\left(\frac{dv}{d\gamma}\right)^n = K\left(\frac{d\gamma}{dt}\right)^n = K\dot{\gamma}^n \tag{2-5}$$

式中：K 为与聚合物和温度有关的常数，可以反映聚合物熔体的黏稠性，称为黏度系数；n 为与聚合物和温度有关的常数，可以反映聚合物熔体偏离牛顿流体性质的程度，称为非牛顿指数。

式（2-5）也可改写为：

$$\tau = K\dot{\gamma}^{n-1}\dot{\gamma} = \eta_a\dot{\gamma} \tag{2-6}$$

$$\eta_a = K\dot{\gamma}^{n-1} \tag{2-7}$$

式中：η_a 为非牛顿流体的表观黏度。

表观黏度的力学性质与牛顿黏度相同。但是，表观黏度表征的是服从指数流动规律的非牛顿流体，在外力的作用下抵抗剪切变形的能力。由于非牛顿流体的流动规律比较复杂，表观黏度除与流体本身以及温度有关以外，还受到剪切速率的影响，这就意味着外力的大小及其作用时间也能够改变流体的黏稠性。

式（2-5）中的 K 值及 n 值均可由实验测定。n 的大小反映了聚合物熔体偏离牛顿性质的程度，因为当 $n=1$ 时，$\eta_a = K = \eta$，这时非牛顿流体就转变为牛顿流体。当 $n \neq 1$ 时，绝对值 $|1-n|$ 越大，流体的流动性越强，剪切速率对表观黏度 η_a 的影响也越大。当其他条件一定时，K 值的大小反映了流体黏稠性的程度。

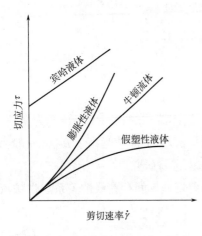

图 2-10　各种类型流体的流动曲线

在聚合物流变学中，称服从指数流动规律的非牛顿流体为黏性液体。依据 n 值不同分为三种类型：$n<1$ 时为假塑性液体；$n=1$，只在切应力达到或超过某一定值才能流动的液体，称为宾哈液体；$n>1$ 时为膨胀性液体。大多数聚合物的熔体，如聚甲基丙烯酸甲酯、聚酰胺、聚乙烯、聚苯乙烯、聚氯乙烯等聚合物在其良性溶剂中的溶液的流动行为都倾向于假塑性液体，故可把假塑性液体作为接近工程塑料的代表。为便于比较，三种液体的流动曲线如图 2-10 所示。

在工程应用中常将指数流动规律改写成：

$$\dot{\gamma} = k\tau^m \tag{2-8}$$

式中，k 为流动系数，$k = (1/k)^{1/n}$；m 为流动指数，$m=1/n$ 时，表观黏度 $\eta_a = k^{-\frac{1}{m}}\dot{\gamma}^{\frac{1-m}{m}}$。

（三）聚合物熔体黏度

聚合物结构对黏度的影响大。例如，一般当大分子链柔顺性较大时，链间的缠结点多，链的解缠、伸长和滑移困难，熔体流动的非牛顿性强。此外，温度和压力的影响也重要。

温度与剪切黏度之间的关系可表示为：

$$\eta = \eta_0 e^{a(T_0 - T)} \tag{2-9}$$

式中，η 是流体在温度 T 时的剪切黏度；η_0 是某一基准温度 T_0 时的剪切黏度；e 是自然数；a 是常数（温度范围50℃内有效）。

三种常用塑料熔体在恒定剪切速率下（$10^3/s$）的表观黏度与温度的关系见表 2-4。塑料熔体在不同温度时黏度的相对变化差异很大，即存在黏度对温度的敏感性。因此对黏度随温度变化不大的聚合物（如 PS）来说，成型时仅靠提高温度难以达到提高流动性的目的，有限的表观黏度下降却可能带来热降解，而引起制件质量变劣。

表 2-4　常用塑料熔体表观黏度与温度的关系

聚合物名称	T_1/℃	η_{a1}/kPa	T_2/℃	η_{a2}/kPa	黏度对温度的敏感性 η_{a1}/η_{a2}
聚苯乙烯	200	1.8	240	1.1	1.6
聚碳酸酯	230	21	270	6.2	3.4
聚甲基丙烯酸甲酯	200	11	240	2.7	4.1

压力对剪切黏度的影响与大分子间的自由空间相关，熔体受压，自由空间减小时剪切黏度增大。聚合物剪切黏度的临界状态是出现固体般不流动的现象。其次，压力对剪切黏度也具有敏感性，因聚合物类型不同而反应不一。此外，即使在相同压力下的同种聚合物，也会因成型时采用的设备不同，存在流动行为的差异。

（四）弹性

聚合物熔体流变时不仅具有黏流性，还具有固体般的弹性，当受到应力作用时，会吸收部分变形能，一旦外加应力消除变形就得到恢复，如塑料在挤出时的出模膨胀。弹性的存在会使熔体在流动时产生某些流动的缺陷。

二、聚合物熔体在成型时的流动

（一）简单截面导管内的流动

1. 圆形截面导管内的流动

如图 2-11 所示，假设导管的内半径为 R，长度为 L；流经导管的熔体为层流，服从指数规律，处于稳态（流速不随时间而变化）。如果导管中心处的流速为 v 时，那么，随着流动层任意半径 r 的增大，流速将变小。故式（2-8）可改写为：

$$-\frac{\mathrm{d}v}{\mathrm{d}r} = k\tau^m \tag{2-10}$$

根据上述给定条件可知，在任意半径为 r 的流层所受的切应力为：

$$\tau = \frac{r\Delta p}{2L} \tag{2-11}$$

式中，Δp 为长为 L 的导管两端的压力降。

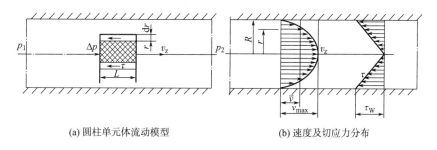

(a) 圆柱单元体流动模型　　　　　　(b) 速度及切应力分布

图 2-11　流体在等截面圆形流道中流动

如果假设熔体在管壁处的流速为零，将式（2-11）代入式（2-10）并求其积分，得到在任意半径处的熔体流速 v_r 为：

$$v_r = k\left(\frac{\Delta p}{2L}\right)^m \left(\frac{R^{m+1} - r^{m+1}}{m+1}\right) \tag{2-12}$$

此式既表示定压下圆截面上各点的流速，也表达压力降与流速的关系。利用此式可进一步得到流量的表达式如下：

$$q = \int_0^R 2\pi r v_r \mathrm{d}r = \pi k\left(\frac{\Delta p}{2L}\right)^m \left(\frac{R^{m+3}}{m+3}\right) \tag{2-13}$$

2. 狭缝形导管内的流动

如图 2-12 所示，设狭缝形导管宽度为 w，高度为 h。当宽度大于高度 20 倍时，两侧壁对流速的影响可忽略不计。按照对圆导管的处理方式，设缝管中心平面上流速最大，上下壁处为零。于是有类似式（2-8）的关系：

$$-\frac{\mathrm{d}v}{\mathrm{d}y} = k\tau^m \tag{2-14}$$

式中，y 为狭缝形截面上任意一点到中心平面的垂直距离。

过此点的流层所受的切应力为：

$$\tau_y = \frac{\Delta p}{L}y \tag{2-15}$$

式中，Δp、L 的定义同前。

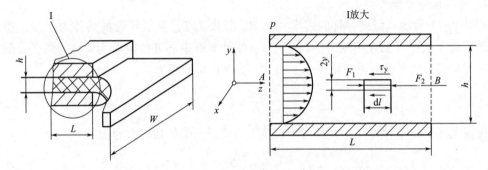

图 2-12　平行板狭缝通道中流动液体单元受力示意

同样，也可以得到任意流层处的流速 v_y 和流量 q 的计算公式：

$$v_y = k\left(\frac{\Delta p}{L}\right)^m\left(\frac{1}{m+1}\right)\left[\left(\frac{h}{2}\right)^{m+1} - y^{m+1}\right] \tag{2-16}$$

$$q = 2\int_0^{\frac{h}{2}} Wv_y\mathrm{d}y = kW\left(\frac{\Delta p}{L}\right)^m\frac{h^{m+1}}{2^{m+1}(m+2)} \tag{2-17}$$

$$v_r = k\left(\frac{\Delta p}{2L}\right)^m\left(\frac{R^{m+1} - r^{m+1}}{m+1}\right) \tag{2-18}$$

此式既表示定压下圆截面上各点的流速，也表达压力降与流速的关系。利用此式进一步可以得到流量的表达式如下：

$$q = \int_0^R 2\pi rv_r\mathrm{d}r = \pi k\left(\frac{\Delta p}{2L}\right)^m\left(\frac{R^{m+3}}{m+3}\right) \tag{2-19}$$

（二）流动的缺陷

1. 端末效应

聚合物熔体流经截面变化的型腔时，因弹性产生的收敛或膨胀现象被称为端末效应。它会导致塑件变形、挠曲、尺寸不稳定、应力集中甚至产生开裂等缺陷。

如图 2-13（a）所示，熔体在压力作用下从大截面型腔进入小截面型腔时，将在入口处产生收敛性流动。当过渡部位不够圆滑时，会产生湍流。这种收敛性流动使熔体产生弹性变形，并因此吸收能量而引起压力降；还会使熔体在一定长度 L_e（称为失稳流长）的小截面型腔内发生湍流。这些现象统称为入口效应。如图 2-13（b）所示为与此情况相反的离模膨胀现象，即当熔体流出型腔（如模具的流道或浇口）时发生体积膨胀的现象，称为离模膨胀效应。对于假塑性熔体，这种现象会发生在很短一段的体积收缩后。

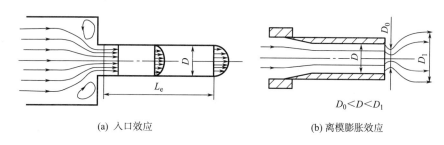

(a) 入口效应　　　　　　　　　　　　　(b) 离模膨胀效应

图 2-13　端末效应

2. 应力开裂

一些塑料，如聚苯乙烯、聚碳酸酯及聚砜等在成型时易产生内应力而使塑件质脆易裂，塑件在不大的外力或溶剂作用下即发生开裂，这种现象称为应力开裂。

内应力产生形式多种多样，如塑料熔体被注入型腔后，随着压实和补缩，熔体内形成压应力，若冷却速度快，应力松弛时间短，塑件会存有较大内应力；充模时与模具接触的熔体迅速冷却凝固，而向中心冷却缓慢，塑件在厚度方向上应力分布不均；塑件各部位结构不同，对熔体流动阻力不同，塑件各部位密度和收缩不均，而产生应力；塑件内含有嵌件，阻碍塑件自由收缩而产生应力等。

为防止塑件应力开裂，可在塑件中加入增强填料提高抗裂性；合理布置浇口位置和顶出位置，可减少残余应力或脱模力；对塑件进行热处理，消除内应力；使用时禁止与溶剂接触等，可以减少或消除内应力。

3. 失稳流动和熔体破裂

当熔体的黏度降到某一临界值时，流动呈非稳定的层流，各点的流速将发生互相干扰的现象，称为失稳流动。在该状态下的熔体经过流道后变得粗细不均，没有光泽，表面呈现粗糙的鲨鱼皮状。此时如果继续增大切应力或剪切速率，熔体呈更不规则的形态，变成碎片或小段块，这种现象称为熔体破裂。常出现熔体破裂的热塑性塑料有聚乙烯、聚丙烯、聚碳酸酯、聚砜及氟塑料等。

产生熔体破裂的原因是成型过程中切应力或切变速过大，而引起的成型缺陷，会影响塑件的外观和性能。因此，需选用熔融指数较大的塑料，适当地增大喷嘴、流道和浇口的截面积，降低注射速度，提高熔体温度等，以减缓或消除熔体破裂现象。

（三）聚合物熔体充模流动

在压力作用下聚合物熔体经模具的流道和浇口进入模腔并成型的过程，称为充模流动。平稳和连续的流动对保证塑件质量有重要的作用，通常充模流动的形式有 3 种。

（1）快速充模。如图 2-14（a）所示，小浇口正对着一个深型腔时，熔体从浇口流向型腔，此时由于截面的豁然开阔，流动阻力急剧减小，容易发生喷射现象，形成快速充模。因受离模膨胀效应的影响，快速充模的熔体很不平稳，尤其是先喷射出的熔体因速度减缓而阻碍后射入的熔体流动，在型腔内形成蛇形流，成型后的塑件质量不理想。

（2）中速充模。如图2-14(b)所示，当浇口截面的尺度与型腔深度相差不大时，熔体喷射可能性小，中速充模时，熔体做比较平稳的扩展流动，可以获得比较好的塑件质量。

（3）慢速充模。如图2-14(c)所示，当浇口截面的尺度与型腔深度接近时，熔体一般不会发生喷射，以慢速平稳地扩展流动充模。实践表明，此时在浇口附近仍存在一段不太稳定的流动。

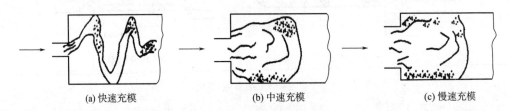

(a) 快速充模　　　　　　　　(b) 中速充模　　　　　　　　(c) 慢速充模

图2-14　不同速度的熔体充模流动

三、聚合物成型过程中的物理和化学变化

1. 聚合物的结晶

（1）聚合物结晶的过程和条件。聚合物的结晶是聚合物中形成具有稳定规整排列分子链的过程。要使有序结构在分子的热运动作用下不会被破坏，首先，分子链间必须具备足够大的内聚能，以抵抗热运动的作用；其次，分子链节小和柔顺性不大都是结晶的有利因素。因为链节小易于成型，柔顺性不大难于缠结，所以排列成规整有序的机会多。

聚合物的结晶倾向仅是一种内在能力的表现，只有在有利的外部条件下才能结晶，一般发生在从高温熔体向低温固态的转变过程中。通常，分子结构简单、对称性高的聚合物能在该过程中结晶，如聚乙烯、聚偏二氯乙烯和聚四氟乙烯等；一些分子链节虽较大，但分子之间内聚能也很大的聚合物也可以结晶，如聚酰胺、聚甲醛等。然而，分子链上有很大侧基（支链）的聚合物，如聚苯乙烯、聚甲基丙烯酸甲酯等，以及分子链刚性大的聚合物，如聚砜、聚碳酸酯和聚苯醚等，都不容易甚至不能结晶。

另外，由于结晶过程比较缓慢，还会出现二次结晶和后结晶现象。二次结晶是指发生在初晶结构不完善的部位，或在初结晶区以外非晶区内的结晶现象。后结晶是指在初晶界面上生长的结晶。

（2）聚合物结晶度。聚合物内结晶组织的质量（或体积）占总质量（或总体积）的百分比称为结晶度。它表征了聚合物的结晶程度。非结晶组织的存在使结晶聚合物没有明晰的熔点，其熔化是在一个比较宽的温度范围内完成的，这对成型工艺控制、调整具有一定的影响。完全熔化时的温度称为熔点。熔点和熔化温度范围随结晶度的不同而变化，结晶度高的聚合物，其熔点偏高。

聚合物可能达到的最大结晶度与自身结构和外部条件（如温度）有关，通常为10%~60%。高密度聚乙烯和聚四氟乙烯，最大结晶度可达90%或更高。

（3）结晶对塑件性能的影响。结晶后的聚合物分子链重新排列成规整而紧密的结构形式。结晶分子间内聚能强，体积相应收缩、比体积减小而密度增加。结晶能使塑件表面致密，从而使表面粗糙度降低。随着结晶程度的深化，成型后的塑件力学性能和热性能等可相应提高。但结晶引起聚合物的体积收缩会使成型后的塑件发生翘曲，严重地影响塑件质量。

2. 聚合物的取向

聚合物大分子及其链段在应力作用下形成的有序排列过程称为取向。它与结晶的三维有序不同，取向是一维或者二维有序。取向因聚合物熔体的流动性质不同，有单轴取向和多轴（或平面）取向两种类型。单轴取向分子链和链段沿着与拉伸方向平行的方向排列；多轴取向分子链和链段与型材（如单丝、薄膜）表面平行地排列，但在平面内的方向是无序的。如果从熔体所受应力的性质不同来分类，则有流动取向和拉伸取向两种形式。

当熔体从浇口流入模具型腔时，料流呈辐射状态，形成多轴（平面）取向结构。随着熔体的不断流入，开始充模流动，与型腔表壁接触的熔体迅速冷却形成一个来不及取向的薄壳表面层，它对后继流入的熔体产生很大的摩擦切应力，以致产生很强的取向。与此同时，熔体内部因摩擦小，取向程度轻微。如图 2-15 所示从两个截面上形象地表达了注射矩形长条试件时取向程度的分布。

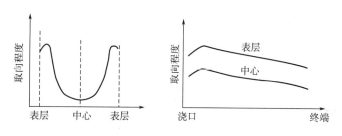

图 2-15　注射矩形长条试件时的取向程度

含有纤维填料熔体的流动取向结构如图 2-16 所示。熔体从浇口处沿半径散开；扇形型腔中心部位的流速大，前锋碰到腔壁后转向两侧形成垂直于半径方向的流动；最后形成弓形排列。图中数字 1~6 表示取向结构形成的顺序。

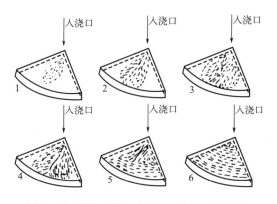

图 2-16　纤维状填料在扇形制件中流动取向

聚合物的取向结构使材质呈明显的各向异性，玻璃化温度升高；使结晶型聚合物的密度和结晶度提高。

3. 聚合物的降解

聚合物在热、力、氧、水和辐射等外界因素的作用下，或在成型过程中往往会发生降解的化学反应。降解是聚合物大分子断链、交联、改变结构或侧基的化学反应过程。

（1）热降解。在成型中因高温受热时间过长而引起的降解反应称为热降解。这是一种游离基链式解聚反应，其速度随温度升高而加快，首先为大分子主链上的某些化学链断裂并生长初始游离基，然后通过产生活性中心、链转移、链减短和链终止等反应，再形成不同的降解物。

（2）应力降解。在成型中因粉碎、高速搅拌、挤压、注射等而受到剪切和拉伸应力，使分子链发生断裂，并因此引起相对分子量降低的现象称为应力降解。它常常伴有热量释放，若不及时排出则可能引起热降解。实验结果表明，相对分子质量大、施加应力增大多会使应力降解加剧；而成型温度提高、添加增塑剂都可减弱应力降解。

（3）氧化降解。常温下绝大多数聚合物都能与氧气发生缓慢的作用，某些化学链较弱的部分常常产生极不稳定的过氧化结构，易分解出游离基，从而导致解聚反应，称为氧化降解。成型时伴随着热作用而迅速地加剧，称为热氧化降解。热氧化降解速度因聚合物的结构不同而异，例如不饱和碳链聚合物因主链上的双链易氧化，它的热氧化降解速度要比饱和碳链聚合物快得多。此外，热氧化降解速度还与含氧量、加热温度和时间有关，各因素的增强均可促使其加快。为此成型时必须严格控制温度和时间，避免因过热而发生热氧化降解。

（4）水降解。当聚合物分子结构中含有容易被水解的化学基团，如酰胺基（—CO—NH—）、酯基（—CO—C—）、腈基（—C≡N）、醚基（—C—O—C—）等，或者含有经氧化后而可以水解的基团时，可能发生水降解。如果这些基团在聚合物的主链上，水降解后的聚合物性能大大下降。如果这些基团在支链上，则影响会小一些。成型时为避免水降解的影响，必须采取干燥的工艺措施，这对吸湿性强的材料（如聚酯、聚醚和聚酰胺等）尤为重要。

4. 热固性聚合物的交联作用

聚合物从线型结构变为体型结构的化学反应过程称为交联。经过交联的聚合物，在力学性能、化学性能等方面都得到提高。由于交联反应不利于热塑性聚合物的流动和成型，因此主要应用在热固性聚合物的成型硬化过程。

热固性聚合物的交联作用，是分子链中带有反应基团（如羟甲基等）或反应活点（如不饱和键等）与交联剂（也称硬化剂）反应的结果。这种反应是聚合物分子链向三维发展并逐渐形成巨型网状结构的过程。随着交联的深入，在未发生作用的反应基团之间，或反应活点与交联剂之间的接触概率会降低；同时反应过程往往伴随有生成物的产生（如水气）。这些都阻缓了交联作用的深化。因此可以用交联度来表征交联作用的程度，即已经发生作用的基团（或活点）与原有反应基团（或活点）的比值。

习惯上常用固化或熟化来代替交联这个词汇，故有"硬化得好"或"硬化得完全"之说，即指交联作用发展到一种最为适宜的程度。因此，交联度不可大于100%，而固化程度可以超过此值，并称此时的聚合物为"过熟"；相反情况便称为"欠熟"。

固化不完全将会对成型后塑件各种性能产生极大的影响。当固化不足时，内部常存有较多的可溶性低分子物，而且分子之间结合力弱，使塑件机械强度、耐热性、耐腐蚀性、电绝缘性下降，表面色泽差，易翘曲甚至产生裂纹。当过度硬化或过熟时，也会引起塑件机械强度降低、发脆、变色，甚至表面出现密集的小泡。

思 考 题

1. 塑料一般由哪些成分组成？这些成分各自起什么作用？
2. 塑料是如何进行分类的？热塑性塑料和热固性塑料有什么区别？
3. 什么是塑料的计算收缩率？影响塑料收缩率的因素有哪些？
4. 什么是塑料的流动性？影响流动性的因素有哪些？
5. 测定热塑性塑料和热固性塑料的流动性分别使用什么仪器？如何进行测定？
6. 什么是热固性塑料的比体积和压缩比？热固性塑料的硬化速度是如何定义的？
7. 什么是塑料的热敏性？成型过程中如何避免热敏现象的发生？
8. 阐述常用塑料的性能特点。

第三章　塑料注射工艺及注射模设计

注射成型（又称注射模塑），是热塑性塑料制品的一种重要成型方法，除极少数几种热塑性塑料外，几乎所有的热塑性塑料都可以用此法成型。用注射模塑可成型各种形状，满足各种要求的制品。注射成型方法精密、经济、高效，随着近年来自动化程度的逐步提高，成型制件过程中基本没有废料产生；同时注射模塑已成功用来成型某些热固性塑料。目前采用注射成型工艺生产的塑料制品总量，占塑料制品总量的30%～40%。

注射模塑的过程是将粒状或粉状塑料从注射机的料斗送进加热的料筒，经加热熔化呈流动状态后，由柱塞或螺杆的推动而通过料筒端部的喷嘴并注入温度较低的闭合模具中。充满模具的熔料在受压的情况下，经冷却固化后即可保持模具型腔所赋予的形状，最后打开模具即可取得制品。在操作上完成一个模塑周期，以后就是不断重复上述周期的生产过程。

注射模具在注射制品成型中起着极其重要的作用，除塑料制品的表面质量、成型精度完全由模具决定之外，塑料制品内在质量、成型效率也受模具影响，如何高质量、简明、快捷、规范化地设计注塑模具，成为发挥注塑成型工艺优越性、扩大注塑制品应用的首要问题。

第一节　塑件结构的工艺性

塑料制品设计的主要内容包括塑件的形状、斜度、厚度、尺寸精度、表面粗糙度以及塑件上加强筋、支撑面和凸台、圆角、嵌件、孔、螺纹等的设计。

塑件的结构分析是其工艺性的前提。在设计塑件时，除考虑产品使用环境，制件宏观结构和美学结构外，塑料原料性能是另一重要因素。关于塑料原料性能，常用塑料如需详细了解，可参阅相关手册及原料厂商产品性能说明，此处不再赘述。

一副成功的模具，既要保证塑件顺利成型，防止产生缺陷，又能达到降低成本、提高生产率的目的。因此，模具设计人员必须熟悉与设计模具有关的塑件工艺性方面的要求，即塑件的可成型性。企业化设计的塑件主要有三方面要求：功能最大化、选材最优化和用材最小化。本节只从塑件的成型方面分析其成型工艺性。

1. 收缩性

塑料经成型后的制品从热模具中取出后，因冷却及其他原因而引起尺寸减小或体积收缩的现象称塑料的收缩性。

塑件的结构设计要求塑件有一个均匀的截面，如果一个塑件中有一两处的截面较其他处的截面厚些，而采用的成型条件又只适宜于模塑薄处截面，则在厚截面处会产生缺料、塑件不密实或熟化不足，造成塑件收缩不均，且薄壁塑件比厚壁塑件的收缩要小。

模具设计所选用的结构及浇口的位置和大小均与模制压力有密切关系。对热固性塑料的模塑成型来讲，模具结构设计合理时，可提高作用在物料上的压力，增加流动性，从而填充密实，促使成型后的产品收缩值小。

2. 脱模斜度

为便于使塑件从模具内取出或从塑件内抽出型芯，防止塑件与模具成型表面的黏附，以及塑件表面被划伤、擦毛等情况产生，塑件的内、外表面沿脱模方向都应有倾斜度，即脱模斜度。

塑件上所取斜度的大小与塑料性质、收缩率大小、塑件的壁厚和几何形状有关，也应随塑件的深度不同而改变。型芯长度及型腔深度越大，斜度应适当缩小反之则大。一般最小斜度为 15′，通常取 0.5° 即可，如图 3-1 所示。

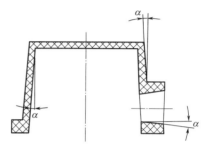

图 3-1　脱模斜度

3. 壁厚

塑件必须有一定的壁厚，这不仅使塑料在成型时有良好的流动状态，而且保证塑件在使用中有足够的强度和刚度。

由于塑料的收缩与硬化是同时发生的，厚度不同会造成收缩不一致。在塑件脱模时，薄的部分比厚的部分冷却快，厚的部分比薄的部分收缩较多，而厚的部分还由于中心变硬时发生的内收缩，会形成凹陷即沉陷点，或产生翘曲。为解决这个问题，在可能的条件下，常将厚的部分挖空，使壁厚尽量均匀一致。

4. 加强筋

加强筋的作用是在不增加整个塑件厚度的条件下，增强模塑件的刚度和强度。适当地使用加强筋，可克服扭歪现象。在某些情况下，加强筋还使塑料在模塑时易于流动。设计加强筋时，必须考虑加强筋的布置以减小因壁厚不均而产生的内应力，或由于塑料局部集中而产生缩孔、气泡。而且，加强筋底部的宽度应当比它所附着的壁厚小。

5. 支承面和凸台

使用单独的突缘或底部边缘代替整体支承面效果较好，因为实际中无法做到塑件的整个平面绝对平直，故以塑件的整个平面作为支承面是不合适的。

凸台是用来增加孔或装配附件的凸出部分。设计凸台时，除应考虑采用加强筋所应考虑的一般问题外，在可能范围内，凸台应当位于变角部位，其几何尺寸应小，高度不应超过其直径的两倍，并应具有足够的倾斜角度以便脱模。

6. 圆角和边缘修饰

塑件的边缘和边角带有圆角，可以增加塑料某部位或整个的机械强度、造成成型时塑料在模具内流动的有利条件，也有利于塑件的顶出。因此，塑件除使用上要求采用尖角或者由于不能成型出圆角之处外，应尽可能采用圆角。

应力趋向于集中在两个部位的交接点上，如图 3-2 所示。边缘修饰对减小应力集中的具有明显的效果，当内圆角半径小于厚度的四分之一时，应力集中表现很明显，而当采用大于厚度四分之三的半径时，对进一步减小应力集中效果并不明显。因此，理想的内圆角半径应大于四分之一壁厚。同时，在两部位交接处的外角上采用圆弧能进一步减小应力集中，如图 3-3 所示。

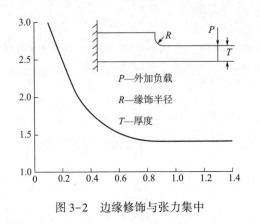

图 3-2　边缘修饰与张力集中

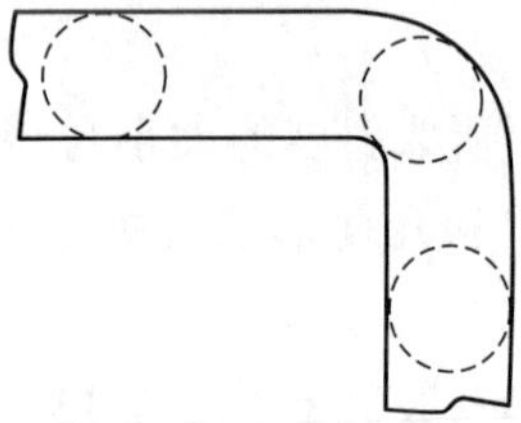

P—外加负载
R—缘饰半径
T—厚度

图 3-3　圆弧过渡

7. 孔

塑件上孔的形状是多种多样的。由于孔的使用范围很广，塑件结构的多样，塑件上的孔可用于各种目的。常见的孔有通孔、盲孔、形状复杂的孔、螺纹孔等。对于塑件上的各种孔，尽可能设置在最不易削弱塑件强度的地方，一般在相等孔之间以及孔到边缘之间，均应保留适当的距离，并尽可能使壁厚一些，防止在孔眼处因装置零件而破裂。一般孔边壁的塑料层厚度，不应小于该孔的直径，如图 3-4 所示。

8. 侧孔和侧凹

当塑件有侧孔和侧凹时，由于塑件的侧孔垂直于压制方向或开模方向，这种形状的塑件，不可能从单块模腔中脱出，要成型塑件并保证塑件成型后顺利脱出，模具必须设置滑块或其他复杂的侧抽芯机构。这样造成模具结构复杂、成本增加、模具制造周期延长。甚至由于模具制造不够精确，引起成型塑件脱模困难等问题。因此，改进塑件结构，达到简化模具结构、缩短生产周期、提供塑件质量等目的是非常必要的。

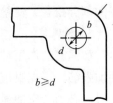

$b \geqslant d$

图 3-4　孔与边缘
最小距离

9. 金属嵌镶件

有时为满足塑件的强度、硬度以及抗蚀性、抗磨性、导磁性、导电性等要求，以适应其在不同的场合使用需求，或者为了弥补因塑件结构工艺性的不足而带来的缺陷，以及为解决特种技术要求的工艺问题，往往采用嵌件以达到上述目的。采用嵌件，还能提高塑件尺寸的稳定性和制造精度、降低材料消耗。

为使嵌件与塑件牢固地结合成一整体，可采用多种方法，如用黏接的方法将嵌件镶装在已生产好的塑件中，也有利用塑料的收缩作用将嵌件压入制好的塑件中，而用得最多也最简单的方法是将嵌件模压在压塑件中，在塑件成型时直接实现结合。

10. 螺纹

塑件上的螺纹除按形状和尺寸分为多种不同形式外，按塑件上得到螺纹的方法，也可有所不同。最常用的有以下三种方法：

（1）模塑时直接成型，用这种方法可以在各种结构的塑件上成型出各种断面和形状的螺纹。

（2）在经常装拆和受力较大的地方，通常采用带螺纹的金属零件，在塑件成型时或成型后压入塑件的方法。

（3）当螺纹件配合时，对螺纹直径或其他的螺纹配合尺寸有较高的要求，或成型螺纹的模具零件机械强度不高时，可采用机械加工法加工螺纹。

11. 标记、符号

由于装饰或某些特殊要求，塑件上常要求有标记、符号，如要求有名字、文字、数字盘、说明等，但必须使成型的标记、符号不致引起脱模困难。

塑件的标记、符号有凸形和凹形两类。标记、符号在塑件上为凸形，在模具上就为凹形；标记、符号在塑件上为凹形，在模具上就为凸形。模具上的凹形标记、符号易于加工，可用比较方便的雕刻法做出。模具上的凸形标记、符号难以加工，且型腔上直接做出凸形时，成型表面粗糙度难以保证，因此，可采用电火花、电铸或冷挤压成型。

12. 表面装饰

塑件的表面装饰，在很大程度上能影响塑件的外形美观和质量。采用凹槽纹、点采法、皮革纹、桔皮纹、木纹等装饰花纹，可以隐蔽塑件表面在成型过程中产生的疵点、丝痕、波纹等缺陷。尤其是在大的平面上，要求极小的粗糙度很困难，采用这种表面装饰方法，可提高外观质量。

13. 塑件的精度和粗糙度

塑件的尺寸精度是指所获得的塑件尺寸与图纸中尺寸的符合程度。一般来说，塑件尺寸精度取决于塑料因材质和工艺条件引起的塑料收缩率变动范围大小，模具制造精度、型腔磨损情况以及工艺控制等因素。而模具的某些结构特点又在相当大程度上影响塑件的尺寸精度。

一般塑件的精度为7~8级，若将模具型腔、型芯尺寸的制造公差提高，又选用收缩率小、且变化范围小的塑料，则成型塑件尺寸精度可达6级，在特殊情况下，塑件上各项单独尺寸精度可达4级。详细可参考国标《塑料模塑件尺寸公差》（GB/T 14486—2008）。

第二节　注射成型原理、设备及工艺

一、注射成型原理

注射成型是塑料模塑成型的一种主要成型方法，是根据金属压铸成型原理发展而来的。其基本原理就是利用塑料的可挤压性与可模塑性，先将松散的粒状或粉状成型物料从注射机的料斗送入高温的机筒内加热熔融塑化，使之成为黏流态熔体，然后在柱塞或螺杆的高压推动下，以高流速通过机筒前端的喷嘴注射入温度较低的闭合模具中，经过一段保压冷却定型时间后，开启模具便可从型腔中脱出具有一定形状和尺寸的塑料制品。注射成型原理如图3-5所示。

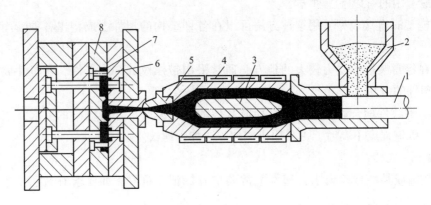

图 3-5　注射成型原理

1—柱塞　2—料斗　3—分流梭　4—加热器　5—喷嘴　6—定模板　7—塑件　8—动模板

　　注射成型的特点：成型周期短，能一次成型形状复杂、尺寸精确、带有金属或非金属嵌件的塑料制件；适应性强，到目前为止，几乎所有的热塑性塑料（除氟塑料外）及一些热固性塑料均可用此方法成型；生产效率高，易于实现全自动化生产等。注射成型广泛应用于各种塑料制件的生产中，其产品占目前塑料制件生产的 30% 左右。应当注意的是，注射成型的设备价格及模具制造费用较高，对于单件及小批量的塑料件生产不宜采用此法。

　　注射成型分为普通注射成型、精密注射成型和特种注射成型三类。

　　（1）普通注射成型主要针对要求较低的热塑性塑料和一些热固性塑料制品成型。

　　（2）精密注射成型可以成型要求较高的塑料制品。

　　（3）特种注射成型方法很多，主要有气体辅助注射成型、共注射成型、动力熔融注射成型、结构发泡注射成型、排气注射成型、BMC 注射成型、多级注射成型、反应注射成型、液态注射成型、高速注射成型、复合注射成型、多材质注射成型及内加饰注射成型等，随着注射成型工艺技术的不断发展，还会有更多的方法出现。

二、注射成型设备

（一）注射机的分类、应用

　　不同的注射成型方法对注射成型设备的要求及其装置配置不同。用于注射成型的设备有通用注射机、热固性塑料注射机、特种注射成型工艺用注射机等。

　　通用注射机主要用于热塑性塑料注射成型，它是一类应用很广泛的注射成型设备。在这种设备上加上特定的辅助设施，可以用于热流道注射成型、气体辅助注射成型、多级注射成型等。

　　热固性塑料注射机用于热固性塑料注射成型，在其上添加流道的温度调节与控制系统，或在锁模机构上加设二次合模系统，可用于热固性塑料冷流道注射成型或热固性塑料传递成型。

　　特种注射机有很多种，如动力熔融注射机、排气注射机、结构发泡注射机、BMC 注射机、液态注射机、反应注射机等，主要用于不同的特种注射成型工艺。

　　这里主要介绍应用广泛的通用注射成型机。通用注射机按分类方式不同，有多种形式。

1. 按注射机的注射方向和模具的开合方向分类

（1）卧式注射机。图3-6所示为卧式注射机简图，这种注射机成型物料的注射方向与合模机构开合方向均沿水平方向。其特点是重心低、稳定，加料、操作及维修均很方便，塑件推出后可自行脱落，便于实现自动化生产，当前应用广泛，大、中型注射机一般均采用这种形式。其主要缺点是模具安装较麻烦，嵌件放入模具有倾斜和脱落的可能，机床占地面积较大。

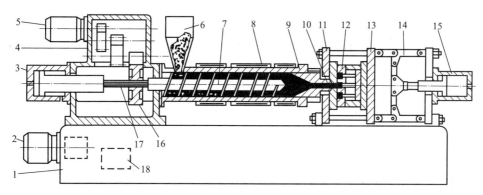

图3-6　卧式注射机简图

1—机座　2—电动机及液压泵　3—注射液压缸　4—齿轮箱　5—齿轮传动电动机　6—料斗
7—螺杆　8—加热器　9—料筒　10—喷嘴　11—定模板　12—模具　13—动模板
14—锁模机构　15—锁模液压缸　16—螺杆传动齿轮箱　17—螺杆花键槽　18—油箱

（2）立式注射机。立式注射机成型物料的注射方向与合模机构开合方向是垂直于地面的。其主要优点是占地面积小，安装和拆卸模具方便，安放嵌件较容易。缺点是重心高、不稳定，加料较困难，顶出的塑件要人工取出，不易实现自动化生产。这种机型一般为小型的，注射量在60g以下。

（3）角式注射机。角式注射机成型物料的注射方向与合模机构开合方向相互垂直，故又称为直角式注射机。目前国内使用最多的角式注射机采用沿水平方向合模，沿垂直方向注射，合模采用开合模丝杆传动，注射部分除采用齿轮齿条传动外也有采用液压传动的。它的主要优点是结构简单，便于自制。主要缺点是机械传动不能准确可靠地控制注射、保证压力及锁模力，模具受冲击和振动较大。

2. 按注射装置分类

（1）螺杆式。以同一螺杆来实现成型物料的塑化和注射。虽然它的压力损失较大，但成型物料的混炼塑化均匀，没有材料滞流，构造简单，是当前应用较广泛的机型。

（2）柱塞式。以加热料筒、分流梭和柱塞来实现成型物料的塑化及注射。它构造简单、适合于小型零件的成型。但材料滞流严重、压力损失大。

（3）螺杆预塑化型。双料筒形式螺杆、料筒进行塑化，柱塞、料筒进行注射。它能使塑化均匀，计量准确，适合于精密成型。但其结构复杂，材料滞流大。

3. 按照锁模装置分类

（1）直压式。以液压缸直接锁模，这种形式调整、保压都较容易。但能量消耗较大。

（2）机械—液压式。以连杆机构实现锁模，常与液压缸组合使用。它可以实现高速合模，锁模可靠，产品不易出飞边。但调整复杂，需要经常保养。

（二）注射机的组成

无论是哪一类注射机，它们都由以下几大部分组成。

（1）注射机构。注射机构的主要作用是使固态的成型物料均匀地塑化成熔融状态，并以足够的压力和速度将熔融物料注入闭合的模具型腔中。注射机构包括加料器、料筒、螺杆（或柱塞与分流梭）及喷嘴等部件。

（2）锁模机构。锁模机构的作用有三点：一是锁紧模具；二是实现模具的开合动作；三是开模时顶出模内制品。锁模机构可以是全液压式（直压式），也可以是液压—机械联合作用式（肘拐式）；顶出机构分机械式顶出和液压式顶出两种。

（3）液压传动和电器控制系统。液压传动和电器控制系统是为保证注射成型过程按照预定的工艺要求（压力、速度、时间、温度）和动作程序能准确进行而设置的。液压传动系统是注射机的动力系统，而电器控制系统则是各动力液压缸完成开启、闭合和注射等动作的控制系统。

（三）注射机基本参数及与注射模的关系

注射模具安装在注射机上。在设计注射模时，必须了解注射机的技术规格（基本参数），正确处理注射模与注射机的关系，才能设计出合乎要求的模具。

1. 最大注射量的校核

为保证注射成型的正常进行，塑料制品连同浇道凝料及飞边在内的质量一般不应超过注射机最大注射量的80%。注射机额定的最大注射量通常用聚苯乙烯（常温下密度为$1.06g/cm^3$）来标定，由于各种塑料的密度不同，在成型其他塑料时，应按下列公式对注射机的最大注射量进行换算。

$$G_{max} = G\frac{\rho_1}{\rho_2} \tag{3-1}$$

式中：G_{max} 为注射机对成型塑料的额定最大注射量（g）；G 为注射机额定注射量（g）；ρ_1 为所成型塑料在常温下的密度（g/cm^3）；ρ_2 为聚苯乙烯在常温下的密度（g/cm^3）。

由于刚加入料筒的塑料为疏松状态，而式（3-1）的条件为塑化时两种塑料的体积压缩比相同。当考虑到体积压缩比不相同时，式（3-1）应改写为：

$$G_{max} = G\frac{\rho_1 f_2}{\rho_2 f_1} \tag{3-2}$$

式中：f_1 为所成型塑料的体积压缩比；f_2 为聚苯乙烯的体积压缩比，可取2。

塑料的体积压缩比与其粒度及粒子的规整性等因素有关，可通过实验测得。常用塑料的体积压缩比可查阅有关资料。

一般情况下，仅对最大注射量进行校核即可，但有时还应注意注射机能注射的最小注射量。如对于热敏性塑料，最小注射量应不小于额定注射量的20%。当每次注射量太小时，塑料在料筒内停留的时间会过长，这样会使塑料高温分解，从而使制品的质量和性能下降。

2. 注射压力的校核

注射压力的校核是额定注射机的最大注射压力能否满足该塑件成型的需要，塑件成型所需要的压力是由注射机的类型、喷嘴形式、塑料流动性和模具结构等因素决定的。如螺杆式注射机，其注射压力的传递比柱塞式好，因此，注射压力可取得小一些；流动性差的塑料或细长流程塑件，注射压力应取得大一些。设计模具时，可参考各种塑料的注射成型工艺性能来确定塑件的注射压力，再与注射机额定压力相比较。

3. 锁模力的校核

当高压塑料熔体充满模具型腔时，会产生很大的压力，使模具沿分型面涨开。该压力等于制品与浇注系统在垂直于锁模方向的分型面上的投影面积之和乘以型腔内熔体的压力。作用在这个面积上的总力，应小于注射机的额定锁模力，否则在注射成型时会因锁模不紧而发生溢边跑料现象。

型腔内熔体的压力 p_2（MPa），可按下式计算：

$$p_2 = kp_a \tag{3-3}$$

式中，p_a 为注射压力，即料筒内注射机柱塞或螺杆施于熔体上的压力（MPa）；k 为压力损失系数，随塑料品种、注射机类型、喷嘴阻力、流道阻力的不同而变化，取值范围为 $0.2 \sim 0.4$。在成型中、小型塑料制品时，型腔内熔体的压力常取 $20 \sim 40$MPa。

4. 安装部分的尺寸校核

不同型号的注射机安装模具部分的形状和尺寸各不相同，为了使模具能顺利地安装在注射机上并生产出合格的塑料制品，在设计模具时必须校核注射机上与模具安装有关的尺寸。需校核的主要内容有喷嘴尺寸、定位圈尺寸、模具厚度和安装螺孔尺寸。

（1）喷嘴尺寸。注射机喷嘴头一般为球面，其球面半径应与相接触的模具主流道始端凹下的球面半径相适应（详见浇注系统设计）。角式注射机喷嘴头多为平面，模具与其相接触处也应做成平面。

（2）定位圈尺寸。为了使模具主流道的中心线与注射机喷嘴的中心线相重合，模具定模板上凸出的定位圈必须与注射机定模板上的定位孔呈较松动的间隙配合。

（3）模具厚度。所设计的模具厚度应介于注射机可安装模具的最大模厚与最小模厚之间。同时，应该校核模具的外形尺寸，使得模具能从注射机的拉杆间装入。

（4）螺孔尺寸。模具常用的安装方法有两种，一种是用螺钉直接固定，另一种是用螺钉压板固定。采用前一种安装方法设计模具时，动、定模座板螺孔位置及尺寸应与注射机对应模板上的螺孔尺寸和位置相适应；而采用后一种安装方法，则比较灵活。

5. 开模行程和顶出机构的校核

各类注射机的开模行程是有限制的，取出制品所需的开模距离必须小于注射机的最大开模距离。开模距离的校核可分以下两种情况。

（1）注射机最大开模行程与模厚无关。当注射机采用液压—机械联合作用的锁模机构时，最大开模行程由连杆的最大行程决定，而不受模具厚度的影响，其开模距离依据不同模具机构进行校核。如图 3-7 所示为单分型面注射模，可按下式校核：

$$S \geqslant H_1 + H_2 + (5 \sim 10)\text{mm} \tag{3-4}$$

式中：H_1 为制品脱模距离（mm）；H_2 为包括流道凝料在内的制品高度（mm）；S 为注射机的最大开模行程（mm）。

对于双分型面注射模（图 3-8），为了保证开模距离，需增加定模板与中间板的分离距

离 a。a 的大小应能保证可取出流道内的凝料。此时：

$$S \geqslant H_1 + H_2 + a + (5 \sim 10)\text{mm} \tag{3-5}$$

制品脱模距离 H_1 常等于型芯高度，但对于内表面为阶梯状的制品，有时不必顶出到型芯的全部高度就可以取出塑件，故 H_1 应根据具体情况而定，以能顺利取出塑件为准。

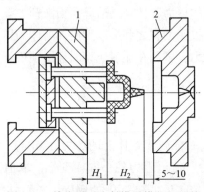

图 3-7　单分型面注射模开模行程校核

1—动模　2—定模

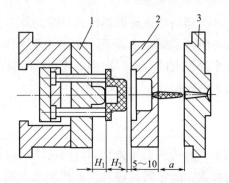

图 3-8　双分型面注射模开模行程校核

1—动模　2—中间板　3—定模

（2）注射机最大开模行程与模厚有关。对于采用全液压式锁模机构的注射机，其最大开模行程受模具厚度的影响。此时最大开模行程等于注射机动模板与定模板之间的最大距离减去模具厚度 H_m。对于单分型面注射模，校核公式为：

$$S \geqslant H_m + H_1 + H_2 + (5 \sim 10)\text{mm} \tag{3-6}$$

对于双单分型面注射模，校核公式为：

$$S \geqslant H_m + H_1 + H_2 + a + (5 \sim 10)\text{mm} \tag{3-7}$$

对于带侧向分型与抽芯机构的注射模，如果其分型与抽芯动作是由开模来完成的，此时还须根据侧向分型或抽芯的距离来决定开模行程。如图 3-9 所示的斜导柱侧向抽芯机构，为了保证侧向抽芯距离足够，所需的开模行程为 H_c，当 $H_c > H_1 + H_2$ 时，开模行程应按下式校核：

$$S \geqslant H_c + (5 \sim 10)\text{mm} \tag{3-8}$$

当 $H_c \leqslant H_1 + H_2$ 时，仍按式（3-4）或式（3-6）校核。

在设计模具顶出机构时，需校核注射机顶出机构的顶出形式（是中心顶杆顶出还是两侧顶杆顶出等）、最大顶出距离以及双顶杆中心距离等，以保证模具的顶出机构与注射机的顶出机构相适应。

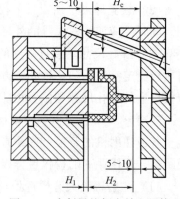

图 3-9　有斜导柱侧向抽芯机构
的注射模

三、热塑性塑料注射成型工艺

（一）注射成型工艺过程

注射工艺过程包括成型前准备、注射成型过程和制品的后处理。

1. 成型前的准备

为保证塑料制品质量，在成型前应作一些工艺准备工作，如对成型物料进行外观（如物料的色泽、颗粒大小及均匀度等）检验，对其工艺性能（如熔融指数、流动性、热性能及收缩性）进行测试；对于某些容易吸湿的塑料（如聚酰胺、聚碳酸酯、ABS 等）成型前应进行充分干燥，避免产品表面出现银纹、斑纹和气泡等缺陷；成型不同种类塑料前，应对料筒进行清洗；对成型带有嵌件的塑件，应先对嵌件进行预热或预处理；对于脱模困难的塑件，预备好合适的脱模剂。

2. 注射工艺过程

注射过程一般包括加料、塑化、注射、冷却和脱模等步骤，如图 3-10 所示。

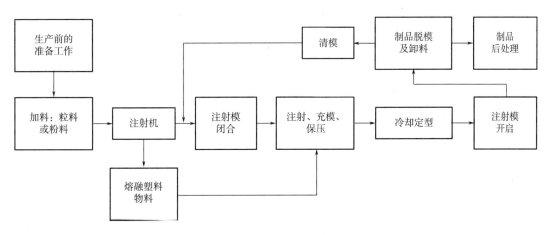

图 3-10　注射工艺过程

（1）加料。由于注射成型是一个间歇过程，因而需定量（定容）加料，以保证操作稳定，塑料塑化均匀，最终获得良好的塑件。加料过多、受热时间过长容易引起塑料的热降解，同时注射机功率消耗增多；加料过少，料筒内缺少传压介质，型腔中塑料熔体压力降低，难以补塑，容易使塑件出现收缩、凹陷、空洞等缺陷。

（2）塑化。加入的塑料在料筒中进行加热，由固体颗粒转换成黏流态并具有良好的可塑性的过程称为塑化。决定塑料塑化质量的主要因素是物料的受热情况和所受到的剪切作用。通过料筒对物料加热，使聚合物分子松弛，出现由固体向液体转变；一定的温度是塑料得以形变、熔融和塑化的必要条件；而剪切作用则以机械力的方式强化了混合和塑化过程，使混合和塑化扩展到聚合物分子水平（而不是静态的熔融），使塑料熔体的温度分布、物料组成和分子形态都发生改变，并更趋于均匀；同时螺杆的剪切作用能在塑料中产生更多的摩擦热，促进塑料的塑化，因而螺杆式注射机对塑料的塑化比柱塞式注射机好得多。

对塑料的塑化要求是：塑料熔体在进入型腔前应充分塑化，既要达到规定的成型温度，又要使塑化料各处的温度尽量均匀一致，还要使热分解物的含量达到最小值；并能提供上述质量的足够的熔融塑料以保证生产连续并顺利进行，这些要求与塑料的特征、工艺条件的控制及注射机塑化装置的结构等密切相关。

（3）注射。不论何种形式的注射机，注射的过程可分为充模、保压、倒流、浇口冻结后的冷却和脱模等阶段，如图 3-11 所示。其中，P_0 为模塑最大压力；P_n 为浇口冻结时的压力；P_r 为脱模时残余压力；$t_1 \sim t_4$ 各代表某一时间。

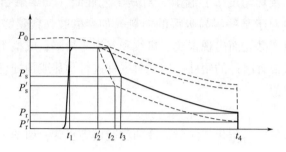

图 3-11　成型周期中的塑料压力变化曲线

①充模。塑化好的熔体被柱塞或螺杆推挤至料筒前端，经过喷嘴及模具浇注系统进入并填满型腔，这段时间型腔内熔体压力迅速上升，$t = t_1$ 时，达到最大值 P_0，这一阶段称为充模。

②保压。在模具中熔体冷却收缩时，继续保持施压状态的柱塞或螺杆迫使浇口附近的熔料不断补充进入模具中（$t_1 \sim t_2$），使型腔中的塑料能成型出形状完整且致密的塑件，这一阶段称为保压。

③倒流。保压结束后，柱塞或螺杆后退，型腔中压力解除（$t_2 \sim t_3$），这时型腔中的熔料压力比浇口前方的高，如果浇口尚未冻结，就会发生型腔中熔料通过浇口流向浇注系统的倒流现象，使塑件产生收缩、变形及质地疏松等缺陷。如果保压结束之前浇口已经冻结，则不存在倒流现象。

④浇口冻结后的冷却。当浇注系统的塑料已经冻结后，不再需要继续保压，因此可退回柱塞或螺杆，卸除料筒内塑料的压力，并加入新料，同时通入冷却水、油或空气等冷却介质，对模具进行进一步的冷却，这一阶段称为浇口冻结后的冷却（$t_3 \sim t_4$）。实际上，冷却过程从塑料注入型腔起就开始了，它包括从充模完成、保压到脱模前的这一段时间。

⑤脱模。塑件冷却到一定的温度即可开模，在推出机构的作用下将塑料制件推出模外，这一过程称为脱模。

3. 制品的后处理

塑料制品脱模后常需进行适当的后处理（退火或调湿），以便改善和提高制品的性能和尺寸稳定性。退火处理是使制品在定温的加热介质或热空气循环烘箱中静置一段时间。一般，退火温度比制品使用温度高 10~20℃，或比塑料热变形温度低 10~20℃，以消除制品的内应力、稳定结晶结构。有些塑料制品（如聚酰胺等）在高温下与空气接触会氧化变色或容易吸收水分而膨胀，此时需进行调湿处理，即将刚脱模的制品放在热水中处理，这样既可隔绝空气，进行无氧化退火，又可使制品快速达到吸湿平衡状态，从而使制品尺寸稳定。

（二）注射成型工艺参数

注射成型最重要的工艺参数为影响熔体流动和冷却的温度、压力及相应的作用时间。

1. 温度

在注射成型过程中需要控制的温度有料筒温度、喷嘴温度和模具温度等。前两种温度主要影响塑料的塑化和流动；而后一种温度主要影响塑料的流动和冷却。

（1）料筒温度。料筒温度的选择与塑料的特性有关。每一种塑料具有不同的黏流态温度 T_f（对结晶型塑料即为熔点 T_m），为保证塑料熔体的正常流动，不使塑料在料筒中发生热降解，料筒温度需控制在黏流态温度 T_f 与热分解温度 T_d 之间。料筒温度的分布，一般是从料斗一侧（后端）起至喷嘴（前端）止逐步升高，以使塑料温度平稳地上升以达到均匀塑化的目的。对于螺杆式注射机，因剪切摩擦热有助于塑化，因而前端的温度也可略低于中段，防止塑料的过热分解。

（2）喷嘴温度。喷嘴温度一般略低于料筒的最高温度，防止直通式喷嘴发生"流涎"现象。由喷嘴低温产生的影响可以从塑料注射时所发生的摩擦热得到一定的补偿。但应注意，温度低太多可能导致熔体早凝而将喷嘴堵死。

料筒和喷嘴温度的选择与其他工艺条件存在一定关系。如注射压力的大小对温度有直接影响，在保持同样的流速下，较低的注射压力，一般对应较高的温度；反之，较高的注射压力，对应较低的温度。

（3）模具温度。模具温度对塑料熔体的充模能力及塑件的内在性能和外观质量影响很大。模具温度的高低决定塑料结晶性的有无、塑件尺寸和结构、性能以及其他工艺条件（熔体温度、注射速度及注射压力、成型周期等）。

模具温度由模具上设置的温度控制系统来控制。

2. 压力

注射成型过程中的压力包括塑化压力和注射压力两种。

（1）塑化压力。塑化压力又称背压，是指注射机螺杆顶部的熔体在螺杆转动后退时所受到的压力。增加背压能提高熔体温度并使温度均匀，但会降低塑化的速度。背压可以通过液压系统中的溢流阀来调整。注射中，塑化压力的大小随螺杆的设计、塑件的质量要求以及塑料的种类不同而不同。

（2）注射压力。注射压力用来克服熔体从料筒流向型腔的流动阻力，提供充模速度以及对熔体进行压实等。注射压力的大小与塑料制品的质量和生产率有直接的关系。影响注射压力的因素很多，如塑料品种、注射机类型、制品和模具结构以及其他工艺条件等，而各因素之间的关系十分复杂。近年来，国内外成功地采用注射流动模拟计算机软件，对注射压力进行了优化设计。

3. 时间

完成一次注射成型过程所需的时间称为成型周期，它包括以下几个部分：

$$
成型周期
\begin{cases}
注射时间
\begin{cases}
充模时间（螺杆前进时间）\\
保压时间（螺杆停留在前进位置的时间）
\end{cases}
\Bigg\}\ 冷却总时间\\
闭模冷却时间（也包括螺杆后退时间）\\
其他时间（开模、脱模、涂脱模剂、安放嵌件和合模等时间）
\end{cases}
$$

在保证塑料制品质量的前提下，应尽量缩短成型周期中各段时间，提高生产率。成型周期中最重要的是注射时间和冷却时间，它们对产品的质量有着决定性的影响。在生产中，充模时间一般为 3~5s，保压时间一般为 20~120s，冷却时间一般为 30~120s。

第三节 注射模具典型结构和分类

注射模具的结构是由注射机的形式和制件的复杂程度等因素决定的。凡注射模具，均可分为动模和定模两大部分。注射时动模和定模闭合构成型腔和浇注系统，开模时动模和定模分离，取出制件。定模安装在注射机的固定模板上，而动模则安装在注射机的移动模板上。

一、注射模具典型结构

根据模具上各个部件所起的作用，可细分为以下 7 个部分：

（1）浇注系统。将塑料由注射机喷嘴引向型腔的流道称为浇注系统，由主浇道、分浇道、浇口、冷料井所组成。

（2）成型零部件。构成模具型腔的零件统称为成型零部件。型腔是直接成型塑料制件的部分，它通常由凸模（成型塑件内部形状）、凹模（成型塑件外部形状）、型芯或成型杆、镶块等构成。

（3）导向部分。为确保动模和定模合模时准确对中而设导向零件。

（4）分型抽芯机构。带有外侧凹或侧孔的塑件，在被顶出以前，必须先进行侧向分型，拔出侧向凸模或抽出侧型芯，方能顺利脱出，需用到分型抽芯机构。

（5）顶出装置。在开模过程中，将塑件从模具中顶出的装置称为顶出装置。

（6）冷却加热系统。为满足注射工艺对模具温度的要求，模具设有冷却加热系统。冷却系统一般在模具内开设冷却水道，加热则在模具内部或周围安装加热元件，如电加热元件。

（7）排气系统。为在注射过程中将型腔内原有的空气排出，常在分型面处开设排气槽（排气系统）。

二、注射模具分类

注射模具的分类方法很多。按其在注射机上的安装方式可分为移动式和固定式注射模具；按所用注射机类型可分为卧式或立式注射机用注射模具和角式注射机用模具；按模具的成型腔数目可分为单型腔和多型腔注射模具。按注射模具的总体结构特征分为七种。

1. 单分型面注射模具

单分型面注射模具也叫双板式注射模具，是注射模具中最简单的一种，构成型腔的一部分在动模上，另一部分在定模上（图 3-12）。

合模时，在导柱和导套的导向和定位作用下，注射机开合模系统带动动模向定模方向移动，使模具闭合，并提供足够的锁模力。模具闭合后，在注射液压缸的作用下，塑料熔体通过注射机喷嘴经模具浇注系统进入型腔，待熔体充满型腔并经过保压、补缩和冷却定型后开模，注射机开合模系统带动动模向后移动，模具从分型面分开，塑件包在凸模上随动模后退，同时拉料杆从浇口套内拉出流道凝料。

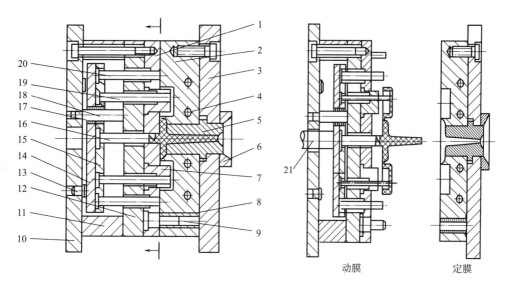

图 3-12　单分型面注射模

1—动模板　2—定模板　3—定模座板　4—冷却水道　5—主流道衬套　6—定位圈　7—凸模

8—导套　9—导柱　10—动模座板　11—垫块　12—支承板　13—支承柱　14—推板

15—推杆固定板　16—拉料杆　17—推板导套　18—推板导柱　19—推杆

20—复位杆　21—注射机顶杆

2. 双分型面注射模具

双分型面注射模具特指浇注系统凝料和制品由不同的分型面取出的模具，也叫三板式注射模，与单分型面模具相比，增加一个可移动的中间板。模具有两个分型面，如图 3-13 所

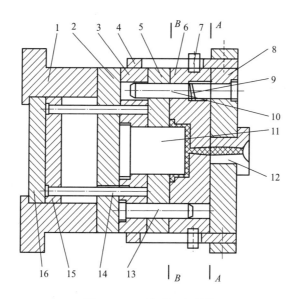

图 3-13　双分型面注射模

1—模脚　2—支承板　3—型芯（凸模）固定板　4—定距拉板　5—推件板　6—中间板　7—限位销

8—定模座板　9—弹簧　10—导柱　11—型芯　12—主流道衬套　13—导柱　14—推杆

15—推杆固定板　16—推板

示，*A—A* 为第一分型面，脱模时由此取出浇注系统凝料，*B—B* 为第二分型面，脱模时由此取出塑件。

3. 带有活动镶件注射模具

带有侧孔及侧凸、凹的塑件，塑件内部有局部凸起，由于塑件的特殊要求，模具上设有活动的螺纹型芯或侧向型芯和哈夫块等很难用侧向抽芯机构来实现侧向抽芯。可以将成型零件设计成活动镶块，在开模时随塑件一起移出模外，再通过手工或者简单工具使活动镶块与塑件相分离，在下一次注射之前，重新将活动镶块放入模具中，如图 3-14 所示。

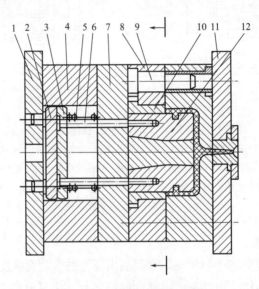

图 3-14 带活动镶件注射模
1—动模座板 2—推板 3—推杆固定板 4—垫块 5—弹簧 6—推杆 7—支承板
8—型芯固定板 9—导柱 10—型芯 11—定模座板 12—活动镶块

4. 侧向分型抽芯注射模具

当塑件有侧孔或侧凹时，在自动操作的模具里设有斜导柱或斜滑块等横向分抽芯机构。侧向分型抽芯机构通常由斜导柱、斜滑块或斜销驱动。如图 3-15 所示为典型的斜导柱侧向分型抽芯机构注射模。该侧向分型抽芯机构由斜导柱 9、滑块 10、楔紧块 8 和滑块抽芯结束时的定位装置（挡块、滑块拉杆、弹簧和螺母）组成。

5. 自动卸螺纹注射模具

对带有内螺纹或外螺纹的塑件要求自动脱模时，在模具上设有可转动的螺纹型芯或型环。通过注射机的往复运动或旋转运动，或者设置专门的驱动（如电动机或液压电动机等）和传动机构，带动螺纹型芯或者型环转动，使塑件脱出。图 3-16 所示为自动卸螺纹的注射模。

6. 定模设顶出装置注射模具

一般注射模具开模后，制件均留在动模一侧，故顶出装置也设在动模一侧。但有时由于制件的特殊要求或形状的限制，将制件留在定模上，则在定模一侧设置顶出装置。定模一侧的脱模机构一般采用拉板、拉杆或者链条与动模相连。

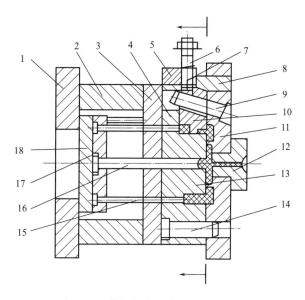

图 3-15　带侧向分型抽芯机构注射模

1—动模座板　2—垫块　3—支承板　4—动模板　5—挡块　6—弹簧、螺母　7—滑块拉杆
8—楔紧块　9—斜导柱　10—滑块　11—定模座板　12—浇口套　13—型芯　14—导柱
15—推杆　16—拉料杆　17—推杆固定板　18—推板

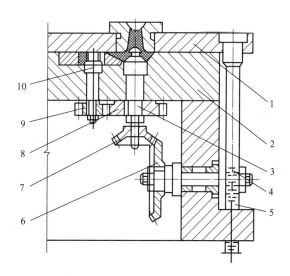

图 3-16　自动卸螺纹注射模

1—定模座板　2—动模板　3—螺纹拉料杆　4—齿轮　5—齿条　6，7—锥齿轮
8，9—圆柱齿轮　10—螺纹型芯

图 3-17 所示为成型塑料衣刷的注射模，受塑件形状的限制，将塑件留在定模上可方便成型。开模后，塑件紧包在凸模 11 上，塑件留在了定模一侧，当动模左移一定距离，拉板 8 通过定距螺钉 6 带动推件板 7 将塑件从凸模中脱出。

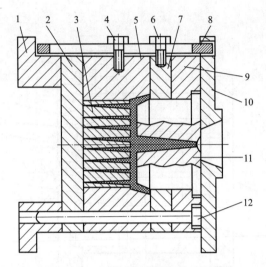

图 3-17　定模设置脱模机构注射模

1—模脚　2—支承板　3—凹模镶块　4，6—定距螺钉　5—动模板　7—推件板　8—拉板

9—定模板　10—定模座板　11—凸模　12—导柱

7. 无流道注射模具

无流道注射模具包括热流道或绝流道注射模具，它们采用对流道进行加热或绝热的办法使从注射喷嘴型腔浇口之间的塑料保持熔融状态（图 3-18）。在一次注射周期完成时，只需取出塑件而没有流道凝料，取出塑件后就可以继续注射。无流道注射模可以节约塑料用量，极大地提高劳动生产率，有利于实现自动化，保证塑件的质量，但模具结构复杂，造价高，模温控制要求严格，仅适用于大批量生产。

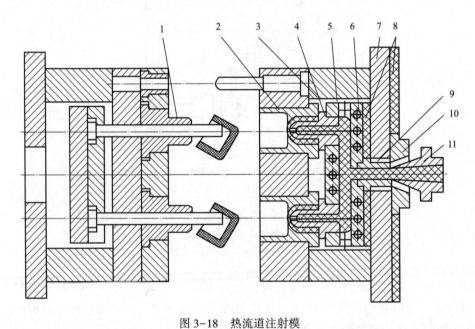

图 3-18　热流道注射模

1—凸模　2—凹模　3—支承块　4—浇口板　5—热流道板　6—加热器孔　7—定模座板

8—绝热层　9—浇口套　10—定位圈　11—喷嘴

第四节　浇注系统设计

浇注系统是指在模具中，从注射机喷嘴进入模具处开始到型腔为止的塑料熔体流动通道，分为普通浇注系统和无流道浇注系统。浇注系统能使塑料熔体平稳有序地填充到型腔中，并在塑料填充和凝固的过程中，把注射压力充分传递到型腔的各个部位，以获得组织致密、外形清晰的塑件。

设计浇注系统时，首先应了解塑料及其流动特性。考虑温度、剪切速率、压力对聚合物表观黏度的影响。由于塑料在注射模浇注系统中和型腔内的温度压力和剪切速率是随时随处变化的，在设计浇注系统时，应综合考虑，以期在充模这一阶段，使塑料以尽可能低的表观黏度和较快的速度充满整个型腔；而在保压这一阶段，又能通过浇注系统使压力充分地传递到型腔各部位。

一、普通浇注系统

（一）普通浇注系统的组成

浇注系统由主浇道、分浇道、浇口、冷料井几部分组成（图3-19）。

主浇道系指紧接注射机喷嘴到分浇道为止的那一段流道，熔融塑料进入模具时首先经过它；冷料井是为了除去料流中的前锋冷料而设置的。在注射过程的循环中，由于喷嘴与低温模具接触，使喷嘴前端存有一小段低温料，常称冷料。

分浇道系指从主浇道中来的塑料沿分型面引入各个型腔的那一段流道，因此它开设在分型面上；浇口系指流道末端将塑料引入型腔的狭窄部分，除了主浇道型浇口以外的各种浇口，其断面尺寸一般比分流道的断面尺寸小，长度也很短，对料流速度、补料时间等有调节控制作用。

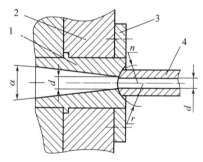

图3-19　主流道的尺寸及安装

1—浇口套　2—定模座板
3—定位圈　4—注射机喷嘴

（二）普通浇注系统的设计

1. 主流道的设计

在卧式或立式注射机用的模具中，主浇道垂直于分型面，为了使凝料从主浇道中拔出，设计成圆锥形，具有2°~6°的锥面，内壁有▽8（$Ra3.2$）以上的光洁度，其小端直径多为4~8mm，视制品重量及补料需要而定，但小端直径应大于喷嘴直径约1mm，否则主流道中凝料将无法顺利脱出，或因喷嘴与主流道对中稍有偏离而妨碍塑料顺畅流动。主浇道的长度由定模板厚度而定。

由于主流道要与高温的塑料和喷嘴反复接触和碰撞，所以模具的主流道部分常设计成可拆卸更换的主流道衬套，以便选用优质钢材单独进行加工和热处理。

当主流道贯穿几块模板时，若无主流道衬套，则模板间的拼合缝可能溢料，以致主流道凝料无法取出。

主流道的尺寸直接影响塑料熔体的流动速度和充模时间。主流道与喷嘴接触处一般做成凹球形，主流道凹球与喷嘴凸球应严密贴合，如图3-20所示。主流道凹球半径 r_1 = 喷嘴凸球半径 r + (1~2) mm，凹球深度为3~5mm，流道小端直径 d_1 = 喷嘴直径 d + (0.5~1) mm，流道大端直径 $d_2 = d_1 + 2L\tan(\alpha/2)$，流道长度 L 由定模座板厚度确定，应尽可能短，一般 $L \leqslant 60$mm。

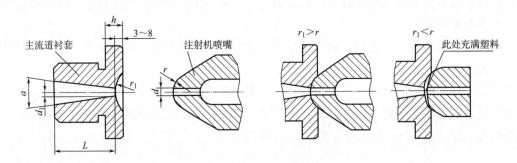

图3-20 主流道与喷嘴的配合

浇口套的固定形式如图3-21所示。图3-21(a) 所示为将主流道衬套和定位圈设计成整体式，一般用于小型模具；图3-21(b) 和图3-21(c) 所示为主流道衬套和定位圈设计成两个零件，以台阶的形式配合固定在定模座板上，其中图3-21(c) 所示为浇口套穿过定模座板和定模板的形式。主流道衬套与定模板的配合可采用 H7/m6 或 H9/m9。

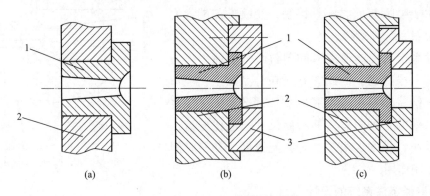

图3-21 浇口套的固定形式

1—主流道衬套 2—定模板 3—定位套

2. 冷料井和拉料杆的设计

角式注射机用模具的冷料井为主浇道的延长部分，卧式或立式注射机用模具用的冷料井，设在主流道正对面的动模上，直径宜稍大于主流道大端直径，以利冷料流入。冷料井底部常做成曲折的钩形或下陷的凹槽，使分模时将主流道凝料从主流道中拉出留在动模边的作用。常见的冷料井拉料结构可分为以下三种类型。

（1）带 Z 形头拉料杆的冷料井。这是一种较为常见的冷料井，如图3-22(a) 所示。冷料井底部有一根和冷料井公称直径相同的 Z 形头顶杆，称为拉料杆。由于拉料杆头部的侧凹将主流道凝料钩住，分模时即可将凝料从主流道中拉出。拉料杆的根部是固定在顶出板上的，故在制件顶时，冷料也一同被顶出，取产品时朝着拉料钩的侧向稍许移动，即可将制件连同浇注系统凝出料一同取下。

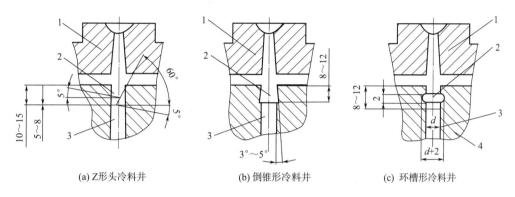

(a) Z形头冷料井　　　(b) 倒锥形冷料井　　　(c) 环槽形冷料井

图 3-22　冷料井和拉料杆的设计

1—定模　2—冷料井　3—推杆　4—动模

图 3-22(b) (c) 所示分别为倒锥形和环槽形冷料井，其拉料杆也都固定在推出的固定板上。开模时靠倒锥或环槽起拉料作用，然后由推杆强制推出。这两种冷料并用于弹性较好的塑料品种，由于取凝料不需要侧向移动，较容易实现自动化操作，对于有些塑件，由于受其形状限制，在脱模时无法侧向移动，不宜采用 Z 形头拉料杆，这时可采用倒锥形或环槽形冷料井。

（2）带球形头拉料杆的冷料井。这种拉料杆专用于制件以推板脱模的模具中。塑料进入冷料井后，紧包在拉料杆的球形头上，开模时即可将主流道凝料从主流道中拉出。球头拉料杆的根部固定在动模边的型芯固定板上，并不随顶出装置移动，故当推板动作推制件时，就将主流道凝料从球形头上硬刮下来。

（3）无拉料杆冷料井。在主流道对面的动模板上开一锥形凹坑，为拉出主流道凝料，在锥形凹坑的锥壁上平行于相对锥边钻有一深度不大的小孔，分模时靠小孔的固定作用将主流道凝料从主流道中拉出，顶出时顶杆顶在制件上或分流道上，这时冷料头先沿着小孔的轴线移动，然后被全部拔出。为了能让冷料头进行这种斜向移动，分流道必须设计成 S 形或类似的带有挠性的形状。

3. 分浇道的设计

在单腔模中，一般不开设分流道，而在多腔模中，一般设置有分流道，塑料沿分流道流动时，要求通过它尽快地充满型腔，流动中的温度降低尽可能小，阻力尽可能低。同时，应能将塑料熔体均衡地分配到各个型腔。常见的分流道断面如下（图 3-23）。

（1）圆形断面分浇道。这种分流道比表面积（流道表面积与其体积之比）最小，故热量不容易散失，阻力也小。由于它需要同时开设在动模定模上，而且要互相吻合，故制造比较困难。

（2）梯形断面分浇道。由于这种分流道易于机械加工，且热量损失和阻力损失均不太

57

大，故为最常用的形式。其断面尺寸比例为：$H = (2/3 \sim 3/4)B$，或将斜边与分模线的垂线呈 $5° \sim 10°$ 的斜角。

（3）U 形断面分浇道。其优缺点与梯形断面分流道基本相同，故也常采用。

（4）半圆形断面分浇道。由于这种分流道的比表面积较大，故不常采用。

（5）矩形断面分浇道。这种分流道的比表面积也较大，也不常采用。

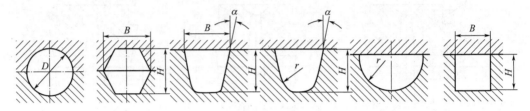

图 3-23　分流道断面形状

4. 浇口的（内浇口）的设计

浇口是浇注系统的关键部分，浇口的形状和尺寸对制件质量影响很大，浇口在多数情况下，系整个流道中断面尺寸最小的部分（除主流道型的浇口外），一般浇口的断面积与分流道的断面积之比为 $0.03 \sim 0.09$。断面形状常见为矩形或圆形，浇口台阶长 $1 \sim 1.5\text{mm}$。虽然浇口长度比分流道短得多，但因其断面积甚小，浇口处的阻力与分流道的阻力相比，浇口的阻力仍然是主要的。

对于非牛顿行为明显的塑料熔体，浇口尺寸增大时，在一定剪切速率范围内不能明显地提高充模速率，要改善充模流动必须大幅度地增大浇口尺寸，在特殊情况下，小而短的浇口由于摩擦生热引起物料黏度进一步降低，甚至比尺寸较大的浇口更易充满薄壁型腔。

常见的浇口形式有十种：针点式浇口（图 3-24）；潜伏式浇口（图 3-25）；边缘浇口，

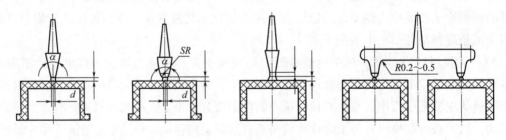

图 3-24　针点式浇口

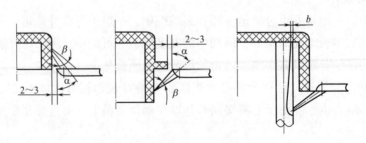

图 3-25　潜伏式浇口

又称侧浇口（图 3-26）；扇形浇口；平缝式浇口，又称薄片式浇口；圆环形浇口；轮辐式浇口；爪浇口；护耳式浇口，又称分接式浇口；直浇口。

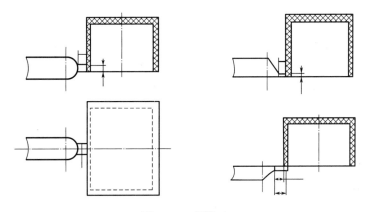

图 3-26 侧浇口

（三）塑件上浇口开设部位的选择

浇口的开设位置对制件质量影响很大。在确定浇口的位置时，应对物料在流道和型腔中的流动情况，填充顺序和冷却、补料等因素作全面考虑。应该注意以下六个问题：

（1）避免熔体破裂在塑件上产生缺陷（图 3-27）。

（2）考虑定向方位对塑件性能的影响（图 3-28）。

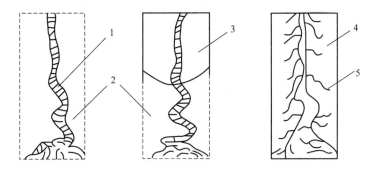

图 3-27 熔体喷射造成塑件的缺陷

1—喷射流　2—未填充部分　3—填充部分　4—填充完毕　5—喷射造成表面瑕疵

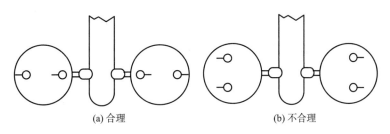

图 3-28 熔接痕方位对强度的影响

（3）有利于流动、排气和补料。

（4）减少熔接痕增加熔接牢度。

（5）校核流动距离比。

（6）防止流动将型芯或嵌件挤歪变形。

当塑件上有加强筋时，可以使熔体顺着加强筋的方向流动，以改善塑料的流动。如图 3-29(a) 所示，塑件侧面带有加强筋，但容易在顶部两端（图中 B 处）形成气囊，若如图 3-29(b) 所示在塑件顶部开设一条纵向长筋，能使熔体顺着加强筋的方向流动，可以改善熔体的充填条件。

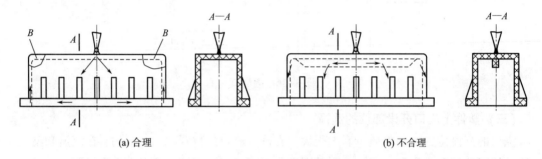

(a) 合理　　　　　　　　　　　　　　　　(b) 不合理

图 3-29　浇口利于排气和补料的设计

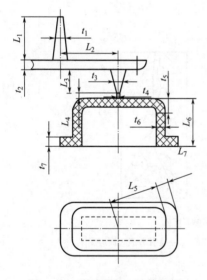

图 3-30　流动距离比计算示例

流动距离比简称流动比，指塑料熔体在模具中进行最长距离的流动时，浇注系统和型腔中截面厚度相同的各段料流通道及各段模腔长度与其对应截面厚度之比的总和。

$$\phi = \sum \frac{L_i}{t_i} \qquad (3-9)$$

式中：ϕ 为流动距离比；L_i 为各段料流通道及各段模腔的长度；t_i 为各段料流通道及各段型腔的截面厚度。

下面举例说明流动距离比的求法，图 3-30 所示为针点式浇口进料的塑件，其流动距离比为：

$$\phi = \frac{L_1}{t_1} + \frac{L_2}{t_2} + \frac{L_3}{t_3} + \frac{L_4}{t_4} + \frac{L_5}{t_5} + \frac{L_6}{t_6} + \frac{L_7}{t_7} \qquad (3-10)$$

二、无流道（绝热流道、热流道）浇注系统

无流道浇注系统利用加热的办法或绝热的办法，使从注射机喷嘴起到型腔入口为止这一段流道中的塑料一直保持熔融状态，从而在开模时只需取产品，而不必取浇注系统凝料，优点如下。

（1）避免普通浇注系统中产生的浇注系统回头料。

（2）制品不需要修剪浇口，也可省去浇口料的挑选、粉碎和重新回收等工序，因而可

大大节省人力，降低成本。

（3）注射料中也不再大量渗入经过反复加工已经降解的浇口料，因而提高了产品质量。

（4）热浇口有利于压力传递，在一定程度上克服了制件因补料不足而产生凹陷缩孔等缺陷。

（5）与普通点浇口相比制件的脱模周期短，易实现全自动操作。

（6）制件脱模时不再带有主流道和分流道，可以缩短开模距与合模行程，缩短成型周期，成型较长的制品。

（一）绝热流道注射模具

绝热流道浇注系统由于流道相当粗大，以致流道中心部位的塑料在连续注射时来不及凝固而保持熔融状态，从而让塑料熔融体能通过它顺利地进入型腔，一般可分为井坑式喷嘴和多型腔的绝热流道模具两种。

1．井式喷嘴

井式喷嘴又名井式喷嘴绝热流道，它是最简单的绝热式流道，适用于单腔模。它在注射机喷嘴和模具入口之间装置主流道杯，由于杯内的物料层较厚，而且被喷嘴和每次通过的塑料不断地加热，所以其中心部分保持流动状态，允许物料通过。由于浇口离热源很远，这种形式仅适用于操作周期较短的模具。

2．多型腔的绝热流道模具

多型腔的绝热流道模具又称绝热分流道模具。主流道和分流道都做得特别粗大，其断面呈圆形，常用的分流道直径为 16～30mm，视成型周期长短和制件大小而定。成型周期长的宜取大值，熔融料最后通过尺寸较小的浇口进入行腔。由于塑料的导热性甚差，因此流道内的塑料仅表层冻结，内芯保持熔融状态。但在停车后流道内的塑料即全部冻结。故在分流道的中心线上应设置能快速启闭的分型面，在下次开车前必须打开次分型面，并彻底清理全部凝料。流道内所有转弯交叉处都要圆滑过渡，减少流动阻力。

（二）热流道模具

分流道带有加热器的热流道是无流道模具的主要形式，由于在流道的附近或中心设有加热棒或加热圈，从注射机喷嘴出口到浇口的整个流道都处于高温状态，使流道中的塑料维持熔融。在停车后一般不需要打开流道取出凝料，再开车时只需加热流道达到所要求的温度即可，热流道模具可分为下述四种。

1．单型腔热流道模具

用于单腔模的热流道最常见的是延伸式喷嘴，这时采用点浇口进料。特制的注射机喷嘴延长到与型腔紧相接的浇口处，代替了普通针点浇口中的菱形流道部分，为避免喷嘴的热量过多地传向低温的型腔，使温度难以控制，必须采取有效的绝热措施，常见的绝热措施有塑料绝热和空气绝热。

2．多型腔热分流道模具（外加热）

多型腔热分流道模具的结构形式很多，它们的共同特点是在模具内设有加热流道板，主流道、分流道断面多为圆形，尺寸约为 12mm，均在流道板内。流道板用加热器加热，保持流道内塑料完全处于熔融状态。流道板利用绝热材料（石棉水泥板等）或利用空气间隙与模具其余部分隔热，其浇口形式分主流道型浇口和针点浇口两种。

3. 阀式浇口的热流道模具

对于熔融黏度很低的塑料来说，为避免流涎现象，热流道模具可以采取特殊的阀式浇口，在注射和保压阶段使浇口处的针形阀开启，在保压结束后将针形阀关闭。阀的启闭可以在模具上设计专门的液压或机械驱动机构，也可以像自封喷嘴那样采用带压缩弹簧的针形阀。

4. 内加热的热分流道模具

内加热的热分流道模具中不仅给料喷嘴部分有内加热器，而且整个流道都采用内加热而不用外加热，这就大大降低了热损失，提高了加热效率。它和绝热流道相同的地方是靠近流道外壁处，由于树脂与冷模具接触而形成的冻结层，起绝热的作用。它和绝热流道的根本区别是整个流道内都在加热，操作周期较长也不会冻结，开车前也不必清理流道中原有凝料。其结构是在分流道中心插入一加热管，塑料在管外围空间流动，为使互相垂直的流道中的管式加热器不干扰，流道与流道间采取交错穿通的办法。

第五节　成型零部件设计

构成模具型腔的所有零件统称为成型零部件，包括凹模、凸模、型芯、成型杆、螺纹成型杆、各种成型环和成型镶块等。

一、型腔分型面的设计

分开模具取出塑件的面，通称为分型面。分型面的位置可垂直于开模方向、平行于开模方向以及倾斜于开模方向。分型面的形状有平面和曲面等。分型面设置是否得当，对制件质量、操作难易、模具制造都有很大影响，主要应考虑以下三点。

1. 塑件在型腔中方位

一般只采用一个与注射机开模运动方向相垂直的分型面，特殊情况下才采用较多的分型面。应设法避免与开模方向垂直的侧向分型和侧向抽芯，因为这会增加模具结构的复杂性。

2. 分型面的形状

一般分型面与注射机开模方向相垂直，但也有将分型面做成倾斜的平面或弯折面或曲面，这样的分型面虽然加工困难，但型腔制造和制品脱模比较容易，有合模对中锥面的分型面自然也是曲面。图3-31所示为各种分形面的形状及位置。

3. 分型面的位置

除了必须开设在制件断面轮廓最大的地方才能使制件顺利地从型腔中脱出外，还应考虑下面四种因素。

（1）制件会在分型面处留下溢料痕迹或拼合缝的痕迹，故分型面最好不选在制品光亮平滑的外表面或带圆弧的转角处，如图3-32所示。

（2）从制件的顶出考虑，分型面要尽可能地使制件留在动模边。当制件上有多个型芯或形状复杂、锥度小的型芯时，制件对型芯的包紧力特别大，这时型芯应设在动模边，

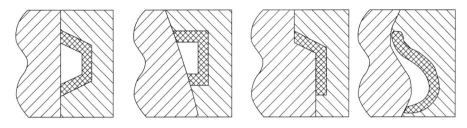

图 3-31　分型面形状及位置

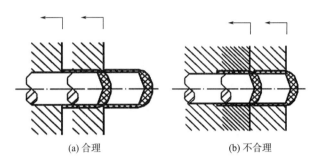

(a) 合理　　　　　　　　(b) 不合理

图 3-32　分型面应有利于保证塑件的外观质量

而将凹模设在定模边。但如果制件的壁相当厚且内孔较小时，则对型芯的包紧力很小，往往不能确切判断制件留在型芯上还是留在凹模内，这时可将型芯和凹模的主要部分都设在动模边，利用顶管脱模。当制件的孔内有管状的金属镶件时，则不会对型芯产生包紧力，而对凹模的黏附力较大，这时应将凹模设在动模边，型芯既可设在动模边，也可设在定模。

（3）从保证制件各部分同心度出发。同心度要求高的塑件，取分型面时最好把要求同心的部分放在同一侧，当制件上要求互相同心的部位不便设在分型面的同一侧时，则应设置特殊的定位装置，如锥面中心导柱等，以提高合模时的对中性（图 3-33）。

（4）有侧凹或侧孔的制件，当采用自动侧向分型抽芯机构时，除液压抽芯能获得较大的侧向抽拔距离外，一般分型抽芯机构侧向抽拔距离都较小。取分型面时应首先考虑将抽芯或分型距离长的一边放在动、定模开模的方向，而将短的一边作为侧向分型抽芯（图 3-34）。

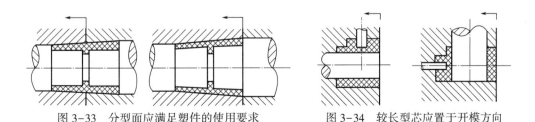

图 3-33　分型面应满足塑件的使用要求　　　　图 3-34　较长型芯应置于开模方向

由于侧向滑块合模时锁紧力较小，对于投影面积较大的大型制件可将制件投影面积大的分型面放在动、定模合模的主平面上，而将投影面积较小的分型面作为侧向分型面。否则侧滑块的锁紧机构必须作得很庞大，或由于锁不紧而溢边。

对有顶出机构的模具，采取动模边侧向分型抽芯，模具结构较简单，抽拔距也比较长，故选分型面时应优先考虑把制件的侧凹或侧孔放在动模边。

二、型腔数的确定

1. 根据经济性确定型腔数目

根据总成型加工费用最小的原则，并忽略准备时间和试生产原材料费用，仅考虑模具费和成型加工费。

2. 根据注塑机的额定锁模力确定型腔数目

设注塑机的额定锁模力为 F，型腔内塑料熔体的平均压力为 p_m，浇注系统在分型面上的投影面积为 A_1，单个塑件在分型面上的投影面积为 A_2，则型腔数目 n 为：

$$n \leqslant \frac{F - p_m A_1}{p_m A_2} \tag{3-11}$$

3. 根据注塑机的最大注塑量确定型腔数目

设注塑机的最大注塑量为 G，单个塑件的质量为 W_1，浇注系统的质量为 W_2，则型腔数目 n 为：

$$n \leqslant \frac{(0.8G - W_2)}{W_1} \tag{3-12}$$

三、排气槽的设计

当塑料熔体注入型腔时，如果型腔内原有气体蒸汽不能顺利地排出，将在制品上形成气孔、接缝、表面轮廓不清，不能完全充满型腔，同时还会因气体被压缩而产生的高温烧伤制件，使之产生焦痕。同时型腔内气体被压缩产生的反压力会降低充模速度，影响注射周期和产品质量。因此设计型腔时必须考虑排气的问题。

排气槽应设在塑料的末端，一般常开设在分型面凹模一侧。此外还可利用顶出杆和顶杆孔的配合间隙逸气，顶管顶块的配合间隙，脱模板与型芯的配合间隙，都可兼作排气用，还可利用活动型芯与型芯孔的配合间隙排气。小型制件的排气量不大，如排气点正好在分型面上，一般可利用分型面闭合时的微小间隙排气，不必再开设专门的排气槽。如型腔最后充满的部位不在分型面上，其附近又无可供排气的顶杆或活动型芯时，可在型腔上镶嵌烧结金属块排气。

四、成型零件的结构设计

由于型腔直接与高温的塑料相接触，它的质量直接关系到制件质量，应有足够的强度刚度硬度和耐磨性，以及能承受塑料的挤压力、料流的摩擦力，同时具有足够的精度和表面粗糙度。粗糙度（一般 $Ra<0.4\mu m$）以保证塑料制品表面光亮美观、容易脱模。一般来说，成

型零件应进行热处理，使其具有 HRC40 以上的硬度。

（一）凹模（阴模）的结构设计

1. 整体式凹模

如图 3-35 所示，整体式凹模由一整块金属加工而成，其特点是牢固、不易变形。因此适用于形状简单、容易制造，或形状虽然比较复杂，但可采用加工中心、数控机床、仿形机床或电加工等特殊方法加工的场合。近年来由于数控加工技术的进步，过去需大面积组合和镶拼的型腔可采用整体切削完成，这不但减少了加工工序，而且大大提高了型腔制造精度和强度，镶嵌结构采用得越来越少。

2. 整体嵌入式凹模

如图 3-36 所示，在多型腔的模具中，凹模一般采用冷挤压或其他方法单独加工成镶块，型腔数量多而制件尺寸不大时，采用冷挤压加工效率高，并可保证各型腔尺寸、形状的一致性。凹模镶块的外形常采用带轴肩的圆柱形，分别从下面镶入凹模固定板中，用垫板螺钉将其固定。如果制件不是旋转体，而凹模的外表面为旋转体时，则应考虑止转定位。常用销钉定位，销钉孔可钻在连接缝上，也可钻在凸肩上。当凹模镶件的硬度与固定板硬度不同时，以后者为宜。凹模也可以从上面嵌入凹模固定板中，这样可省去垫板。

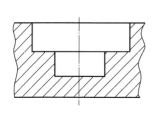

图 3-35　整体式凹模

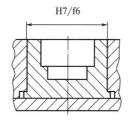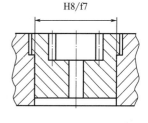

图 3-36　整体嵌入式凹模的两种结构

3. 局部镶嵌式凹模

如图 3-37 所示，为了加工方便或由于型腔的某一部分容易损坏，需经常更换的模具应采取局部镶嵌的办法。

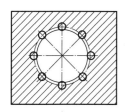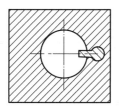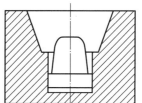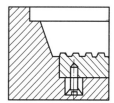

图 3-37　局部镶嵌式凹模

4. 大面积镶嵌组合式凹模

为了机械加工、研磨、抛光、热处理的方便而采取大面积组合的办法，最常见的是将凹模穿孔再镶上底，也有将凹模壁做成镶嵌的。侧壁和底部大面积镶拼的凹模结构如图 3-38 (a) 所示；底部大面积镶嵌的结构，采用圆柱面配合如图 3-38(b) 所示。

5. 四壁拼合的组合式凹模

如图 3-39 所示，对于大型和形状复杂的凹模，可以把它的四壁和底分别加工经研磨之后压入模套中，侧壁相互之间采用扣锁以保证连接的准确性，连接处外侧做成 0.3~0.4mm 的间隙，使内侧接缝紧密。嵌入件的转角半径 R 应大于模板的转角半径 r。

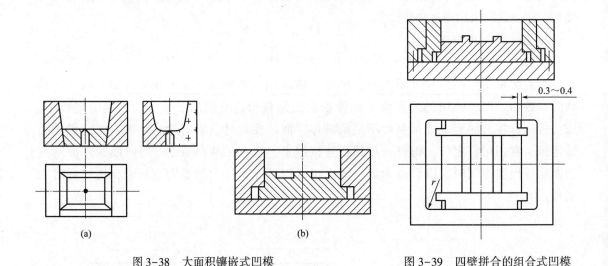

图 3-38　大面积镶嵌式凹模

图 3-39　四壁拼合的组合式凹模

（二）型芯和成型杆的结构设计

型芯和成型杆都是用来成型塑料内表面的零件，二者并无严格的区分。一般成型杆多指成型制件上孔的小型芯。型芯也有整体式和组合式之分，形状简单的主型芯和模板可以做成整体的（图 3-40），形状比较复杂或形状虽然不复杂，但从节省贵重的钢材，减少加工量考虑多采用组合式（图 3-41）。固定板和型芯可分别采用不同的材料制造和热处理，然后连成一体。轴肩和底版连接是最常用的连接形式。当轴肩为圆形而成型部分为非回转体时，为了防止型芯在固定板内转动，也和整体嵌入式凹模一样在轴肩处用销钉或键止转，此外还有用螺钉和销钉连接的（图 3-42）。

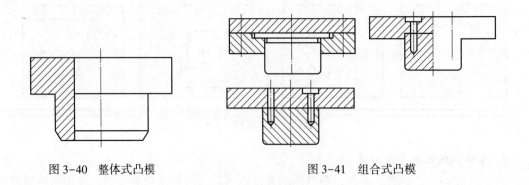

图 3-40　整体式凸模

图 3-41　组合式凸模

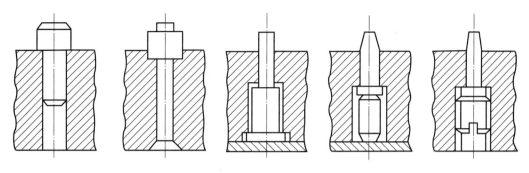

图 3-42　单个成型杆的固定方法

成型杆或小型芯常单独制造，再嵌入模板中，其联接方式有以下几种：最简单的是用静配合直接从模板上面压入；最常用的是轴肩和垫板连接。对于细而长的型芯，为了便于制造和固定，常将型芯下段加粗或将小型芯作得较短，用圆柱衬垫或用螺钉压紧。对于多个互相靠近的成型杆，当采用轴肩连接时，如果其轴肩部分互相重叠干涉，可以把轴肩相碰的一面磨去，固定板的凹坑可根据加工的方便车成大圆坑或铣成长槽，图 3-43 所示为距离较近的成型杆的固定方法。

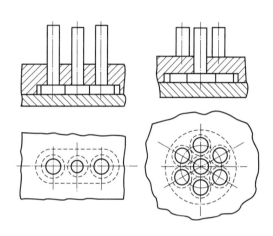

图 3-43　距离较近的成型杆的固定方法

（三）　螺纹型芯或螺纹型环的结构设计

制品上内螺纹采用螺纹型芯成型，外螺纹采用螺纹型环成型，除外，螺纹型芯或型环还用来固定金属螺纹嵌件。在模具上安放螺纹型芯或型环的主要要求是：成型时要可靠定位，不因外界振动或料流的冲击而移位，在开模时能随制件一起方便地取出。

1. 螺纹型芯

按照用途来分，螺纹型芯有两种形式，一种是直接在制件上成型螺纹，另一种是成型时用以装固螺纹嵌件。二者在结构上并无明显差别，所不同的是成型制件螺纹的螺纹型芯，在设计时应考虑塑料的收缩率，表面粗糙度应为 $Ra<0.4\mu m$，装固嵌件的螺纹型芯则按一般螺纹尺寸制造，表面粗糙度应为 $Ra<1.6\mu m$。

螺纹型芯在模具上安装连接形式有六种。图 3-44(a) 为锥面起密封和定位作用；图 3-44(b) 为圆柱形台阶起定位作用，并能防止型芯下沉；图 3-44(c) 为用支承垫板防止型芯下沉；图 3-44(d) 为利用嵌件与模具的接触面防止型芯下沉；图 3-44(e) 为嵌件下端沉入模具中，增加嵌件的稳定性，并防止塑料熔体挤入嵌件螺孔中；图 3-44(f) 为将小径的盲孔螺纹嵌件，利用普通光杆型芯固定螺纹嵌件。

螺纹型芯的弹性结构及连接方法如图 3-45 所示。其特点是采用具有弹力的豁口柄或其

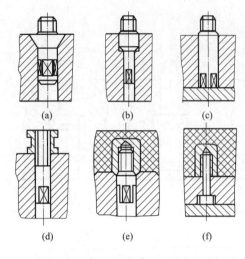

图 3-44　螺纹型芯采用的固定方式

他弹性装置，将螺纹型芯支撑在模孔内，成型后随塑件一起拔出，型芯与模具孔的配合为 H8/f7。对于直径小于 8mm 的型芯，用豁口柄的形式，如图 3-45(a) 所示，豁口柄的弹力将型芯支撑在模孔内，成型后随塑件一起拔出。图 3-45(b) 的嵌件增加了一个台阶，用来直接成型螺纹，台阶不但起定位作用，还可防止塑料的挤入。当型芯直径较大时，豁口柄的连接力较弱，可采用弹簧钢丝起连接作用，如图 3-45(c) 所示，常用于直径 5~10mm 的型芯。图 3-45(d) 将弹簧片嵌入旁边的槽内，上端铆压固定，下端向外伸出。当螺纹直径超过 10mm 时，可采用图 3-45(e) 的结构，用弹簧钢球固定螺纹型芯，要求钢球的位置正好对准型芯杆上的凹槽。当型芯的直径大于 15mm 时，则可将钢球和弹簧装置在芯杆内，避免在模板上钻深孔，如图 3-45(f) 所示。图 3-45(g) 表示用弹簧夹头连接，很可靠，但制造复杂。

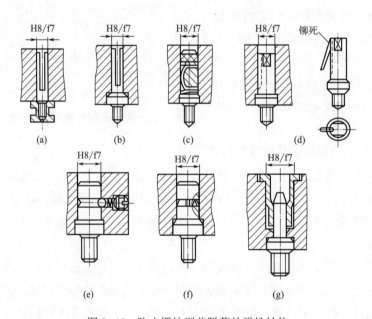

图 3-45　防止螺纹型芯脱落的弹性结构

2. 螺纹型环

螺纹成型环在模具闭合前装在型腔内，成型后随制件一起脱模，在模外卸下。常见有两种结构：一种是整体式的螺纹型环，螺纹环的外经与模具孔采取三级精度第二种动配合，配合高度 3~10mm，其余可倒 3°~5°的角。下面加工成台阶平面，以便用扳手将其从制件上拧下来；另一种形式为组合式螺纹型环，它适用于精度要求不高的粗牙螺纹的成型，通常由两半块组成，两半之间采用小导柱定位。为便于分开两半取出制件可在结合面外侧开槽形，用尖劈状分模器分开。

五、成型零件工作尺寸的计算

成型零件工作尺寸是指成型零件上直接用以成型塑件部分的尺寸，主要有型腔和型芯的经向尺寸，型腔或型芯的深度尺寸，中心距尺寸等。任何塑料制品都有一定的尺寸要求，在使用或安装中有配合要求的塑料制品，其尺寸精度常要求较高。在设计模具时，必须根据制品的尺寸和精度要求来确定相应的成型零件的尺寸和精度等级，影响塑料制品精度的因素较为复杂，主要有以下几方面。

（1）与成型零件制造公差有关，显然成型零件的精度越低，生产的制品尺寸或形状精度也越低。

（2）设计模具时，估计的塑料收缩率与实际收缩率的差异和生产制品时收缩率的波动值。

（3）型腔在使用过程中不断磨损，使同一模具在新和旧的时候所生产的制品尺寸各不相同。模具可动成型零件配合间隙变化值，模具固定成型零件安装尺寸变化值，都将影响塑件的公差，塑件可能出现的最大公差值为误差值的总和。

工作尺寸是指成型零部件上直接决定塑件形状的有关尺寸，主要包括：凹模（型腔）、凸模（型芯）的径向尺寸（含长、宽尺寸）与高度（深度）尺寸，以及中心距尺寸等。为保证塑件质量，模具设计时必须根据塑件的尺寸与精度等级确定相应的成型零部件工作尺寸与精度。

$$\delta = \delta_z + \delta_c + \delta_s + \delta_j + \delta_a \tag{3-13}$$

式中：δ 为塑件成型公差；δ_z 为成型零件制造误差；δ_c 为型腔使用过程中的总磨损量；δ_s 为塑料收缩率波动引起塑件尺寸变化值；δ_j 为可动成型零件因配合间隙变化而引起制件尺寸变化值；δ_a 为固定成型零件因配合间隙变化而引起制件尺寸变化值。

由于影响因素甚多，累积误差较大，因此塑料制品的精度往往较低，并总是低于成型零件的制造精度，应慎重选择制品的精度，以免给模具制造和工艺操作带来不必要的困难。制品规定公差值 Δ，应大于或等于以上各项因素带来的累积误差，即 $\Delta \geqslant \delta$。

（一）型腔或型芯径向尺寸的计算

1. 按平均收缩率计算型腔径向尺寸

已知在给定条件下的平均收缩率 S_{cp}，制件的名义尺寸 L_s（最大尺寸），及其允许公差值 Δ（负偏差），如塑件上原有公差的标注方法与此不相符合，则应按此规定换为单向负偏差，这时塑件平均经向尺寸为：$L_s - \dfrac{\Delta}{2}$

型腔名义尺寸为 L_m（最小尺寸），公差值为 δ_z（正偏差），则型腔的平均尺寸为：$L_m + \dfrac{\delta_z}{2}$。考虑到收缩量和磨损值，并以型腔磨损到最大磨损值一半时计，则有：

$$L_m + \frac{\delta_z}{2} = L_s - \frac{\Delta}{2} + \left(L_s - \frac{\delta_c}{2}\right)S_{cp} - \frac{\Delta}{2} \tag{3-14}$$

即：

$$L_m = \left[L_s + L_s S_{cp} - \frac{3}{4} \Delta \right]^{+\delta_z}$$

2. 按平均收缩率计算型芯径向尺寸

$$L_m = \left[L_s + L_s S_{cp} + \frac{3}{4} \Delta \right]_{-\delta_z} \tag{3-15}$$

3. 按公差带计算型腔径向尺寸

$$L_m = \left[(1 + S_{max}) L_s - \Delta \right]^{+\delta_z} \tag{3-16}$$

4. 按公差带计算模具型芯径向尺寸

$$L_M = \left[(1 + S_{min}) L_S + \Delta \right]_{-\delta_z} \tag{3-17}$$

(二) 型腔深度和型芯高度尺寸的计算

1. 按平均收缩率计算型腔深度尺寸

$$H_M = \left[H_s + H_s S_{cp} - \frac{2}{3} \Delta \right]^{+\delta_z} \tag{3-18}$$

2. 按平均收缩率计算型芯高度尺寸

$$H_M = \left[H_s + S_{cp} H_s + \frac{2}{3} \Delta \right]_{-\delta_z} \tag{3-19}$$

3. 按公差带计算型腔深度尺寸

$$H_M = \left[(1 + S_{min}) H_s - \delta_z \right]^{+\delta_z} \tag{3-20}$$

4. 按公差带计算型芯高度尺寸

$$H_M = \left[(1 + S_{max}) H_s + \delta_z \right]_{-\delta_z} \tag{3-21}$$

(三) 型芯之间或成型孔之间中心距尺寸的计算

1. 按平均收缩率计算型芯或成型孔中心距尺寸

$$L_M = \left[L_s + S_{cp} \cdot L_s \right] \pm \frac{1}{2} \delta_z \tag{3-22}$$

2. 按公差带计算型芯或成型孔中心距尺寸

$$L_M = \left[L_s + S_{cp} \cdot L_s \right] \pm \frac{1}{2} \delta_z \tag{3-23}$$

(四) 螺纹型芯与螺纹型环尺寸的计算

1. 螺纹型芯径向尺寸计算

按平均收缩率计算型芯的中径为：

$$d_{M中} = \left[d_{s中} + d_{s中} S_{cp} + \Delta_中 \right]_{-\delta_中} \tag{3-24}$$

式中：$d_{M中}$ 为螺纹型芯中径名义尺寸；$d_{s中}$ 为塑件螺孔中径名义尺寸；S_{cp} 为塑料平均收缩率；$\Delta_中$ 为塑件螺纹中径公差；$\delta_中$ 为螺纹型芯中径制造公差。

螺纹型芯外径：

$$d_{M外} = \left[d_{s外} + d_{s外} S_{cp} + \Delta_中 \right]_{-\delta_中} \tag{3-25}$$

式中：$d_{M外}$ 为螺纹型芯外径名义尺寸；$d_{s外}$ 为塑件螺外径名义尺寸。

螺纹型芯内径：

$$d_{M内} = \left[d_{s内} + d_{s内} S_{cp} + \Delta_{中} \right]_{-\delta_{中}} \tag{3-26}$$

式中：$d_{M内}$ 为螺纹型芯内径名义尺寸；$d_{S内}$ 为塑件螺孔内径名义尺寸。

2. 螺纹型环径向尺寸计算

螺纹成型环中径：

$$D_{M中} = \left[D_{S中} + D_{s中} S_{cp} - \Delta_{中} \right]^{+\delta_{中}} \tag{3-27}$$

式中：$D_{M中}$ 为螺纹成型环中径名义尺寸；$D_{s中}$ 为塑件外螺纹中径名义尺寸。

螺纹成型环外径：

$$D_{M外} = \left[D_{S外} + D_{s外} S_{cp} - 1.2\Delta_{中} \right]^{+\delta_{中}} \tag{3-28}$$

式中：$D_{M外}$ 为螺纹成型环外径名义尺寸；$D_{s外}$ 为塑件外螺纹外径名义尺寸。

螺纹成型环内径：

$$D_{M内} = \left[D_{S内} + D_{s内} S_{cp} - \Delta_{中} \right]^{+\delta_{中}} \tag{3-29}$$

式中：$D_{M内}$ 为螺纹成型环内径名义尺寸；$D_{s内}$ 为塑件外螺纹内径名义尺寸。

第六节　合模导向机构设计

导向机构是塑料模具必不可少的部件，因为模具在闭合时要求有一定的方向和位置，所以必须设有导向机构。导柱安装在动模一侧或者定模一侧均可。通常导柱设在主型芯周围。

导向机构的主要有定位、导向、承受一定侧压力的作用。

（1）定位作用。为避免模具装配时方位错误而损坏模具，同时在模具闭合后使型腔保持正确的形状，不至因为位置的偏移而引起塑件壁厚不均。

（2）导向作用。动定模合模时，导向机构先接触，引导动定模正确闭合，避免凸模或型芯先进入型腔，保证不损坏成型零件。

（3）承受一定侧压力。塑料注入型腔过程中会产生单向侧压力，或由于注射机精度的限制，使导柱在工作中承受一定的侧压力。当侧压力很大时，不能单靠导柱来承担，需要增设锥面定位装置。

一、导柱导向机构设计

1. 导柱的典型结构

导柱的典型结构如图 3-46 所示，A 型用于简单模具的小批量生产，一般不需要导套，导柱直接与模板中导向孔配合。有时也在模板中设导套，导向孔磨损后，只需更换导套即可。B 型用于精度要求高生产批量大的模具，有导套配合，导柱的固定孔与导套的固定孔一样大小，两孔可以同时加工，以保证同心度。

2. 对导柱结构的要求

（1）长度。导柱的长度必须比凸模端面的高度要高出 6~8mm，以免导柱未导正方向而凸模先进入型腔与其相碰而损坏。

（2）形状。导柱的端部做成锥形或半球形的先导部分，使导柱能顺利地进入导向孔。

（3）材料。导柱应具有硬而耐磨的表面，坚韧而不易折断的内芯。因此多采用低碳钢

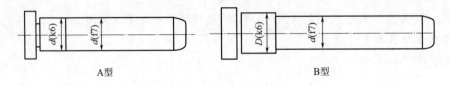

图 3-46　导柱的典型结构

经渗碳淬火处理，或碳素工具钢经淬火处理，硬度为 HRC50~55。

（4）配合精度。导柱装入模板多用二级精度第二种过渡配合。

（5）光洁度。配合部分光洁度要求▽7（Ra6.3）。

二、导向孔和导套的典型结构

1. 导向孔的典型结构

导向孔可以直接开设在模板上，这种形式的孔加工简单，适用于生产批量小，精度要求不高的模具。为检修更换方便，保证导向机构的精度，导向孔也可以采用镶入导套的形式。导柱定位结构如图 3-47所示。

2. 导套的结构

导套国家标准有直导套和带头导套两类。图 3-48（a）所示为直导套，用于简单模具或导套后面没有垫块的模具；图 3-48（b）所示为I型带头导套；图 3-48（c）所示为Ⅱ型带头导套，结构较复杂，用于精度较高的场合。Ⅱ型带头导套在凸肩的另一侧设定位段，能起到模板间的定位作用。

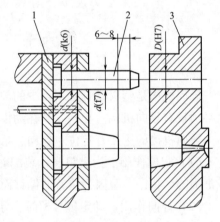

图 3-47　导柱定位结构
1—动模　2—导柱　3—定模导向孔

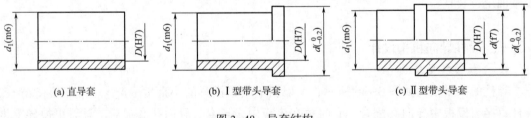

（a）直导套　　　　（b）Ⅰ型带头导套　　　　（c）Ⅱ型带头导套

图 3-48　导套结构

为便于导柱进入导套和导套压入模板，在导套端面内外应倒圆角。导向孔前端也应倒圆角，最好做成通孔，以便排出空气及意外落入的塑料废屑。如模板较厚，必须做成盲孔时，可在盲孔的侧面打一小孔排气。导套的结构尺寸查阅国标 GB/T 4169.2—2006 和 GB/T 4169.3—2006，根据相配合的导柱尺寸确定。

导套与模板为较紧的过渡配合，直导套一般用 H7/n6，带头导套用 H7/k6 或 H7/m6。带头导套因有凸肩，轴向固定容易。为防止直导套在开模时被拉出，常用紧钉螺钉从侧面紧固，如图 3-49 所示。

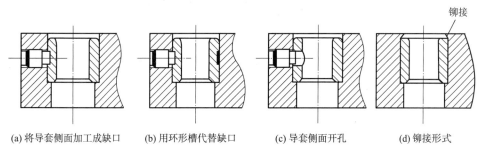

(a) 将导套侧面加工成缺口　(b) 用环形槽代替缺口　(c) 导套侧面开孔　(d) 铆接形式

图 3-49　导套与模板的配合形式

三、锥面定位机构

锥面定位机构用于成型精度要求高的大型、深腔塑件，特别是薄壁容器、侧壁形状不对称的塑件。大型薄壁塑件合模偏心会引起壁厚不均，由于导柱与导套之间有间隙，无法精确定位；壁厚不均使一侧进料快于另一侧，由于塑件大，两侧压力的不均衡可能产生较大的侧向推力，引起型芯或型腔的偏移，如果这个力完全由导柱来承受，导柱会卡死、损坏或磨损增加。

锥面定位机构的配合间隙为零，同时可以承受较大的侧向推力。如图 3-50 所示，在型腔周围设置Ⅰ处锥形定位面。该锥形面不但起定位的作用，而且合模后动定模互相扣锁，可限制型腔膨胀，增加模具的刚性。

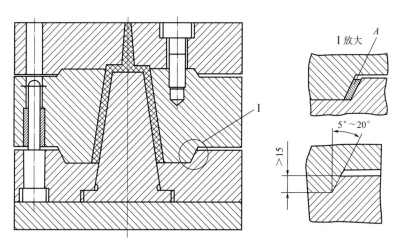

图 3-50　锥面定位结构

锥面配合有两种形式，一种是两锥面之间有间隙，将淬火的零件装于模具上，使之和锥面配合，以制止偏移；另一种是两锥面配合，这时两锥面都要淬火处理，角度 5°~20°，高度为 15mm 以上。

第七节　塑件脱模机构设计

脱模机构（也称顶出机构）是将塑件和浇注系统凝料等与模具松动分离，并从模内取出制件的机构。按推出脱模动作特点可分为：一次推出脱模（简单脱模），二次推出脱模，动、定模双向推出脱模，带螺纹塑件脱模。按推出动作的动力源可分为手动脱模、机动脱模、液压脱模和气压脱模等。

一、简单脱模机构

（一）推杆脱模机构的组成

推杆脱模机构由推出部件、导向部件和复位部件等组成（图3-51）。

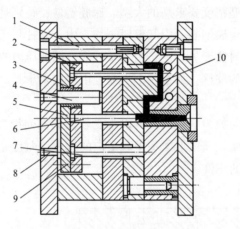

图3-51　推杆脱模机构

1—推杆　2—推杆固定板　3—导套　4—导柱　5—推板　6—拉料杆
7—复位杆　8—挡销　9—螺钉　10—塑件

（1）推出部件。推杆1直接与塑件接触，开模后将塑件推出。推杆固定板2、推板5的作用是固定推杆、传递注塑机液压缸推力的作用。挡销8的作用是调节推杆位置、便于清除杂物。

（2）导向部件。为使推出过程平稳，推出零件不致弯曲卡死，推出机构中设有导柱4和导套3完成推出导向作用。

（3）复位部件。使完成推出任务的推出零部件回复到初始位置。利用复位杆7复位。

1. 推杆的设计

（1）推杆的形式。

①普通推杆（顶杆）。普通推杆只起顶出塑件的作用。

②成型推杆（顶杆）。成型推杆除顶出塑件，还参与成型。推杆可做成塑件某一部分的形状，或作为型芯，其截面形状因制件而异。

（2）推杆的位置。推杆的位置应设在顶出阻力大的地方，当顶出力相同时，推杆要均匀布置，保证塑件顶出时受力均匀，不易变形。推杆应在塑件的非主要表面上、非薄壁处，以免因顶出痕迹影响塑件外观。

（3）推杆的固定及配合。推杆与推杆孔的配合一般为 H7/f6 或 H8/f7，表面粗糙度一般为 $Ra = 0.8 \sim 0.4 \mu m$。其固定可以为多种形式，如图 3-52 所示。

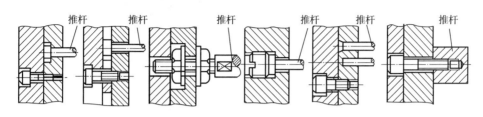

图 3-52　推杆的固定形式

2. 复位装置

脱模机构完成塑件顶出后，为进行下一个循环必须回复到初始位置。目前常用的复位形式主要有：复位杆复位、弹簧复位。复位杆必须装在推杆固定板上，且各个复位杆的长度必须一致，复位杆端面常低于模板平面 0.02~0.05mm。复位杆一般设 2~4 根，位置在模具型腔和浇注系统之外。由于模具每闭合一次，复位杆端面都要和定模板发生一次碰撞，为避免变形，复位杆端面和与之相接触的定模板的相应位置镶嵌淬火镶块。若生产批量不大或塑件

精度要求不高时，仅需对复位杆淬火处理，定模板可不淬火。复位杆有时兼起导柱的作用，可省去脱模机构的导向元件。

图 3-53 所示为是复位杆的形式，复位杆顶在淬过火的垫块上，而垫块镶在未淬火的定模板上；图 3-54 中的推管兼作复位杆，复位杆直接顶在定模板上。

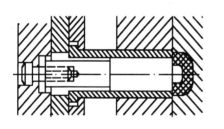

图 3-53　复位杆复位

图 3-54　推管兼复位杆机构

（二）顶管脱模机构（图 3-55）

顶管是顶出圆筒形塑件的一种特殊结构形式，其脱模运动方式与顶杆相同。由于塑件几何形状成圆筒形，在其成型部分必然设置一个型芯，所以要求顶管的固定形式必须与型芯的固定方法相适应。

（三）推板脱模机构（顶板顶出机构）

凡是薄壁容器、壳体形塑件以及不允许在塑件表面留有顶出痕迹的塑件，可采用推板脱模。推板顶出的特点是顶出力均匀，运动平稳，且顶出力大。但对于非圆外形的塑件，其配合部分加工较困难。

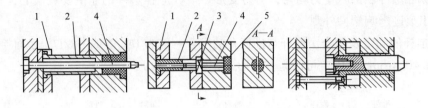

图 3-55　顶管脱模机构

1—推管固定板　2—推管　3—键或销　4—型芯　5—塑件

图 3-56 所示为推板脱模机构，其中图 3-56(a) 应用最广；图 3-56(b) 的推件板镶入动模板中，又称环状推板，结构紧凑；图 3-56(c) 中结构适用于两侧带有顶出杆的注塑机，模具结构可大大简化，但推件板要适当加大和增厚以增加刚性；图 3-56(d) 用定距螺钉的头部一端顶推板，另一端和顶出板连接，省去顶出固定板；图 3-56(e) 中推板的导向借助于动、定模的导柱，为制造方便，推杆和推板之间应留有 0.5mm 的间隙，但当推板和推杆同时使用时，此间隙不允许存在。

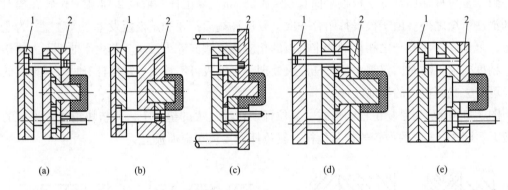

(a)　　　　(b)　　　　(c)　　　　(d)　　　　(e)

图 3-56　推板脱模机构

1—推杆固定板　2—推件板

（四）活动镶件或凹模脱模机构

一些塑件由于结构形状和所用材料的关系，不能采用顶杆、顶管、推板等顶出机构脱模时，可用成型镶件或凹模带出塑件。活动部分是型腔的组成部分，应有较高的硬度和较低的表面粗糙度，且与型腔、型芯之间应有良好的间隙配合，要求滑动灵活且不溢料。活动镶件或凹模所用的推杆与模板的配合精度要求不高。

图 3-57 所示为推块脱模机构，其中图 3-57(a) 中无复位杆，推块复位靠主流道中的熔体压力来实现；图 3-57(b) 中复位杆在推块的台肩上，结构简单紧凑，但复位杆的孔距离型腔很近，对型腔强度有一定影响；图 3-57(c) 中复位杆固定在推杆固定板上，适用于推块尺寸不大且无台肩的情况。

图 3-58 所示为利用成型零件的脱模机构，其中图 3-58(a) 利用推杆顶出螺纹型芯；图 3-58(b) 中推杆顶出的是螺纹型环，为便于型环安放，推杆采用弹簧复位；图 3-58(c) 利用成型塑件内部凸边的活动镶块顶出；图 3-58(d) 镶块固定于推杆上，脱模时，镶块不与

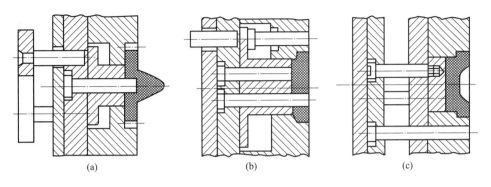

图 3-57　推块脱模机构

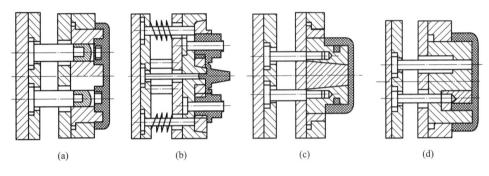

图 3-58　利用成型零件的脱模机构

模体分离，需手动取出塑件。

（五）多元件综合脱模机构

在实际生产中往往遇到一些深腔壳体、薄壁、有局部管形、凸筋、凸台、金属嵌件等复杂塑件，如果采用单一的脱模形式，不能保证塑件的质量，这时需采用两种或两种以上多元件脱模机构。图 3-59（a）所示的塑件需采用推管、推杆并用的机构，因塑性有局部拔模斜度小且深的管状凸起，凸起及周边的脱模阻力较大；图 3-59（b）所示塑件与图 3-59（a）中塑件相

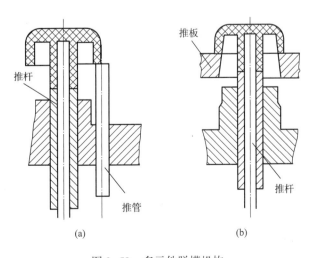

图 3-59　多元件脱模机构

同，但脱模采用推管、推板并用的类型。

（六）气压脱模机构

使用气压脱模虽然要设置通过压缩空气的通路和气门等，但加工比较简单，对于深腔塑件，特别是软性塑料的脱模十分有效。它通过装在模具内的气阀把压缩空气引入塑件和模具之间使塑件脱模的一种装置，适用于深腔薄壁类容器。

如图3-60所示为气动脱模机构，塑件固化后开模，通入100~400kPa的压缩空气，使阀门打开，空气进入型腔与塑件之间，完成塑件脱模。图3-61所示为推板、气压联合脱模的机构，塑件为深腔薄壁塑件，为保证脱模质量，除采用推板顶出外，还在推板和型芯之间吹入空气，使脱模顺利可靠。

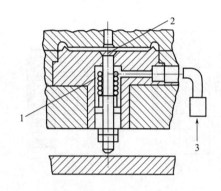

图3-60　气动脱模机构

1—弹簧　2—阀杆　3—压缩空气

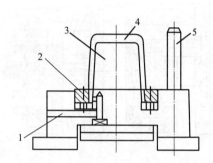

图3-61　推板、气压联合脱模机构

1—压缩空气通道　2—推板　3—型芯　4—塑件　5—导柱

（七）双脱模机构

在设计模具时，原则上应力求使塑件留在动模一边，但有时由于塑件形状比较特殊，会使塑件留在定模一边或者留在动定模的可能性都存在时，就应考虑在定模上设置脱模机构，便于制件在动模或定模一边都能方便地脱出。如图3-62（a）所示是弹簧式双脱模机构。利用弹簧的弹力使塑件首先从定模内脱出，留于动模，再利用动模上的脱模机构使塑件脱模。这种形式结构紧凑、简单，但弹簧容易失效；如图3-62（b）所示是杠杆式双脱模机构。利用杠杆的作用实现定模脱模，开模时固定于动模上的滚轮压动杠杆，使定模顶出装置动作，迫使塑件留在动模上，然后利用动模上的脱模机构将塑件顶出。

（八）顺序脱模机构

根据塑件外形需要，模具在分型时须先使定模分型，再使动定模分型，这样的装置叫顺序脱模机构，又叫定距分型拉紧机构。如塑件的结构需要先脱开定模内的一些成型部分，或者是为了取出点浇口的浇注系统凝料，以及活动侧型芯设置在定模上时，都需要首先使定模分开一定距离后，模具再分型。

1. 弹簧螺钉式

如图3-63所示的双脱模机构，模内装有弹簧和定距螺钉。开模时，型腔在弹簧的作用下使分型面A首先平稳分开，当型腔移动至定距螺钉起限制作用时，型腔停止移动，此时动模继续移动，分型面B分开。

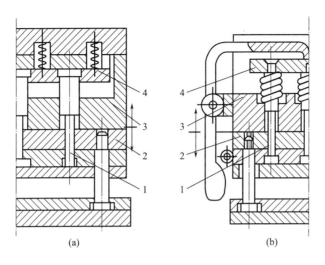

图 3-62 双脱模机构

1—型芯 2—推板 3—型腔板 4—定模顶出板

2. 摆钩（拉钩）式

当抽拔力较大时，可采用摆钩拉紧的形式，如图 3-64 所示，设置了拉紧装置，由压块、挡块和拉钩组成，弹簧的作用是使拉钩处在拉紧挡块的位置。开模时首先从 A 面分型，开到一定距离后，拉钩在压块的作用下，产生摆动而脱钩，定模在拉板的限制下停止运动，从 B 面分型。

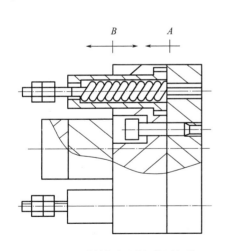

图 3-63 弹簧螺钉顺序分型机构

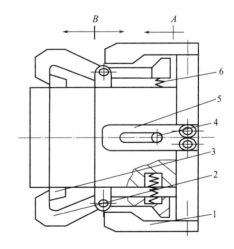

图 3-64 摆钩式顺序分型机构

1—压块 2—拉钩 3—挡块 4—限位螺钉 5—拉板 6—弹簧

3. 导柱式

如图 3-65 所示，开模时，由于弹簧的作用，使定位钉 7 紧压在导柱的半圆槽内，以使模具从 A 面分型，当导柱拉杆上的凹槽与限位钉 4 相碰时，定模型腔停止运动，强制定位钉 7 退出导柱的半圆槽，模具从 B 面分型，继续开模时，在推杆的作用下，推件板将塑件顶出。这种脱模机构结构简单，但是拉紧力小，只能用于塑料黏附力小的场合。

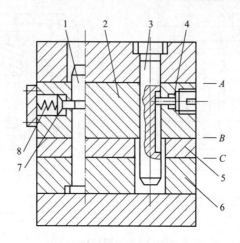

图 3-65　导柱顺序脱模机构

1—导柱　2—定模型腔　3—导柱拉杆　4—限位钉　5—推板　6—动模固定板　7—定位钉　8—弹簧

（九）脱模系统辅助零件

为保证塑件的顺利脱模和各个顶出部分运动灵活，以及顶出元件的可靠复位，必须有以下辅助零件的配合使用。

1. 导向零件

大面积的顶出板在顶出过程中，防止其歪斜和扭曲是很重要的，否则会造成顶杆变形、折断或使推板与型芯磨损研伤，因此要求在脱模机构中设置导向装置。

2. 回程杆（反推杆、复位杆）

脱模机构在完成塑件脱模后，为进行下一个循环，必须回到初始位置，除推板脱模外，其他脱模形式一般均设回程杆。目前常用的回程形式有：回程杆、顶出杆兼回程杆、弹簧回程。

二、二级脱模机构

一般塑件从模具型腔中脱出，无论是采用单一的或多元件的顶出机构，其脱模动作都是一次完成的，但有时由于塑件的特殊形状或生产自动化的需要，在一次脱模动作完成后，塑件仍然难于从型腔中取出或不能自动脱落，此时就必须再增加一次脱模动作才能使塑件脱落。有时为避免一次脱模塑件受力过大，也采用二次脱模，如薄壁深腔塑件或形状复杂的塑件，由于塑件和模具的接触面积很大，若一次顶出易使塑件破裂或变形，因此采用二次脱模，以分散脱模力，保证塑件质量，这类脱模机构又称为二次顶出机构。

（一）气动二级脱模机构

气动脱模可以单独使用，也可以与其他脱模形式配合使用。如图 3-66 所示为典型的气动和液动二次脱模机构。如图 3-66(a) 所示是气动二次推出脱模机构。该机构利用推杆带动动模侧的型腔板完成第一次脱模动作，使塑件脱离型芯，此后打开气阀，压缩空气从喷嘴喷出，将塑件从型腔板中吹出，完成第二次脱模。图 3-66(b) 所示是一个可使用液动二次推出脱模机构的动模模架的示例，一次顶出动作利用油缸带动推板实现，二次推出动作依靠机械顶出装置完成。

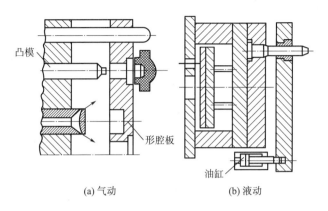

(a) 气动　　　　　(b) 液动

图 3-66　二次脱模机构

（二）单顶出板二级脱模机构

单顶出板二级脱模机构的特点是只有一个顶出板。它分为六种结构形式：弹簧式、拉杆式、摆块拉板式、U 形限制架式、滑块式和钢球式。弹簧式二次脱模机构为最常用的结构。

1. 弹簧式二次脱模机构

如图 3-67 所示，弹簧式二次脱模机构通过推杆和弹簧的两次作用将制件完全脱出。垫板 6 和推杆固定板 2 之间的距离应大于第二次推出的距离。开模时，定、动模分开后，注射机顶杆 7、垫板 6 通过推杆 5 将型腔顶起，塑件由型芯上脱出，完成第一次脱模，如图 3-67(b) 所示；此后，弹簧 1 的弹力推动推杆固定板 2，通过推杆 3 将塑件由型腔内顶出，如图 3-67(c) 所示，塑件由模具内自由脱落。该方法结构简单，缺点是动作不牢靠，弹簧容易失效，需要及时更换。

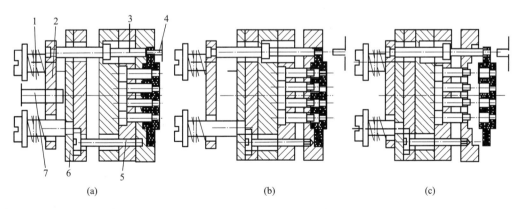

(a)　　　　　　　(b)　　　　　　　(c)

图 3-67　弹簧式二次脱模机构

1—弹簧　2—推杆固定板　3—推杆　4—型芯　5—推杆　6—垫板　7—注射机顶杆

2. 斜导柱滑块式二次脱模机构

图 3-68 所示为典型的斜导柱滑块式二次脱模机构。如图 3-68(a) 所示为闭模状态；当

注塑机顶杆顶动推板时，推板带动推杆6一起运动，使塑件脱离型芯，与此同时，滑块在斜导柱的作用下，向中心方向移动，如图3-68(b) 所示；再继续运动时，由于斜导柱的作用，使推杆6移动的距离大于推件板移动的距离，塑件脱离推件板，如图3-68(c) 所示，完成二次推出。

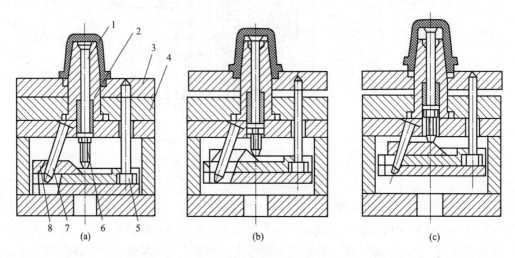

图3-68　斜导柱滑块式二次脱模机构
1—型芯　2—塑件　3—推件板　4—动模板　5，6—推杆　7—斜导柱　8—滑块

3. 拉杆式二次脱模机构

图3-69 所示为拉杆式二次脱模机构，分型一段距离后，拉杆3拉住推板4，开始一次顶出，继续运动时，固定在动模固定板上的凸块2接触到凸轮拉杆3后，使凸轮拉杆转动并脱离推件板4，完成一次脱模推出动作；动模继续运动，由顶出系统完成第二次脱模动作，弹簧1使凸轮拉杆复位。这种结构动作可靠，但由于在定模上安装了凸轮拉杆装置，使模具尺寸增大。

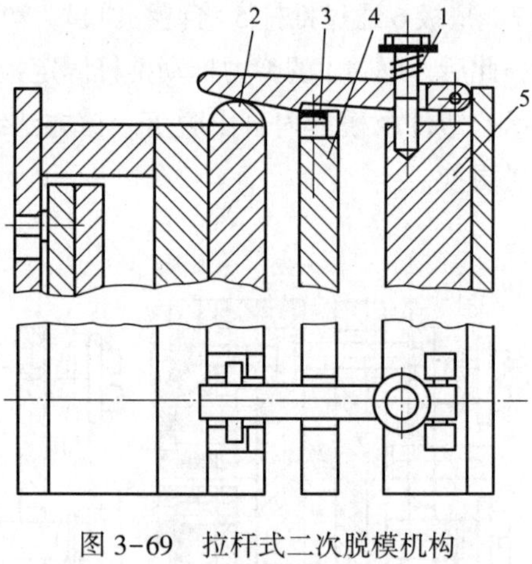

图3-69　拉杆式二次脱模机构
1—弹簧　2—凸块　3—凸轮拉杆
4—推板　5—定模

（三）双顶出板二级脱模机构

采用双顶出板的二级脱模机构的特点是有两块顶出板，有三种结构形式：卡爪式、八字形摆杆式和拉钩式。

1. 卡爪式二级脱模机构

图3-70 所示是卡爪式二级脱模机构。顶动型腔推板的推杆，固定在一次推出板上，中心顶杆固定在二次推出板上，卡爪连接在一次推出板上，可以绕轴转动。开模时注塑机顶杆顶动二次推出板，由于弹簧拉住卡爪使一次推出板随之运动，使塑件脱离型芯，完成一次脱出。再继续运动时，卡爪接触到动模固定板7的斜面，迫使卡爪转动而脱离二次推出板，因此一次推出板停止运动，在中心推杆的作用下塑件脱离型腔推板，完成二次脱出。

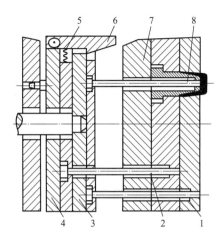

图 3-70　卡爪式二次脱模机构

1—推板　2—推杆　3—二次推出板　4——次推出板　5—弹簧　6—卡爪

7—动模固定板　8—中心推杆

2. 八字形摆杆式二级脱模机构

图 3-71 所示为八字形摆杆式二级脱模机构。塑件为罩形，周围带有凸缘，内腔有较大的凸筋。顶动型腔用的长顶杆固定在一次推出板上，顶动塑件用的短顶杆固定在二次推出板上，在一次推出板与二次推出板之间有定距块，它固定在一次顶出板上。开模时注塑机顶杆顶动一次推出板，通过定距块使二次推出板以同样速度顶动塑件，这时型腔和塑件一起运动而脱离动模型芯，完成一次顶出。当顶到图 3-71(b) 所示位置时，一次推出板接触到八字形摆杆，由于摆杆与一次推出板接触点比二次推出板接触点距支点的距离小，使二次推出板向前运动的距离大于一次推出板向前运动的距离，因而将塑件从型腔中顶出，完成二次推出，如图 3-71(c) 所示。

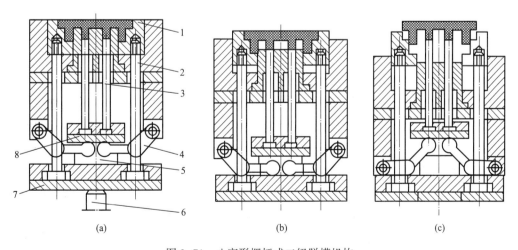

(a)　　　　　　　(b)　　　　　　　(c)

图 3-71　八字形摆杆式二级脱模机构

1—型腔　2—长顶杆　3—短顶杆　4—八字形摆杆　5—定距块　6—注射机顶杆

7——次推出板　8—二次推出板

三、浇注系统凝料的脱出和自动坠落

自动化生产要求模具的操作也能全部自动化，塑件能实现自动化脱落外浇注系统凝料也应能自动脱落。

（一）普通浇注系统凝料脱出和自动坠落

采用侧浇口、直接浇口类型的模具，浇注系统凝料与塑件连接在一起，只要塑件脱模，一般浇注系统凝料随着脱落，常见的形式是依靠自重自动坠落，有时塑件有少部分留于型腔或推板内，给自动坠落带来困难，解决的办法为用二级脱模机构，或采用下述办法使主浇道和分浇道的凝料可靠地脱离型腔。

1. 连杆脱落装置

利用注射机的开闭运动，通过连杆使塑件及浇注系统凝料可靠落下。

2. 机械手

开模时，机械手由液压驱动伸至模腔处，将塑件或浇注系统凝料捏住，再放到机外，目前，机械手在立式和卧式注射机上均有应用。

3. 空气顶出和吹落

用空气阀通过空气间隙，吹出 $5\sim6kg/cm^2$ 的压缩空气把塑件顶出吹落。

（二）针点浇口系统凝料脱出和自动坠落

针点浇口在模具的定模部分。为了将浇注系统凝料取出，要增加一个分型面，因此又称三板式模具。这种结构的浇注系统凝料一般由人工取出，因此模具结构简单，但是生产率低，劳动强度大，只用于小批量生产，为适应自动化的要求，可采用以下办法使浇注系统凝料自动脱落：利用侧凹拉断针点浇口凝料；利用拉料杆拉断针点浇口凝料；利用定模推板拉断针点浇口凝料；利用顶出杆拉断针点浇口凝料。

四、带螺纹塑件脱模机构

带螺纹的塑件其形状有特殊要求，其模具结构也与一般模具不同，塑件的脱落方式也有很多种，回转部分的驱动方式也不同。

（一）设计带螺纹塑件脱模机构应注意的问题

1. 对塑件的要求

螺纹型芯或型环要脱离塑件，必须相对塑件作回转运动，如果螺纹型芯或型环在转动时塑件跟着一起转，则螺纹型芯或型环无法脱出塑件，因此塑件必须止转，即不随螺纹型芯或型环一起转动。为了达到这个要求，塑件的外形或端面上需带有防止转动的花纹或图案。

2. 对模具的要求

塑件要求止转，模具就要有相应防转的机构来保证，当塑件的型腔（凹模）与螺纹型芯同时设计在动模上时，型腔就可以保证不使塑件转动；但是当型腔不可能与螺纹型芯同时设计在动模上时，如型腔在定模，螺纹型芯在动模，动、定模一分型，塑件就脱离定模型腔，即使塑件外形有防转的花纹，也无法发挥作用，塑件留在螺纹型芯上和它一起转动，不能脱模，因此在设计模具时要考虑止转机构。

（二）带螺纹塑件的脱落方式

带螺纹塑件的脱落方式可分为强制脱螺纹、活动螺纹型芯与螺纹型环形式、塑件或模具

的螺纹部分回转的方式三种。

1. 强制脱螺纹（图3-72）

对于结构比较简单，精度要求不高的塑件。可以利用塑件的弹性脱螺纹，也可以采用硅橡胶螺纹型芯的弹性脱螺纹。

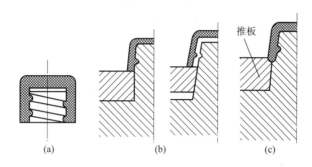

图3-72　利用塑件的弹性强制脱模

（1）利用塑件的弹性脱螺纹。这种结构是利用塑件本身的弹性，如聚乙烯和聚丙烯塑料，用推板将塑件从型芯上强制脱出，应注意塑件的顶出面。

（2）利用硅橡胶螺纹型芯的弹性脱螺纹。这种结构是利用具有弹性的硅橡胶制造螺纹型芯，开模分型时，在弹簧的压力作用下，首先退出橡胶型芯中的芯杆，使橡胶螺纹型芯产生收缩，再在顶杆的作用下将塑件顶出。这种模具的机构简单，但是硅橡胶螺纹型芯的寿命低，用于小批量生产。

2. 活动螺纹型芯与螺纹型环形式

当模具结构不能做成组合模或用回转取出型芯太复杂时，可以把螺纹部做成螺纹或螺纹型环随塑件一起脱模。在机外将螺纹型芯或螺纹环预热，通过机外的辅助脱模机构脱出。对于外螺纹来讲，由于塑件收缩拆卸螺纹环比较容易，面对于内螺纹来讲，螺纹型芯和塑件的接触面积越大，拆卸越难，因而增加了劳动强度。

如图3-73（a）所示，螺纹型芯随塑件顶出后，由电动机带动螺纹型芯尾部相配合的四方套筒，使螺纹型芯脱出塑件。图3-73（b）所示为手动脱螺纹型环形式，开模后螺纹型环随塑件顶出，用专用工具插入螺纹型环的孔，脱出塑件。

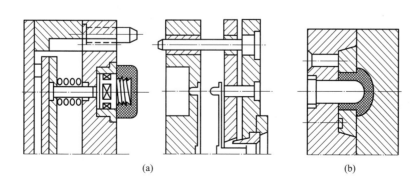

图3-73　螺纹部分做成活动型芯或型环

3. 螺纹部分回转的方式

这种结构要求塑件或模具不管哪一方既回转运动又轴向运动；或者仅一方回转运动，而另一方轴向运动，均可实现塑件自动脱螺纹。回转机构设置在定模动模均可，一般的模具回转机构多设在动模一边。

（1）塑件外部止转。图3-74所示是塑件外部有止转，内部有螺纹的情况。图3-74（a）所示为型腔在定模，螺纹型芯在动模，螺纹型芯回转使塑件脱出的形式。图3-74（b）所示为内点浇口的塑件，型腔在动模，使动模上的塑件回转而脱离螺纹型芯的形式。这两种脱螺纹形式不使用脱模机构。

图3-75所示是塑件有止转部分的型腔和螺纹型芯同时处于动模的情况，当止转部分长度和螺纹部分长度相等时，回转结束，塑件可自动落下；当止转部分长度大于螺纹部分长度时，则要用推杆将塑件顶出型腔。

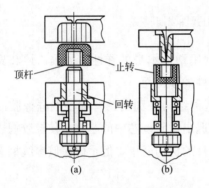

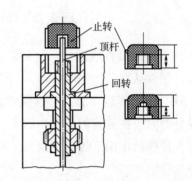

图3-74　塑件外部止转　　　　　　图3-75　带有脱模机构的塑件外部止转

（2）塑件内部止转。如图3-76所示，内螺纹塑件在内侧面有止转，型芯回转使螺纹脱开，由推件板顶出；如图3-76（a）所示，以推杆将推件板顶起；如图3-76（b）所示，以弹簧将推件板顶起。

（3）塑件端面止转。图3-77所示为塑件端面有止转，螺纹型芯的回转，推板推动塑件

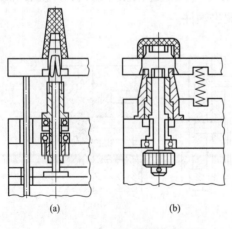

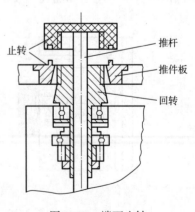

图3-76　内螺纹内部止转　　　　　　　　图3-77　端面止转

沿轴向移动，使塑件脱离螺纹型芯，再在推杆的作用下使塑件脱离推件板。

（三）　螺纹回转部分的驱动方式及扭矩和功率的计算

1. 螺纹回转部分的驱动方式

按驱动的动力分为人工驱动、开模运动驱动、电驱动、液压缸或气缸驱动、液压电动机驱动等多种方式。

如图 3-78 所示，摇动螺旋齿轮 2 时，与它啮合的斜齿轮 3 通过滑键的作用使螺纹型芯 5 旋转。螺纹型芯旋转的同时相对于塑件向左移动，因此螺纹型芯即可顺利脱出塑件。当螺纹型芯移至分型面 A 时，再继续旋转螺纹型芯，则推板 4 在 A 面分型顶出塑件。

如图 3-79 所示，开模时，齿条导柱 1 带动螺纹型芯 4 旋转并沿套筒螺母 3 做轴向移动，套筒螺母与螺纹型芯配合处螺纹的螺距应与塑件成型螺距一致，且螺纹型芯上的齿轮宽度应保证在左右移动到两端点时能与齿条导柱的齿形啮合。

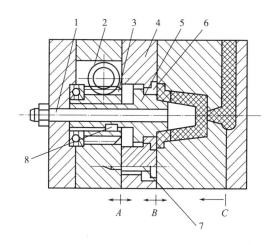

图 3-78　模内设变向机构的手动脱出螺纹

1—型芯　2—螺旋齿轮　3—斜齿轮　4—推件板
5—螺纹型芯　6—定位块　7—定距螺钉　8—键

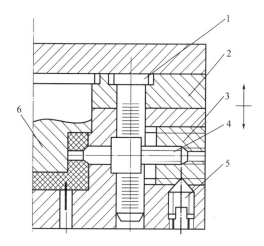

图 3-79　螺纹型芯旋转并作移动的结构

1—齿条导柱　2—固定板　3—套筒螺母
4—螺纹型芯　5—紧固螺钉　6—型芯

在齿轮轴上加工出如图 3-80 所示的大升角螺杆，与它配合的螺母是固定不动的。开模时，动模移动，带动大升角螺杆转动，通过大升角螺杆使齿轮 3 转动而带动螺纹型芯转动。螺纹型芯只作回转运动时也可以脱出螺纹。如图 3-81 所示，由于螺纹型芯和螺纹拉料钩的旋转方向相反，所以螺纹拉钩需做成反牙螺纹。

也有其他动力源脱出制件。如图 3-82 所示，靠液压缸或气缸使齿条往复运动，通过齿轮使螺纹型芯回转，使制件脱出；如图 3-83 所示，靠电动机和蜗轮蜗杆使螺纹型芯回转，使制件脱出。

2. 脱出螺纹塑件所需功率和扭矩的计算

（1）螺纹塑件产生的包紧力。在螺纹塑件的成型时，塑料熔体会冷却收缩，使塑件包围在螺纹型芯上，形成旋出螺纹型芯阻力，此阻力以扭矩的形式出现。研究表明，包紧力与塑件厚度有密切关系，将螺纹塑件分为薄壁与厚壁两种情况计算。

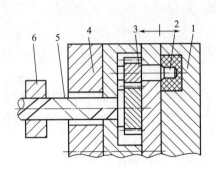

图 3-80　大升角螺杆结构

1—定模　2—螺纹型芯　3—齿轮　4—动模

5—大升角螺杆　6—固定螺母

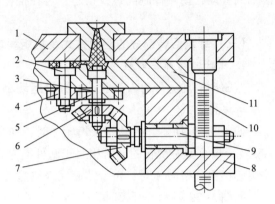

图 3-81　螺纹型芯只做回转运动的结构

1—定模板　2—螺纹型芯　3—螺纹拉料钩　4，5—齿轮

6，7—锥齿轮　8—垫块　9—齿轮轴

10—导柱齿条　11—动模板

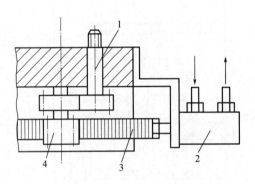

图 3-82　气（液）形式

1—螺纹型芯　2—液压（气）缸

3—齿条　4—齿轮

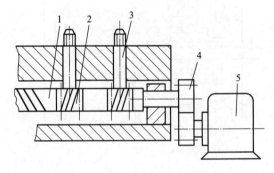

图 3-83　电动机驱动形式

1—蜗杆　2—蜗轮　3—螺纹型芯

4—齿轮　5—电动机

①薄壁螺纹塑件的包紧力。薄壁螺纹塑件指 $t/d_m \leq 1/20$ 的塑件，t 指塑件厚度，d_m 指螺纹中径，单位均为 mm。

薄壁螺纹塑件对型芯的包紧力 F（N）：

$$F = \frac{4\pi E\varepsilon Lt\psi}{S\cos\lambda} \tag{3-30}$$

式中：E 为塑料的拉伸弹性模量（N/cm^2）；ε 为塑料的成型收缩率（%）；t 为塑料螺纹制件的平均厚度（$t = R - r_m$）（cm）；r_m 为螺纹型芯（或型环）的中径（cm）；L 为螺纹型芯或型环的有效高度（cm）；S 为螺距（cm）；λ 为螺纹升角（°）；ψ 为螺纹形状因子（cm），由螺纹类型决定。

②厚壁螺纹塑件的包紧力。厚壁螺纹塑件是指 $t/d_m > 1/20$ 的塑件，厚壁螺纹的包紧力 F 为：

$$F = \frac{4\pi E\varepsilon Lr_{\mathrm{m}}\psi}{S\theta\cos\lambda}$$ (3-31)

式中：θ 为厚壁螺纹制件无量纲特征因数；μ 为螺纹材料的泊松比（碳钢 $\mu = 0.25$）。

对于外螺纹：

$$\theta = \frac{r_{\mathrm{m}}^2 + r_0^2}{r_{\mathrm{m}}^2 - r_0^2} + \mu$$ (3-32)

对于内螺纹：

$$\theta = \frac{R_{\mathrm{m}}^2 + R_0^2}{R_{\mathrm{m}}^2 - R_0^2} + \mu$$ (3-33)

（2）旋出螺纹塑件所需功率。理论上旋出螺纹塑件所需功率 N_{T}（kW）为：

$$N_{\mathrm{T}} = Mn = \frac{Mn_1}{i}$$ (3-34)

式中：M 为旋出螺纹所需的扭矩（N·cm）；n 为旋出螺纹型芯（型环）的转速（r/min）；n_1 为所用动力装置的转速（r/min）；i 为传动装置的减速比。

实际上，由于传动装置存在磨损，所用装置的实际功率要大于上式的计算结果：

$$N_{\mathrm{r}} = N_{\mathrm{T}}(1 + \eta)$$ (3-35)

式中：η 为传动机构的效率。

（3）旋出螺纹塑件所需扭矩。螺纹塑件包紧在型芯上，旋出时必须克服包紧力所形成的摩擦扭矩。

旋出螺纹型芯时，旋出螺纹型芯所必需的最小扭矩 $M_{\min}$（N·cm）为：

$$M_{\min} = r_{\mathrm{m}}f_{\mathrm{T}}F$$ (3-36)

式中：f_{T} 为塑料与金属型芯（或型环）的摩擦系数。

对于薄壁内螺纹塑件：

$$M_{\min} = \frac{4\pi E\varepsilon tLf_{\mathrm{T}}\psi}{S\cos\lambda}$$ (3-37)

对于厚壁内螺纹塑件：

$$M_{\min} = \frac{4\pi E\varepsilon r_{\mathrm{m}}Lf_{\mathrm{T}}\psi}{S\theta\cos\lambda}$$ (3-38)

实际应用时，由于塑件与金属表面的黏附作用、旋转机构的摩擦阻力等，应对最小扭矩放大，得到旋出螺纹型芯所需的塑件扭矩 M（N·cm）：

$$M = \phi M_{\min}$$ (3-39)

式中：ϕ 为与塑料材料收缩率变化范围有关的系数，取值为 1.12~1.30。

从螺纹型环旋下外螺纹时，所用的力矩比螺纹型芯小，计算公式：

$$M = \phi_1\phi M_{\min}$$ (3-40)

式中：ϕ_1 为与螺纹端面形状有关的系数。

第八节　侧向分型与抽芯机构设计

当塑件上具有与开模方向不同的内外侧孔或侧凹时，塑件不能直接脱模，必须将成型侧孔或侧凹的零件做成可动的，称为活动型芯，在塑件脱模前先将活动型芯抽出，再自模中顶出塑件。完成活动型芯抽出和复位的机构叫抽芯机构。

一、分型与抽芯方式

（一）手动侧向分型抽芯（图3-84）

模具开模后，活动型芯与塑件一起取出，在模外使塑件与型芯分离或在开模前依靠人工直接抽拔或通过传动装置抽出型芯。具有手动抽芯的模具结构比较简单，但是生产效率低，劳动强度大，且抽拔力受到人力限制，因此只有在小批量生产和试制生产时才采用。

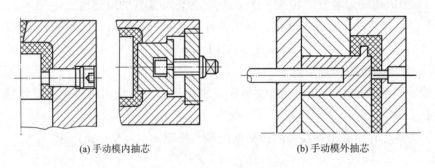

(a) 手动模内抽芯　　　　　　　　　　　(b) 手动模外抽芯

图 3-84　手动侧向分型抽芯

（二）机动侧向分型抽芯

开模时依靠注射机的开模动力，通过传动零件将活动型芯抽出。机动抽芯模具结构比较复杂，但型芯抽出无需手工操作，降低工人的劳动强度，生产率高，在生产实践中应用广泛。

（三）液压或气动传动侧向抽芯

活动型芯靠液压或气压系统抽出，一些注射机就带有抽芯油缸，比较方便，但是一般的注射机没有这种装置，可以根据需要另行设计。由于注射机是以高压液体为动力，因此采用液动比气动方便，这种方法不仅传动平稳，而且可以得到较大的抽拔力和较长的抽芯距。液压抽芯机构（图3-85）和气动抽芯机构（图3-86）的原理图如下。

（四）联合作用抽芯机构

由于塑件结构限制，需采用两种或两种以上的抽芯机构联合作用完成抽芯工作的机构。如图3-87(a)所示，选C-C面为分型面，则D处需侧抽芯机物，但制品有与侧抽方向垂直的侧凹，需设计联合作用抽芯机构完成抽芯。如图3-87(b)所示，该模具采用斜导柱与滑块联合抽芯机构，侧滑块8上开有斜向导滑槽，内装斜滑块4，开模时，在斜导柱7的驱动下，滑块向右移动，由于弹簧9和塑件的限制，先完成斜滑块4的抽芯，当限位螺钉10限位时，斜导柱7带动侧滑块8及斜滑块4完成全部抽芯。

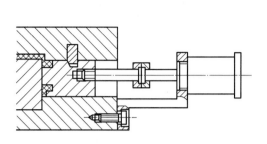

图 3-85　液压抽芯机构

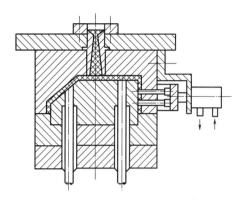

图 3-86　气动抽芯机构

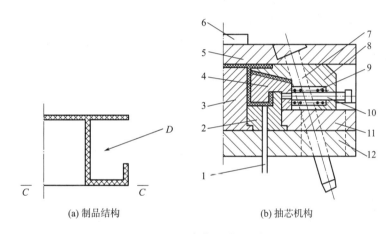

(a) 制品结构　　　　　　　(b) 抽芯机构

图 3-87　联合作用抽芯机构

1—推杆　2—凹模　3—型芯　4—斜滑块　5—定模底板　6—定位环　7—斜导柱
8—侧滑块　9—弹簧　10—限位螺钉　11—挡块　12—动模底板

二、抽拔力和抽拔距的确定

塑件在型腔内冷凝收缩时对型芯侧壁产生包紧力，因此，塑件在脱模时必须克服这一包紧力及侧抽芯机构所产生的摩擦阻力，才能抽出侧向型芯或侧向型腔。

将开始抽拔时所需的抽拔力称为起始抽芯力。继续抽拔直至把侧向型芯抽至或侧向型腔分离至不妨碍塑件脱出的位置所需的抽拔力称为相继抽芯力。两者相比，起始抽芯力比相继抽芯力大，故在设计计算时，只需计算起始抽芯力。

（一）抽拔力计算

图 3-88 所示为塑件在静止和抽拔时的受力图。其中，P_1 为塑件对型芯的包紧力；P_2 为塑件对型芯表面的垂直分力；P_3 为塑件沿型芯表面的滑移分力；P'_3 为型芯表面的反作用力；P_4 为抽拔阻力；Q 为抽拔力；θ 为脱模斜度。

各力的关系为：

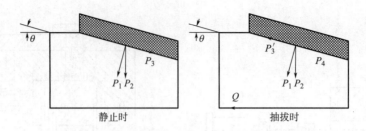

图 3-88 脱模力分析

$$P_2 = P_1 \cos\theta \tag{3-41}$$

$$P_3 = P_3' = P_1 \sin\theta \tag{3-42}$$

$$P_4 = \mu P_2 = \mu P_1 \cos\theta \tag{3-43}$$

式中：μ 为塑料对钢的摩擦系数，一般取 $0.1 \sim 0.2$。

抽拔力的计算同于脱模力的计算，即：

$$Q = (P_4 - P_3') \cdot \cos\theta = (\mu P_1 \cos\theta - P_1 \sin\theta) \cdot \cos\theta = P_1 \cos\theta \cdot (\mu\cos\theta - \sin\theta) \tag{3-44}$$

而 P_1 可通过计算型芯被塑件包紧部分的断面形状周长与成型部分的深度，塑件对型芯单位面积的挤压力的乘积来计算。

$$P_1 = ChP_0 \tag{3-45}$$

式中：C 为型芯成型部分断面的平均周长（cm）；h 为型芯被塑件包紧部分的长度（cm）；P_0 为单位面积的包紧力，其值与塑件的几何形状及塑件的性质有关，一般取 $80 \sim 120\text{kg/cm}^2$。

（二）抽芯距计算

抽芯距指将型芯从成型位置抽至不妨碍塑件脱模的位置，型芯（滑块）所移动的距离。

一般抽芯距等于侧孔深加 $2 \sim 3\text{mm}$ 的安全系数。当塑件的结构比较特殊，如塑件为圆形线圈骨架一类的侧向分型注射模时，抽芯距应大于侧孔或侧凹的深度（或凸台高度），如图 3-89 所示。

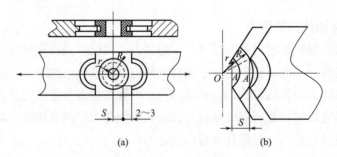

图 3-89 抽芯距计算示意图

（1）两拼块凹模的抽芯距。如图 3-89(a) 所示，抽芯距公式：

$$S_{抽} = S + (2 \sim 3)\text{mm} = \sqrt{R^2 - r^2} + (2 \sim 3)\text{mm} \tag{3-46}$$

式中：$S_{抽}$ 为抽芯极限尺寸（mm）；R 为塑件最大外形半径（mm）；r 为塑件最小外形半径

（侧凹处）（mm）。

（2）多瓣拼合凹模的抽芯距。抽芯距可根据图3-89(b) 计算：

$$S_{抽} = S + (2 \sim 3)\,\text{mm} = \sqrt{R^2 - A^2} - \sqrt{r^2 - A^2} + (2 \sim 3)\,\text{mm} \tag{3-47}$$

式中：A 为拼合凹模前端弦长（两尖角连线）的一半（mm）。

三、斜导柱侧抽芯机构

1. 组成与工作原理

斜导柱侧抽芯机构结构简单、制造容易、工作安全可靠。如图3-90所示，其主要工作零件是斜导柱和滑块。

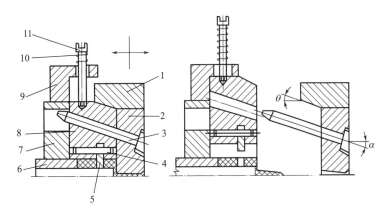

图 3-90 斜导柱侧抽芯机构

1—锁紧块 2—定模板 3—斜导柱 4—销钉 5—侧型芯 6—推管

7—动模板 8—滑块 9—限位挡块 10—弹簧 11—螺钉

2. 斜导柱侧抽芯机构的结构形式

根据斜导柱和滑块在模具上的安装位置的不同，通常可分为4种结构形式：斜导柱在定模、滑块在动模；斜导柱在动模、滑块在定模；斜导柱和滑块同在定模上；斜导柱和滑块同在动模上。

在斜导柱脱模过程中，容易发生干涉现象。干涉是指在合模过程中滑块的复位先于推杆的复位致使滑块上的侧型芯与推杆相碰撞，造成模具损坏。

尽量避免推杆（推管）布置在侧型芯在垂直于开模方向平面上的投影范围内。如果受模具结构限制，二者的投影必须重合时，满足侧型芯与推杆不发生干涉的条件是（图3-91）：

$$h_c \tan\alpha \geqslant S_c \tag{3-48}$$

式中：h_c 为合模时，沿开模方向推杆端面到侧型芯底面的最短距离（mm）；S_c 为在垂直于开模方向的平面内，侧型芯与推杆的重合长度（mm）；α 为斜导柱的倾斜角（°）。

四、斜滑块抽芯机构

滑块分为整体式和组合式两种。整体式是把侧型芯（或侧型腔）和滑块做成一个整体，多用于型芯较小和形状简单的场合；而组合式则是把侧型芯（或侧型腔）单独加工后，再

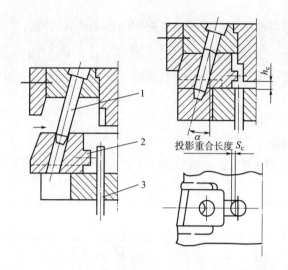

图 3-91　干涉条件

1—斜导柱　2—侧型芯滑块　3—推杆

安装到滑块上，在生产中应用广泛。

　　型芯与滑块的常见连接形式如图 3-92 所示。如图 3-92(a) 所示，把型芯嵌入滑块，再采用销钉连接；侧型芯一般比较小，为提高型芯强度，可以将型芯嵌入滑块部分的尺寸加大，并用两个骑缝销钉固定，如图 3-92(b) 所示；当型芯比较大时，可以采用图 3-92(c) 所示的燕尾槽式连接。在抽芯过程中，滑块与导滑槽必须很好的配合，常用的导滑槽结构如图 3-93 所示。导滑槽的形状有两种，一种是燕尾槽 [图 3-93(d)]，另一种

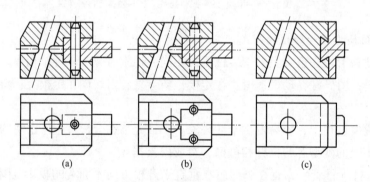

(a)　　　　　　　　　(b)　　　　　　　　　(c)

图 3-92　型芯与滑块的常见连接形式

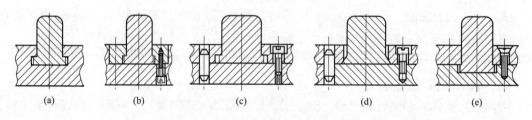

(a)　　　　　(b)　　　　　(c)　　　　　(d)　　　　　(e)

图 3-93　型芯与滑块的常见连接形式

是 T 形槽 [图 3-93(a)~(e)]。模具中常用的是 T 形槽。图 3-93(a) 所示为整体式导滑槽；图 3-93(b)~(e) 所示均为组合式导滑槽，其中 (b)(c)(e) 是优选形式。

如图 3-94 所示为斜滑块外侧分型机构。模具的型腔由两个斜滑块（斜滑块为瓣合式型腔镶块）组成，定位螺钉起限位作用，避免滑块脱出模套。

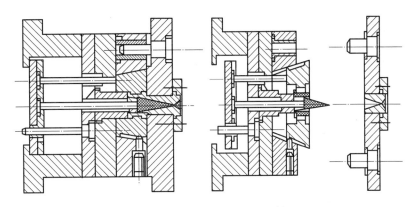

图 3-94　斜滑块外侧分型机构

如图 3-95 所示为斜滑块内侧抽芯机构。斜滑块本身是内侧型芯同时有顶出塑件的作用。开模后，注射机推顶装置通过推出板使推杆推动斜滑块沿型芯的导滑槽移动，在模套的斜孔作用下，斜滑块同时向模具内侧移动，使斜滑块在塑件上抽出。

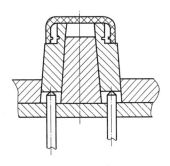

图 3-95　斜滑块内侧分型机构

五、弯销抽芯机构

弯销抽芯机构的工作原理与斜导柱抽芯机构相同。弯销是斜导柱的变异形式，在结构上具有矩形截面，其抗弯截面系数比斜导柱大，因此抗弯能力较强，可采用较大的倾斜角，倾斜角最大可达 30°。根据塑件的抽拔特点，可以把弯销分段加工成不同斜度，以改变抽拔速度和抽拔距。

模外式弯销抽芯机构如图 3-96 所示。弯销 2 的右端固定在定模上，左端由支承板 5 支承，起压紧块作用。弯销的各段可以加工成不同的斜度，可根据需要随时改变抽拔力和抽拔速度。如开模之初可采用较小的斜度，以获得较大的抽拔力，再采用较大的斜度，以获得较大的抽芯距。对应的弯销孔也应做成几段相配合，一般配合间隙可取 0.5mm 或更大些，以免发生卡死现象。弯销因装在模板外侧，可减小模板面积，减轻模具重量。

六、齿轮齿条式侧向分型抽芯机构

齿轮齿条式侧向分型抽芯机构能抽拔与分型面成一定角度的型芯，但模具结构复杂，加工比较困难，只有当其他抽芯机构不适用时才采用。如图 3-97 所示为传动齿条固定在定模的侧向抽芯结构，塑件上的斜孔由齿条型芯 2 成型，传动齿条 5 固定在定模上。开模时，动模内的齿轮 4 在齿条 5 的啮合传动下做逆时针方向转动，带动与之啮合的齿条型芯 2 向右下

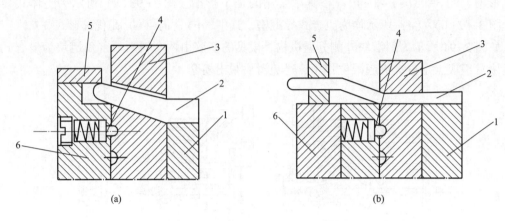

图 3-96　模外式弯销抽芯机构

1—定模　2—弯销　3—滑块　4—定位销　5—支承板　6—动模

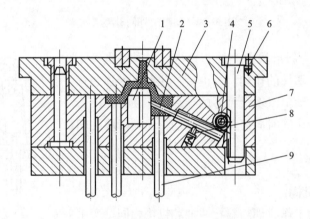

图 3-97　齿轮齿条式侧向分型抽芯机构

1—型芯　2—齿条型芯　3—定模板　4—齿轮　5—传动齿条　6—防转销　7—动模板　8—导向销　9—推杆

方运动而抽芯，推杆 9 将塑件推出。

第九节　注射模具温度调节系统

在注射成型过程中，模具的温度直接影响到塑件成型的质量和生产效率。由于各种塑料的性能和成型工艺要求不同，模具的温度也要求不同，一般注射到模具内的塑料温度为200℃左右，而塑件固化后从模具型腔中取出时其温度在 60℃以下，温度降低是由于模具通入冷却水，将热量带走。普通的模具通入常温的水进行冷却，通过调节水的流量就可以调节模具的温度。这种冷却方法一般用于流动性好的低熔点塑料的成型。

为缩短成型周期，还可以把常温的水降低温度后再通入模内。因为成型周期主要取决于冷却时间，用低温水冷却模具，可以提高成型效率。不过需要注意的是，用低温水冷却，大气中的水分可能在型腔表面凝聚，会影响制品质量。

流动性差的塑料如聚碳酸酯、聚苯醚、聚甲醛等，要求模温高，若模具温度过低则会影响塑料的流动，增大流动剪切力，使塑件内应力较大，甚至还会出现冷流痕、银丝、注不满等缺陷。尤其是当冷模刚开始注射时，这种情况更为明显。因此对于高融点、流动性差的塑料，流动距离长的制品，为防止填充不足，有时也在水管中通入温水或把模具加热。但模具温度也不能过高，否则要求冷却时间延长，且制品脱模后易发生变形。总之，要做到优质高效率生产，模具必须能够进行温度调节，应根据需要，进行设计。

1. 温度调节与生产效率的关系

确定模温有两种方式，一是使模具保持最低的温度，二是使模具的温度保持在比塑料热变形温度稍低的温度，要根据塑料的特性和模具的构造来决定，对难于充满型腔的塑料和模具结构复杂的情况，一般采用后者。

假设由塑料传给模具的热量为 Q（kJ/h）：

$$Q = \frac{AHTt}{3600} \times 4.18 \tag{3-49}$$

式中：A 为传热面积（m^2）；H 为塑料对型腔的传热系数 $[kJ/(m^2 \cdot h \cdot ℃)]$；$T$ 为型腔和塑料的平均温度差（℃）；t 为冷却时间（s）。

如果型腔形状和塑料品种确定，式中 A 和 H 值可以确定，可以直接写成下式：

$$\frac{Q}{T} \propto \frac{t}{3600} \times 4.18 \tag{3-50}$$

即冷却时间 t 和 Q 成比例，为使冷却时间短，可使塑料传给模具的热量 Q 小，或使塑料和模具的温差大；还可以使型腔的温度不均一，温度低处通温水，温度高处通冷水，调节塑料为均一的温度，使得 T 的值减少。缩短成型周期就是缩短冷却时间，也是为提高生产效率而进行温度调节。

根据实验，塑料带给模具的热量约5%由辐射对流散到大气中，其余95%由冷却介质带走。因为模具的材料是钢，导热系数约为4180kJ/（$m^2 \cdot h \cdot ℃$），传热非常快，一般冷却水管距型腔的距离对型腔的冷却影响不大，主要影响因素是冷却介质的流量。若模具材料用不锈钢或淬火钢的时候，由于导热系数比钢小，则必须考虑冷却水管到型腔的距离。

2. 温度调节对塑件质量的影响

质量优良的塑料制件应满足以下6个方面的要求，即收缩率小、变形小、尺寸稳定、冲击强度高、耐应力开裂性好和表面光洁。采用较低的模温可以减少塑料制件的成型收缩率。

模温均匀冷却时间短注射速度快可以减少塑件的变形。其中均匀一致的模温尤为重要。但由于塑料制件形状复杂、壁厚不一致、充模顺序先后不同，常出现冷却不均匀的情况。

为改善这一状况，可将冷却水通入模温最高的地方，甚至在冷得快的地方通温水，冷得慢的地方通冷水，使得模温均匀，塑件各部位能同时凝固，这不仅提高制品质量也缩短成型周期，但由于模具结构复杂，要完全达到理想的调温往往十分困难。

对于结晶型塑料，为使塑件尺寸稳定应该提高模温，使结晶在模具内尽可能地达到平衡，否则塑件在存放和使用过程中由于后结晶会造成尺寸和力学性能的变化，但模温过高对制品性能也会产生不好的影响。

结晶型塑料的结晶度还影响塑件在溶剂中的耐应力开裂能力，结晶度越高该能力越低，故降低模温有利于提高塑件质量。但是对于聚碳酸酯一类的高黏度非结晶型塑料，耐应力开裂和塑件的内应力关系很大，故提高充模速度、减少补料时间并采用高模温有利于提高塑件质量。

对塑件表面光洁度影响最大的除型腔表面加工质量外就是模具温度，提高模温能大大改善塑件表面状态。

3. 对温度调节系统的要求

（1）根据塑料的品种，确定温度调节系统采用加热方式还是冷却方式。

（2）模温应尽量均一，塑件各部同时冷却，以提高生产率和提高塑件质量。

（3）采用低的模温，快速、大流量通水冷却一般效果比较好。

（4）温度调节系统应尽量做到结构简单、加工容易、成本低廉。

4. 模具冷却面积的计算

计算冷却面积的目的是设计冷却回路，求得恰当的冷却管道直径与长度，满足冷却要求。但是模具的热量，有辐射热，通过对流的散热，向模板的传热和由于喷嘴接触的传热等很多因素，因此要进行精确的计算是不可能的。下面仅考虑冷却介质在管内作强制的对流而散热，忽略其他因素。

假设由塑料放出的热量全部传给模具，其热量 Q（kJ）：

$$Q = nG\Delta_i \tag{3-51}$$

式中：n 为每小时的注射次数；G 为包括浇注系统在内的每次注射的塑料量（kg）；Δ_i 为从熔融塑料进入型腔的温度到塑件冷却后的脱模温度为止，塑料的焓之差。

$$\Delta_i = C_p(t_1 - t_0) \times 4.18 \tag{3-52}$$

式中：C_p 为塑料的比热 [kJ/（kg·℃）]；t_1 为熔融塑料进入模腔的温度（℃）；t_0 为塑件脱模温度（℃）。

实际上除此以外还有溶解潜热，现忽略不计，认为热量 Q（kJ）经模具传给冷却介质，这时冷却水管的传热面积 A（m²）为：

$$A = \frac{Q}{\alpha \cdot \Delta T} \times 4.18 \tag{3-53}$$

式中：α 为冷却介质对管壁的传热系数 [kJ/（m²·h·℃）]；ΔT 为模具和冷却介质的平均温差（℃）。

当液体在圆形断面直管中呈湍流时，其传热系数 α [kJ/（m²·h·℃）] 计算式如下：

$$\alpha = 0.023 \frac{\lambda}{d} \left(\frac{Wd\rho}{\eta}\right)^{0.8} \left(\frac{3600\eta g C_p}{\lambda}\right)^{0.4} \tag{3-54}$$

式中：λ 为流体的导热系数 [kJ/（m²·h·℃）]；d 为管径（m）；W 为流体的流速（m/s）；ρ 为流体的密度（kg·s²/m⁴）；η 为流体的黏度（kg·s/m²）；g 为重力加速度（m/s²）；C_p 为流体的定压比热 [kJ/（kg·℃）]。

在上式中，等号右边第一个括号内的数群为雷诺准数 Re：

$$Re = \frac{Wd\rho}{\eta} \tag{3-55}$$

第二个括号内也是一个没有单位的数群，称为普朗特准数 Pr：

$$Pr = \frac{3600\eta g C_p}{\lambda} \tag{3-56}$$

用上式计算时，必须符合以下几个条件：

（1）流体作稳定的湍流流动，即 $Re > 10^4$。

（2）$Pr = 0.7 \sim 2500$。

（3）用流体进出口温度的算术平均值作为定性温度，按此温度确定流体的各个物性常数。

（4）管长与管内径之比 $L/d > 50$。

5. 模具冷却系统设计原则

（1）冷却水孔数量尽量多，尺寸尽量大。

（2）冷却水孔至型腔表面距离相等。

（3）浇口处加强冷却。

（4）降低入水与出水的温度差。

（5）冷却水孔的排列形式。冷却水通道的开设应该尽可能按照型腔的形状，对于不同形状的塑件，冷却水道位置也不同。

①薄壁、扁平塑件。动模和定模均采用距型腔等距离钻孔。

②中等深度壳形塑件。定模距型腔等距离钻孔，动模开设冷却水槽。

③深型腔塑件。深型腔塑件加工中最困难的是型芯的冷却，对于深度浅的情况钻通孔并堵塞得到和塑件形状类似的回路，对于深腔的大型制品不能那样简单，定模采取自浇口附近入水，在周围回转由外侧的钻孔把水导出的方式。

④狭窄的、薄的、小型的制品。因为型芯细，在型芯中心开盲孔，放进管子，由管中进入的水喷射到浇口附近，进行冷却，管的外侧和孔壁间的水通向出水口。

（6）便于加工和清理。冷却水通道易于机械加工，便于清理，一般孔径设计为 $8 \sim 12mm$。

6. 加热装置的设计

当要求模具温度在 $80℃$ 以上时，要设加热装置。模具的加热方法很多，可用热水、蒸汽、热空气、热油及电加热等。由于电加热方式清洁结构简单，可调节的温度范围大，因此目前应用比较普遍。用热水、热油或水蒸气加热的办法其装置与水冷却装置基本相同，因此对于有蒸汽、热水或热油来源的工厂，模具加热也可以用这些热源。

第十节　塑料注射模具设计流程

1. 接受任务书

通常模具设计任务书由塑料制件工艺员根据成型塑料制件的任务书提出，模具设计人员以成型塑料制件任务书、模具设计任务书为依据来设计模具。成型塑料制件的任务书通常由制件设计者提出，其内容如下：

（1）经过审核的正规制件图纸，并注明采用塑料的牌号、透明度等。

（2）塑料制件说明书或技术要求。

（3）生产数量。

（4）塑料制件样品。

2. 收集、分析、研究原始资料

收集整理有关制件设计、成型工艺、成型设备、机械加工及特殊加工资料，以备设计模具时使用。

（1）研究塑料制件图，了解塑件的用途，分析塑件的工艺性，尺寸精度等技术要求。例如塑件在表面形状、颜色透明度、使用性能方面的要求是什么，塑件的几何结构、斜度、嵌件等情况是否合理，熔接痕、缩孔等成型缺陷的允许程度，有无涂装、钻孔、电镀、胶接等后加工。选择塑件尺寸精度最高的尺寸进行分析，看估计成型公差是否低于塑件的公差，能否成型出合乎要求的产品。同时，要了解塑料的塑化及成型工艺参数。

（2）研究工艺资料，分析任务书所提出的成型方法、设备型号、材料规格、模具结构等要求是否恰当，能否落实。

（3）熟悉工厂实际情况。主要是成型设备的技术规范，模具制造车间的情况，标准资料、设计参考资料等。

（4）确定成型方法。确定工艺成型方法，如采用注塑、压塑还是挤出。

3. 选择成型设备

根据成型设备的种类进行模具设计。熟知各种成型设备的性能、型号规格、特点。初步估算模具外形尺寸，判断模具能否在所选的注塑机上安装和使用。

4. 确定模具结构方案

（1）确定模具类型。如压塑模、传递模、注塑模等。

（2）确定模具类型的主要结构。选择理想的模具结构在于确定必需的成型设备，理想的型腔数，在绝对可靠的情况下能使模具本身的工作满足该塑件的工艺技术和生产经济的要求。主要包括：型腔布置，确定分型面，浇注系统设计，脱模机构方式，冷却或加热系统，主要成型零件、结构零件的结构形式及尺寸计算、强度校核。

5. 绘制模具图

按照国家制图标准绘制模具图，同时结合企业标准和工厂习惯画法制图。可以通过图板绘制，也可由 CAD 绘图，但在 CAD 制图软件不太熟悉之前，图板可以画草图，而后 CAD 制图。先绘制零件图，而后总装。总装图尽量采用 1：1 的比例，先由型腔开始绘制，主视图和其他视图同时绘出。

6. 校对、审核、描图、送晒

对所有零件图和装配图校对后，送交审核部门审核、修改，再描图、送晒。

7. 试模、修模及交付

模具加工完成之后，进行试模检验，观察成型制件的质量。发现问题后，进行排除错误性的修模。试模完成，生产出合格的产品后，模具交付生产部门。

8. 整理资料进行归档

由设计模具开始到模具加工成功，检验合格为止，期间所产生的技术资料，按规定加以系统整理，装订、编号进行归档。

思 考 题

1. 阐述注射成型分为哪几个阶段？

2. 塑件的注塑工艺分析包括什么内容？

3. 注射模由哪些结构组成？各主要组成部分的主要作用是什么？

4. 注射模和注射机安装部分有哪些相关尺寸需要进行校核？

5. 分型面选择的一般原则有哪些？

6. 注射模浇注系统由哪些部分组成？其设计原则有哪些？

7. 主流道设计时应注意哪些问题？

8. 凹模及型芯的结构形式有哪些？

9. 图 3-98 所示的塑件，材料为 ABS，试画出成型零件结构草图，计算成型零件的工作尺寸并在结构草图上进行标注。

10. 合模导向系统的作用和设计原则是什么？

11. 推杆推出机构的设计要点和注意事项有哪些？

12. 在什么情况下要考虑使用二次脱模机构？二次脱模机构有哪些典型结构？

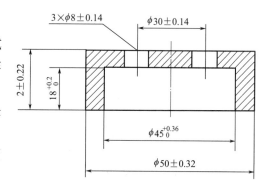

图 3-98　塑件图

13. 影响抽芯力的因素有哪些？为什么用斜导柱来抽芯时会出现干涉现象？如何克服？

14. 模具的温度调节有什么作用？设计冷却系统时应遵循哪些原则？

第四章 塑料压缩工艺及压缩模设计

第一节 塑料压缩成型原理及工艺

塑料成型除了应用广泛的注射成型外，还有多种成型方法。塑料压缩成型方法主要用于成型热固性塑料制件。有些热塑性塑料也可用压缩方法成型。压缩成型的方法虽较传统，但因其工艺成熟可靠，并积累有丰富的经验，适宜成型大型塑料制件，且塑件的收缩率较小，变形小，各项性能比较均匀等。因此，热固性塑料虽然可以用注射的方法来进行生产，但压缩成型在热固性塑料制品加工中，依然是应用范围最广且居主导地位的成型加工方法。

一、压缩成型原理

压缩成型是热固性塑料的主要成型方法之一，其成型原理如图 4-1 所示。先将塑料加入已经预热至成型温度的模具加料腔内，如图 4-1(a) 所示，液压机通过模具的上模部分带动凸模，对模腔中的塑料施加很高的压力，使塑料在高温、高压下先由固态转变为黏流态而充满模腔，如图 4-1(b) 所示。然后树脂产生交联反应，经一定时间使塑料固化定型后，即可开模取出制件，如图 4-1(c) 所示。

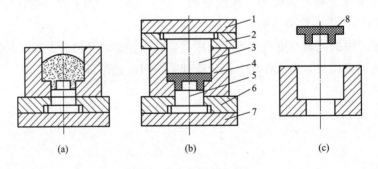

图 4-1 压缩成型原理

1—上垫板 2—凸模固定板 3—凸模 4—凹模 5，6—型芯固定板 7—下垫板 8—制件

二、压缩成型工艺

（一）压缩成型工艺参数

1. 成型压力

压缩成型的压力是指液压机对塑件在垂直于加压方向平面上的单位投影面积所施加的作

用力。成型压力过小，塑件密度低，容易产生气孔。提高成型压力不仅能够提高塑件密度，而且有利于提高塑料熔融后的流动性，便于熔料充模，同时还能加快树脂交联固化速度。但成型压力过高，成型时消耗的能量就多，嵌件和模具容易损坏。

2. 成型温度

压缩成型温度通常是指模具温度。成型温度过高，塑料熔融后会因固化速度过快而迅速失去流动性，从而导致塑料充模不足。同时，由于塑料中着色剂的分解变质，模腔内的气体无法及时排除，塑件表面的内层固化速度不一致等原因，塑料表面会产生变色、气泡、肿胀和裂纹等缺陷。成型温度过低时，由于固化不足，塑件组织疏松，表面光泽灰暗。同时由于塑件表层固化后不能承受水分和其他挥发物受热后产生的气体的压力，同样会使塑件表面产生肿胀、裂纹等缺陷。

3. 成型时间

成型时间是指从合模加压到开模取件的这一段时间。成型时间与成型温度有关。在成型温度较低时，通过提高成型温度可以缩短成型时间，但当成型温度提高到一定程度后，成型时间的缩短就极为有限。例如，酚醛塑料粉压缩成型时，当成型温度从 120℃ 升高到 160℃ 时，成型时间从 20min 减少到 1min；当成型温度从 160℃ 升高到 180℃ 时，成型时间基本不变。

因此，在保证塑件质量的前提下，应采用较高的成型温度，以缩短成型时间，提高生产率。但成型温度的提高要以有效地缩短成型时间为前提，同时还要考虑产品质量，不能盲目地提高温度。成型时间不仅与成型温度有关，同时还受其他因素的影响。对于流动性差，固化速度慢，水分及挥发物含量多，未经预压、预热的塑料以及壁厚过大的塑料制件，或成型压力较小时，成型时间应长一些。

（二）压缩成型工艺过程

热固性塑料压缩成型过程可分为准备阶段、施压阶段和推出塑件阶段。

1. 准备阶段

将压缩用的塑料粉放入烤箱（干燥箱）中预热后，用天平称量压塑粉，并把其倒入已加热的模腔内受热熔融。

2. 施压阶段

开动液压机，上工作台带动上模部分向下运动，使上凸模进入下模型腔。当模具闭合后，在压力作用下，塑料流动充满型腔。经过一段时间的保压，发生物理和化学变化，交联成立体型网状分子结构，塑料硬化定型。在模具闭合之后，有时还需卸压，将凸模松动少许时间，进行排气。

3. 推出塑件阶段

开模后，辅助液压缸工作，液压机顶杆带动模具的推出机构将塑件推出，并使推出机构复位。

（三）施压方向的确定

施压方向是指压力机滑块或凸模向模腔内的塑料传递压力的方向。施压方向对塑件的质量、模具的结构以及脱模的难易都有较大的影响。

1. 有利于加料

如图 4-2(a)(b) 所示为同一塑件的两种加压方法。其中，图 4-2(a) 的加料腔较窄，不利于加料；如图 4-2(b) 所示的加料腔大而浅，有利于加料。

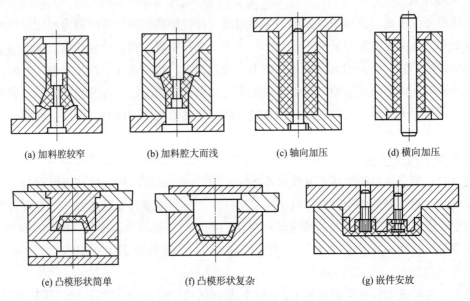

(a) 加料腔较窄　　　　(b) 加料腔大而浅　　　　(c) 轴向加压　　　　(d) 横向加压

(e) 凸模形状简单　　　　(f) 凸模形状复杂　　　　(g) 嵌件安放

图 4-2　压缩模施压方向的确定

2. 有利于压力传递

施压方向应尽量缩短压力传递距离，以减少压力损失，并使塑件组织均匀。如图 4-2(c) 所示，沿塑件轴线方向加压，由于塑件过长，压力损失太大，且成型压力不易均匀地作用在全长范围。若从上端加压则造成塑件底部压力小，使塑件底部质地疏松密度小。若采用上、下凸模同时加压，则塑件中部出现疏松现象。因此应采用如图 4-2(d) 所示横向加压的形式，这样可克服上述缺陷，但塑件外表面可能产生分裂痕迹或飞边而影响塑件的外观质量。

3. 保证凸模强度

对于从正反面都可以加压成型的塑件，加压方向应选择使凸模的形状尽量简单，这样可以使凸模的强度较好。对于塑件的复杂型面，一般应将其放在下模。如图 4-2(f) 所示的结构，凸模的强度比如图 4-2(e) 所示结构的凸模强度要高。

4. 便于安装和固定嵌件

带有金属嵌件的塑件，应尽可能将嵌件安放在下模，如图 4-2(g) 所示。这样不但便于操作，还可利用嵌件推出塑件，不会留下推出痕迹。

5. 保证重要尺寸的精度

沿加压方向的塑件高度尺寸，不仅与加料量的多少有关，而且受飞边厚度变化的影响。故对塑件精度要求高的尺寸，不宜放在加压方向上。

6. 长型芯应位于加压方向

当利用开模力作侧向机构分型抽芯时，宜把抽拔距离长的型芯放在加压方向上，即开模方向上。

第二节 压缩模的结构及分类

一、压缩模的结构

如图 4-3 所示为固定式压缩模的典型结构。模具的上模部分安装在压力机的上压板上，下模部分固定在压力机的下压板上。压力机顶部的液压缸能使上、下工作台分别进行向上和向下的运动。下工作台中间有通孔，内设推件和顶料装置。压力机顶出杆与模具推板用尾轴相连，可以使推出机构复位。上、下模闭合使装于加料室和型腔中的塑料受热受压，成为熔融态充满整个型腔，当制件固化成型后，上、下模打开，利用顶出装置顶出制件。压缩模具主要由以下几部分组成。

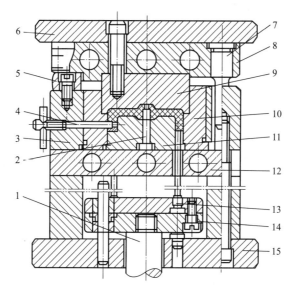

图 4-3 典型压缩模结构

1—尾轴 2—型芯 3—型腔固定板 4—侧型芯 5—承压块 6—上模座 7—导柱 8，12—加热板
9—上凸模 10—型腔 11—下凸模 13—推杆 14—推板 15—下模座

1. 成型零部件

成型零部件包括凸模、凹模以及各种型芯、型环、成型镶块及瓣合模块等，它们直接成型塑料制件的形状和尺寸，如图 4-3 中的 2、9、10、11 等零件。

2. 型腔

直接成型制品的部位，加料过程中与加料室一道起装料的作用，如图 4-3 所示的模具型腔由上凸模 9（也称阳模）、下凸模 11 等构成，上、下凸模有多种配合形式，对制件成型有很大影响。

3. 加料腔

加料腔指型腔的上半部分，在图 4-3 中为型腔断面尺寸扩大部分，由于塑料与制品相比具有较大的比体积，成型前单靠型腔往往无法容纳全部原料，因此在型腔之上设有一段加料腔。

对于多型腔压缩模，其加料腔有两种结构形式，如图 4-4 所示。一种是每个型腔都有自己的加料腔，而且每个加料腔彼此分开，如图 4-4(a)(b) 所示。其优点是凸模对凹模的定位较方便，如果某一个型腔损坏，可以很方便地修理、更换或停止对损坏的型腔加料，因而不影响压缩模的继续使用。但这种结构的模具要求每个加料腔加料准确，因而加料所用的时间较多，模具外形尺寸较大，装配精度要求较高。

另一种结构形式是多个型腔共用一个加料腔，如图 4-4(c) 所示。其优点是加料方便而迅速，飞边把各个塑件连成一体，可一次推出，模具轮廓尺寸较小。但个别型腔损坏时，会影响整副模具的使用。而且，当共用加料腔面积较大时，塑料流至末端部位或角部处的流程较长，生产中等以上尺寸的塑料制件时，容易产生缺料现象。

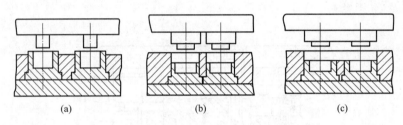

(a)   (b)   (c)

图 4-4　多型腔模及其加料腔

4. 导向机构

导向机构由图 4-3 中布置在模具上模周边的四根导柱 7 和下模的导向套组成。导向机构用来保证上、下模合模的对中性。为保证顶出机构水平运动，该模具在底板上还设有两根导柱，在顶出板上有导向孔。

5. 侧向分型抽芯机构

与注射模具一样，压制带有侧孔和侧凹的制件，模具必须设有各种侧向分型抽芯机构，制件方能脱出，图 4-3 所示制件带有侧孔，在顶出前用手动丝杆抽出侧型芯 4。

6. 脱模机构

固定式压缩模必须设置脱模机构，图 4-3 所示的脱模机构是由推杆 13、推板 14 构成的。常用的推出零件有推杆、推管、推板、推块及凹模型腔板等。移动式压缩模通常在成型后，将模具移出压力机，用专用卸模工具（如卸模架等）使塑件脱模。

7. 加热系统

热固性塑料压缩成型需在较高的温度下进行，因此模具必须加热，常见的加热方法有：电加热、蒸汽加热、煤气或天然气加热等。图 4-3 中的加热板 8、12 分别对上凸模、下凸模和凹模进行加热，加热板圆孔中插入电加热棒。压缩成型热塑性塑料时，在型腔周围开设温度控制通道，在塑化和定型阶段，分别通入蒸汽进行加热或通入冷水进行冷却。

二、压缩模的分类

压缩模的分类方法很多，可按模具在压力机上的固定方法、上下模闭合形式、分型面特征、型腔数目多少以及制品顶出方式等分类。

（一）按模具在压力机上的固定方式分类

按模具在压力机上的固定方式，压缩模具可分为移动式压缩模、半固定式压缩模和固定式压缩模。

1. 移动式压缩模

移动式压缩模具不固定在压力机上，压缩成型前，打开模具把塑料加入型腔，然后将上、下模合拢，送到压力机工作台上对塑料进行加热加压，使其成型固化。成型完毕后将模具移出压力机，开模时，在专用 U 形支架上撞击上、下模板，使模具分开脱出塑件，如图 4-5（a）所示。如图 4-5（b）所示模具在压力机外用卸模架开模，模具分开后用推杆推出塑件。这种模具结构简单，但劳动强度大，生产率低，容易磨损。适用于生产批量不大的中、小型塑件。

2. 半固定式压缩模

半固定式压缩模如图 4-5（c）所示。该模具的上模一般与压力机上的滑块固定连接，下模可通过导轨移动，在压力机外进行加料和在专用的卸模架上脱出塑件。开模与合模在压力机内进行，合模由导向机构保证上、下模对中。这种模具的结构也比较简单，由于上模不移出压力机外，从而减轻了劳动强度。

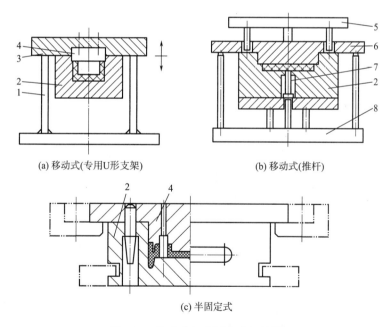

(a) 移动式(专用U形支架)　　　(b) 移动式(推杆)

(c) 半固定式

图 4-5　移动式与半固定式压缩模

1—U 形支架　2—凹模　3—凸模固定板　4—凸模　5—上卸模架　6—凸模板　7—推杆　8—下卸模架

3. 固定式压缩模

固定式压缩模如图 4-3 所示。它的上、下模分别固定在压力机的上、下模板上，开模时，上模部分向上移动，当上、下模分开一定距离后，先用手动丝杆抽出侧型芯 4，然后压力机的下顶出缸开始工作，顶出缸活塞经尾轴推动推板 14，使推杆 13 将塑件从型腔 10 中推出。由于开模、合模、推出等工序均在压力机内进行，所以生产效率高，劳动强度小，操作简单，模具寿命长。但模具结构复杂，嵌件安装不便，适用于成型生产批量大、尺寸大且尺寸精度要求高的塑件。

（二）按上、下模配合特征分类

按上、下模配合特征，压缩模（图4-6）可分为溢式压缩模、不溢式压缩模、半溢式压缩模、半不溢式压缩模和带加料板的压缩模等。

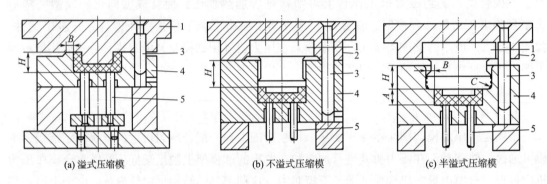

(a) 溢式压缩模　　　　　　(b) 不溢式压缩模　　　　　　(c) 半溢式压缩模

图4-6　压缩模配合结构特征分类

1—凸模　2—凸模固定板　3—导柱　4—型腔　5—推杆　H—加料腔高度

1. 溢式压缩模

溢式压缩模又称敞开式压缩模，如图4-6(a)所示。这种模具无加料室，模腔总高度H基本为制件高度。由于凸模与凹模无配合部分，故压制时过剩的物料极易溢出。环形面积B是挤压面，其宽度比较窄，以减薄制件的毛边。合模时原料压缩阶段，挤压面仅产生有限的阻力，合模到终点时挤压面才完全密合。因此制品密度往往较低，强度等力学性能也不佳，特别是模具闭合太快，会造成溢料量增加，既造成原料浪费，又降低制品密实度。相反压模闭合太慢，由于物料在挤压面迅速固化，又会造成制品毛边增厚。

由于制品的溢边总是水平的（顺着挤压面），因此去除比较困难，去除后常会损害制品外观。溢式模具没有延伸的加料室，装料容积有限，不适用于高压缩率的材料，如带状、片状、纤维状填料的塑料。最好采用粒料或预压锭料进行压制。

溢式模具凸模和凹模的配合完全靠导柱定位，没有其他的配合面，因此不适合成型薄壁和壁厚均匀性要求很高的制件。

基于上述情况，同时加料量存在差异，因此成批生产的制品外形尺寸和强度很难一致。此外，溢式模具要求加料量大于制品质量（超出5%左右），因此对原料有一定浪费。

溢式模具的优点是结构简单、造价低廉、耐用（凸模与凹模无摩擦）、制品容易取出，特别是扁平制品可以不设顶出机构，用手工取出或用压缩空气吹出制件。由于无加料腔，安装嵌件方便，操作者容易接近型腔底部。

溢式模具适于压制扁平的盘形制件，特别是对强度和尺寸无严格要求的制件，如纽扣、装饰品及各种小零件等。

2. 不溢式压缩模

不溢式压缩模又称密闭式压模、正压模、全压式压模，如图4-6(b)所示。该模具的加料腔为型腔上部断面的延续，无挤压面，理论上压力机所施的压力将全部作用在制件上，塑料的溢出量很少。不溢式压模的非配合部分与型腔每边约有 0.075mm 的间隙，配合部分高度不宜过大，不配合部分可以像图 4-6(b) 所示部件，将凸模上部端面减小，也可将凹模对应部分尺寸逐渐增大而形成锥面（15°~20°）。

不溢式压模的最大特点是制品承受压力大，所以制品密实性好，机械强度高，因此适于压制形状复杂、薄壁、长流程和深形制品，也适于压制流动性特别小、单位比压高、比容大的塑料。不溢式压模特别适用于压制棉布、玻璃布或长纤维填充的塑料制品，不仅因为这些塑料的流动性差、要求单位压力高，而且若采用带挤压面的模具，当布片或纤维填料进入挤压面时，不易被模具夹断，既妨碍模具闭合，又会造成毛边增厚和制品尺寸不准（后续加工时，如果制品中夹有纤维或布片的毛边是很难去除的）。不溢式模具没有挤压面，用不溢式压模所制得的制品，不仅毛边极薄，而且毛边在制品上呈垂直分布，可以用平磨等方法除去。

不溢式模具的缺点是：由于塑料的溢出量极少，加料量多少直接影响着制品的高度尺寸，每模加料都必须准确称量，因此流动性好、容易按体积计量的塑料一般不采用不溢式压缩模。它另一个严重缺点是：凸模与加料室边壁摩擦，会擦伤加料室边壁，由于加料室断面尺寸与型腔断面相同，在顶出时带划伤痕迹的加料室会损伤制件外表面。为克服这一缺点而有某些改进方案。不溢式模具必须设顶出装置，否则制品很难取出。不溢式模具一般不应加工成多腔型，因为加料稍不均衡就会造成各型腔压力的不等，而引起一些制件欠压。

3. 半溢式压缩模

半溢式压缩模也称半密闭式压模，如图 4-6(c) 所示。其特点是在型腔上方设一断面尺寸大于制件尺寸的加料腔，凸模与加料腔呈间隙配合，加料腔与型腔分界处有一环形挤压面，宽度 4~5mm，凸模下压到与挤压面接触时为止。在每一循环中使加料量稍有过量，过剩的原料通过配合间隙或在凸模上开设专门的溢料槽排出。溢料速度可通过间隙大小和溢料槽数目进行调节，其制品的紧密程度比溢式压缩模好。半溢式压缩模操作方便，加料时只需简单地按体积计量即可；制品的高度尺寸是由型腔高度 A 决定的，可达到每模基本一致，因而被广泛采用。

此外由于加料腔尺寸较制件断面大，凸模不沿着模具型腔壁摩擦，不划伤型腔壁表面，因此顶出时也不再损伤制件外表面，用它压制带有小嵌件的制品比用溢式模具好，因为后者需用预压物压制，容易引起嵌件破碎。当制品外缘形状复杂时，若用不溢式压缩模则会造成凸模与加料腔制造困难，采用半溢式压缩模可使凸模与加料腔周边配合面形状简化。

半溢式压缩模具由于有挤压边缘，不适于压制以布片或长纤维作填料的塑料，在操作时要随时注意消除落在挤压边缘上的废料，以免此处过早地损坏和破裂。

4. 半不溢式压缩模

半不溢式压缩模如图 4-7 所示。这类模具系半溢式和不溢式压模之结合。该模具凸模前端有一小段 A 能深入型腔，并与型腔成间隙配合。在压制过程中，模具 A 段尚未伸入凹模时，其作用类似于半溢式压模，过剩的塑料可通过配合间隙或凸模上开的溢料槽溢出，因此加料量即使有所波动（体积计量）也不影响制件质量。由于模具设有加料腔 B，因此能用于有中等压缩比的塑料。当凸模前端配合部分伸入型腔时，塑料却很难溢出，这时其作用类似于不溢式压缩模，所有压力立即加在被封闭的型腔内的塑料上，制品所受的最终压力大，密实度好，高压下树脂能很好地分布在制品表面，使表面光亮度好。它适用于深型制品、厚壁制品和厚薄不匀的制品。配合部分 A 的高度一般为 1.5～2.5mm。由于配合高度很短，所以型腔壁划伤的概率比不溢式压缩模小得多。此外它产生的毛边垂直于压制方向，这种毛边可以在沙带上磨除，而半溢式压缩模所产生的水平毛边只能用转鼓滚转或锉削的办法去除。

半不溢式压缩模具在加工、装配、调试和工作过程中，必须注意使上、下模的台阶表面保持清洁，否则，残留的硬塑料屑会使台阶表面产生压痕或破裂。如图 4-8 所示为半不溢式压缩模的另一种形式，凹模在 A 段以上略向外斜（斜度约为 3°），因而在凸、凹模之间形成一个溢料间隙，压制时当凸模伸入凹模而未达到 A 段以前，塑料通过逐渐变小的溢料间隙外溢，但受到一定限制，凸模到达 A 段以后型腔被封闭，与不溢式压缩模类似。与上述结构相比这种模具无挤压边缘，因此台阶上不产生压痕或破裂的危险。当制件外轮廓比较简单时（如圆形等），凹模制造比较方便，反之则比上一种结构制造困难。

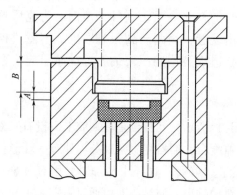

图 4-7　半不溢式压缩模（直边）

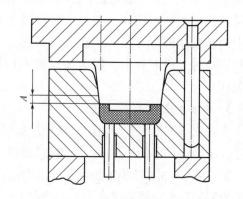

图 4-8　半不溢式压缩模（斜边）

图 4-9　带加料板的压缩模

5. 带加料板的压缩模

带加料板的压缩模如图 4-9 所示。这类模具介于溢式模具和半溢式模具之间，它兼有这两种模具的多数优点。

带加料板的压缩模具主要由凹模、凸模、加料板组成，加料板与凹模合在一起构成加料室。加料板是一个浮动板，开模时悬挂在凸模与型腔之间。其结构虽然比较复杂，但比溢式压模优越的地方是可以采用高压缩率的材料，制品密度较高。比半溢式模具优越的地方是开模后型腔较浅，便于取出制件和安放嵌件，同时开模后挤压边缘上的废料容易清除干净，避免该处过早磨损。

第三节　压缩模的设计

设计压缩成型模具时，要掌握常规模具的设计原则，了解一般的设计程序，确定模具的总体设计方案。

一、凸、凹模的结构设计

凸、凹模各组成部分参数设计及作用如图 4-10 所示。

1. 引导环

引导环是引导凸模进入凹模的部分 L_1，除加料腔较浅（高度小于 10mm）的凹模外，一般均设有引导环。引导环有一斜度为 a 的锥面，并设有圆角 R，其作用是使凸模顺利进入凹模，减少凸、凹模之间的摩擦，避免在推出塑件时擦伤塑件的表面。并可提高模具使用寿命，减少开模阻力，还可进行排气。在一般情况下，圆角 R 可取 $1 \sim 2$mm，移动式压缩模的引导环斜角可取 $a = 30' \sim 1°30'$。固定式压缩模的引导环斜角可取 $a = 20' \sim 1°$。有上、下凸模时，为加工方便，压缩模的引导环斜角可取 $a = 4° \sim 5°$。引导环的长度 $L_1 = 10 \sim 20$mm。引导环长度 L_1 应保证物料熔融时，凸模已经进入配合环。

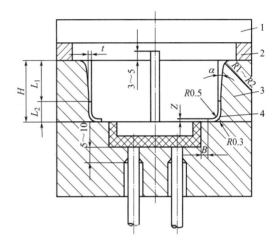

图 4-10　压缩模凸、凹模各组成部分结构
1—凸模　2—承压块　3—凹模　4—排气槽

2. 配合环

配合环是凸模和凹模的配合部分 L_2，作用是保证凸模定位准确，防止塑料溢出并能通畅地向外排气。

凸、凹模的配合间隙，以不发生溢料和双方侧壁不擦伤为原则。通常可采用 H8/f7 或 H8/f8 的间隙配合，或取单边间隙 $t = 0.025 \sim 0.075$mm。一般来讲，对于移动式模具间隙应取小些，固定式模具间隙可取大些。

凸、凹模配合环的长度 L_2 应按凸、凹模的间隙而定，间隙小则长度取短些。一般移动式压缩模取 $L_2 = 4 \sim 6$mm。对于固定式压缩模，当加料腔高度 $H \geq 30$mm 时，可取 $L_2 = 8 \sim 10$mm。

3. 挤压环

挤压环的作用是限制凸模下行位置，并保证水平方向的最小飞边。挤压环宽度 B 的数值大小根据塑件尺寸大小和模具材料而定。一般中小型模具取 $B = 2 \sim 4$mm，大型模具可取 $B = 3 \sim 5$mm。挤压环主要适用于溢式和半溢式压缩模。

4. 储料槽

储料槽的作用是供压缩时排出余料,使余料不容易通过间隙进入型腔,并减少凸模和凹模的直接摩擦,且有利于塑件脱模。其尺寸一般可取 $Z=0.5\sim1mm$。

5. 排气溢料槽

为了减小飞边,保证塑件精度和质量,压缩成型时必须将产生的气体和余料排出,这就是排气溢料槽的作用。

排气溢料槽的大小应根据成型压力和溢料量大小而定。排气溢料槽的形式如图4-11所示。其中图4-11(a) 为圆形凸模上开设四条0.2~0.3mm的凹槽,凹槽与凹模间形成排气溢料槽。图4-11(b) 所示为圆形凸模上磨出0.2~0.3mm的三个平面进行排气和溢料。图4-11(c)(d) 所示为矩形截面凸模上开设排气溢料槽的结构。排气溢料槽应开到凸模的上端,以便使余料排出模外。必须注意,无论采用何种形式的排气溢料槽,排出余料时都不要使余料连成一片或包住凸模,防止清理困难。

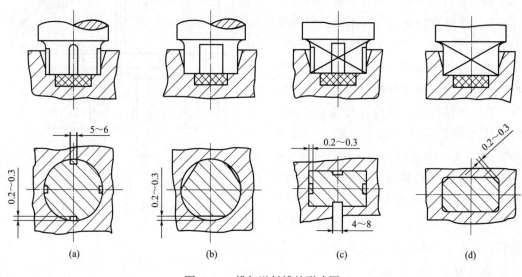

图4-11 排气溢料槽的形式图

6. 承压面

承压面的作用是减轻挤压环的载荷,提高模具使用寿命。模具承压面结构形式不同,将直接影响到模具使用寿命及塑件质量。图4-12所示为压缩模承压面的结构形式。其中图4-12(a) 是用挤压环作为承压面,飞边较薄但模具容易损坏。图4-12(b) 是由凸模台肩与凹模上的端面作承压面,凸模与凹模之间留有0.03~0.05mm的间隙,可防止挤压部分变形损坏。这种结构模具寿命长,但飞边较厚。对于固定式压缩模,常采用图4-12(c) 所示的承压块的形式,通过调节承压块的厚度来控制凸模进入凹模的深度,减小飞边厚度,有时还可调节塑件的高度。承压块的形式有圆形、矩形、圆弧形和圆柱形,如图4-13所示。其中图4-13(a) 为圆形,图4-13(d) 为圆柱形,这两种结构常用于小型模具。图4-13(b) 为矩形,一般用于长条形模具。图4-13(c) 为圆弧形,主要用于圆形模具。这些模具的厚度通常为8~10mm。

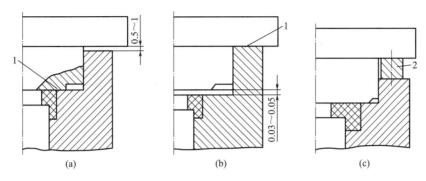

图 4-12　压缩模承压面的结构形式

1—承压面　2—承压块

　　承压块的安装方式如图 4-13(e)~(g) 所示。其中图 4-13(e)(f) 为单面安装形式。图 4-13(g) 为双面安装形式。不论哪种安装形式，组装后承压块的厚度应一致。

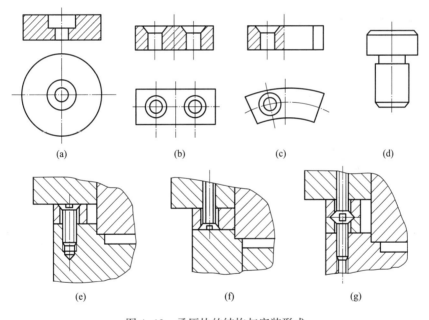

图 4-13　承压块的结构与安装形式

二、凸、凹模的结构形式

1. 溢式压缩模

　　溢式压缩模的凸、凹模配合形式如图 4-14(a)(b) 所示。它没有单独的加料腔，凸模与凹模没有配合部分，而是依靠导柱和导套进行定位和导向。凸模与凹模的接触面既是分型面，又是承压面。为了减小飞边的厚度，接触面积不宜太大，单边宽度为 3~5mm 的环形面，如图 4-14(a) 所示。为了提高承压面积，在溢料面外开溢料槽 e_1，还可在溢料槽外面增设承压面 e_2，如图 4-14(b) 所示。

2. 半溢式压缩模

半溢式压缩模的配合形式如图 4-14(c) 所示。它的特点是其上加工出一个环形挤压面，称挤压环。同时，凸模与加料腔之间的配合间隙（单边间隙为 0.025~0.075mm）或溢料槽，起排气和溢料作用。

为了便于凸模进入加料腔，除设计有引导段外，凸模前端应加工成圆角或 45°倒角，加料腔对应的转角也应呈圆弧过渡，以增加模具强度和便于清理废料。其圆弧半径应小于凸模圆角，一般取 $R=0.3~0.5$mm。半溢式压缩模在模具的加工阶段，应特别注意凸模与加料腔外表面的光滑过渡，尽量使凸模与加料腔周边配合面形状简化。

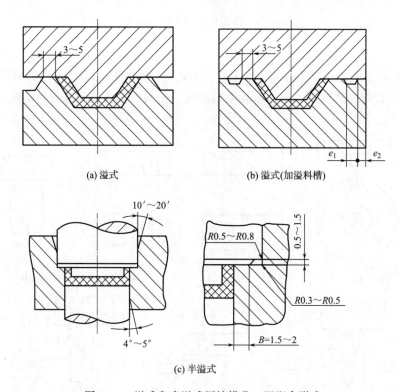

(a) 溢式

(b) 溢式(加溢料槽)

(c) 半溢式

图 4-14　溢式和半溢式压缩模凸、凹配合形式

3. 不溢式压缩模

不溢式压缩模凸、凹模配合形式如图 4-15 所示。其加料腔是型腔的延伸部分，两者截面尺寸相同，基本上无挤压边。但两者之间有引导段 L_1 和配合段 L_2，配合段的配合精度为 H8/f7，或取单边间隙为 0.025~0.075mm，使凸模与凹模精确对准。引导段带有锥度或斜度，起引导凸模的作用，同时减少凸模与凹模之间的摩擦，也在很大程度上减少了塑件脱模时表面的擦伤。

为了改善不溢式压缩模脱模困难、塑件容易被擦伤的缺点，目前生产企业已经对传统的不溢式压缩模进行改进。图 4-15(b) 所示为改进后的不溢式压缩模。改进后的主要特点是扩大了加料腔，取 45°的倾斜角度，这样增加了加料腔的面积，使复杂形状或深度较高的型腔，加工比较方便，同时也有利于脱模。

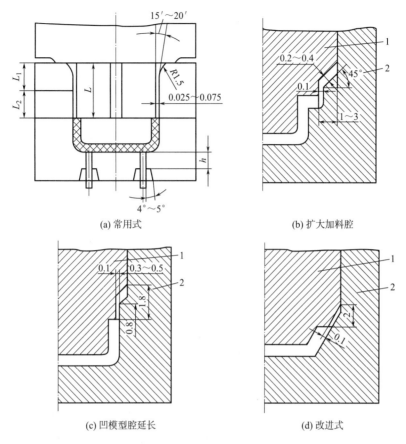

(a) 常用式

(b) 扩大加料腔

(c) 凹模型腔延长

(d) 改进式

图 4-15 不溢式压缩模凸、凹模配合形式

1—凸模 2—凹模

图 4-15(c) 所示是把凹模型腔延长 0.8mm 后，每边向外扩大 0.3~0.5mm，减小了塑件推出时的摩擦。同时，凸模与凹模形成空间，供排除余料用。

当塑料制品的流动性较差时，不溢式压缩模的凸模上仍需开设相应的溢料槽，如图 4-15(d) 所示。同时，为顺利脱模，模具还需设有脱模机构。

三、移动式压缩模的脱模机构

移动式压缩模与压力机工作台不固定连接，塑件成型后，整个压缩模被移出压力机外，利用卸模装置使塑件脱模。移动式压缩模的脱模分为撞击架脱模和卸模架卸模两种形式。

1. 撞击架脱模

撞击架脱模方法是将压缩模从压力机取出后，放置在特制的脱模撞击架上，如图 4-16(a) 所示。脱模时，利用人工撞击力将模具顺序开启，然后用手工将塑件从模中取出。这种方法脱模，模具结构简单，成本低，可以几副模具轮流操作，缩短成型周期。但劳动强度大，振动大，且撞击力也容易使模具变形和磨损。该方法适用于小型塑件。常用的撞击脱模架有如图 4-16(b) 所示的固定式、图 4-16(c) 所示的可调式两种。

115

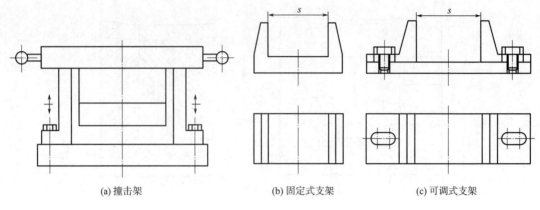

(a) 撞击架　　　　　　　　　　(b) 固定式支架　　　　　　　　　(c) 可调式支架

图 4-16　撞击架及支架

2. 卸模架卸模

压缩成型后，将压缩模放在特制的卸模架上，利用压力机的压力将上、下模开启并脱出塑件。该方法开模平稳，模具不易受损，劳动强度低，但生产效率不高。

图 4-17(a) 所示为单分型面压缩模卸模架。卸模时，先将上卸模架 1、下卸模架 6 插入模具相应的孔内，并放在压力机上。当压力机的活动横梁压到上卸模架 1 或下卸模架 6 时，压力机的压力通过上卸模架 1 和下卸模架 6 传递给模具，使得上凸模 2 和凹模 3 分开，同时下卸模架推动推杆 7，从而推出塑件。

图 4-17(b) 所示为双分型面压缩模卸模架。卸模时，先将上卸模架 1、下卸模架 6 的推杆插入模具相应的孔内。当压力机的活动横梁压到上卸模架或下卸模架时，上、下卸模架上的长推杆使上凸模 2、下凸模 5、凹模 3 三者分开。开模后凹模留在上、下卸模架的短推杆之间，最后从凹模中取出塑件。

图 4-17(c) 所示为垂直分型面压缩模卸模架。

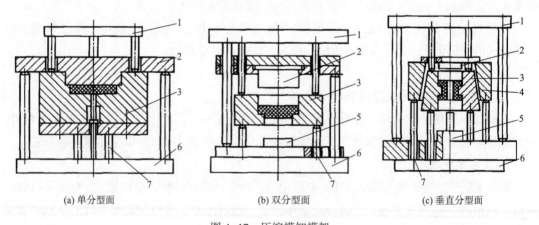

(a) 单分型面　　　　　　　　　(b) 双分型面　　　　　　　　　(c) 垂直分型面

图 4-17　压缩模卸模架

1—上卸模架　2—上凸模　3—凹模　4—模套　5—下凸模　6—下卸模架　7—推杆

思考题

1. 压缩成型模具分为几大类？它们的结构有什么区别？各适用于成型什么样的塑料制品？

2. 分别说明溢式、不溢式和半溢式压缩模的凸、凹模之间的配合设计上各有什么要点。

3. 试设计一种塑料压缩模，并说明其结构特点。

第五章 塑料压注工艺及压注模设计

第一节 塑料压注成型原理及工艺

压注模又称传递模或挤塑模，主要用于成型热固性塑料制品。

压注成型吸收了注射和压缩的特点，因此，压注模既与压缩模有相似之处，又与注射模有相似之处。例如压注模具有单独的外加料腔，物料塑化是在加料腔内进行，因此模具需设加热装置。同时，压注模和注射模一样，具有浇注系统，物料在加热腔内预热熔融，在压料柱塞的作用下经过浇注系统，在型腔内受热受压，最后硬化成型。

一、压注成型原理及其特点

（一）压注成型原理

压注成型原理如图 5-1 所示。压注成型时，将热固性塑料原料（塑料原料为粉料或预压成锭的坯料）装入闭合模具的加料室内，使其在加料室内受热塑化，如图 5-1（a）所示；塑化后熔融的塑料在压柱压力的作用下，通过加料室底部的浇注系统进入闭合的型腔，如图 5-1（b）所示；塑料在型腔内继续受热、受压而固化成型，最后打开模具取出塑件，如图 5-1（c）所示。

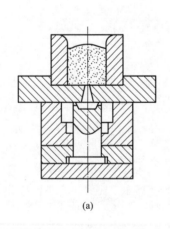
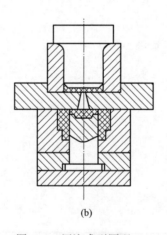
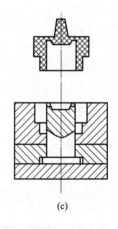

图 5-1 压注成型原理

（二）压注成型特点

压注模与压缩模有许多共同之处，两者的加工对象都是热固性塑料，型腔结构、脱模机构、成型零件的结构及计算方法等基本相同，模具的加热方式也相同，但压注模成型与压缩模成型相比又具有以下的特点：

（1）成型周期短、生产效率高。塑料在加料室先加热塑化，成型时塑料再以高速通过浇注系统挤入型腔，未完全塑化的塑料与高温的浇注系统相接触，使塑料升温快而均匀。同时熔料在通过浇注系统的窄小部位时受摩擦热使温度进一步提高，有利于塑料制件在型腔内迅速硬化，缩短了硬化时间，压注成型的硬化时间仅为压缩成型的 $1/3 \sim 1/5$。

（2）塑件的尺寸精度高、表面质量好。由于塑料受热均匀，交联硬化充分，改善了塑件的力学性能，使塑件的强度、电性能都得以提高。塑件高度方向的尺寸精度较高，飞边很薄。

（3）可以成型带有较细小嵌件、较深的侧孔及较复杂的塑件。由于塑料是以熔融状态压入型腔的，因此对细长型芯、嵌件等产生的挤压力比压缩模小。一般的压缩成型在垂直方向上成型的孔深不大于直径3倍，侧向孔深不大于直径1.5倍；而压注成型可成型孔深不大于直径10倍的通孔、不大于直径3倍的盲孔。

（4）消耗原材料较多。由于浇注系统凝料的存在，并且为了传递压力需要，压注成型后总会有一部分余料留在加料室内，因此使原料消耗增多，小型塑件尤为突出，模具适宜多型腔结构。

（5）压注成型收缩率比压缩成型大。一般酚醛塑料压缩成型收缩率为0.8%左右，但压注时为 0.9% ~ 1%。而且由于物料在压力作用下定向流动，使收缩率具有方向性，因此影响塑件的精度，而对于用粉状填料填充的塑件则影响不大。

（6）压注模的结构比压缩模复杂，工艺条件要求严格。由于压注时熔料是通过浇注系统进入模具型腔成型的，因此压注模的结构比压缩模复杂，工艺条件要求严格，特别是成型压力较高，比压缩成型的压力要大得多，而且操作比较麻烦，制造成本也大，因此，只有用压缩成型无法达到要求时才采用压注成型。

二、压注成型的工艺过程

压注成型工艺过程和压缩成型基本相似，主要区别在于压缩成型过程是先加料后闭模，而一般结构的压注模压注成型则要求先闭模后加料。

三、压注成型的工艺参数

压注成型的主要工艺参数包括成型压力、成型温度和成型时间等，它们均与塑料品种、模具结构、塑件的复杂程度等因素有关。

（1）成型压力。成型压力是指压力机通过压柱或柱塞对加料室内熔体施加的压力。由于熔体通过浇注系统时会有压力损失，故压注时的成型压力一般为压缩成型时的 2 ~ 3 倍。酚醛塑料粉和氨基塑料粉的成型压力通常为 50 ~ 80MPa，纤维填料的塑料为 80 ~ 160MPa，环氧树脂、硅酮等低压封装塑料为 2 ~ 10MPa。

（2）成型温度。成型温度包括加料室内的物料温度和模具本身的温度。为了保证物料具有良好的流动性，料温必须适当地低于交联温度，一般为 10 ~ 20℃。由于塑料通过浇注系统时能从中获取一部分摩擦热，故加料室和模具的温度可低一些。压注成型的模具温度通常比压缩成型的模具温度低 15~30℃，一般为 130~190℃。

（3）成型时间。压注成型时间包括加料时间、充模时间、交联固化时间、脱模取出塑件时间和清模时间等。压注成型的充模时间通常为 5~50s，保压时间与压缩成型相比可短些，这是因为有了浇注系统的缘故，塑料在进入浇注系统时获取一部分热量后就已经开始固化。

压注成型要求塑料在未达到硬化温度以前应具有较大的流动性，而达到硬化温度后，又要具有较快的硬化速度。常用压注成型的材料有酚醛塑料、三聚氰胺和环氧树脂等塑料。表 5-1 是酚醛塑料压注成型的主要工艺参数，部分热固性塑料压注成型的主要工艺参数见表 5-2。

表 5-1　酚醛塑料压注成型的主要工艺参数

工艺参数	柱塞式	罐式	
	高频预热	未预热	高频预热
预热温度/℃	100~110	—	100~110
成型压力/MPa	80~100	160	80~100
充模时间/min	0.25~0.33	4~5	1~1.5
固化时间/min	3	8	3
成型周期/min	3.5	12~13	4~4.5

表 5-2　部分热固性塑料压注成型的主要工艺参数

塑料种类	填料	成型温度/℃	成型压力/MPa	压缩率/%	成型收缩率/%
环氧双酚 A 塑料	玻璃纤维	138~193	80~100	3.0~7.0	0.001~0.008
	矿物填料	121~193	70~100	2.0~3.0	0.001~0.002
环氧酚醛塑料	矿物填料和玻璃纤维	121~193	70~100		0.004~0.008
	矿物填料和玻璃纤维	190~196	2~17.2	1.5~2.5	0.003~0.006
	玻璃纤维	143~165	17~34	6~7	0.0002
三聚氰胺塑料	纤维素纤维	149	55~138	2.1~3.1	0.005~0.15
酚醛塑料	织物和回收料	149~182	13.8~138	1.0~1.5	0.003~0.009
聚酯（BMC、TMC）塑料	玻璃纤维	138~160	—		0.004~0.005
聚酯（BMC、TMC）塑料	导电护套料	138~160	—	1.0	0.0002~0.001
聚酯（BMC）塑料	导电护套料	138~160	3.4~1.4		0.0005~0.004
醇酸树脂塑料	矿物质	160~182	13.8~138	1.8~2.5	0.0003~0.010
聚酰亚胺塑料	50%玻璃纤维	199	20.7~69	2.2~3.0	0.002
脲醛塑料	α-纤维素纤维	132~182	13.8~138	—	0.006~0.014

第二节　压注模类型与结构

压注成型是热固性塑料常用的成型方法。压注模与压缩模结构较大区别在于压注模有单独的加料室。

一、压注模的结构

(一) 压注模的结构组成

压注模的结构组成如图 5-2 所示，主要由以下几部分组成。

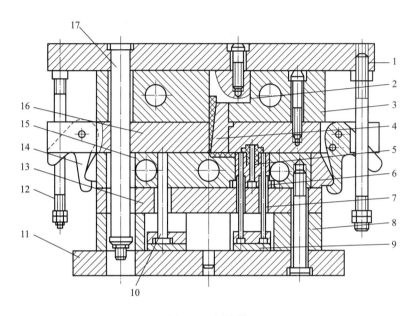

图 5-2　压注模

1—上模板　2—柱塞　3—加料室　4—浇口套　5—型芯　6—型腔　7—推杆　8—支架　9—推板　10—复位杆
11—下模板　12—可调螺杆　13—垫板　14—拉钩　15—下型腔板　16—上型腔板　17—定距拉杆

（1）成型零部件。是直接与塑件接触的那部分零件，如凹模、凸模、型芯等。

（2）加料装置。由加料室和压柱组成，移动式压注模的加料室和模具是可分离的，固定式加料室与模具在一起。

（3）浇注系统。与注射模相似，主要由主流道、分流道、浇口组成。

（4）导向机构。由导柱、导套组成，对上、下模起定位导向作用。

（5）推出机构。注射模中采用的推杆、推管、推件板及各种推出结构，在压注模中也同样适用。

（6）加热系统。压注模的加热元件主要是电热棒、电热圈，加料室、上模、下模均需加热。移动式压注模主要靠压力机的上、下工作台的加热板进行加热。

（7）侧向分型与抽芯机构。如果塑件中有侧向凸凹形状，必须采用侧向分型与抽芯机构，具体的设计方法与注射模的结构类似。

(二) 压注模的分类

1. 按固定形式分类

压注模按模具在压力机上的固定形式可分为固定式压注模和移动式压注模。

（1）固定式压注模。如图 5-2 所示是固定式压注模，工作时，上模部分和下模部分分别固定在压力机的上工作台和下工作台，分型和脱模随着压力机液压缸的动作自动进行。加料室在模具的内部，与模具不能分离，在普通的压力机上就可以成型。塑化后合模，压力机上工作台带动上模座板使柱塞 2 下移，将熔料通过浇注系统压入型腔后硬化定型。开模时，压柱随上模座板向上移动，分型面分型，加料室敞开，压柱把浇注系统的凝料从浇口套中拉出；当上模座板上升到一定高度时，定距拉杆 17 上的螺母迫使拉钩 14 转动，使其与下模部分脱开，接着可调螺杆 12 起作用，使分型面分型，最后压力机下部的液压顶出缸开始工作，顶动推出机构将塑件推出模外，然后将塑料加入加料室内进行下一次的压注成型。

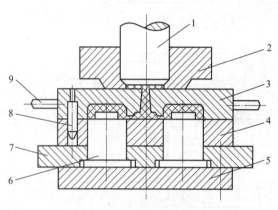

图 5-3　移动式压注模

1—压柱　2—加料室　3—凹模板　4—下模板
5—下模座板　6—凸模　7—凸模固定板
8—导柱　9—手把

（2）移动式压注模。移动式压注模结构如图 5-3 所示，加料室与模具本体可分离。工作时，模具闭合后放上加料室 2，将塑料加入加料室后把压柱放入其中，然后把模具推入压力机的工作台加热，接着利用压力机的压力，将塑化好的物料通过浇注系统高速挤入型腔，硬化定型后，取下加料室和压柱，用手工或专用工具（卸模架）将塑件取出。移动式压注模对成型设备没有特殊的要求，在普通的压力机上即可成型。

2. 按机构特征分类

压注模按加料室的机构特征可分为罐式压注模和柱塞式压注模。

（1）罐式压注模。罐式压注模用普通压力机成型，使用较为广泛，在普通压力机上工作的固定式压注模和移动式压注模都属于罐式压注模。

（2）柱塞式压注模。柱塞式压注模用专用压力机成型，与罐式压注模相比，柱塞式压注模没有主流道，只有分流道，主流道变为圆柱形的加料室，与分流道相通，成型时，柱塞所施加的挤压力对模具不起锁模的作用。因此，需要用专用的压力机，压力机有主液压缸（锁模）和辅助液压缸（成型）两个液压缸，主液压缸起锁模作用，辅助液压缸起压注成型作用。此类模具既可以是单型腔，也可以一模多腔。

①上加料室式压注模。上加料室式压注模如图 5-4 所示，压力机的锁模液压缸在压力机的下方，自下而上合模；辅助液压缸在压力机的上方，自上而下将物料挤入模腔。合模加料后，当加入加料室内的塑料受热成熔融状态时，压力机辅助液压缸工作，柱塞将熔融物料挤入型腔，固化成型后，辅助液压缸带动柱塞上移，锁模液压缸带动下工作台将模具分型开模，塑件与浇注系统凝料留在下模，推出机构将塑件从凹模镶块 4 中推出，此结构成型所需的挤压力小，成型质量好。

②下加料室式压注模。下加料室式压注模如图 5-5 所示，模具所用压力机的锁模液压缸在压力机的上方，自上而下合模；辅助液压缸在压力机的下方，自下而上将物料挤入型腔，与上加料室柱塞式压注模的主要区别在于：下加料室式压注模先加料，后合模，最后压

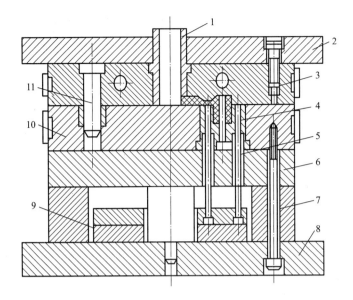

图 5-4　上加料室式压注模

1—加料室　2—上模板　3—型腔上模板　4—型腔下模板　5—推杆　6—支承板

7—垫块　8—下模板　9—推板　10—型腔固定板　11—导柱

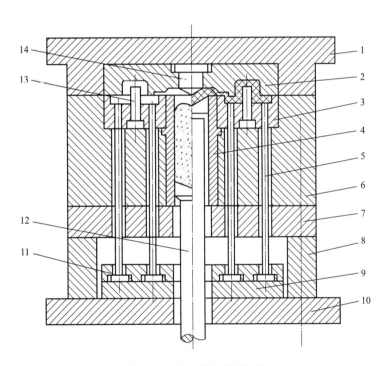

图 5-5　下加料室式压注模

1—上模座板　2—上凹模　3—下凹模　4—加料室　5—推杆　6—下模板　7—支承板（加热板）　8—垫块

9—推板　10—下模座板　11—推杆固定板　12—柱塞　13—型芯　14—分流锥

注成型；而上加料室式压注模是先合模，后加料，最后压注成型。由于余料和分流道凝料与塑件一同推出，因此清理方便，节省材料。

二、压注模与液压机的关系

压注模必须装配在液压机上才能进行压注成型生产，设计模具时必须了解液压机的技术规范和使用性能，才能使模具顺利地安装在设备上，选择液压机时应从以下两方面进行工艺参数的校核。

（一）普通液压机的选择

罐式压注模压注成型所用的设备主要是塑料成型用液压机，选择液压机时，要根据所用塑料及加料室的截面积计算出压注成型所需的总压力，然后选择液压机。

压注成型时的总压力按下式计算：

$$F_m = pA \leqslant KF_n \tag{5-1}$$

式中：F_m 为压注成型所需的总压力（N）；p 为压注成型时所需的成型压力（MPa），见表 5-2；A 为加料室的截面积（mm^2）；K 为液压机的折旧系数，一般取 0.80 左右；F_n 为液压机的额定压力（N）。

（二）专用液压机的选择

柱塞式压注模成型时，需要用专用液压机，专用液压机有锁模和成型两个液压缸，因此在选择设备时，要从成型和锁模两个方面进行考虑。

压注成型时所需的总压力要小于所选液压机辅助油缸的额定压力，即：

$$F_m = pA \leqslant KF \tag{5-2}$$

式中：A 为加料室的截面积（mm^2）；p 为压注成型时所需的成型压力（MPa）；F 为液压机辅助油缸的额定压力（N）；K 为液压机辅助油缸的压力损耗系数，一般取 0.80 左右。

锁模时，为了保证型腔内压力不将分型面顶开，必须有足够的合模力。所需的锁模力应小于液压机主液压缸的额定压力（一般均能满足），即：

$$pA_1 \leqslant KF_n \tag{5-3}$$

式中：A_1 为浇注系统与型腔在分型面上投影面积不重合部分之和（mm^2）；F_n 为液压机主液压缸额定压力（N）。

第三节　压注模结构设计

一、压注模零部件设计

压注模的结构设计原则与注射模、压缩模基本相似。例如，塑件的结构工艺性分析、分型面的选择、导向机构、推出机构的设计，与注射模、压缩模的设计方法完全相同，这些部分可以参照上述两类模具的设计方法进行设计，本节仅介绍压注模特有的结构设计。

（一）加料室的结构设计

压注模与注射模不同之处在于它有加料室，压注成型之前塑料必须加入加料室内进行预热、加压，才能压注成型。由于压注模的结构不同，加料室的形式也不相同。加料室截面大多为圆形，也有矩形及腰圆形结构，主要取决于模腔结构及数量，它的定位及固定形式取决于所选设备。

1. 移动式压注模加料室

移动压注模的加料室可单独取下，有一定的通用性，其结构如图 5-6(a) 所示。它是一种比较常见的结构，加料室的底部为一带有 40°~45°斜角的台阶，当压柱向加料室内的塑料施压时，压力也同时作用在台阶上，使加料室与模具的模板贴紧，防止塑料从加料室的底部溢出，能防止溢料飞边的产生。加料室在模具上的定位方式有以下几种：

（1）如图 5-6(a) 所示，加料室与模板之间没有采用定位，加料室的下表面和模板的上表面均为平面，这种结构的特点是制造简单，清理方便，适用于小批量生产。

（2）如图 5-6(b) 所示，为用定位销定位的加料室，定位销采用过渡配合，可以固定在模板上，也可以固定在加料室上。定位销与配合端采用间隙配合，此结构的加料室与模板能精确配合，缺点是拆卸和清理不方便。

（3）如图 5-6(c) 所示，采用 4 个圆柱挡销定位，圆柱挡销与加料室的配合间隙较大，此结构的特点是制造和使用都比较方便。

（4）如图 5-6(d) 所示，采用在模板上加工出一个 3~5mm 的凸台，与加料室进行配合，其特点是既可以准确定位又可防止溢料，应用比较广泛。

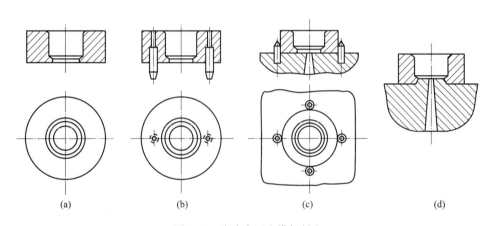

(a)　　　　　　　(b)　　　　　　　(c)　　　　　　　(d)

图 5-6　移动式压注模加料室

2. 固定式压注模加料室

固定式罐式压注模的加料室与上模连成一体，在加料室的底部开设浇注系统的流道通向型腔。当加料室和上模分别在两块模板上加工时，应设置浇口套，如图 5-2 所示。

柱塞式压注模的加料室截面为圆形，其安装形式如图 5-4 和图 5-5 所示。由于采用专用液压机，而液压机上有锁模液压缸，所以加料室的截面尺寸与锁模无关，加料室的截面尺寸较小，高度较大。

加料室的材料一般选用 T8A、T10A、CrWMn、Cr12 等，热处理硬度为 52~56 HRC，加料室内腔应抛光镀铬，表面粗糙度 $Ra<0.4\mu m$。

（二）压柱的结构

压柱的作用是将塑料从加料室中压入型腔，常见的移动式压注模的压柱结构形式如图 5-7(a) 所示，其顶部与底部是带倒角的圆柱形，结构十分简单；图 5-7(b) 所示为带凸缘结构的压柱，承压面积大，压注时平稳，既可用于移动式压注模，又可用于普通的固定式压注模；图 5-7(c)（d）所示为组合式压柱，用于普通的固定式压注模，以便固定在液压机上，模板的面积大时，常用这种结构。图 5-7(d) 所示为带环型槽的压柱，在压注成型时环型槽被溢出的塑料充满并固化在槽中，可以防止塑料从间隙中溢料，工作时起活塞环的作用；图 5-7(e)（f）所示为柱塞式压注模压柱（称为柱塞）的结构，图 5-7(e) 所示为柱塞的一般形式，一端带有螺纹，可以拧在液压机辅助液压缸的活塞杆上；图 5-7(f) 所示为柱塞的柱面有环型槽，可防止塑料侧面溢料，头部的球形凹面有使料流集中的作用。

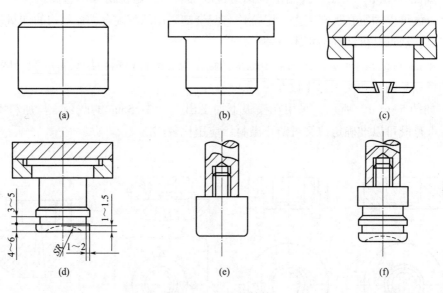

图 5-7　压柱的结构

图 5-8 所示为头部带有楔形沟槽的压柱，用于倒锥形主流道，成型后可以拉出主流道凝料。图 5-8(a) 所示为用于直径较小的压柱或柱塞；图 5-8(b) 所示为用于直径大于 75mm 的压柱或柱塞；图 5-8(c) 所示为用于拉出几个主流道凝料的方形加料室的场合。

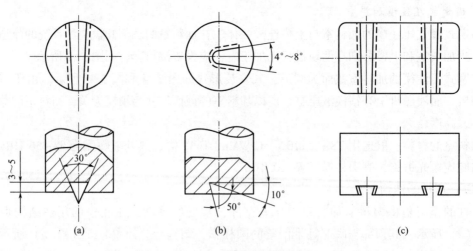

图 5-8　压柱工作端结构

压柱或柱塞是承受压力的主要零件，压柱材料和热处理的选择方法要与加料室相同。

（三）加料室与压柱的配合

加料室与压柱的配合关系如图 5-9 所示。加料室与压柱的配合通常取 H9/f9，或采用 0.05～0.1mm 的单边间隙配合。

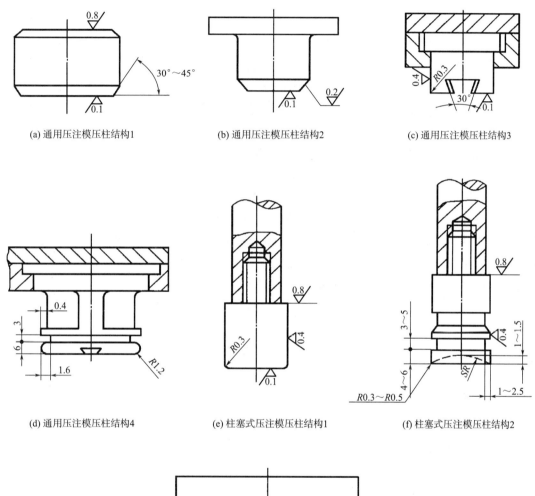

(a) 通用压注模压柱结构1　　(b) 通用压注模压柱结构2　　(c) 通用压注模压柱结构3

(d) 通用压注模压柱结构4　　(e) 柱塞式压注模压柱结构1　　(f) 柱塞式压注模压柱结构2

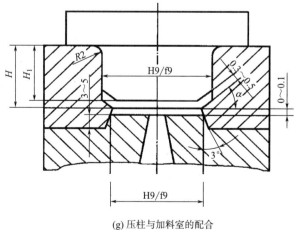

(g) 压柱与加料室的配合

图 5-9　压柱结构及与加料室的配合

压柱的高度 H_1 应比加料室的高度 H 小 $0.5\sim1mm$，避免压柱直接压到加料室上，加料室与定位凸台的配合高度之差为 $0\sim0.1mm$，加料腔底部倾角 $\alpha=40°\sim45°$。

二、加料室尺寸计算

加料室的尺寸计算包括截面积尺寸和高度尺寸计算，加料室的形式不同，尺寸计算方法也不同。加料室分为罐式和柱塞式两种。

(一) 塑料原材料的体积

塑料原材料的体积按下式计算：

$$V_{al} = kV_a \tag{5-4}$$

式中：V_{al} 为塑料原料的体积（mm^3）；k 为塑料的压缩比，参见相关塑料工艺数据；V_a 为塑件的体积（mm^3）。

(二) 加料室截面积

1. 罐式压注模加料室截面尺寸计算

压注模加料室截面尺寸的计算从加热面积和锁模力两个方面考虑。

（1）从塑料加热面积考虑。加料腔的加热面积取决于加料量，根据经验每克未经预热的热固性塑料约需 $140mm^2$ 的加热面积，且加料室总表面积为加料室内腔投影面积的 2 倍与加料室装料部分侧壁面积之和计算。由于罐式加料室的高度较低，可将侧壁面积略去不计，因此，加料室截面积为所需加热面积的一半，即：

$$2A = 140m$$
$$A = 70m \tag{5-5}$$

式中：A 为加料室的截面积（mm^3）；m 为成型塑件所需加料量（g）。

（2）从锁模力角度考虑。成型时为了保证型腔分型面密合，不发生因型腔内塑料熔体成型压力将分型面顶开而产生溢料的现象，加料室的截面积必须比浇注系统与型腔在分型面上投影面积之和大 $1.10\sim1.25$ 倍，即：

$$A = (1.10 \sim 1.25)A_1 \tag{5-6}$$

式中：A 为加料室的截面积（mm^3）；A_1 为浇注系统与型腔在分型面上的投影面积不重合部分之和（mm^2）。

从以上分析可知，罐式压注模加料室截面面积要满足上述两个条件。

2. 柱塞式压注模加料室截面尺寸计算

柱塞式压注模的加料室截面积与成型压力及辅助液压缸额定压力有关，即：

$$A \leqslant \frac{KF_n}{p} \tag{5-7}$$

式中：F_n 为液压机辅助油缸的额定压力（N）；p 为压注成型时所需的成型压力（MPa）；A 为加料室的截面积（mm）；K 为系数，取 $0.70\sim0.80$。

(三) 加料室的高度尺寸

加料室的高度按下式计算：

$$H = \frac{V_{al}}{A} + (10 \sim 15)mm \tag{5-8}$$

式中：H 为加料室的高度（mm）。

三、压注模浇注系统与排溢系统设计

（一）浇注系统设计

压注模浇注系统与注射模浇注系统相似，也是由主流道、分流道及浇口几部分组成，它的作用及设计与注射模浇注系统基本相同，但也有不同。在注射模成型过程中，希望熔体与流道的热交换越少越好，压力损失要少；但压注模成型过程中，为了使塑料在型腔中的硬化速度加快，反而希望塑料与流道有一定的热交换，使塑料熔体的温度升高而进一步塑化，以理想的状态进入型腔。如图 5-10 所示为典型的压注模浇注系统。

浇注系统设计时要注意浇注系统的流道应光滑、平直，减少弯折，流道总长要满足塑料流动性的要求；主流道应位于模具的压力中心，保证型腔受力均匀，多型腔的模具要对称布置；分流道设计时，要有利于使塑料加热，增大摩擦热，使塑料升温；浇口的设计应使塑件美观，清除方便。

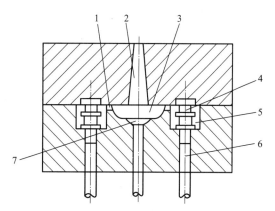

图 5-10　压注模浇注系统
1—浇口　2—主流道　3—分流道　4—嵌件
5—型腔　6—推杆　7—冷料室

1. 主流道

主流道的截面形状一般为圆形，有正圆锥形主流道和倒圆锥形主流道两种形式，如图 5-11 所示。图 5-11(a) 所示为正圆锥形主流道，主流道的对面可设置拉料钩，将主流道凝料拉出。由于热固性塑料塑性差，截面尺寸不宜太小，否则会使料流的阻力增大，不容易充满型腔，造成欠压。正圆锥形主流道常用于多型腔模具，有时也设计成直接浇口的形式，用于流动性较差的塑料。主流道有 6°～10° 的锥度，与分流道的连接处应有半径为 2mm 以上的圆弧过渡。图 5-11(b) 所示为倒圆锥形主流道，它常与端面带楔形槽的压柱配合使用，开模时，主流道与加料室中的残余废料由压柱带出便于清理，这种流道既可用于一模多腔，又可用于单型腔模具或同一塑件有几个浇口的模具。

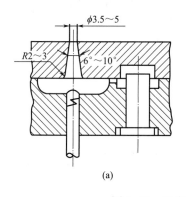
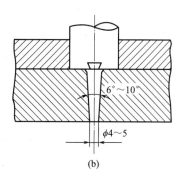

(a)　　　　　　　　(b)

图 5-11　压注模主流道结构形式

2. 分流道设计

压注模分流道的结构如图 5-12 所示。压注模的分流道比注射模的分流道浅而宽，一般小型塑件深度取 2~4mm，大型塑件深度取 4~6mm，最浅不小于 2mm，如果过浅会使塑料提前硬化，流动性降低。分流道的宽度取深度的 1.5~2 倍。常用的分流道截面为梯形或半圆形。梯形截面分流道的压注模，截面面积应取浇口截面积的 5~10 倍。分流道多采用平衡式布置，流道应光滑、平直，尽量避免弯折。

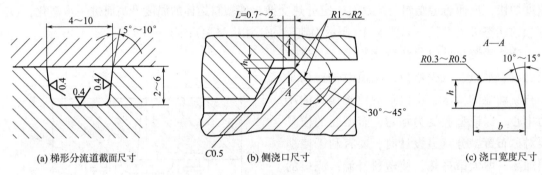

(a) 梯形分流道截面尺寸　　　　　(b) 侧浇口尺寸　　　　　　(c) 浇口宽度尺寸

图 5-12　分流道截面与侧浇口尺寸

3. 浇口设计

浇口是浇注系统中的重要部分，它与型腔直接接触，对塑料能否顺利地充满型腔、塑件质量以及熔料的流动状态有很重要的影响。因此，浇口设计时应根据塑料的特性、塑件质量要求及模具结构等多方面来考虑。

（1）浇口形式。压注模的浇口与注射模基本相同，可以参照注射模的浇口进行设计。但由于热固性塑料的流动性较差，所以应取较大的截面尺寸。压注模常用的浇口有圆形点浇口、侧浇口、扇形浇口、环形浇口以及轮辐式浇口等形式。

（2）浇口尺寸。浇口截面形状有圆形、半圆形及梯形三种形式。圆形浇口加工困难，导热性不好，不便去除，适用于流动性较差的塑料，浇口直径一般大于 3mm；半圆形浇口的导热性比圆形好，机械加工方便，但流动阻力较大，浇口较厚；梯形浇口的导热性好，机械加工方便，是最常用的浇口形式，梯形浇口深度一般取 0.5~0.7mm，宽度不大于 8mm。浇口过薄、太小，压力损失较大，硬化提前，造成填充成型性不好；过厚、过大造成流速降低，易产生熔接不良，表面质量不佳，去除浇道困难，但适当增厚浇口则有利于保压补料、排除气体，降低塑件表面粗糙度值及适当提高熔接质量。所以，浇口尺寸应考虑塑料性能、塑件形状、尺寸、壁厚和浇口形式以及流程等因素，凭经验确定。在实际设计时一般取较小值，经试模后修正到适当尺寸。

梯形截面浇口的常用宽、厚比例见表 5-3。

表 5-3　梯形截面浇口的宽、厚比例

浇口截面积/mm²	2.5	2.5~3.5	3.5~5.0	5.0~6.0	6.0~8.0	8.0~10	10~15	15~20
宽×厚/（mm×mm）	5×0.5	5×0.7	7×0.7	6×1	8×1	10×1	10×1.5	10×2

（3）浇口位置的选择。由于热固性塑料流动性较差，为了减小流动阻力，有助于补缩，浇口应开设在塑件壁厚最大处。塑料在型腔内的最大流动距离应尽可能限制在拉西格流动性指数范围内，对大型塑件应多开设几个浇口以减小流动距离，浇口间距应为 120~140mm；热固性塑料在流动中会产生填料定向作用，造成塑件变形、翘曲甚至开裂，特别是长纤维填充的塑件，定向更为严重，应注意浇口位置；浇口应开设在塑件的非重要表面，不影响塑件的使用及美观。

（二）排气槽和溢料槽的设计

1. 排气槽设计

热固性塑料在压注成型时，由于发生化学交联反应会产生一定量的气体和挥发性物质，同时型腔内原有的气体也需要排除，通常利用模具零件间的配合间隙及分型面之间的间隙进行排气，当间隙不能满足排气要求时，必须开设排气槽。

排气槽应尽量设置在分型面上或型腔最后填充处，也可设在料流汇合处或有利于清理飞边及排出气体处。

排气槽的截面形状一股取矩形，对于中小型塑件，分型面上的排气槽尺寸深度取 0.04~0.13mm，宽度取 3~5mm，具体的位置及深度尺寸一般经试模后再确定。

排气槽的截面积也可按经验公式计算：

$$A = 0.05V_a/n \tag{5-9}$$

式中：A 为排气槽截面积（mm^2），推荐尺寸见表5-4；V_a 为塑件体积（mm^3）；n 为排气槽数量。

表 5-4 排气槽截面积推荐尺寸

排气槽截面积/mm^2	排气槽截面尺寸 宽×深/（mm×mm）	排气槽截面积/mm^2	排气槽截面尺寸 宽×深/（mm×mm）
0.2	5×0.04	0.8~1.0	10×0.1
0.2~0.4	5×0.08	1.0~1.5	10×0.15
0.4~0.6	6×0.1	1.5~2.0	10×0.2
0.6~0.8	8×0.1		

2. 溢料槽设计

成型时为了避免嵌件或配合孔中渗入更多塑料，防止塑件产生熔接痕迹，或让多余塑料溢出，需要在产生接缝处或适当的位置开设溢料槽。

溢料槽的截面尺寸宽度一般取 3~4mm，深度取 0.1~0.2mm，加工时深度先取小一些，经试模后再修正。溢料槽尺寸过大会使溢料量过多，塑件组织疏松或缺料；过小时会产生溢料不足。

四、压注成型模具结构的应用实例

（一）移动式压注模结构

如图 5-13 所示是移动式压注模结构的应用实例，成型的塑件是带有两个侧向金属套筒嵌件的连接块。模具由安装在压力机上、下工作台上的加热板进行加热，一模两腔，采用撬棒分模取件。

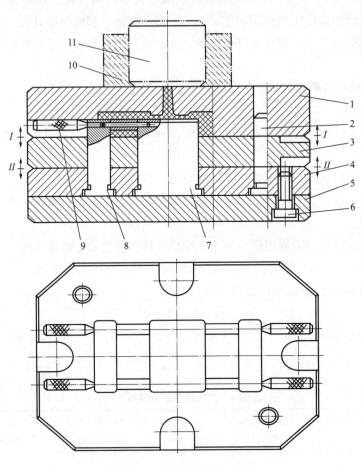

图 5-13　移动式压注模结构

1—上模板　2—导柱　3—推件板　4—固定板　5—下模板　6—螺钉

7，8—镶件　9—定位杆　10—加料室　11—压柱

工作时，首先将加料室 10 放在通过导柱装配好的模具上模 1 的上面，再把定量好的塑料原材料加入加料室，把压柱 11 放入加料室内。接着压力机上工作台下降直至与压柱上表面接触，通过压力机的上下工作台对模具进行加热。达到一定温度后上工作台继续下降，压柱 11 将加料室 10 内熔融的塑料通过上模板 1 上的浇注系统注入模具型腔，保压固化后成型。

成型后压力机上工作台上升，先从模具上取下加料室，再从压力机中取出模具，用撬棒分开 I—I 面，移走上模板 1，拔出定位杆 9，再用撬棒分开 II—II 面，塑件连同浇注系统凝料脱离模具，剪除浇口后得到塑料制件。依照推件板 3、镶件、定位杆 9 和上模板 1 的顺序重新装模，放上加料室，即可进行下一模的压注成型。

（二）固定式压注模结构

图 5-14 所示是普通压力机用固定式压注模结构的应用实例，成型的塑件是带有两个金

属嵌件的某一实物底座。该模具一模六腔，上、下模中设置了加热棒进行加热。通过压力机的推出动作实现模具分型和塑件的推出。

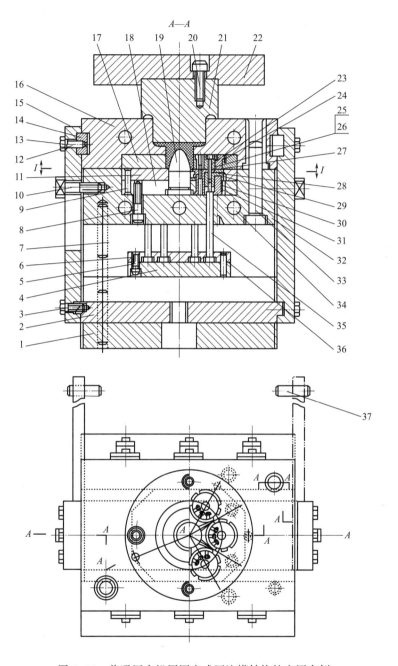

图 5-14　普通压力机用固定式压注模结构的应用实例

1—下模座板　2—下推板　3，5，8，10，13，20—螺钉　4—上推板　6—推杆固定板

7，9，12，24，29，31，36—销钉　11—凹模镶块　14—导轨　15—连接板　16—加料室

17—上固定板　18—下固定板　19—分流锥　21—压柱　22—压柱固定板　23—上型芯

25，26—上镶件　27—上凸模　28—凹模镶件　30—下凹模　32—下模板　33—导柱

34—加热棒插孔　35—推杆　37—挡钉

工作时，先将金属嵌件安放于模内，然后将加料室 16 沿导轨 14 滑至下模的上方后装入塑料原料，接着闭合模具。闭合模具的动作是依靠压力机带动与下推板 2 连接的尾轴（图中未画出）向下运动实现的。压力机的上工作台下行，压柱 21 向加料室内的塑料施压。熔融塑料经分流锥 19 同时注入六个型腔。

待塑料固化后开启模具，压柱 21 脱出加料室 16 后，压力机尾轴推动下推板 2，带动连接板 15、导轨 14、加料室 16、上固定板 17 上行，使加料室 16 和下模板 32 之间分型，接着用手推动加料室 16，使其沿导轨 14 向后水平运动，以便加入下一模的原料。塑件开模后留在下模。推时，下推板 2 上行接触上推板 4 后推动推杆 35 将塑件脱出下模。

思考题

1. 压注模按加料室的结构可分成哪几类？

2. 压注模加料室与压柱的配合精度如何选取？罐式压注模和柱塞式压注模的加料室截面面积分别如何选择？

3. 上加料室和下加料室柱塞式压注模对压力机有何要求？分别叙述它们的工作过程。

4. 绘出移动罐式压注模的加料室与压柱的配合结构简图，并标上典型的结构尺寸与配合精度。

5. 压注模加料室的高度如何计算？

第六章　塑料挤出工艺及挤出模设计

塑料挤出成型所用的模具一般简称为挤塑模，也叫挤出成型机头或模头，它是塑料制品成型中又一大类重要的工艺装备。

第一节　塑料挤出成型概述

一、塑料挤出成型原理

挤出成型是热塑性塑料重要的加工方法之一，挤出成型原理如图6-1所示，首先将粒状或粉状塑料加入挤出成型机的料斗中，在旋转的挤出机螺杆的作用下，塑料沿螺杆的螺旋槽向前输送，在此过程中，塑料不断地接受外加热和螺杆与物料、物料与物料及物料与料筒之间的剪切摩擦热，逐渐熔融呈黏流态；在挤出成型机的机头连接器上连接挤出成型机头（即挤出成型模具），在挤压系统的作用下，塑料熔体通过机头以及一系列辅助装置（定型、冷却、牵引、切割等装置），从而获得连续的塑料型材。

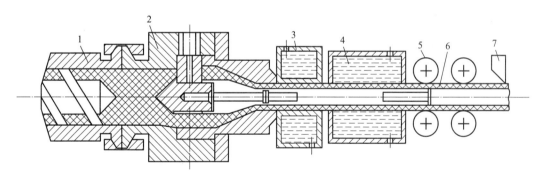

图6-1　挤出成型原理图

1—挤出机料筒　2—机头　3—定径装置　4—冷却装置　5—牵引装置　6—塑料管　7—切割装置

以管材为例，热塑性塑料的挤出成型工艺过程可以分为以下五个阶段。

（1）原材料的准备阶段。用于挤出成型的材料大部分是粒状或粉状塑料，物料在存储过程中往往会吸收一定水分，所以在成型前必须进行干燥处理，将原料的水分控制在0.5%（质量百分比）以下。此外，在准备阶段还要尽可能去除塑料中存在的杂质。

（2）塑化阶段。将塑料原料在挤出机内加热塑化成熔体（常称干法塑化）或将固体塑料在机外溶解于有机溶剂中而成为熔体（常称湿法塑化），然后将熔体加入挤出机料筒中。生产中常用干法塑化方法。

（3）成型阶段。塑料熔体在挤出机螺杆推动下，通过具有一定形状的口模而得到横截面与口模形状一致的连续型材。

（4）定径阶段。通过定径、冷却处理等方法，使已挤出的塑料连续型材固化成为塑料制品（如管材、型材等）。

（5）塑件的牵引、卷曲和切割阶段。塑料自口模挤出后，一般会因压力突然解除而发生离模膨胀现象，冷却后又会发生收缩现象，从而使塑件的尺寸和形状发生变化。由于塑件被连续挤出，自重量越来越大，如果不加以引导，会造成塑件停滞，使塑件不能顺利挤出。所以在冷却的同时，要连续均匀地将塑件引出，这就是塑件的牵引。牵引过程由挤出机的辅机—牵引装置完成。牵引速度要与基础速度相适应，牵引得到的产品经过定长切断或卷曲，然后进行打包。

通常挤出工艺能够获得管材、棒材、板材、片材、线材和薄膜等连续塑料型材，其截面有多种形状，如图 6-2 所示。

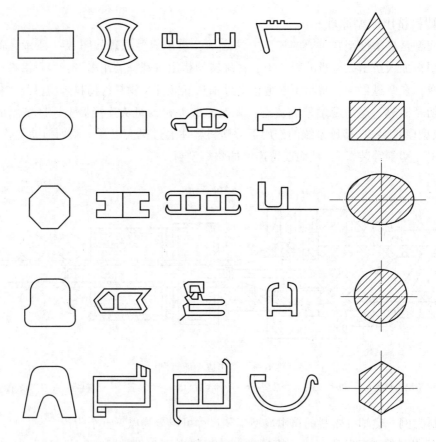

图 6-2　可挤出成型的塑料型材横截面

二、塑料挤出成型工艺

挤出成型的工艺条件即选择挤出过程的合适参数，如温度、压力、挤出速度和牵引速度等。

1. 温度

温度是挤出成型得以顺利进行的重要条件之一。塑料从加入料筒到最后成为塑件，经历的是一个复杂的温度变化过程。实践表明，塑料的温度曲线，料筒的温度曲线、螺杆的温度曲线各不相同。测定结果表明，塑料温度不仅在流动方向上有波动，而且在垂直于流动方向的横截面内各点的温度有时也不一致（通常称为径向温差）。这种温度波动和温差，尤其在机头或螺杆端部的温度波动和温差，以及在机头或螺杆端部的温度波动和温差会给挤出塑件带来不良的后果，使塑件产生残余应力、各点强度不均匀和表面灰暗无光泽等缺陷，所以应尽可能减小这种波动和温差。

2. 压力

在挤出过程中，由于料流的阻力、螺杆槽深度的变化，以及过滤板、过滤网和机头口模等处的阻碍，沿料筒轴线方向对塑料内部建立起一定的压力。这种压力的建立是使塑料均匀塑化并获得密实塑件的重要条件之一。同温度一样，此时的压力随时间的变化也会产生周期性波动，这种波动对塑件质量同样有不利影响，因此必须根据塑料品种和制品类型确定合理的数值，以尽可能减小压力的波动。

3. 挤出速度

挤出速度是指每单位时间由挤出机口模塑化好的塑料质量（kg/h）或长度（m/min）。挤出速度大小表征着挤出机生产效率的高低。影响挤出速度的因素很多，如机头的阻力、螺杆和料筒的结构、螺杆转速，加热、冷却系统结构及塑料的特性等。根据理论和实际检测证明，挤出速度随螺杆直径、螺槽、均化段长度和螺杆转速的增大而增加，而随着螺杆末端熔体压力和螺杆与料筒之间间隙的增大而减小。在挤出机结构和塑料品种及塑料类型已经确定的情况下，挤出速度仅与螺杆转速有关。所以，调整螺杆转速是控制挤出速度的主要措施。挤出速度也有波动现象，对产品的成型也存在不良影响，如影响塑件的几何形状和尺寸。因此，除了正确设计螺杆外，还应严格控制螺杆转速和保持加热和冷却系统稳定性等。

4. 牵引速度

挤出成型主要生产连续的塑件，因此必须设置牵引装置。从机头和口模中挤出的塑料，在牵引力作用下将会发生拉伸取向，拉伸取向程度越高，塑件沿取向方向的抗拉强度也越大，但冷却后其长度方向的收缩率也大。通常，牵引速度与挤出速度应相当，牵引速度和挤出速度的比值称为牵引比，其值必须等于或大于1。塑料管的挤出成型工艺参数见表6-1。

表6-1　几种塑料管材的挤出成型工艺参数

工艺参数塑料管件材	硬聚氯乙烯（HPVC）	软聚氯乙烯（LPVC）	低密度聚乙烯（LDPE）	ABS	聚酰胺-1010（PA-1010）	聚碳酸酯（PC）
管材外径/mm	95	31	24	32.5	31.3	32.8
管材内径/mm	85	25	19	25.5	25	25.5
管材壁厚/mm	5±1	3	2±1	3±1	—	—

续表

工艺参数塑料管件材		硬聚氯乙烯 （HPVC）	软聚氯乙烯 （LPVC）	低密度聚乙烯 （LDPE）	ABS	聚酰胺-1010 （PA-1010）	聚碳酸酯 （PC）
料筒温度/℃	后段	80～100	90～100	90～100	160～165	200～250	200～240
	中段	140～150	120～130	110～120	170～175	260～270	240～250
	前段	160～170	130～140	120～130	175～180	260～280	230～255
机头温度/℃		160～170	150～160	130～135	175～180	220～240	200～220
口模温度/℃		160～180	170～180	130～140	190～195	200～210	200～210
螺杆转速/（r·min⁻¹）		12	20	16	10.5	15	10.5
口模内径/mm		90.7	32	24.5	33	44.8	33
芯模外径/mm		79.7	25	19.1	26	38.5	26
稳流定型段长度/mm		120	60	69	50	45	87
拉伸比		1.04	1.2	1.1	1.02	1.5	0.97
真空定径套内径/mm		96.5	—	25	33	31.7	33
定径套长度/mm		300	—	160	250	—	250
定径套与口模间距/mm		—	—	—	25	20	250

注 稳流定型段由口模和芯模的平直部分构成。

三、塑料挤出成型模具结构

挤塑成型模具又称挤塑机头或挤塑模头，是将经挤出机塑化均匀的高聚物熔体在最佳温度和压力下，通过挤塑成型模具成为具有一定断面形状的处于黏流态的连续体，再经过定型模（管材模的定径套等）进一步调整断面形状和尺寸，在定型模内逐步降温固化，定型为连续的型材。

图 6-3 所示为塑料管材挤出成型机头，它是挤塑成型模具的主要部件。

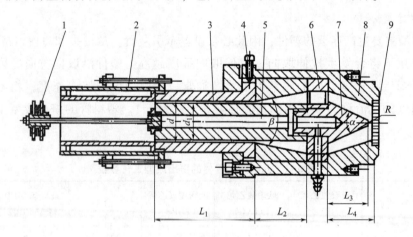

图 6-3　管材挤出成型机头

1—管材　2—定径套　3—口模　4—调节螺钉　5—芯棒　6—分流器

7—分流器支架　8—机头体　9—过滤板（多孔板）

1．主要作用

（1）使来自挤塑机的塑料熔体由螺旋运动转变为直线运动。

（2）通过几何形状与尺寸的变化，产生所需的成型压力，保证塑件的密实。

（3）当塑料熔体通过机头时，由于剪切流动，使熔体得到进一步塑化。

（4）通过机头可以成型所需形状和尺寸的连续塑件。

2．主要零件

（1）口模和芯棒。口模成型塑件的外表面，芯棒成型塑件的内表面。由此可见，口模和芯棒决定塑件的横断面形状。

（2）过滤网和过滤板。过滤板又称多孔板，与过滤网共同将熔融塑料由螺旋运动转变为直线运动，并过滤熔融塑料中的杂质。过滤板还起支撑过滤网的作用，并且增加塑料流动阻力，使塑件更加密实。

（3）分流器和分流器支架。分流器又叫鱼雷头（或分流梭），塑料通过分流器变成薄环状而平稳地进入成型区，得到进一步塑化和加热。分流器支架主要用于支撑分流器和芯棒，同时也使塑化后的塑料熔体料流分束，以加强剪切混合作用，小型机头的分流器支架可与分流器设计成一体。

四、塑料挤出成型机头类型及设计原则

1．机头主要类型

（1）按制件类型分类。根据塑件截面形状不同，可分为挤管机头、挤板机头、吹模机头、电线电缆机头、异形材机头等。

（2）按制件出口方向分类。按塑件从机头中挤出方向不同，可分为直通机头和角式机头。直通机头塑料熔体在机头内的挤出流向与挤出机螺杆的轴向平行；而角式机头塑料熔体的挤出流向与螺杆轴向成一定角度。

（3）按塑料在机头内所受的压力分类。挤出成型根据机头内对塑料熔体压力的不同，可分为熔体压力小于4MPa的低压机头，熔体压力为4~10MPa的中压机头，熔体压力大于10MPa的高压机头三种类型。

2．机头设计原则

（1）内腔呈光滑流线型。

（2）机头内应有分流装置和适当的压缩区。

（3）机头成型区应有正确的断面形状。

（4）机头内应设有适当的调节装置。

（5）结构应紧凑。

（6）合理选择材料。

第二节　管材挤出成型模具设计

一、挤管机头

直通式挤管机头是指所挤出管材与挤塑机在同一轴线上的挤管机头，如图6-4所示。

该机头由扩张分配段、压缩段和成型段三部分组成。在扩张段物料被分流梭分开，进入机头的管状环隙。通常扩张后的内、外挤出成型管材塑件时，常用的机头结构有以下三种。

（1）薄壁管材的直通式挤管机头，如图6-4所示。直通式挤管机头结构简单，制造容易，但熔体经过分流器和分流支架时，形成的熔接痕不易消除。这种机头适用于挤出成型软硬聚氯乙烯、聚乙烯、聚酰胺等管材。

（2）直角式挤管机头，如图6-5所示。直角式挤管机头在塑料熔体包围芯棒流动成型时，只会产生一条分流痕迹，适用于对管材要求较高的场合。直角式挤管机头可在芯棒与机头体内同时进行温度控制，因此定径精度高；同时，熔体的流动阻力较小、料流稳定、生产率高、成型质量好，但结构比直通式机头复杂。

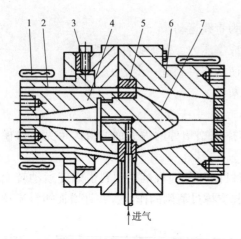

图6-4　直通式挤管机头

1—加热器　2—口模　3—调节螺钉　4—芯模
5—分流器支架　6—机头体　7—分流器

（3）旁侧式挤管机头，如图6-6所示。旁侧式挤管机头的结构更复杂。

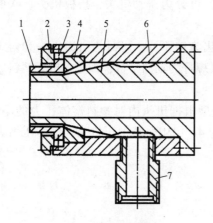

图6-5　直角式挤管机头

1—口模　2—压环　3—调节螺钉　4—口模座
5—芯模　6—机头体　7—机颈

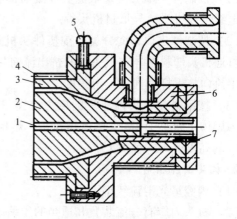

图6-6　旁侧式挤管机头

1—进气口　2—芯模　3—口模　4—电加热器
5—调节螺钉　6—机体　7—测温孔

二、分流器与分流器支架

图6-7所示为分流器与分流器支架的整体结构。其中 α 为扩张角，其数值的选取与塑料黏度有关，通常取 $30°\sim90°$。α 过小，不利于机头对塑料的加热。分流器的扩张角 α 应小于芯棒压缩段的压缩角 β（图中未标注）。分流器头部圆角 R 不宜过大，一般取 $0.2\sim2mm$，分流器上的分流锥面长度 L_3 一般根据过渡板出口处的直径来选取。如以 D_0（mm）表示过渡板

出口处的直径，则 $L_3 = (1 \sim 1.5) D_0$。

三、管材的定径

塑件被挤出口模时，还具有相当高的温度，为了使管材获得较好的表面质量、精确的尺寸以及理想的几何形状，必须同时采取一定的定径和冷却措施，这一过程通常采用定径套完成。在生产中，管材的定径一般有两种方法，如图 6-8 所示为外径定径方法，如图 6-9 所示为内径定径方法。

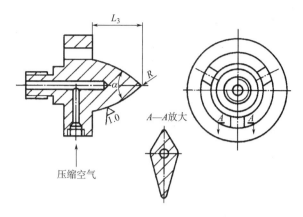

图 6-7　分流器与分流器支架的整体结构

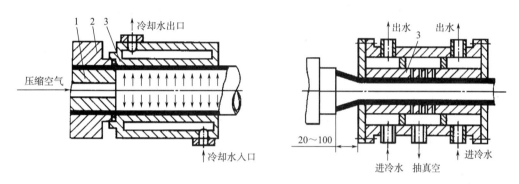

图 6-8　外径定径

1—芯棒　2—口模　3—定径套

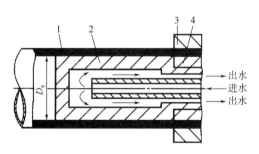

图 6-9　内径定径

1—管材　2—定径套　3—机头　4—芯棒

第三节　异型材挤出成型模具设计

凡具有特殊几何形状截面的挤出塑件统称为异型材。目前产量最大的是建筑用门窗异型材，此外汽车家电等行业异型材的使用量也较大。由于异型材的形状和尺寸以及所用的塑料品种多且复杂，所以异型材机头的设计比较困难。

一、异型材挤出机头的结构设计

目前生产中常见的异型材挤出机头形式可分为板孔式挤出机头、多级式挤出机头和流线型挤出机头等。

机头是根据异型材的截面形状和尺寸要求而设计的，其设计原则如下：

（1）根据异型材所用树脂类型、截面形状，正确合理地确定机头的结构形式。

（2）口模设计应有正确合理的截面形状和尺寸精度，并且有足够的定型段长度。

（3）机头的熔融体流道应呈流线型，尽量减少突变，避免死角。

（4）在满足成型要求的前提下，制品形状应尽量简单，对称。

（5）在满足强度要求的前提下，机头结构应紧凑，易于加工制造和装卸维修。

（6）选用机头材质应满足强度、刚度、耐磨性、导热性、耐腐蚀性及加工性的要求。

（7）经济合理，制造成本低、使用寿命长。

有关尺寸的经验推荐：口模间隙 δ =（1.03~1.07）A，A 为制品尺寸；机头压缩比 ε 取 3~6；定型段长度 L =（30~40）δ。

1. 板孔式异型材挤出机头

图 6-10 所示为流道有急剧变化的板式机头。其结构是将成型流道全部加工在一块口模板上，口模板用螺栓固定在螺纹与机头法兰盘相连的机颈座上，机颈座处的流道是简单几何形状的流道断面（圆形、矩形等）。其特点是结构简单、成本低、制造周期短、安装及调整容易，因而得到了广泛应用。缺点是物料在机头中流动情况较差，容易形成物料局部停滞和完全不流动的死角，引起物料分解，影响塑件质量。适用于形状简单、生产批量小的产品。

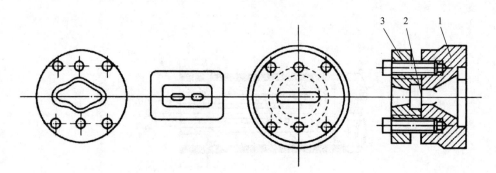

图 6-10　板孔式机头

1—机颈　2—口模板　3—夹板

2. 多级式异型材挤出机头

图 6-11 所示为多级式异型材挤出机头，由多块板叠合而成，剖视图 A—A ~ E—E 表示板上的流道逐块变化的情况，每块板流道的入口处应设置倒角或斜面，最好能与上一块板流道相衔接。这种机头的停料状况比孔板式模有明显的改善，但还是不能完全避免停料死角，因而不适用于热敏性塑料制品的长时间稳定生产，仅适用于简单的型材和不易分解的树脂品种。

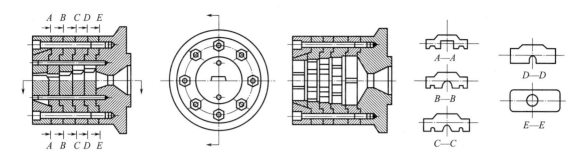

图 6-11　多级式机头

3. 流线型异型材挤出机头

图 6-12 所示为流线型机头，其流道断面形状由螺杆出口的圆形逐步转变成接近塑件外形的流线型。其特点是操作费用低，各处没有急剧过渡的死角，塑件质量好。

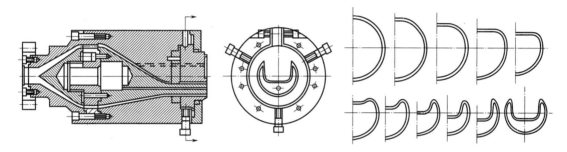

图 6-12　流线型机头

二、异型材定型模的结构设计

异型材的最终形状和尺寸公差主要由定型模决定。其尺寸精度主要取决于定型手段和定型模的完美程度。目前型材可达下列尺寸公差：

壁厚：$\pm（3\%\sim6\%）$

断面外廓尺寸（宽、高）：$\pm（1\%\sim2\%）$

异型材常用的定型的方法有多板定型、滑移定型、压缩空气外定型、内定型、滚筒定型、真空定型等。

思考题

1. 热塑性塑料的挤出成型工艺过程可以分为哪几个阶段？挤出过程中如何通过控制工艺参数实现挤出过程的顺利进行？

2. 详述塑料挤塑机头的主要部件名称及作用。

3. 比较管材定径的方式（内定径、压缩空气外定径、真空外定径）对制品质量、尺寸精度、操作难易、制品成本的影响。

4. 异型材挤出模具有哪些常见的形式？各自有哪些特点？

5. 如何根据制品形状和材料特点来选定适当的异型材挤出模具结构？通常有哪些设计原则？

第七章　其他塑料成型工艺及模具设计

第一节　气体辅助注射成型

气体辅助（简称气辅）注塑成型是为了克服传统注塑（射）成型的局限性而发展起来的一种新型注塑成型工艺，自20世纪90年代以来受到普遍关注，被认为是继往复螺杆式注塑技术之后的注塑成型的第二次革命。

一、气体辅助注射成型工艺

气体辅助成型工艺过程是先在模具型腔内注入部分或全部熔融的树脂，然后立即注入高压的惰性气体 N_2，利用气体推动熔体完成充模全过程，同时填补因树脂收缩后留下的空隙，在塑件固化后将气体排出，再脱出中空的塑件。

气辅注塑成型工艺大致分为树脂注射、延时、气体注射、气体保压并冷却、排气、脱模六个阶段，如图7-1所示。

气辅注塑成型可分为短射（short shot）和满射（full shot）两种形式。如图7-2所示为短射，适用于厚壁的充模阻力不大的塑件，特别是手把之类的棒状制件，可节省大量原材料。短射时先向型腔注入部分树脂（一般只充入型腔体积的50% ~ 90%），之后立即在树脂中心注入气体，靠气体的压力推动树脂充满整个型腔，并用气体的压力保压，直至树脂固化，然后排出气体，获得空心的塑件。如图7-1所示的循环周期图就是短射循环。而对于薄

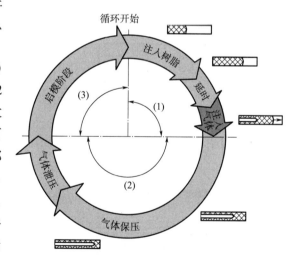

图7-1　气体注塑循环周期图

壁的充模阻力较大的塑件，最好采用满射成型。所谓满射是在树脂完全充满型腔后才开始注入气体，如图7-3所示，树脂由于冷却收缩而让出一条流动通道，气体沿通道进行二次穿透，不但弥补了塑料的体积收缩，而且靠气体压力传递进行保压，由于在气体通道中几乎没有压力损失，保压效果更好。满射后期形成气体通道的尺寸和穿透深度与制品体积和塑料收缩率成一定比例。

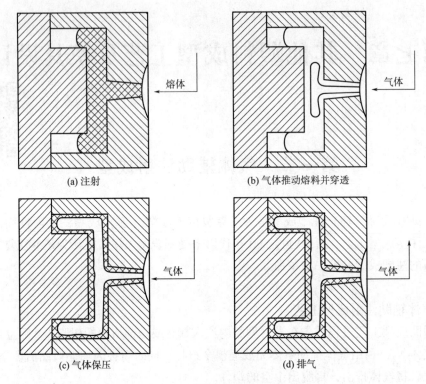

图 7-2 短射气辅注塑过程

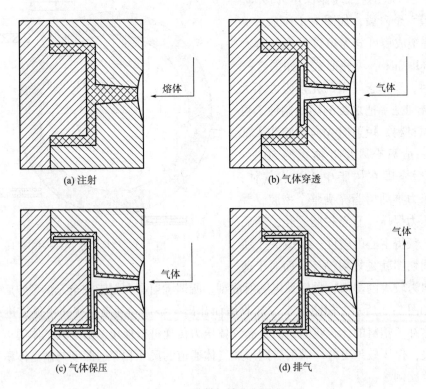

图 7-3 满射气辅注塑过程

（一）气辅注塑技术的特点

气辅注塑技术具有以下优点：

（1）能消除厚壁塑件的表面凹陷。

（2）气体保压气相的压力梯度很小，传压效果好，可降低制品内应力，同时减少翘曲变形。

（3）制件尺寸精度和形位精度高。

（4）节约原料，短射成型节约最高可达50%。

（5）减少冷却时间，使生产周期缩短。

（6）采用短射技术使注塑压力降低，同时所需锁模力也大幅度降低。气辅注塑压力为7~25MPa，而普通注塑为40~80MPa有时更高，如图7-4所示。

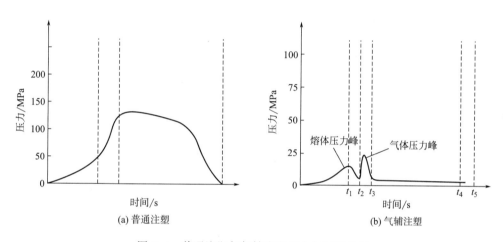

图7-4　普通注塑与气辅注塑压力与时间关系

普通注塑的制品为了减小制品缺陷，必须强调壁厚的均匀一致，而气辅注塑可成型制品壁厚相差悬殊的制品，这样就可把普通注塑时由于壁厚限制必须由多个零件组装而成的制品重新设计成一体，还可采用粗大的加强筋作为气体通道，使制品刚性更好，浇口数目减少。由于有以上优点，气辅注塑被广泛应用。

塑料熔体进浇位置、气体注入口位置和气道位置应根据成型制品的形状进行确定。早期的气辅注塑技术，气体注入口与塑料熔体浇口同在一处；现在气体辅助注射技术，气体注入口可根据需要在模具上设置气针，在任意时间进入塑件的任何部位。

（二）气辅注塑适用制品范围

气辅注塑成型制品的品种和范围很广，许多用普通注塑成型方法难以成型的制品可采用气辅注塑成型。它主要用来成型以下三大类制品。

1. 特厚的棒状制品

特厚塑件如建筑物门把、汽车握把、窗框、圆或椭圆断面的坐椅扶手等，用普通注塑成型方法是难以成型的。图7-5所示为用短射方法成型汽车握把的情况，气体通过受液压缸操纵的气针进入制品，它与塑料浇口不在同一位置，当注入一定体积的塑料后才开始注入气体。

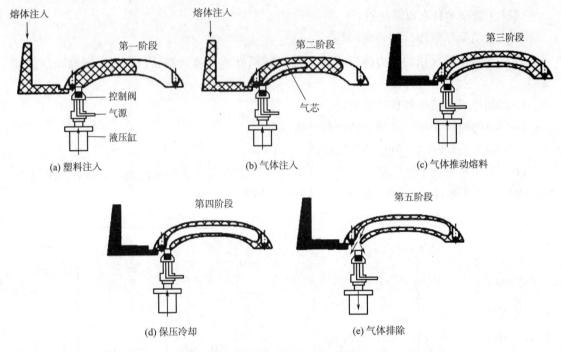

(a) 塑料注入　　　　　　　(b) 气体注入　　　　　　　(c) 气体推动熔料

(d) 保压冷却　　　　　　　　　　　(e) 气体排除

图 7-5　汽车握把的短射气辅成型

进气阀的结构很多，图 7-6 所示为 Cinpres 公司推出的一种进气阀结构，其中图 7-6(a)
为进气阀插入制品，图 7-6(b)(c) 分别为进气阀关闭、进气和排气的位置。

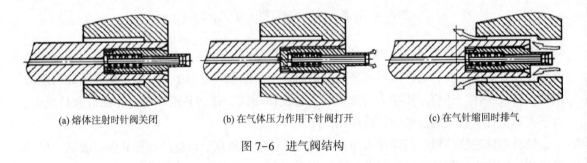

(a) 熔体注射时针阀关闭　　　　(b) 在气体压力作用下针阀打开　　　　(c) 在气针缩回时排气

图 7-6　进气阀结构

2. 大型板状有加强筋的制品

大型板状有加强筋的制品如桌面等，可利用平板的中心作为气体入口起点，呈辐射状设
数根加强筋，以加强筋作为气体通道。其优点如下：一是可降低锁模力，因为保压阶段气体
压力为 7~18MPa，而普通注塑压力为 40~60MPa，大型薄壁制品甚至要采用 100MPa 以上的
压力；二是由于气体几乎能无损失地传递压力，因此保压效果很好，制品内部压力差小，内
应力因而降低。通过制品上的加强筋传递气压的情况如图 7-7 所示。该例子是采用满射成
型，即在注塑第一阶段塑料熔体即已充满型腔，当塑料冷却收缩时气体在高压下进入型腔，
由于加强筋的断面尺寸较大，因此在保压过程中为气体通道。通过气路传压补料效果好，加
强筋增加了制品刚度，因此塑件的壁厚可明显减薄。图 7-8 所示为条形带翼的塑件，浇口

在一端的中心，两边有加强筋，使压力能顺利传到制品端部，两侧有两个气体注入口，加强筋中心形成了矩形和三角形的气体通道。图 7-9 所示为大型平板状制品，板的下方有一长条形窗口，通过数条加强筋分别将注气压力传递到整个板面。图 7-10 所示为一个矩形桌面的断面，可以看到几条加强筋断面被气流淘空的情况。

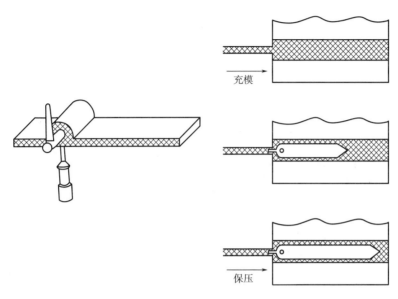

图 7-7　通过加强筋传递保压压力

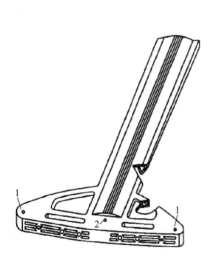

图 7-8　两侧带加强筋气路传递保压压力
1—气体注入口位置　2—塑料熔体浇口位置

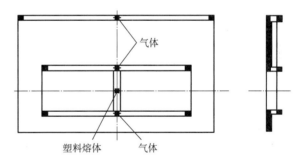

图 7-9　带窗口的板状制品熔体注入和气体注入位置

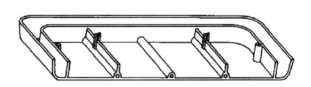

图 7-10　气辅成型塑料桌面的断面

3. 大型、厚薄不均的复杂塑件

如采用普通注塑成型，大型、厚薄不均的复杂塑料制品是不可能一次成型的，只能分解成大小不同厚薄较均匀的零件分别成型，然后组合在一起，工艺过程极为麻烦。由于气辅注塑能成型投影面积大，而且厚薄相差悬殊的塑料制品，据此可以重新进行制品设计，将多个零件合成一体一次成型，如电视机前框的成型，如图 7-11 所示。电视机前框改为气辅注塑成型，制件经重新设计后，重量减轻 26%，零件数减少 54%，锁模力减小约 30%。

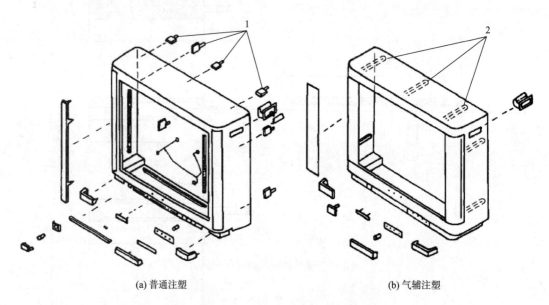

(a) 普通注塑　　　　　　　　　　　　　　　(b) 气辅注塑

图 7-11　普通注塑和气辅注塑电视机前框
1—粘接零件　2—整体式设计

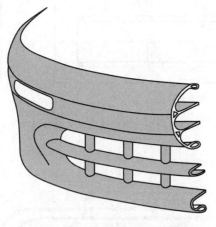

图 7-12　气辅注塑成型汽车保险杠

图 7-12 所示为气辅注塑成型汽车保险杠。传统保险杠由护条、外杠、内补强杠及油压减振器组成，除护条外都是钢件。改为气辅注塑件后上述零件合成一个塑料件，省去钢件，从模具型腔上多点进气，在制件内形成气体通道，使原来最难克服的表面凹陷问题得到解决，用填充 PP 制造的保险杠，增加作为气体通道的加强筋后，其刚性增加 60%，也不再需要油压减振器。保险杠壁厚仅 2.8mm，比多个零件组合构成的前、后保险杠分别减轻 37% 及 24% 的重量。

二、气体辅助注射成型模具

从上述实例初步看到制品设计、模具浇注系统设计和气道设计的一些轮廓，现将制品设计和模具总体设计的一些原则分述如下。

（一）气道网络

大型制品布置气道时要使气道构成进气的网络，网络末梢要直达制品的远端，既能推动熔体在短期内充满整个型腔，又能获得均匀的保压效果，图 7-13 所示为一桌面的加强筋进气网络。对于矩形平板制件采用通向四角的叉形气道，其压力分布优于十字形气道网络，十字形气道网络末端容易产生气体渗透（手指效应），如图 7-14 所示。

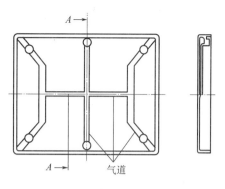

图 7-13　矩形桌面加强筋气道网络

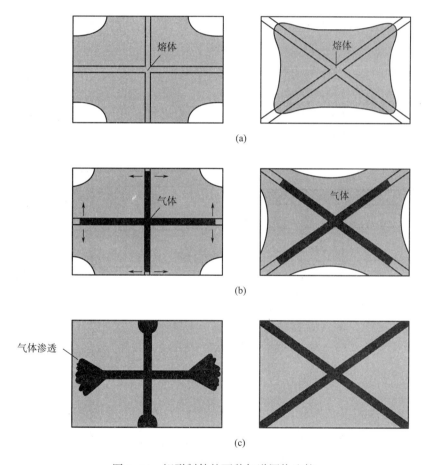

(a)

(b)

(c)

图 7-14　矩形制件的两种气道网络比较

此外，如果希望气道连续贯穿，则应注意，当两股气流前沿汇合时会产生熔体阻断，因此气道不能连续贯通，所以当需要制品的芯部完全中空时，应避免气道形成封闭环。

（二）壁厚和塑件壁厚

塑料的气道部分和实心部分的截面壁厚应相差较悬殊，以确保气体在预定的通道内流动，而不会进入邻近的实心部分。如果气体穿透到实心部位将其淘空，则产生所谓的手指效应，图 7-14 中气体渗透进入薄壁部分即手指效应，这将影响制品的总体强度和刚性。同时，气道的断面尺寸也不宜过大，过大的气道会引起聚合物熔体和气体的跑道效应，即熔体和气体迅速沿气道流动，而不流向薄壁实心部位，最后导致充模不满。一般取气道断面尺寸为薄壁实心壁厚的 2~4 倍。除棒状手把类制品外，对于非气体通道的平板区而言，壁厚不宜大于 3.5mm。壁厚过大也会使气体穿透到平板区，产生手指效应。

（三）塑件上的加强筋

普通注塑件的加强筋厚度应比塑件主体壁厚薄（约为其一半），即使这样也免不了在加强筋所在壁的对面产生凹陷，因此应少采用。在气辅注塑中，加强筋可设计得比塑件主体壁厚大得多，作为气体通路，不但可避免产生凹陷，而且可大大地增加塑件的刚度；粗大的加强筋通常不会增加制品总重，这是因为平板部分可相应减薄，在筋中还有大量的气体形成中空。

图 7-15 所示为气体辅助注塑成型制品上筋的设计，s 为塑件主体的壁厚，其余尺寸的计算如下：

对于普通筋 $a=(2.5~4)s$，$b=(2.5~4)s$，$s=2.5~3.5mm$

对于高筋 $c=(0.5~1)s$，$d=(5~10)s$

在此范围内能获得较好的中空截面形状。如外形尺寸不当，则中空截面会有尖角，制件在承受外力时会产生应力集中。

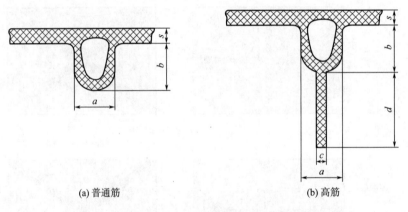

(a) 普通筋　　　　　　　　　(b) 高筋

图 7-15　气辅制品加强筋的断面设计

（四）制品上的侧凹

普通注塑制品的侧凹有时是为了增加制品的刚性，对于这种情况，若改为气辅注塑制品，则可借助气道的布置来增加刚性，从而避免侧凹，使模具结构简化，有时可避免侧向抽芯机构，如图 7-16 所示。

（五）气体注入位置设计

早期的气辅注塑，气体一律从注塑机喷嘴注入模具型腔，其结构一般是在注塑机喷嘴孔中心设有一注入气体的细管，塑料熔体从细管外圈环形流道注入型腔，注料和注气的时间由不同的系统分别控制，如图 7-17 所示。注塑完成后在开模前必须先退回注塑座，以便释放出气体。当气体由注塑机喷嘴注入后常需流动引导，把气体导向制品所需的区域。

目前采用固定式或可动插入式气针，放气时注塑机的注塑座和喷嘴无须后退，设计者可

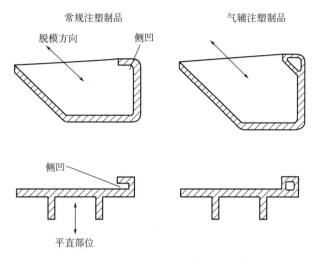

图 7-16　常规注塑与气辅成型比较

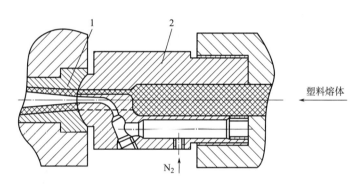

图 7-17　经由喷嘴进气的气辅注塑喷嘴
1—主流道衬套　2—注射机喷嘴

把进气点设在制品所需要的任何位置上，而无须流动进行引导，如图 7-18 所示，从手柄气辅注塑可看出两个方法对制件所带来的差异。如图 7-19 所示的厚边缘板形制品，以边缘周围作气体通道，也可以看出分别另设气针注入效果更佳。

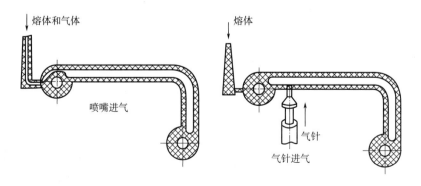

图 7-18　通过注塑机喷嘴进气和气针进气的比较

当气体进入多分支的气道时，气针插入的位置十分重要，若不能使各分支流动平衡，将产生气体对各个分支淘空率不相等的情况，如图 7-20 所示。这时可改变气针位置或变化各支路流动阻力，以免某些分支内存在有长距离的未淘空区域。

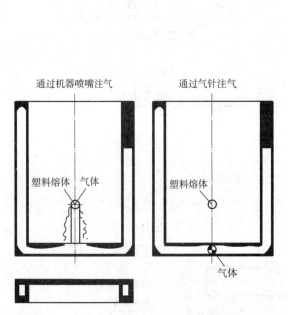

图 7-19　厚边缘板形制品两种进气方式比较

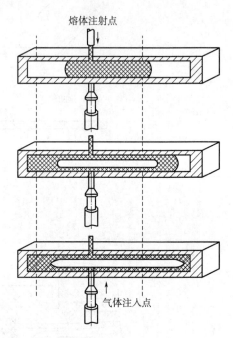

图 7-20　进气位置与气流淘空距离关系

在一个制品上可以采用多根气针，而且这些气针可以在不同的时间以不同的压力进气，这样可采用多个保压程序作用在同一制品上，使制品达到最佳的效果。在多腔模中可以对每一个型腔分别安置气针以达到各型腔分别控制的目的。

（六）气泡扩展方向以及塑料熔体和气体注入位置

气泡扩展方向与塑料熔体流动方向最好相同。塑料熔体和气体的注入口最好设在制件壁厚的地方，厚壁处不宜作为流动的末端。

（七）气道部分塑件外形设计

由于气体在流动中会自动寻找阻力最小的路径，因此沿流动方向气道不会形成与塑件外形同样尖锐的转角，而会走圆弧捷径，这样会造成气道壁厚不均。采用逐渐转变的带圆角的外形可获得较均匀的壁厚，如图 7-21 所示。从气道的横断面看，气体倾向于走圆形断面，因此气道部分塑件外形最好带圆角，同时其断面高度与宽度之比最好接近于 1，否则气道外围塑料厚度差异较大。如图 7-22 所示，图 7-22(a) 的壁厚不均，应采用图 7-22(b) 的断面形状。

（八）气体通道长度的控制

对于短射来说，注入气体前塑料熔体充满型腔的百分率和开始注气的延迟时间是控制气体通道长度的主要因素。此外，塑料的进一步收缩也会使通道继续加长，注气之前如果注入塑料太多，将会使气体流动长度不够，如图 7-23 所示；但如果注入的塑料太少，则会使气体迅速地穿破塑料流动前沿，而造成废品，如图 7-24 所示。

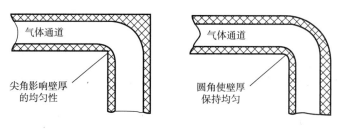

图 7-21 气道纵向流动路径和壁厚

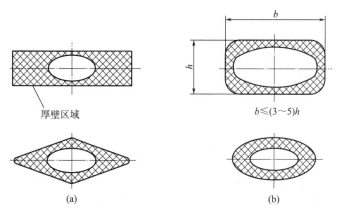

图 7-22 气道断面形状和壁厚

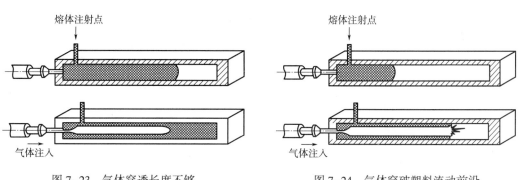

图 7-23 气体穿透长度不够   图 7-24 气体穿破塑料流动前沿

还有两种办法来控制气体穿透长度，即采用过溢出法气辅注塑或抽模芯法气辅注塑。过溢出法可较准确地控制气体通道长度，其工作原理是当型腔几乎注满或完全注满时，通往过溢出型腔的阀开启，气体将塑料推入过溢出腔，在制件内部形成气体通道，如图 7-25 所示。普通气辅注塑成型时，由塑料射出转变到气体射出，会使流动前沿速度改变，往往在塑件表面造成可见的不良痕迹，当塑料注满整个型腔后再采用过溢出技术可以避免产生这种缺陷。抽模芯形成气体通道的模具如图 7-26 所示，当注塑模型腔充满后型芯开始向后退缩，同时通入高压气体，这样便形成气体通道，塑料由于体积收缩还会向制件的下方形成气体通道，如图 7-26(b)(c)(d) 所示。

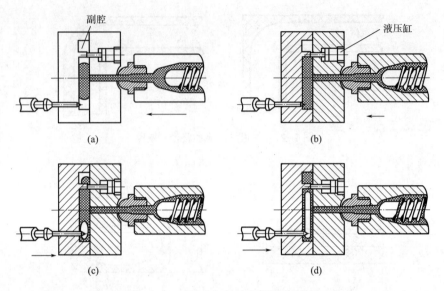

图 7-25　过溢出气辅注塑模具和过程

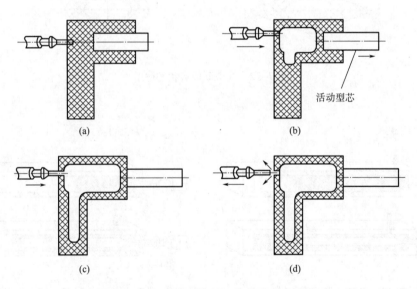

图 7-26　抽模芯气辅注塑模塑和过程

满射成型时，气体通道是由于塑料熔体冷却收缩形成的，所形成气道长度主要取决于原材料体积收缩率、制件体积大小和气道断面尺寸。对于 ABS、聚苯乙烯类塑料，虽然其模塑收缩率只有 0.6%~0.8%，但注塑时熔体体积收缩率仍有 10%；对于 PE、PP 类塑料，其体积收缩率高达 20%，即收缩使制品内的气体体积约占 20%体积。据此可对气体通道进行大致估算。图 7-27 所示的制品总体积为 100 单位体积，用 PP 成型时体积收缩率为 20%，如果气体通道内气道横断面积为 1 单位面积，则气道长度为 20÷1＝20 单位，基本能贯穿制品整个长度，产生良好的保压效果。现若采用 ABS 成型，其收缩率仅有 10%，只能产生 10 单位体积的气道收缩，气道长度为 10÷1＝10 单位，不能贯穿制品全长，未能达到最佳的压力传递状态。现将类似的 ABS 制件，气道外围尺寸改为 1×1 单位面积，所形成的气道断面尺寸为 0.5 单位面积，制品总体积为 100 单位体积，收缩 10 单位体积后气道长度为 10÷0.5＝20 单位。也与塑件总长度相同，能很好地传递压力，由此可见，加强筋等气体通道的断面尺寸并不是越大越好，适当的尺寸能达到最佳的补缩效果。

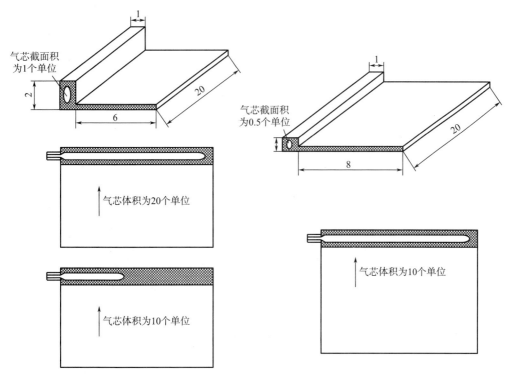

图 7-27　PP 和 ABS 气辅成型塑件的气体通道长度计算图

三、气体辅助模具设计计算机辅助工程

气辅成型塑件设计和模具设计影响因素很多，很难将各因素对最终产品的性能和外观的影响考虑完整，常需在试模时不断地修改和调整，造成人力和物力的浪费。

目前已有美国、德国等公司开发的气辅注塑成型 CAE 软件问世，通过相关软件可解决以下问题：

（1）在计算机上实现熔体充模和注气前推全过程的模拟。

（2）对各种方案的进浇点和注气点进行选择比较，在一个复杂的制品内确定气体网络的布控和它的尺寸。

（3）对满射和短射成型，能对注入时间以及料温、模温、压力、剪应力、剪切速率、熔体前沿移动速度等工艺参数和制品质量进行选择比较；对短射时熔体注入量进行模拟比较，找到节约能量和原材料用量的最佳方案。

（4）预测各种缺陷发生的部位、原因，找出克服的办法。通过 CAE 分析可优化制品和模具设计，减少修模的工作量。有气辅工程软件，气辅产品的并行工程才得以进行。

如果没有计算机模拟工具，要想通过实验来确定适当的气道网络并优选出生产理想制品的各项工艺条件，如短射时聚合物预注的体积量，将十分困难，而且会耗费大量的人力和物力。应用气辅注塑 CAE 软件进行模拟是一个既经济又方便的方法。

图 7-28 所示是对一个冰箱底板采用 GMold 气辅软件 C-GASFlow 进行分析的结果。底板最初采用 ABS 树脂，用普通注塑方法成型，制品发生严重的翘曲变形，采用气辅后改用价格低廉的 PP 树脂成型，最大注塑压力从普通注塑的 60MPa 降低到 20MPa，然后用压力 15MPa 的气体进行注气和保压，不但避免了翘曲变形、降低了成本，而且增加了制品刚度。图 7-28(a) 中制品上的曲线为熔体流动前沿的等时线，线与线之间时间间隔为 0.38s，粗线为开始气体注射时熔体前沿位置，在浇道中格子状的横线为气体注射时气体流动前沿的等时线；图 7-28(b) 为气体保压结束时 (17.39s) 气体穿透位置预测，从图中可以看出只有很少地方有气体渗透现象；图 7-28(c) 为整个充填过程完成时制品中压力分布轮廓，整个制品的压差小，仅 10MPa 左右，翘曲变形小。

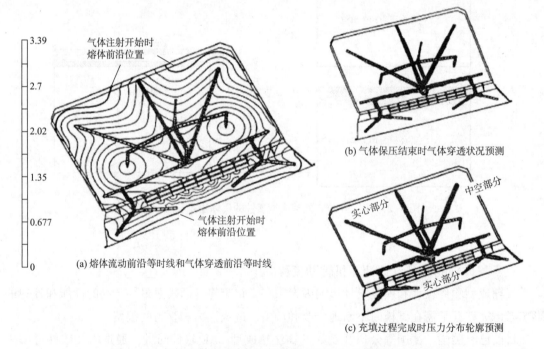

(a) 熔体流动前沿等时线和气体穿透前沿等时线

(b) 气体保压结束时气体穿透状况预测

(c) 充填过程完成时压力分布轮廓预测

图 7-28　气辅注射成型冰箱底板采用 GGASFIovv 软件分析结果

图 7-29 所示为一个 27 英寸（1 英寸 = 25.4mm）的彩色电视机前框成型方式由普通注塑改为气体辅助注塑前后 CAE 分析比较，用它来进一步说明气辅注射成型 CAE 分析的步骤和内容，分析软件为 C-GASFlow。采用普通注塑时，该制品壁厚为 3mm，最大注塑压力为 140MPa，锁模力为 16.4MN，充模时间 5s，分析内容如左图下方框中所示。中间图表示改为气辅后气道网络设计，图中为经优化得到的气道网络，同时还对制件结构（加强筋大小及位置等）进行设计，制件壁厚改为 2.7mm，减薄 10%。右图为气辅注塑分析，分析内容标在图下方框中，注塑时要求熔体前沿移动速度恒定，以降低制件翘曲变形，在设定气压为 40MPa 后，通过气辅软件得到理想的气压分布图，进一步预测锁模力为 6.67MN，比普通注

塑降低 60%，最大熔体压力为 57MPa，也降低 60%。本例可作为气辅 CAE 分析的方法和步骤的总结性说明。

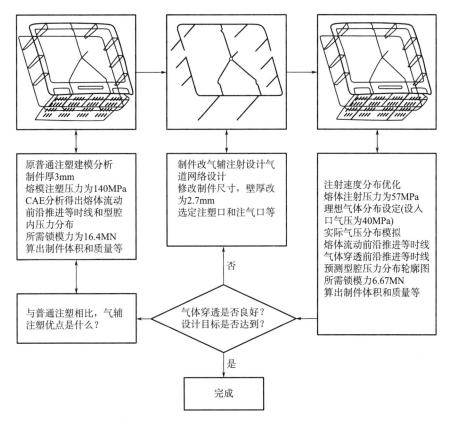

原普通注塑建模分析
制件厚3mm
熔模注塑压力为140MPa
CAE分析得出熔体流动
前沿推进等时线和型腔
内压力分布
所需锁模力为16.4MN
算出制件体积和质量等

制件改气辅注射设计气
道网络设计
修改制件尺寸，壁厚改
为2.7mm
选定注塑口和注气口等

注射速度分布优化
熔体注射压力为57MPa
理想气体分布设定(设入
口气压为40MPa)
实际气压分布模拟
熔体流动前沿推进等时线
气体穿透前沿推进等时线
预测型腔压力分布轮廓图
所需锁模力6.67MN
算出制件体积和质量等

与普通注塑相比，气辅
注塑优点是什么？

否

气体穿透是否良好？
设计目标是否达到？

是

完成

图 7-29　普通注塑改为气辅注塑前后的 CAE 分析比较

第二节　热成型

热成型工艺过程是把塑料坯材加热至软化温度，将其固定在模具上，然后在坯材一边通入压缩空气来提高压力，或者采用抽真空的办法降低压力，以使坯材紧贴模具成型表面而成为塑件；待塑件冷却定型后，除去压差，取出塑件。热成型主要包括真空吸塑成型和压缩空气成型。

一、真空吸塑成型

真空吸塑成型是将热塑性塑料板、片材固定在模具上，用辐射加热器进行加热至软化温度，然后用真空泵把板材与模具之间的空气抽掉，从而使板材贴在模腔上而成型，冷却后借助压缩空气使塑件从模具中脱出。

（一）真空吸塑成型工艺及特点

（1）适宜制造壁厚小、尺寸大的制品。

（2）在塑料制品与模具贴合的一面，结构上比较鲜明和精细，且表面粗糙度也较低。

（3）在成型时间上，凡是板材与模具贴合得越晚的部位，其厚度越薄。

（4）生产效率高。

（5）设备简单，成本低廉，操作简单，对操作工人无过高技术要求。

（6）不宜加工制品本身壁厚不均匀和带嵌件的制品。

（二）真空吸塑成型方法

真空吸塑成型方法主要有凹模真空成型，凸模真空成型，凹、凸模先后抽真空成型，吹泡真空成型，柱塞推下真空成型和带有气体缓冲装置的真空成型等。

1. 凹模真空成型

凹模真空成型是最常用、最简单的成型方法，如图 7-30 所示。把板材固定并加密封在型腔的上方，将加热器移到板材上方将板材加热至软，如图 7-30（a）所示；然后移开加热器，在型腔内抽真空，板材就贴在凹模型腔上，如图 7-30（b）所示；冷却后由抽气孔通入压缩空气将成型好的塑件吹出，如图 7-30（c）所示。

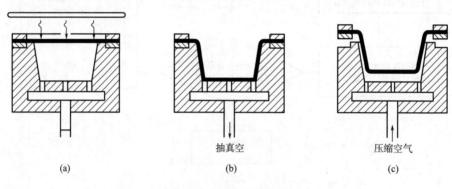

| (a) | (b) | (c) |

图 7-30　凹模真空成型

用凹模真空成型法成型的塑件外表面尺寸精度较高，一般用于成型深度不大的塑件。如果塑件深度很大时，特别是小型塑件，其底部转角处会明显变薄。多型腔的凹模真空成型比同个数的凸模真空成型更经济，因为凹模型腔间距离较近，相同面积塑料板，可以加工出更多的塑件。

2. 凸模真空成型

凸模真空成型如图 7-31 所示。被夹紧的塑料板在加热器下加热软化，如图 7-31（a）所示；接着软化板料下移，像帐篷一样覆盖在凸模上，如图 7-31（b）所示；最后抽真空，塑料板紧贴在凸模上成型，如图 7-31（c）所示。这种成型方法，由于成型过程中冷的凸模首先与板料接触，故其底部稍厚。凸模真空成型法多用于有凸起形状的薄壁塑件，成型塑件的内表面尺寸精度较高。

3. 凹、凸模先后抽真空成型

凹、凸模先后抽真空成型如图 7-32 所示。首先把塑料板紧固在凹模上加热，如图 7-32（a）所示；软化后将加热器移开，然后通过凸模吹入压缩空气，而凹模抽真空使塑料板鼓起，如图 7-32（b）所示；最后凸模向下插入鼓起的塑料板中并抽真空，同时凹模通入压缩

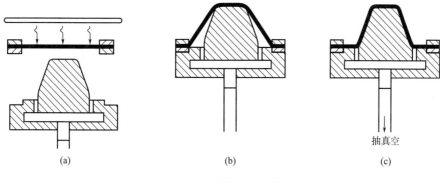

图 7-31　凸模真空成型

空气，使塑料板贴附在凸模的外表面而成型，如图 7-32(c) 所示。这种成型方法先将软化的塑料板吹鼓，使板材延伸后再成型，故壁厚比较均匀，可用于成型深型腔塑件。

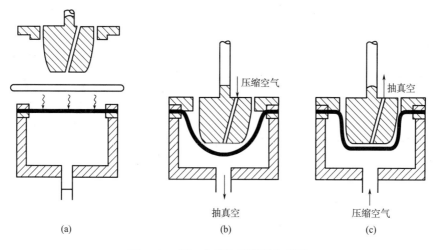

图 7-32　凹、凸模先后抽真空成型

4. 吹泡真空成型

吹泡真空成型如图 7-33 所示。首先将塑料板紧固在模框上，用加热器对其加热，如图 7-33(a) 所示；待塑料板加热软化后移开加热器，压缩空气通过模框吹入将塑料板吹鼓后将凸模顶起，如图 7-33(b) 所示；停止吹气，凸模抽真空，塑料板贴附在凸模上成型，如图 7-33(c) 所示。这种成型方法的特点与凹、凸模先后抽真空成型基本类似。

5. 柱塞推下真空成型

柱塞推下真空成型如图 7-34 所示。首先将固定于凹模的塑料板加热至软化状态，如图 7-34(a) 所示；移开加热器，用柱塞将塑料板向下推，这时凹模里的空气被压缩，软化的塑料板由于柱塞的推力和型腔内封闭的空气移动而延伸，如图 7-34(b) 所示；再对凹模抽真空而成型，如图 7-34(c) 所示。柱塞推下真空成型方法使塑料板在成型前先延伸，壁厚变形均匀，主要用于成型深型腔塑件。此方法的缺点是会在塑件上残留有柱塞痕迹。

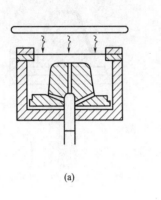
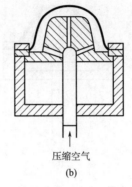
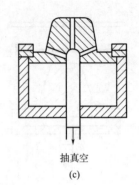

压缩空气　　　　　　　　抽真空

(a)　　　　　　　　　　(b)　　　　　　　　　　(c)

图 7-33　吹泡真空成型

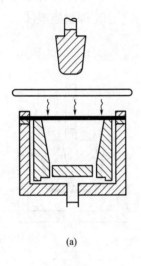
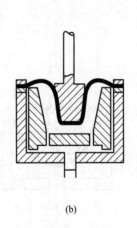
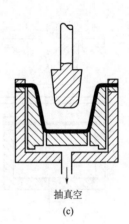

抽真空

(a)　　　　　　　　　　(b)　　　　　　　　　　(c)

图 7-34　柱塞推下真空成型

6. 带有气体缓冲装置的真空成型

带有气体缓冲装置的真空成型如图 7-35 所示，这是柱塞和压缩空气并用的形式。把塑料板加热后和模架一起轻轻地压向凹模，然后向凹模型腔吹入压缩空气，把加热的塑料板吹鼓，多余的气体从板材与凹模的缝隙中逸出，同时从板材的上面通过柱塞的孔吹出已加热的空气，这时板材处于两个空气缓冲层之间，如图 7-35(a)(b) 所示；柱塞逐渐下降，如图 7-35(c)(d) 所示；最后柱塞内停吹压缩空气，凹模抽真空，使塑料板贴附在凹模型腔上成型，同时柱塞升起，如图 7-35(e) 所示。这种方法成型的塑件壁厚较均匀，并且可以成型较深的塑件。

二、压缩空气成型

压缩空气成型是指借助压缩空气的压力，将加热软化的塑料板压入型腔而成型的方法，其工艺过程如图 7-36 所示。图 7-36(a) 是开模状态；图 7-36(b) 是闭模后的加热过程，从型腔通入压缩空气，使塑料板直接接触加热板加热；图 7-36(c) 为塑料板加热后，由模

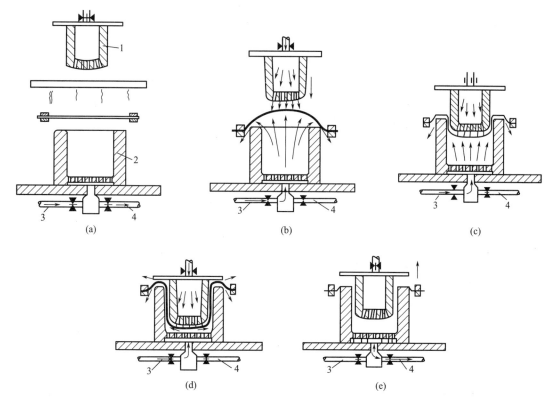

图7-35　带有气体缓冲装置的真空成型

1—柱塞　2—凹模　3—空气管路　4—真空管路

具上方通入预热的压缩空气，使已软化的塑料板贴在模具型腔的内表面成型；图7-36(d)是塑件在型腔内冷却定型后加热板下降一小段距离，切除余料；图7-36(e)为加热板上升，最后借助压缩空气取出塑件。

压缩空气成型方法与真空吸塑方法不同的是，用以成型的压缩空气在塑坯正面施压将材料推向凹模一方，而真空吸塑则是在塑坯与凹模之间抽真空成型。压缩空气的压力为0.3~0.6MPa，是真空吸塑成型压力的3~6倍。因此，压缩空气成型适合成型片材厚度较大或制品形状较复杂的塑料制品，其生产效率高，成型速度快，约为真空吸塑成型的3倍以上。

三、热成型制品结构工艺性与模具设计

热成型制品包括真空吸塑成型制品和压缩空气成型制品，由于压缩空气成型有很多地方与真空吸塑成型相同，所以这里只介绍真空吸塑制品的结构工艺性与模具设计，也可供压缩空气成型制品结构工艺性设计参考。

（一）真空吸塑制品结构工艺性

真空吸塑制品的结构工艺性是对塑件的几何形状、尺寸精度、塑件的深度与宽度之比、圆角、脱模斜度、加强肋等的具体要求。

1. 塑件的几何形状和尺寸精度

用真空成型方法成型塑件，塑料处于高弹态，成型冷却后收缩率较大，塑件很难得到较

163

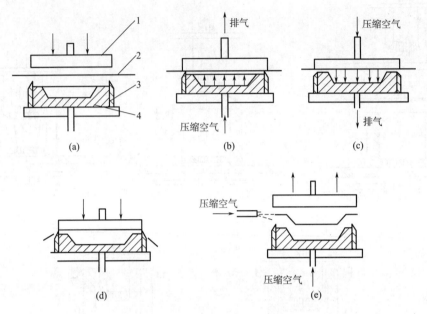

图 7-36　压缩空气成型工艺过程
1—加热板　2—板材　3—剪刃　4—凹模

高的尺寸精度。另外，塑件通常也不应有过多的凸起和深的沟槽，因为这些地方成型后会使壁厚太薄而影响强度。

2. 塑件深度与宽度（或直径）之比

塑件深度与宽度之比称为引伸比，引伸比在很大程度上反映塑件成型的难易程度，引伸比越大，成型越难。引伸比与塑件厚度的均匀程度有关，引伸比过大，会使最小壁厚处变得非常薄，这时应选用较厚的塑料来成型。引伸比还与塑料的品种、成型方法有很大关系。一般采用的引伸比为 0.5~1，最大也不超过 1.5。

3. 圆角

真空成型塑件的转角部分应以圆角过渡，并且圆角半径应尽可能大，最小不能小于板材的厚度，否则，塑件在转角处容易发生厚度减薄以及应力集中的现象。

4. 脱模斜度

和普通模具一样，真空成型也需要脱模斜度，斜度范围为 1°~4°。斜度大不仅脱模容易，也可使壁厚的不均匀程度得到改善。

5. 加强肋

加强肋真空成型件通常是大面积的盒形件，成型过程中板材还受到引伸作用，底角部分变薄，因此为了保证塑件的刚度，应在塑件的适当部位设置加强肋。

（二）真空吸塑成型模具设计

真空成型模具设计包括：恰当地选择真空成型的方法和设备；确定模具的形状和尺寸；了解成型塑件的性能和生产批量，选择合适的模具材料。

1. 模具的结构设计

（1）抽气孔的设计。抽气孔的大小应适合成型塑件的需要，一般对于流动性好、厚度薄的塑料板材，抽气孔要小些；反之可大些。总之，需满足既在短时间内将空气抽出，又不留下抽气孔痕迹。常用的抽气孔直径是 0.5～1mm，最大不超过板材厚度的 50%。

抽气孔的位置应位于板材最后贴模的地方，孔间距可视塑件大小而定。对于小型塑件，孔间距为 20～30mm；大型塑件则应当增加距离。轮廓复杂处，抽气孔应适当密一些。

（2）型腔尺寸。真空成型模具的型腔尺寸同样要考虑塑料的收缩率，其计算方法与注射模型腔尺寸计算相同。真空成型塑件的收缩量，大约 50% 是塑件从模具中取出时产生的，25% 是取出后保持在室温下 1h 内产生的，其余的 25% 是在之后的 1～24h 内产生的。用凹模成型的塑件与用凸模成型的塑件相比，收缩量要大 25%～50%。影响塑件尺寸精度的因素很多，除了型腔的尺寸精度外，还与成型温度、模具温度等有关，因此要预先精确地计算出收缩率是困难的。如果生产批量比较大，尺寸精度又要求较高时，最好先用石膏模型试出产品，测得其收缩率，以此为设计模具型腔的依据。

（3）型腔表面粗糙度。因一般真空成型的模具没有顶出装置，靠压缩空气脱模，如果表面粗糙度值太小，塑料板黏附在型腔表面上不易脱模，因此要求真空成型型腔的表面粗糙度值应大些。塑件表面加工后，最好进行喷砂处理。

（4）边缘密封结构。为了使型腔外面的空气不进入真空室，因此在塑料板与模具接触的边缘应设置密封装置。

（5）加热、冷却装置。对于板材加热，通常采用电阻丝或红外线。电阻丝温度可达 350～450℃，对于不同塑料板材所需的不同的成型温度，一般是通过调节加热器与板材之间的距离来实现，通常采用的距离为 80～120mm。模具温度对塑件的质量及生产率有影响。如果模温过低，塑料板和型腔一接触就会产生冷斑或内应力，以致产生裂纹；而模温太高时，塑料板可能黏附在型腔上，塑件脱模时会变形，而且延长了生产周期。因此，模温应控制在一定范围内，一般在 50℃ 左右。各种塑料板材真空成型加热温度与模具温度见表 7-1。

表 7-1　真空成型所用板材加热温度与模具温度

塑料温度	低密度聚乙烯（HDPE）	聚丙烯（PP）	聚氯乙烯（PVC）	聚苯乙烯（PS）	ABS	有机玻璃（PMMA）	聚碳酸酯（PC）	聚酰胺-6（PA-6）
加热温度/℃	121～191	149～200	135～180	182～193	149～177	110～160	227～246	216～221
模具温度/℃	49～77	—	41～46	49～60	72～85	—	77～93	

一般塑件的冷却不单靠接触模具后的自然冷却，要增设风冷或水冷装置加速冷却。风冷设备简单，用压缩空气喷即可。水冷可用喷雾式，或在模内开设冷却水道。冷却水道应距型腔表面 8mm 以上，以避免产生冷斑。冷却水道的开设有不同的方法，可以将铜管或钢管铸入模具内，也可在模具上打孔或铣槽，用铣槽方法时必须使用密封元件并加盖板。

2. 模具材料

真空成型与其他成型方法相比，其主要特点是成型压力极低，通常压缩空气的压力为 0.3～0.4MPa，故模具材料的选择范围较宽，既可选用金属材料，又可选用非金属材料，主要取决于塑件形状和生产批量。

（1）非金属材料。对于试制或小批量生产，可选用木材或石膏作为模具材料。木材易于加工，缺点是易变形，表面粗糙度差，一般用桦木、槭木等木纹较细的木材。石膏制作方便，价格便宜，但其强度较差。为提高石膏模具的强度，可在其中混入 10% ~ 30% 的水泥。用环氧树脂制作真空成型模具，有加工容易、生产周期短、修整方便等特点，而且强度较高，相对于木材和石膏而言，适合数量较多的塑件生产。

非金属材料导热性差，对于塑件质量而言，可以防止出现冷斑。但所需冷却时间长，生产效率低，而且模具寿命短，不适合大批量生产。

（2）金属材料。金属材料适用于大批量高效率生产的模具。铜虽有导热性好、易加工、强度高、耐腐蚀等优点，但由于其成本高一般不采用。由于铝容易加工，而且耐用、成本低、耐腐蚀性较好，故真空成型模具多用铝制造。

第三节　泡沫塑料成型

泡沫塑料是以合成树脂为基体制成的内部有无数微小气孔的一大类特殊塑料。泡沫塑料可用作漂浮材料、绝热隔音材料、减振和包装材料等。

按泡沫塑料软硬程度不同，可分为软质泡沫塑料、半硬质泡沫塑料和硬质泡沫塑料。按照泡孔壁之间连通与不连通，可分为开孔泡沫塑料和闭孔泡沫塑料。

泡沫塑料成型方法很多，有注塑成型、挤塑成型、压塑成型及其他物理方法成型，与压塑成型有关的有两种方法：一是两步发泡成型法，先用压模预压成泡沫塑料，再进行发泡；二是用具有可发性的塑料粒子成型泡沫塑料制品，其中应用最广的是可发性聚苯乙烯（EPS）泡沫塑料。由于该泡沫塑料制品在机电产品或其他易碎制品包装转运中用得很多，而其模具设计又别具特色，本节将对它的模具结构及制品设计要点进行讲述。

一、可发性聚苯乙烯泡沫塑件成型工艺与制品设计

可发性聚苯乙烯泡沫塑料制件是用含有发泡剂（低沸点烷烃或卤代烃化合物）的悬浮聚合聚苯乙烯珠粒，经一步法或二步法发泡，制成要求形状的塑料制件，大量用于产品包装减振。由于两步法发泡倍率大，制件质量好，因此广泛采用。其工艺过程如下。

（一）预发泡

将存放一段时间的原料粒子经预发泡机发泡成直径较大的珠粒。传统方法是用水蒸气直接通入预发泡机筒，珠粒在 80℃ 以上软化，在搅拌下发泡剂气化膨胀，同时水蒸气也不断渗入泡孔内，使聚合物粒子体积增大。新工艺是采用真空预发泡则发泡倍率更大，颗粒的密度可从 $1.07g/cm^3$ 降低到 $0.012g/cm^3$ 以下，原料加入带加热夹套和搅拌器的卧式发泡机内，分步抽真空到 50.7 ~ 66.7kPa，预发泡完成后加少量水使粒子表面冷却，然后在流态化干燥床中干燥。

（二）熟化

预发泡后珠粒内残留的发泡剂和渗入的水蒸气冷凝成液体，形成负压。熟化是在贮存的过程中粒子逐渐吸入空气，内外压力平衡，但又不能使珠粒内残留的发泡剂大量逸出，所以

熟化贮存时间应严格控制在 8~10h。

(三) 成型

普通模压成型包括在模内通蒸汽加热、冷却定型两个阶段。将预发泡珠粒充满模具型腔，通入蒸汽，粒子在 20~60s 时间内受热、软化，同时粒子内部残留的发泡剂和吸入的空气受热共同膨胀，大于外部蒸汽的压力，颗粒进一步膨胀充满型腔和粒子之间的空隙，并互相熔接成整块，形成与模具型腔形状相同的泡沫塑料制品，然后通冷水冷却定型，开模取出制品。更先进的真空模压成型，在成型后先用水冷，再抽真空除去残余水分，同时带走大量热量使制品快速冷却干燥定型。

(四) 制品设计

聚苯乙烯珠粒发泡制品的设计原则有的与普通压塑或注塑制品的设计原则相同，有的另有特点。主要原则如下：

(1) 制品壁厚应尽量均匀，壁厚过大处可从制品背面挖空，以节省用料，并缩短成型周期。

(2) 制品的转角处，特别是内转角应采用圆角过渡，壁厚为 12mm 则取圆角半径 $R = 3.2mm$，因为尖角处泡沫易破裂。

(3) 为使冷却和加热均匀，制品应尽量避免侧凹、侧孔，不使模具产生侧抽芯结构。

(4) 较特殊的设计原则有分型面应放在与制品的垂直壁相接处，不可放在垂直壁与大平面相接处，如图 7-37 所示，后者因分型面处常会漏气，可能产生熔接不良的现象。因加料口会在制品上留下较大的疤痕，因此从美观的角度出发，加料口的痕迹可用端面与型腔内表面平滑相接的堵头来消除，将加料口设在制品平面部分则容易设堵头，如图 7-38(a) 所示；若转角部位则困难，如图 7-38(b) 所示。

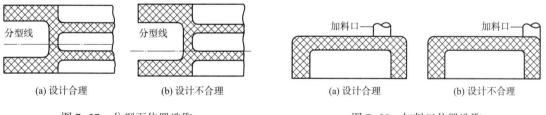

(a) 设计合理　　(b) 设计不合理

图 7-37　分型面位置选取

(a) 设计合理　　(b) 设计不合理

图 7-38　加料口位置选取

二、模具设计及结构特征

(一) 模具分类

可发性聚苯乙烯泡沫塑料压模可按其结构特征分类如下。

1. 蒸缸发泡成型用压模

蒸缸发泡成型用压模在填满预发泡粒子后用盖板螺钉锁紧，码放在蒸缸内，通蒸汽加热，蒸汽通过型腔壁上小孔进入型腔，模具本身不带蒸汽室，成型后松开锁紧螺钉，取出制件。该模具结构简单，但成型周期长，效率低，需手工装卸，劳动强度大，如图 7-39 所示。

2. 压机上通用蒸汽室压模

在立式泡沫塑料制品成型机上装有固定的通用蒸汽室（换模具时蒸汽室不更换），上模蒸汽室体积很大，用于加热凹模，下模蒸汽室较浅，用于加热凸模，凹模和凸模均存在小孔，能将蒸汽直接导入型腔，如图 7-40 所示。

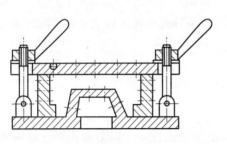

图 7-39　蒸缸发泡成型用压模

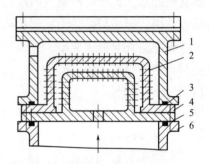

图 7-40　压机上通用蒸汽室压模
1—上蒸汽室　2—气孔　3—O 形环　4—凹模
5—凸模　6—下蒸汽室

3. 随形蒸汽室压模

随形蒸汽室空间的厚度各处相同，形状大致随型腔和型芯外形的变化而改变，因此蒸汽室的体积较小，在通入蒸汽加热时能以较快的速度充满、升压，缩短成型周期，同时节约蒸汽的耗用量。蒸汽室除依照型腔尺寸变化外也要注意外形大致整齐，如图 7-41 所示。

该模具在泡沫成型机上安装方式系用压机夹持模具的法兰（凸缘）部分，而蒸汽室凸出于法兰之外，伸入模板（支持架）中间的空档处，由于模具的蒸汽室壁较薄，机床过剩的合模力由法兰盘之间的几个承压垫承受，以免模具变形。

4. 盒形蒸汽室压模

用于通用的卧式泡沫塑料成型机，当泡沫塑料成型机的模板是两块平板时，多采用盒形蒸汽室，该模具的蒸汽室无论凸模还是凹模边都设计成平底的盒子（多为矩形断面），而盒底则作为模板夹持模具的压紧面。当制件形状为立方体或平板时，其蒸汽室的容积与等厚的随形蒸汽室相差不多，但当制件的断面形状凸凹不平时，则其容积将比随形蒸汽室大得多。这种模具在国内广泛采用，如图 7-42 所示。

（二）模具零部件设计

1. 型腔设计

模具型腔最好设计成壁厚均匀的壳体，以便迅速均匀加热和冷却。由于型腔不断地与水蒸气和冷却水接触，因此要用锌铁合金、铜、铝、不锈钢等不锈蚀材料制作。我国一般用壁厚 10mm 以上的铝铸件，因为它价廉、较耐腐蚀、导热性好。但由于铝铸件强度和硬底低，使用寿命短，常采用铝的干砂型铸件，其表面较光滑，但表层结晶状态与内部不同，内应力大，易开裂。因此在大批量生产中以采用不锈钢或青铜镀镍为宜。这样的材料抛光后容易长期保持型腔良好的表面状态。为使聚苯乙烯泡沫不黏结模壁，可在生产过程中喷涂脱模剂，或在铝的表面涂覆聚四氟乙烯乳液并形成永久性的膜，或在铜合金表面镀镍。不锈钢制造的

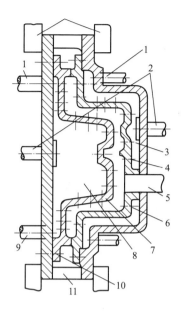

图 7-41　随形蒸汽室压模

1—冷却水入口　2—蒸汽入口　3—上蒸汽室　4—凹模
5—加料口　6—汽孔　7—凸模　8—下蒸汽室
9—冷凝水出口　10—底板　11—承压板

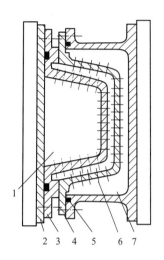

图 7-42　盒形蒸汽室压模

1—凸模蒸汽室　2—模板　3—凸模　4—凹模
5—O 形环　6—气孔　7—凹模蒸汽室

型腔与聚苯乙烯泡沫也不发生黏结。可发性聚苯乙烯粒子发泡时，可能产生 0.35MPa 的压力，而蒸汽最大压力可达 0.5MPa，在模具壁厚设计校核时，可参照此值进行计算。

2. 蒸汽室

常见的蒸汽室有随形蒸汽室、盒形蒸汽室等，它们多采用螺钉与型腔连接在一起，为避免泄漏，可采用橡胶密封垫。最常用的是耐高温的橡胶 O 形环密封例如硅橡在胶圈。采用如图 7-43 所示的螺钉连接形式连接时，螺钉与螺钉孔四周留有膨胀间隙，可减小温度应力的产生。

3. 蒸汽入口和出口设计

蒸汽入口管的位置应使蒸汽均匀地分配到型腔各处，因此在卧式成型机的模具里，应设在蒸汽室空间最大的地方。为了避免大股蒸汽流直接喷向型腔壳体，造成局部过热，可采用一平板把蒸汽入口管管口堵焊起来，然后沿四周和顶端钻小孔，使蒸汽向各个方向均匀喷出。但流动阻力较大，为了减小流动阻力也可以在蒸汽入口管对面加挡板，在挡板中心钻一小孔，蒸汽除少量从小孔喷出外，多数从四周喷出。挡板可以是平板，也可以是锥形板，如图 7-44 所示。

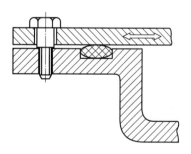

图 7-43　蒸汽室的连接形式

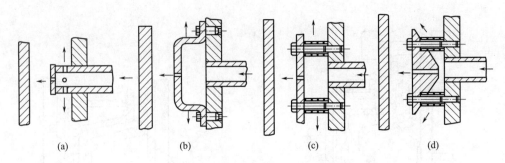

图 7-44　蒸汽入口管入口处结构

蒸汽入口管的尺寸可按型腔表面积估计，每 $300\sim400\text{cm}^3$ 而可用一根中 $\phi12\sim15\text{mm}$ 的进气管。冷凝水应从排气孔顺利排出。由于型腔内积水会严重影响粒子的膨胀和熔合，排水口位置应放在模具安装后的最低点，使冷凝水能全部排尽且出口管径宜大于进口管径。

（三）蒸汽喷孔设计

为了加热型腔内填充的预发泡珠粒，除通过型腔壁传热外，还靠蒸汽通过型腔壁上开设的喷口直接进入型腔，放出潜热加热珠粒。蒸汽喷口的形状、尺寸、位置、稀密程度应适当，才能获得高质量的发泡制品。

如果蒸汽喷孔开孔过小过少，则蒸汽通过时的阻力增加，塑料粒子得不到充分加热。但若开口过大过密，则紧靠喷口的发泡塑料珠粒会由于过度发泡而破碎缺损。当孔径过大时，发泡塑料又会挤入孔内影响制件外观。蒸汽喷口常见形式如下：

1. 圆孔

如图 7-45(a) 所示，圆孔径常用 $\phi0.5\sim1.6\text{mm}$，对铝合金型腔壁常用 $\phi1.5\text{mm}$。为了减少流动阻力，小直径段仅需保留 $1.5\sim2\text{mm}$ 长，其余长度从型腔背面将孔扩大到 $\phi3\sim4\text{mm}$。由于圆孔加工简单，是常用的蒸汽喷孔形式。

2. 长缝形孔

长缝形孔一般取宽 $0.12\sim0.2\text{mm}$，长 $10\sim30\text{mm}$，同理将缝的背面加工成扩大的锥形，如图 7-45(b) 所示，可用电火花或铣削加工，由于缝的宽度比孔径小得多，因此在制品上留的痕迹很小，有时甚至看不见，但开口面积不亚于圆孔。

3. 进气嵌块

圆形嵌块直径约 10mm，将嵌块的中心加工薄，用线切割出 $4\sim8$ 条宽 $0.12\sim0.2\text{mm}$ 的穿缝，如图 7-45(c) 所示，也可钻通若干个小孔，如图 7-45(d) 所示。进气嵌块加工安装方便，总进气量大。在盒形蒸汽室模具中广泛采用。

（四）模具典型结构

可发性聚苯乙烯泡沫制件压模的典型结构如图 7-46 所示，其右上角为制品图。该模具是典型的盒形蒸汽室模具，由下述几部分组成，各部分的设计要点如下。

1. 型腔

型腔为直接成型泡沫塑料件的空腔，型腔要反复与蒸汽和水接触，因此不能用普通碳素钢制造。为了提高传热效率，本模具的材料是铸铝。国外也有采用铜合金和不锈钢作型腔的，不锈钢的导热性虽然差，但由于强度高，型腔壁可以做得较薄而使传热得到补偿。铜易

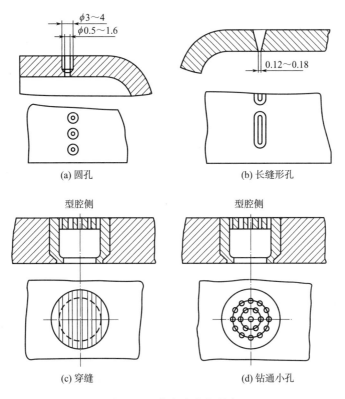

(a) 圆孔　　　　　　　　　　　　(b) 长缝形孔

(c) 穿缝　　　　　　　　　　　　(d) 钻通小孔

图 7-45　蒸汽喷孔的形式

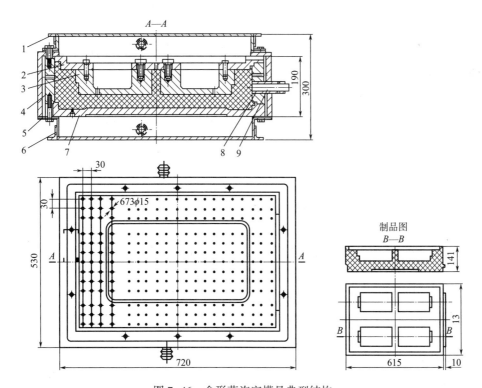

图 7-46　盒形蒸汽室模具典型结构

1—上蒸汽室　2—上模　3—型芯　4—侧壁　5—密封垫　6—下蒸汽室　7—下模　8—进料管　9—堵头

171

与制品黏接，表面应镀铬、镀镍或作其他处理。

2. 蒸汽室

模具上分别设有凸模蒸汽室和凹模蒸汽室，它们分别有蒸汽入口和冷凝水出口，该模具系盒形蒸汽室，其容积较随形蒸汽室容积大，因此加热速度较慢，耗汽量较多。

3. 冷却系统

最简单的冷却系统是向蒸汽室直接注入冷却水，蒸汽室应设有冷却水出入口管。此外还有在蒸汽室内设喷淋蛇管直接冷却、在型腔壁内开冷却水通道间接冷却等冷却方式。

4. 加料口

手工操作的简易模具，打开模具直接将原料倒入型腔。自动化操作的模具在型腔上设有加料口，特制的加料器利用真空吸入或压缩空气吹入，加料完毕后用顶端与型腔壁内表面齐平的堵头将加料口封闭。

5. 推出装置

目前使用最广的推出方式是用压缩空气吹出，因为泡沫塑料抗压强度低，采用推杆推出易引起制品变形或碎裂。当必须采用机械推杆推出时，推杆头与制品应较大的接触面积，以降低顶出时的压应力。

第四节　中空吹塑成型

一、中空吹塑成型原理与工艺

中空吹塑成型是将处于可塑状态的塑料型坯置于模具型腔内，使压缩空气注入型坯中将其吹胀，使之紧贴于型腔壁上，冷却定型后得到一定形状的中空塑件的加工方法。适用于中空吹塑成型的塑料有聚乙烯、聚氯乙烯、纤维素塑料、聚苯乙烯、聚丙烯、聚碳酸酯等。常用的吹塑制品原料是聚乙烯和聚氯乙烯。因为聚乙烯制品无毒，容易加工；聚氯乙烯价廉，透明性和印刷性较好，熔融指数为 $0.04 \sim 1.12$ 均为比较优良的中空吹塑材料。

（一）中空吹塑成型分类

中空吹塑制品的成型工艺较复杂，成型方法主要有以下几种。

1. 挤出吹塑成型

挤出吹塑成型是成型中空塑件的主要方法，图 7-47 所示是挤出吹塑成型工艺过程示意图。首先，由挤出机挤出管状型坯，如图 7-47(a) 所示；截取一段管状型坯趁热将其放于模具中，在闭合对开式模具的同时夹紧型坯上、下两端，如图 7-47(b) 所示；然后用吹管通入压缩空气，使型坯吹胀并贴于型腔表壁成型，如图 7-47(c) 所示；最后经保压和冷却定型，便可排出压缩空气，并开模取出塑件，如图 7-47(d) 所示。

这种成型方法的优点是设备和模具的结构简单，投资少，操作容易，适用于多种塑料的中空吹塑成型；缺点是型坯厚不均匀，生产效率低。

2. 注射吹塑成型

注射吹塑成型的工艺过程是由注射机先在注射模中制成管型坯，然后把热管型坯迅速移入吹塑模中进行吹塑成型，其工艺过程如图 7-48 所示。这种成型方法的优点是壁厚均匀，

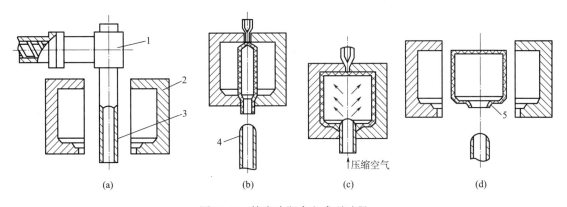

图 7-47　挤出吹塑中空成型过程

1—挤出机头　2—吹塑模　3—管状型坯　4—压缩空气吹管　5—塑件

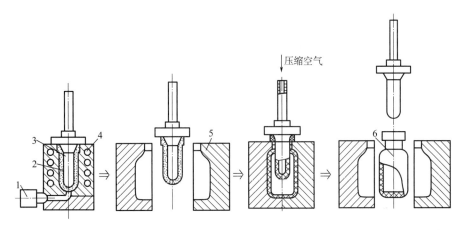

图 7-48　注射吹塑中空成型工艺过程

1—注射机喷嘴　2—注射管型坯　3—空心凸模　4—加热器　5—吹塑模　6—塑件

无飞边，不需后加工，由于注射型坯有底，故塑件底部没有拼合缝，强度高，生产效率高，但设备和模具的投资较大，多用于小型塑件的大批量生产。

3. 注射拉伸吹塑成型

注射拉伸吹塑是将注射成型的有底型坯加热到熔点以下适当温度后置于模具内，先轴向拉伸后再通入压缩空气吹胀成型的加工方法。经过拉伸吹塑的塑件其透明度、抗冲击强度、表面硬度、刚度和气体阻透性能都有很大提高。注射拉伸吹塑成型最典型的产品是线性聚酯饮料瓶。

注射拉伸吹塑成型可分为热坯法和冷坯法两种成型方法。

（1）热坯法注射拉伸吹塑成型。如图 7-49 所示，首先在注射工位注射成一空心带底型坯，如图 7-49(a) 所示；然后打开注射模将型坯迅速移到拉抻和吹塑工位，进行拉伸和吹塑成型，如图 7-49(b)(c) 所示，最后经保压、冷却后开模取出塑件，如图 7-49(d) 所示。这种成型方法省去了冷型坯的再加热过程，所以节省能量，同时由于型坯的制取和拉伸吹塑在同一台设备上进行，占地面积小，生产易于连续进行，自动化程度高。

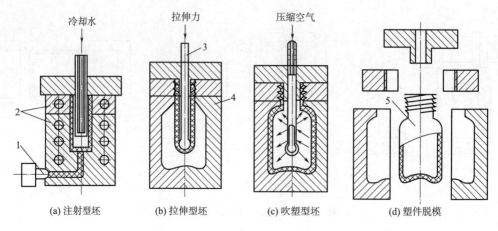

(a) 注射型坯　　　(b) 拉伸型坯　　　(c) 吹塑型坯　　　(d) 塑件脱模

图7-49　热坯法注射拉伸吹塑成型过程

1—注射机喷嘴　2—注射模　3—拉伸芯棒（吹管）　4—吹塑模　5—塑件

（2）冷坯法注射拉伸吹塑成型。将注射好的型坯加热到合适的温度后再将其置于吹塑模中进行拉伸吹塑的成型方法。采用冷坯法成型时，型坯的注射和塑件的拉伸吹塑成型分别在不同设备上进行。因拉伸吹塑之前，为了补偿型坯冷却散发的热量，需要进行二次加热，以确保型坯的拉伸吹塑成型温度。这种方法的主要特点是设备结构相对简单。

4. 多层吹塑成型

多层吹塑成型是指不同种类的塑料，经特定的挤出机头形成一个坯壁分层而又黏接在一起的型坯，再经吹塑制得多层中空塑件的成型方法。

发展多层吹塑的主要目的是解决单独使用一种塑料不能满足使用要求的问题。如单独使用聚乙烯时，虽然聚乙烯无毒，但它的气密性较差，其容器不能盛装带有气味的食品；而聚氯乙烯的气密性优于聚乙烯，可以采用外层为聚氯乙烯、内层为聚乙烯的容器，所得容器气密性好且无毒。

应用多层吹塑一般是为了提高气密性、着色装饰、回料应用、立体效应等，为此分别采用气体低透过率与高透过率材料的复合；发泡层与非发泡层的复合；着色层与本色层的复合，回料层与新料层的复合，以及透明层与非透明层的复合。

多层吹塑的主要问题是层间的熔接与接缝的强度问题，除了选择适合的塑料种类外，还要求有严格的工艺条件控制与挤出型坯的质量技术；由于多种塑料的复合，塑料的回收利用比较困难；机头结构复杂，设备投资大，成本高。

5. 片材吹塑成型

片材吹塑成型是最早使用的中空塑件成型方法，如图7-50所示。将压延或挤出成型的片材再加热，使之软化，放入型腔，合模后在片材之间吹入压缩空气，成型中空塑件。

（二）吹塑的工艺参数

1. 型坯温度与模具温度

一般型坯温度较高时，塑料易发生吹胀变形，成型的塑件外观轮廓清晰，但型坯自身的形状保持功能较差。反之，当型坯温度较低时，型坯在吹塑前的转移过程中就不容易发生破坏，但其吹塑成型性能将会变差，成型时塑料内部会产生较大的应力，当成型后转变为残余

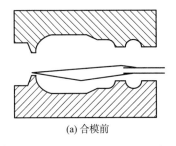
(a) 合模前

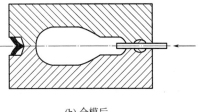
(b) 合模后

图 7-50　片材吹塑中空成型

应力时，不仅削弱塑料制件强度，而且会导致塑件表面出现明显的斑纹。因此，挤出吹塑成型时型坯温度应在 $T_g \sim T_f (T_m)$ 范围内尽量偏向 $T_f (T_m)$；注射吹塑成型时，只要保证型坯转移不发生问题，型坯温度应在 $T_g \sim T_f (T_m)$ 范围内尽量取较高值；注射拉伸吹塑成型时，只要保证吹塑顺利进行，型坯温度可在 $T_g \sim T_f (T_m)$ 区间内取较低值，这样能够避免拉伸吹塑取向结构受型坯温度较高的影响，但对于非结晶型透明塑料制件，型坯温度太低会使透明度下降。对于结晶型塑料，型坯温度需要避开最易形成球晶的温度区域，否则，球晶会沿着拉伸方向迅速长大并不断增多，最终导致塑件组织不均匀。型坯温度还与塑料品种有关。例如，对于线型聚酯和聚氯乙烯等非结晶塑料，型坯温度比 T_g 高 $10 \sim 40℃$，通常线型聚酯可取 $90 \sim 110℃$，聚氯乙烯可取 $100 \sim 140℃$；对于聚丙烯等结晶型塑料，型坯温度比 T_m 低 $5 \sim 40℃$ 较合适，聚丙烯一般取 $150℃$ 左右。

吹塑模温度通常在 $20 \sim 50℃$ 内选取。模温过高，塑件需较长冷却定型时间，生产率下降，在冷却过程中塑件会产生较大的成型收缩，难以控制其尺寸与形状精度。模具温度过低，则塑料在模具夹坯口处温度下降很快，阻碍型坯的吹胀变形，还会导致塑件表面出现斑纹或使光亮度变差。

2. 吹塑压力

吹塑压力指吹塑成型所用的压缩空气压力，其数值通常为：注射吹塑成型时取 $0.2 \sim 0.7MPa$；注射拉伸吹塑成型时吹塑压力比普通压力大一些，常取 $0.3 \sim 1.0MPa$。对于薄壁、大容积中空塑件或表面带有花纹、图案、螺纹的中空塑件，对于黏度和弹性模量较大的塑件，吹塑压力应尽量选最大值。常用塑料吹塑成型所需压力见表 7-2。

表 7-2　常用塑料吹塑成型时所需的压力

塑料名称	充气压力/MPa	塑料名称	充气压力/MPa
聚碳酸酯	0.6~0.7	聚甲醛	0.7
尼龙	0.2~0.3	聚酚氧	0.28~0.63
高密度聚乙烯	0.3~0.5	聚砜	0.5~0.6
低密度聚乙烯	0.4~0.7	聚四甲基戊烯	0.5
聚丙烯	0.5~0.7	有机玻璃	0.5~0.6
聚氯乙烯	0.3~0.5	聚全氯乙丙烯	0.3~0.5
聚苯乙烯	0.35~0.45	离子聚合物	0.42~0.56
纤维素塑料	0.2~0.35		

二、中空吹塑制品成型结构工艺性

根据中空吹塑制品成型特点来确定中空吹塑制品成型工艺性，主要包括对塑件的吹胀比、延伸比、螺纹、圆角、支承面等，现分述如下。

（一）吹胀比

吹胀比指塑件最大直径与型坯直径之比，这个比值要选择适当，通常取2~4，但多用吹胀比过大会使塑件壁厚不均匀，加工工艺条件不易掌握。

吹胀比表示塑件径向最大尺寸与挤出机机头口模尺寸之间的关系。当吹胀比确定以后，便可以根据塑件的最大径向尺寸及塑件壁厚确定机头型坯口模的尺寸。机头口模与芯轴的间隙可用下式确定：

$$z = \delta BRa \qquad (7-1)$$

式中：z 为口模与芯轴的单边间隙；δ 为塑件壁厚；BR 为吹胀比，一般取2~4；a 为修正系数，一般取1~1.5，它与加工塑料黏度有关，黏度大取下限。

型坯截面形状一般要求与塑件轮廓大体一致，如吹塑圆形截面的瓶子，型坯截面应为圆形；若吹塑方桶，则型坯应制成方形截面，或用壁厚不均匀的圆柱形坯，以使吹塑件的壁厚均匀。图7-51(a) 所示为吹制矩形截面容器时型坯截面，则使制件短边壁厚小于长边壁厚，而用图7-51(b) 所示截面的型坯可得以改善；图7-51(c) 所示型坯吹制方形截面容器可使四角变薄的状况得到改善；图7-51(d) 所示型坯用于吹制矩形截面容器。

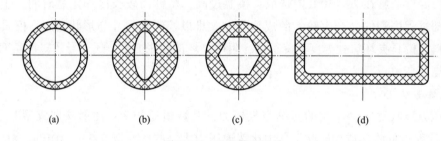

图7-51　型坯截面形状

（二）延伸比

在注射拉伸吹塑成型中，塑件的长度与型坯的长度之比叫延伸比，如图7-52所示，c 与 b 之比即为延伸比。延伸比确定后，型坯的长度就能确定。实验证明延伸比大的塑件，即壁厚越薄的塑件，其纵向和横向的强度越高，即延伸比越大，得到的塑件强度越高。为保证塑件的刚度和壁厚，生产中一般取延伸比 $SR = (4~6) / BR$。

（三）螺纹

吹塑成型的螺纹通常采用梯形或半圆形的截面，而不采用细牙或粗牙螺纹，这是因为后者难以成型。为了便于塑件上飞边的处理，在不影响使用的前提下，螺纹可制成断续状的，即在分型面附近的一段塑件不带螺纹，如图7-53所示，图7-53(b) 比图7-53(a) 易清理飞边余料。

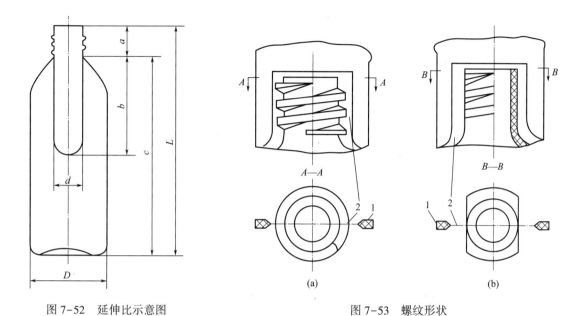

图 7-52　延伸比示意图　　　　　　　　　图 7-53　螺纹形状

（四）圆角

吹塑件的侧壁与底部的交接及壁与把手交接等处，不宜设计成尖角，因尖角难以成型，而应采用圆弧过渡。在不影响造型及使用的前提下，圆角越大越好，圆角大壁厚则均匀，对于有造型要求的产品，圆角可以减小。

（五）塑件的支承面

在设计塑料容器时，应减少容器底部的支承表面，特别要减少结合缝与支承面的重合部分，因为切口的存在将影响塑件放置平稳，图 7-54（a）所示为不合理设计，图 7-54（b）所示为合理设计。

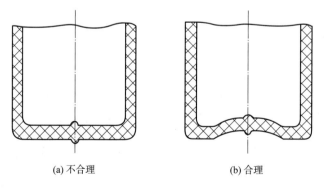

(a) 不合理　　　　　　　　　(b) 合理

图 7-54　支承面

（六）脱模斜度和分型面

由于吹塑成型不需要凸模，且收缩大，故脱模斜度即使为零也能脱模。但表面带有皮革纹的塑件，脱模斜度必须在 1/15 以上。

吹塑成型模具的分型面一般设在塑件的侧面,对矩形截面的容器,为避免壁厚不均,有时也将分型面设在对角线上。

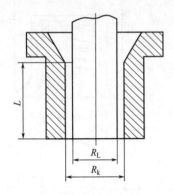

图7-55　中空吹塑用机头口模

三、中空吹塑成型模具设计

吹塑模具通常由两瓣合成(即对开式),对于大型吹塑模可以设置冷却水通道。中空吹塑机头口模如图7-55所示,其定型尺寸见表7-3。模口部分做成较窄的切口,以便切断型坯。由于吹塑过程中型腔压力不大,一般压缩空气的压力为0.2~0.7MPa,故可供选择做模具的材料较多,最常用的材料有铝合金、锌合金等。对于大批量生产硬质塑料制件的模具,可选用钢材制造,淬火硬度40~44HRC。型腔可抛光镀铬,使容器具有光泽表面。

表7-3　中空吹塑机头定型尺寸

口模间隙(R_k-R_L)	定型段长度L
<0.76	<25.4
0.76~2.5	25.4
>2.5	>25.4

从模具结构和工艺方法上看,吹塑模可分为上吹口和下吹口两类。如图7-56所示是典型的上吹口模具结构,压缩空气由模具上端吹入型腔。图7-57所示是典型的下吹口模具,使用时料坯套在底部芯轴上,压缩空气自芯轴吹入。

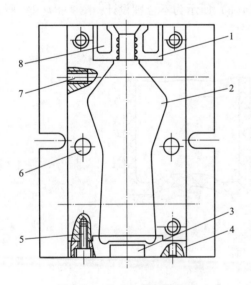

图7-56　上吹口模具结构图

1—口部镶块　2—型腔　3,8—余料槽　4—底部镶块

5—紧固螺钉　6—导柱(孔)　7—冷却水道

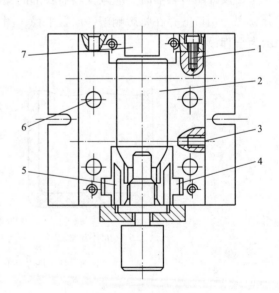

图7-57　下吹口模具结构图

1—螺钉　2—型腔　3—冷却水道　4—底部镶块

5,7—余料槽　6—导柱(孔)

吹塑模具设计要点如下。

（1）夹坯口。在挤出吹塑成型过程中，模具在闭合的同时需将型坯封口及余料切除，因此在模具的相应部位要设置夹坯口，如图7-58所示。夹料区的深度值可取型坯厚度的2~3倍；夹坯口的倾斜角 α 选择15°~45°；切口宽度 L 小型吹塑件取1~2mm，大型吹塑件取2~4mm。如果夹坯口角度太大，宽度太小，会造成塑件的接缝质量不高，甚至会出现裂缝。

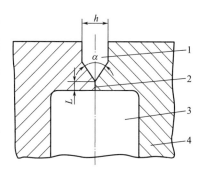

图7-58　中空吹塑模具夹料区

1—夹料区　2—夹坯口（切口）

3—型腔　4—模具

（2）余料槽型坯。在夹坯口的切断作用下会有多余的塑料被切除下来，容纳在余料槽内。余料槽通常设置在夹坯口的两侧，其大小应依型坯夹持后余料的宽度和厚度来确定，以模具能严密闭合为准。

（3）排气孔槽。模具闭合后，型腔呈封闭状态，应考虑在型坯吹胀时模具内原有空气的排除问题。排气不良会使塑件表面出现斑纹、麻坑和成型不完整等缺陷。为此，吹塑模还要考虑设置一定数量的排气孔。排气孔一般设在模具型腔的凹坑、尖角处，以及最后贴膜的地方。排气孔直径常取0.5~1mm。此外，分型面上开设宽度为10~20mm、深度为0.03~0.05mm的排气槽也是排气的主要方法。

（4）模具的冷却。模具冷却是保证中空吹塑工艺正常进行、产品外观质量和提高生产率的重要因素。对于大型模具，可以采用箱式冷却，即在型腔背后铣一个空槽，再用一块板盖上，中间加上密封件。对于小型模具，可以开设冷却水道通水冷却。

思考题

1. 与普通注塑成型相比，气辅注塑有哪些优越性和实施难点？在什么情况下宜采用气辅注塑成型而不用普通注塑？

2. 什么叫短射气辅注塑？什么叫满射气辅注塑？这两种成型方式分别适用于什么场合？

3. 气辅注塑制品容易出现哪些缺陷？应如何避免？简述气辅注塑成型制品的设计要点。

4. 热成型的方法有哪些？各种不同热成型方法的特点是什么？

5. 叙述热成型制品设计时最重要的设计原则。

6. 叙述泡沫成型的原理、成型步骤及模具设计要点。

7. 中空塑件有哪几种生产方式？各有哪些优缺点？

第八章　冲压成型基础

第一节　冲压加工概述

冲压加工是指利用安装在压力机上的模具对材料施加一定的变形力（拉力或压力），使之产生分离和塑性变形，从而获得所需形状、尺寸和性能的产品零件（也称制件）的加工方法。由于冲压加工经常在材料的冷状态下进行，因此也称冷冲压。冲压常用材料为板料或带料，故也称板料冲压。

冲模、冲压设备和板料是构成冲压加工的三个基本要素。冲模是将金属或非金属材料加工成零件（或半成品）的一种特殊工艺装备，是实现冲压加工必不可少的工艺装备，简称工装。没有先进的模具技术，先进的冲压工艺就无法实现。

一、冲压加工的特点

1. 冲压加工优点

（1）冷冲压生产依靠冲模和冲压设备来完成加工，其生产效率高，便于组织生产，易于实现机械化与自动化，操作简便。普通压力机每分钟可生产几件到几十件制件，而高速压力机每分钟可生产数百件甚至上千件制件。大批量生产时，成本较低。

（2）冲压件的尺寸精度由模具保证，所以其产品质量稳定、精度较高、互换性好。

（3）金属材料在压力机和模具的共同作用下，能获得其他加工方法难以加工或无法加工的、形状复杂的零件。

（4）冲压加工一般不需要加热毛坯，是少、无切削加工方法之一，可以获得合理的金属流线分布，尽可能做到少废料和无废料生产，材料利用率较高，零件强度、刚度好。

2. 冲压加工缺点

（1）模具制造周期较长、成本较高。

（2）冲压加工产生的振动大、噪声高。

（3）在单件小批量生产中的应用受限制。

二、冲压加工工序的分类

生产中为了适应零件形状、尺寸、精度、批量等方面的不同，采用多种多样的冲压加工方法。概括来讲，冲压加工可以分为分离工序与成型工序两大类。分离工序又可分为切断、落料和冲孔等，其目的是在冲压过程中使冲压件与板料沿一定的轮廓线相互分离，同时，冲压件分离断面的质量，也要满足一定的要求。成型工序可分为弯曲、拉深、翻边、胀形、缩口等，目的是在不破坏材料的前提下使坯料发生塑性变形，并转化成所要求的制件形状，同时达到尺寸精度方面的要求。在实际生产中，一个零件的最终成型，往往有几个不同工序的组合。常见的冷冲压基本工序见表8-1。

表8-1 常见冷冲压工序分类表

冲压类别	序号	工序名称	工序简图	定义
分离工序	1	切断	零件	将材料沿敞开的轮廓分离，被分离的材料成为零件或工序件
	2	落料	废料 零件	将材料沿封闭的轮廓分离，封闭轮廓线以内的材料成为零件或工序件
	3	冲孔	零件 废料	将材料沿封闭的轮廓分离，冲下部分是废料，封闭廓线以外的材料成为零件或工序件
	4	切边		切去成型制件不整齐的边缘材料的工序
	5	切舌		将材料沿敞开轮廓局部而不是完全分离的一种冲压工序
	6	剖切		将成型工序件由一分为几部分的工序
	7	整修	零件 废料	沿外形或内形轮廓切去少量材料，降低边缘粗糙度和垂直度的一种冲压工序，一般也能同时提高尺寸精度
	8	精冲		利用有带齿压料板的精冲模使冲件整个断面全部或基本全部光洁的冲压工序

冲压类别	序号	工序名称	工序简图	定义
成型工序	9	弯曲		利用压力使材料产生塑性变形，从而获得一定曲率、一定角度的形状的制件
	10	卷边		将工序件边缘卷成接近封闭圆形的工序
	11	拉弯		在拉力与弯矩共同作用下，实现弯曲变形，使整个弯曲横断面全部受拉应力作用的一种冲压工序
	12	扭弯		将平直或局部平直工件的一部分相对另一部分扭转一定角度的冲压工序
	13	拉深		将平板毛坯或工序件变为空心件，或把空心件进一步改变形状和尺寸的一种冲压工序
	14	变薄拉深		将空心件进一步拉深，使壁部变薄高度增加的冲压工序
	15	翻孔		沿内孔周围将材料翻成侧立凸缘的冲压工序
	16	翻边		沿曲线将材料翻成侧立短边的工序
	17	卷缘		将空心件口部边缘卷成接近封闭圆形的一种冲压工序

冲压类别	序号	工序名称	工序简图	定义
成型工序	18	胀形		将空心件或管状件沿径向向外扩张的工序
	19	起伏		依靠材料的延伸使工序件形成局部凹陷或凸起
	20	扩口		将空心件或管状件口部向外扩张的工序
	21	缩口		将空心件敞口处加压，使其直径缩小的工序
	22	校形		包括校平和整形，校平是提高局部或整体平面型零件平直度的工序；整形是依靠材料流动，少量改变工序件形状和尺寸，以保证工件精度的工序
	23	旋压		用旋轮使旋转状态下的坯料逐步成型为各种旋转体空心件的工序
	24	冷挤压		对模腔内的材料施加强大压力，使金属材料从凹模孔内或凸、凹模间隙挤出的工序

冲压加工除了基本工序外，还涉及其他工序，如结合工序（如铆接等）、装配工序、修饰包装工序等，由于篇幅所限，在此本书不作展开。

三、冲压加工的应用现状与发展趋势

冷冲压由于在技术和经济上的特殊性，因而在现代工业生产中占有重要的地位。在汽车、拖拉机、电器、电子、仪表、国防、航空航天以及日用品中，随处可见到冷冲压产品。如不锈钢饭盒、搪瓷盆、高压锅、汽车覆盖件、冰箱门板、电子电器上的金属零件、枪炮弹壳等。据不完全统计，冲压件在汽车、拖拉机行业中约占 60%，在电子工业中约占 85%，而在日用五金产品中约占 90%。如一辆新型轿车投产需配套 2000 副以上各类专用模具。目前世界各主要工业国，其锻压机床的产量和拥有量都已超过机床总数的 50%，美国、日本等国的模具产值也已超过机床工业的产值。在我国，近年来锻压机床的增长速度已超过金属切削机床的增长速度，板带材的需求也逐年增长，据专家预测，今后各种机器零件中粗加工有 75%，精加工有 50% 以上要采用压力加工，其中冷冲压占比较高。

随着科学技术的不断进步和工业生产的迅速发展，许多新技术、新工艺、新材料、新设备不断涌现，冲压加工技术的发展趋势主要表现在以下几个方面。

（1）冲压技术朝着 CAD/CAE/CAM 方向发展。模具计算机辅助设计、制造与分析（CAD/CAE/CAM）的研究和应用，将极大地提高模具设计、制造的效率，提高模具的质量，使模具设计与制造技术实现 CAD/CAE/CAM 一体化。

（2）冲压生产朝着多工位、自动化、数控方向发展。为满足大量生产的需要，冲压生产已向自动化、无人化方向发展。现已经利用高速冲床和多工位精密级进模实现了单机自动，冲压速度可达每分钟几百至上千次。大型零件的生产已实现多级联合生产线，从板料的送进、冲压加工到最后检验全部由计算机控制，极大地减轻了工人的劳动强度，提高了生产率。

（3）冲压加工朝着多品种、小批量、高质量方向发展。为适应市场经济的需求，大批量与多品种小批量生产共存，开发了适宜于小批量生产的各种简易模具、经济模具、标准化且容易变换的模具系统等。

（4）推广和发展冲压新工艺和新技术。如精密冲裁、液压拉深、电磁成型、超塑性成型等。制造技术方面采用高速铣削、数控电火花铣削、慢走丝线切割和精密磨削，以实现模具制造的现代化。

（5）与材料科学相结合，不断改进板料性能，以提高冲压件的成型能力和使用效果。

第二节　常用的冲压材料

冲压加工的对象既可以是金属（如钢、铝合金、铜合金等），也可以是非金属（如塑料、皮革、纸板等）。冲压材料的力学性能、表面质量及厚度公差，均应满足产品的设计要求、使用性能及冲压工艺要求。应了解对冲压材料的基本要求，熟悉常用冲压材料的牌号、特点、用途及供应状态，并根据材料的冲压特性，合理确定产品的冲压工艺方案和模具结构，对提高冲压质量并降低冲压成本具有重大意义。

一、对冲压材料的基本要求

从冲压加工的角度考虑，冲压材料的力学性能、表面质量及厚度公差应满足以下基本要求：

（1）用于冲裁的材料，应具有足够的塑性、较低的硬度，以提高冲裁件的断面质量及尺寸精度。

（2）用于弯曲的材料，应具有足够的塑性、较低的屈服强度、较高的弹性模量。其中，塑性好的材料不易弯裂，屈服强度较低、弹性模量较高的材料回弹较小。

（3）用于拉深的材料，应具有较好的塑性、较低的屈服强度和硬度、较大的板厚方向性系数。其中，硬度高的材料难以拉深成型；屈强比小或板厚方向性系数大的材料容易拉深成型。

（4）为了保证制件质量和模具使用寿命，材料表面应平整光洁，无划痕擦伤等缺陷，以免影响产品的外观质量，且便于冲压加工及焊接、喷涂等后续加工。

（5）材料的厚度公差应符合有关标准。板料的厚度公差太大，不仅直接影响产品的冲压质量和模具寿命，甚至还会产生废品或模具设备过载而损坏。

二、常用冲压材料

冲压材料可分为金属材料和非金属材料。其中，金属材料包括黑色金属材料（如钢板）和有色金属材料（如铜板、铝板）两种，非金属材料包括橡胶、纸板、塑料板、毛毡、皮革等。常用的冲压材料包括冷轧碳素钢板、镀锌钢板、镀锡钢板、不锈钢板、铜板、铝板等。

（1）普通冷轧碳素钢板。如 Q195、Q235 等。

（2）优质冷轧碳素钢板。如 08 钢、08F 钢、10 钢、10F 钢等，由优质碳素结构钢冷轧而成，这类钢板的化学成分和力学性能都有保证，冲压性能和焊接性能均较好，用以制造受力不大的冲压件。

（3）镀锌钢板。镀锌钢板是指经过表面镀锌的冷轧钢板，除保留原板的性能外，还具有良好的耐腐蚀性、成型性、焊接性、喷涂性等性能。

（4）镀锡钢板。镀锡钢板（俗称马口铁），是指经过表面镀锡的低碳钢板具有外观漂亮，涂装性、印刷性好，耐腐蚀性、焊接性好，材质均匀，加工性能优良，并且对人体无害等优点。因此，大量用于制造食品罐头、瓶盖等产品。

（5）不锈钢板。如 SUS301、SUS304 等，用以制造有防腐蚀、防锈要求的零件。

（6）铜板。铜在我国有色金属材料中的消费量仅次于铝。铜在电气、电子行业应用最为普遍。铜能与其他金属形成合金，如 Cu—Zn 合金称为黄铜，Cu—Ni 合金称为白铜，Cu—Al、Cu—Sn 合金称为青铜。在铜中加入合金元素，可以提高材料的强度、硬度、弹性、易切削性、耐磨性、耐腐蚀性等性能，从而满足各种使用要求。

（7）铝板。铝材质轻，具有较好的导电性、导热性、易延展性、耐腐蚀性等性能，应用广泛。铝合金密度小、强度大，在运载工具制造业应用广泛。

部分常用冲压材料的力学性能见表8-2。

表 8-2　部分常用冲压材料的力学性能

材料	牌号	出厂状态	力学性能				
			抗剪强度 τ/MPa	抗拉强度 σ_b/MPa	屈服强度 σ_s/MPa	伸长率 $\delta_{10}/\%$	硬度 HRB
普通碳素结构钢板	Q195	未退火	260~320	320~400		28~33	
	Q215		270~340	340~420	220	26~31	
	Q235		310~380	380~470	240	21~25	
	Q255		340~420	420~520	260	19~23	
优质碳素结构钢板	08 钢	已退火	260~360	300~450	200	32	
	08F 钢		220~310	280~390	180	32	
	10 钢		250~370	300~440	210	29	
	10F 钢		220~340	280~420	190	30	
电镀锌钢板	SECC			270~370	180~250	≥34	42~60
热镀锌钢板	SGCC—C1			290~395	230~310	≥30.5	55~67
	SGCC—C2			250~385	220~300	≥32	50~65
	SGCC—D1			230~320	170~240	≥38	40~53
不锈钢板	SUS301	冷轧 1/2H		930	510	10	
		冷轧 3/4H		1130	745	5	
	SUS304	冷轧 1/2H		780	470	6	
		冷轧 3/4H		930	665	3	

注　本表数据仅供参考。

三、冲压材料的规格

　　冲压加工的主要对象是经过热轧或冷轧成型的金属板料。冲压用板料包括板（状）料、卷料、带料、条料、箔料等，其中板料的使用场合比较多。板料的尺寸规格用厚度×宽度×长度表示。一般中小制件的冲压使用条料，用剪板机将板料剪裁成需要的宽度和长度。

　　为提高材料利用率，在生产量大的情况下，可选用卷料，以便根据需要在开卷剪切下料线上裁剪成合适的长度；既可剪切成矩形，也可裁切成平行四边形、梯形、三角形等形状。带料主要为薄料，宽度在 300mm 以下，长度可达数十米，成卷供应，用于大批量生产的自动送料，以提高生产效率。箔料则主要用于有色金属制件。

第三节　常用的冲压设备

　　在冲压生产中，对于不同的冲压工艺，应采用相应的冲压设备，冲压设备也称压力机。冲床的选择直接关系到冲床的安全使用，并对冲压质量、成本及效率，模具寿命，冲压生的组织与管理等都有重要的影响。应熟悉常用冲床的典型结构、工作过程、技术参数、选用原则及安全操作规程等。结合现有的冲压设备等具体生产条件，合理制定产品的冲压加工方案，选择冲床，确定模具的相关结构及尺寸。

一、压力机的分类

冲压车间的设备以压力机为主，压力机的种类很多，常用的分类方法如下。

1. 按照传动方式分类

根据传动方式的不同，压力机可以分为机械压力机（又称冲床）、液压压力机（简称液压机）、气动压力机等。机械压力机又可分为曲柄压力机（图8-1）、偏心压力机、摩擦压力机等，其中曲柄压力机的应用最广泛。液压机又可分为油压机（图8-2）和水压机。

图8-1 曲柄压力机

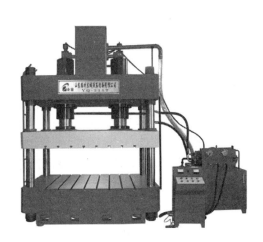

图8-2 油压机

2. 按照滑块数量分类

根据滑块数量的不同，压力机可分为单动压力机、双动压力机和三动压力机，如图8-3所示。其中，单动压力机应用最广，双动压力机和三动压力机主要用于拉深成型。

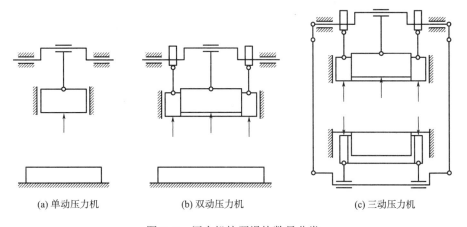

(a) 单动压力机　　　　　(b) 双动压力机　　　　　(c) 三动压力机

图8-3 压力机按照滑块数量分类

3. 按照连杆的数量分类

根据连杆数量压力机又可以分为单点压力机、双点压力机和四点压力机，如图 8-4 所示。连杆的数量主要取决于冲床的吨位和滑块的面积。大吨位冲床的连杆数量较多，滑块承受偏心载荷的能力也较强。

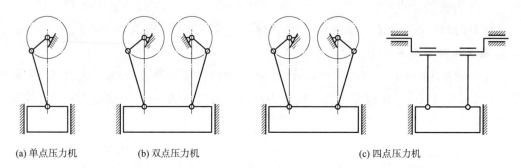

(a) 单点压力机   (b) 双点压力机   (c) 四点压力机

图 8-4 压力机按照连杆数量分类

4. 按照机身结构分类

根据机身结构压力机可分为开式压力机和闭式压力机两种，图 8-5 所示为开式单点压力机，如图 8-6 所示为闭式双点压力机。其中，开式压力机机身的前侧及左右两侧均敞开，具有安装模具和操作方便的特点，但因机身呈现 C 形，刚度较差，冲压精度较低。闭式压力机机身的左右两侧封闭，只能在前后方向操作，但因机身形状对称，刚度较好，适用于一般要求的大中型压力机和精度要求较高的轻型压力机。

图 8-5 开式单点压力机   图 8-6 闭式双点压力机

二、曲柄压力机

1. 工作原理

如图 8-7 所示为曲柄压力机的基本结构，主要由工作机构、传动机构、操作机构、支撑机构及辅助机构等组成。电动机通过带、带轮带动曲轴旋转，曲轴通过连杆带动滑块沿导轨做上下往复运动。模具的上模、下模分别固定在冲床的滑块底面和工作台面。上模随滑块运动，完成所需的冲压动作。

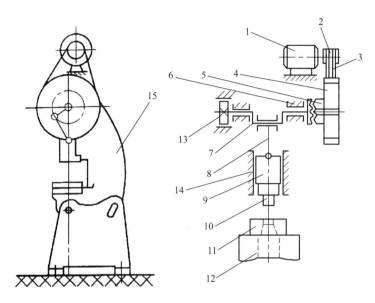

图 8-7 曲柄压力机结构

1—电动机 2—皮带轮 3—皮带 4—飞轮 5—离合器 6—轴承 7—曲轴 8—连杆

9—滑块 10—上模 11—下模 12—工作台 13—制动器 14—导块 15—床身

（1）工作机构。工作机构即为曲柄连杆机构，是由曲柄、连杆、滑块和导轨组成。用于将传动系统的旋转运动转换为滑块的往复直线运动，承受并传递工作压力，固定上模并带动上模运动。

（2）传动机构。传动机构包括电动机、带、带轮、齿轮等组成，其作用是减速增力，将电动机的运动和能量传递给工作机构。

（3）操作机构。操作机构由离合器、空气分配系统、制动器、电气控制箱等组成。制动器的作用是在当离合器分离时，使滑块停止在所需的位置上。离合器的离、合，即压力机的开、停通过操纵系统控制。

（4）支撑机构。支撑机构由机身、工作台等组成，起支撑、固定作用。

（5）辅助机构。辅助机构包括气路、润滑系统、安全保护、气垫、顶杆等。

2. 曲柄压力机的型号

国产曲柄压力机的型号采用汉语拼音字母、英文字母和数字表示。如"JA31-63"表示公称压力为 630kN 的单点闭式压力机的第一种变形产品，具体含义如下：

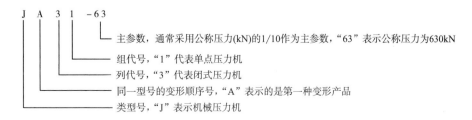

3. 曲柄压力机的主要技术参数

压力机的主要技术参数是反映一台压力机的工艺能力，所能加工制件的尺寸范围及生产率等指标。同时，也作为模具设计中，选择所使用的冲压设备，确定模具结构尺寸的重要依据。

（1）公称压力。公称压力是压力机的主要参数，又称额定压力或名义压力。公称压力是滑块离下死点前某一特定距离（即公称压力行程或额定压力行程）或曲柄旋转到离下死点前某一特定角度（即公称压力角或额定压力角）时，滑块所能承受的最大作用力。滑块下行时所提供的工作压力由压力机主要构件的强度所决定。

（2）公称压力行程。公称压力行程是压力机的基本参数之一，指发生公称压力时滑块离下死点的距离。

（3）滑块行程。滑块行程指滑块从上死点到下死点所经过的距离，其值为曲柄半径的2倍。它的大小反映了压力机的工作范围，是压力机选型的重要参数之一。

（4）滑块行程次数。滑块行程次数指滑块每分钟从上死点到下死点所完成的循环次数。滑块行程次数的多少，关系到生产率的高低。一般压力机的滑块行程次数是固定的。

（5）装模高度及装模高度调节量。装模高度指当滑块位于下死点时，滑块底平面到工作台上的垫板上平面的距离。当利用装模高度调节装置将滑块调整到最上位置时，装模高度达最大值，称为最大装模高度 H_{max}；当滑块调整到最下位置时的装模高度称为最小装模高度 H_{min}。模具的闭合高度应小于压力机的最大装模高度。装模高度调节装置所能调节的距离称为装模高度调节量，如图 8-8 所示。

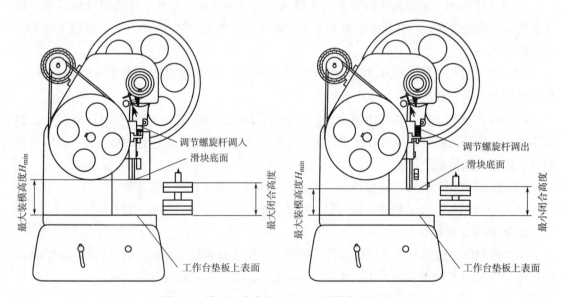

图 8-8　模具闭合高度和压力机装模高度的关系

冲模的闭合高度需要满足：

$$H_{max}-5\text{mm} \geqslant H_0 \geqslant H_{min}+10\text{mm} \tag{8-1}$$

式中：H_{max} 为压力机最大装模高度；H_0 为模具闭合高度；H_{min} 为压力机最小装模高度。

（6）工作台面及滑块底面尺寸。工作台面及滑块底面尺寸指压力机装模空间的平面尺寸，它给出了压力机所能安装的模具平面尺寸大小以及压力机本身平面轮廓的大小。

（7）漏料孔尺寸。当制件或废料需要穿过工作台漏料孔下落，或模具底部需要安装弹顶装置时，下落件或弹顶装置的外形尺寸必须小于工作台中间的漏料孔尺寸。

（8）模柄孔尺寸。在滑块底平面中心位置设有模具安装孔（即模柄孔），其直径和深度是定值，模柄的高度应小于模柄孔的深度。

（9）电动机功率。必须保证压力机的电动机功率大于冲压时所需要的功率。

GB/T 14347—2009 规定了开式曲柄压力机的基本参数，常用曲柄压力机的主要技术参数见表 8-3～表 8-5（具体参数以设备使用说明书为准）。

表 8-3　开式压力机主要技术参数

技术参数	J23 系列开式可倾压力机								J21 系列开式固定台压力机				
公称压力/kN	63	100	160	250	350	400	630	800	630	1000	1250	1600	2500
公称压力行程/mm			2	3	5	3	4	9					
滑块行程长度/mm	35	45	65	80	80	100	110	130	120	140	140	160	180
滑块行程次数/（次·min^{-1}）	170	145	90	70	50	60	60	45	55	38	38	40	30
最大装模高度/mm	170	180	160	195	220	220	250	280	255	320	320	380	340
装模高度调节量/mm	30	35	50	50	60	60	70	90	90	100	100	120	120
主电机功率/kW	0.75	1.1	1.5	2.2	3	3	5.5	7.5	7.5	7.5	11	15	22

注　根据上海第二锻压机床厂、四川内江锻压机床厂、山东荣成锻压机床有限公司资料整理。

表 8-4　J31 系列闭式单点压力机主要技术参数

技术参数	数值							
公称压力/kN	1000	1250	1600	2000	2500	3150	4000	5000
公称压力行程/mm	6.5	10	8.0	10	10	10.5	13	13
滑块行程长度/mm	130	150	160	200	200	300	250	550
滑块行程次数/（次·min^{-1}）	35	40	32	32	28	25	25	12
最大装模高度/mm	380	360	385	450	460	500	530	1000
装模高度调节量/mm	100	150	140	180	160	200	160	200
主电机功率/kW	11	11	11	18.5	22	30	30	55

注　根据上海锻压机床厂、山东荣成锻压机床有限公司资料整理。

表 8-5　J44 系列下传动双动拉深压力机主要技术参数

技术参数	数值			
拉深滑块公称压力/kN	400	550	800	1000
压边滑块公称压力/kN	400	550	800	1000

续表

技术参数	数值			
拉深滑块行程长度/mm	410	560	750	740
滑块行程次数/（次·min⁻¹）	11	9	6	8
最大坯料直径/mm	600	780	1100	1200
最大拉深深度/mm	230	280	450	460
最大拉深直径/mm	400	550	700	700
主电机功率/kW	11	15	30	40

注 根据上海锻压机床厂、山东荣成锻压机床有限公司资料整理。

三、其他常用冲压设备

1. 单件或小批量生产

对于单件或小批量生产的冲压件，通常采用数控冲床（或激光切割机）完成冲裁工作，使用折弯机完成弯曲工作。

（1）数控冲床。数控冲床是一种装有程序控制系统的自动机床，如图 8-9 所示是一种常见的数控冲床。该机床能够处理具有控制编码或其他符号指令规定的程序，并将其译码，从而使冲床动作并加工零件。与传统的冲压设备相比，数控冲床通过简单的模具组合，节省了大量的模具费用，可以使用低成本和短周期加工小批量、多样化的产品，具有加工范围与加工能力较大，加工精度高，质量稳定，加工幅面大，操作简单，自动化程度高，生产效率高等优点，能及时适应市场与产品的变化。数控冲床可用于各类金属薄板零件加工，能够一次性自动完成多种复杂孔型和浅拉深成型加工。

图 8-9 数控冲床

（2）激光切割机。如图 8-10 所示，激光切割机采用脉冲输出的新型高功率固体激光器，通过单片机精确地控制激光器的脉冲宽度、重复频率及闪光灯的放电电流以调整激光器的输出功率，通过计算机数控系统使机床动作，完成预定轨迹的切割、焊接。激光切割具有精度高，切割快速，不局限于切割图案限制，自动排版节省材料，切口平滑，加工成本低等特点。利用激光切割机可以非常准确地切割复杂形状的坯料，所切割的坯料不必再做进一步的处理，将逐渐改进或取代传统的切割工艺设备。由于没有刀具加工成本，所以激光切割设备适用生产小批量的，传统设备不能加工的各种尺寸的部件。

（3）折弯机。如图 8-11 所示，折弯机是一种完成板料折弯成型的通用设备，采用较简单的通用模具，即可折弯多种形状的工件，具有较高的生产效率。当配置特殊的模具时，可把金属板料压制成一定的几何形状，如配备相应的工艺装备，还可以用于冲槽、冲孔、压波纹、浅拉深等。因此，折弯机广泛应用于船舶、车辆、集装箱、电子、压力容器、金属结构、仪器仪表、日用五金、建筑材料等领域。

图 8-10　激光切割机　　　　　　　　　　　　图 8-11　折弯机

2. 大批量生产

对于大批量生产的冲裁件，应优先采用高效率、高精度的高速冲床。

（1）高速冲床。高速冲压技术是集设备、模具、材料和工艺等多种技术于一体的高新技术。如图 8-12 所示，高速冲床采用一体化的特殊铸铁合金，具有高刚性及抗震性。滑块以长型导路设计，配备滑块平衡装置，确保运转精密与稳定。所有抗磨损元件均采用电子式定时自动润滑系统，如缺乏润滑油，冲床将自动停止。具有先进、简易的操控系统，确保滑块运转及停止的准确性。可搭配任何自动化生产需求，提高生产效率降低成本。高速冲压的速度高达每分钟几百次甚至上千次，是一种高质量、高效率、低成本、适用于大规模生产的先进制造技术。高速冲床广泛应用精密电子、计算器、家用电器、汽车零部件、电动机定转子等小型精密零件的冲压加工。

（2）精密冲床。图 8-13 所示为一种常见的精密冲床。精密冲裁源于对冲压件冲裁断面的精度要求，最早用于仪器、仪表行业的薄板平面零件的冲剪、落料，如今越来越多地与其他冷加工工艺相结合，广泛用于交通车辆、钟表、家电、文具、五金、电脑等领域，特别是汽车工业所需的厚板、冷轧卷料加工的多功能复杂零部件。与普通冲压相比，利用精密冲床加工的零件具有断面质量好、尺寸精度高、平面度高等优点。

图 8-12　高速冲床　　　　　　　　　　图 8-13　精密冲床

思考题

1. 简述冲压工序的基本类型及其特点。

2. 名词解释：落料、冲孔、切边、切舌、剖切、弯曲、卷边、拉深、翻边、卷缘、胀形、缩口。

3. 冲压加工和其他加工方法相比存在哪些优点？

4. 常用的冲压设备有哪几种？

5. 曲柄压力机由哪几部分组成？各有什么功能？

6. 简述曲柄压力机的工作原理。

7. 曲柄压力机的主要技术参数有哪些？

8. 什么是曲柄压力机的装模高度？什么是压力机的最大装模高度和最小装模高度？

9. 冲模的闭合高度和最大装模高度、最小装模高度有何关系？

10. 从使用的角度分析数控冲床和普通冲床有何不同。

第九章　冲裁工艺及冲裁模设计

第一节　冲裁工艺基础

冲裁是利用模具使板料产生分离的一种冲压工序，是冲压工艺的最基本工序之一。冲裁的应用非常广泛，它既可直接冲制成品零件，也可以为弯曲、拉深和挤压等其他工序准备坯料，还可以对已成型的工件进行再加工。冲裁主要包括冲孔、落料、切口、切边、剖切、修整等多种分离工序，其中落料和冲孔是最常见的两种冲裁工序（分离工序）。

落料是使材料沿封闭曲线相互分离，以封闭曲线以内的部分作为冲裁件的分离工序，目的是获得一定外形轮廓和尺寸的制件；冲孔是使材料沿封闭曲线相互分离，以封闭曲线以外的部分作为冲裁件的分离工序，目的是获得一定形状和尺寸的内孔。图 9-1 所示的垫圈即由落料和冲孔两道工序完成。

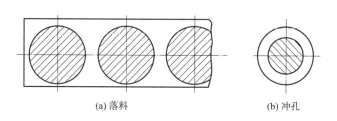

(a) 落料　　　　　　　　　(b) 冲孔

图 9-1　垫圈的落料与冲孔

根据变形机理的差异，冲裁可分为普通冲裁和精密冲裁，通常所说的冲裁是指普通冲裁。本章主要就普通冲裁的冲裁变形过程、冲裁件质量、冲裁模刀口尺寸设计及冲裁模结构设计等问题进行分析讨论。

一、冲裁过程与冲裁件质量

（一）冲裁变形过程

冲裁模是冲裁使用的模具，是冲裁过程必不可少的工艺装备。图 9-2 所示的模具为冲压板状零件的冲裁模典型结构及其各部分的相互尺寸关系。以板料（图中涂黑处）所处的位置分界，将整个冲裁模分为上模和下模两个部分，上模部分由上模座 7、卸料板 8、凸模固定板 10、凸模 13 和模柄 14 等组成，下模部分由下模座 1、凹模 3 等组成。在间隙合理的凸凹模作用下，板料的变形过程可分为弹性变形、塑性变形、裂纹延伸及断裂分离三个阶段，如图 9-3 所示。

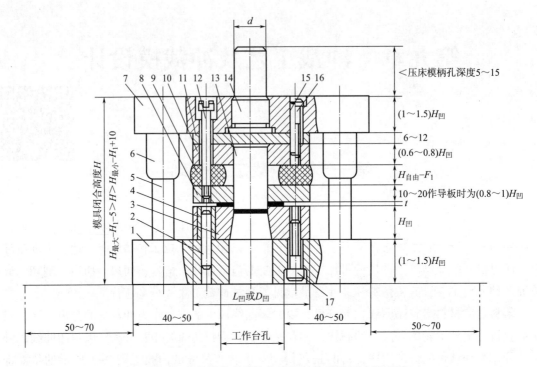

图 9-2　冲裁模典型结构与模具整体设计尺寸关系图

1—下模座　2, 15—销钉　3—凹模　4—套　5—导柱　6—导套　7—上模座　8—卸料板　9—橡胶

10—凸模固定板　11—垫板　12—卸料螺钉　13—凸模　14—模柄　16, 17—螺钉

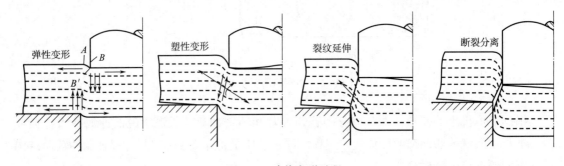

图 9-3　冲裁变形过程

1. 弹性变形阶段

当凸模开始接触板料并下压时，凸模与凹模刃口周围的板料产生应力集中现象，使板料产生弹性压缩、弯曲和拉伸（$AB'>AB$）等变形，板料略有挤入凹模洞口的现象。凹模上的板料上翘，凸模下的材料拱弯。材料越硬，凸模与凹模间间隙越大，板料上翘和拱弯越严重。此时，板料内应力没有超过材料的弹性极限，若卸去载荷，板料即恢复平直的原始状态。

2. 塑性变形阶段

当凸模继续下行，施加于板料的应力值达到材料的屈服极限时，板料开始产生塑性流动、滑移变形，在凸、凹模的压力作用下，板料表面受到压缩，由于凸、凹模之间存在间隙，使板料同时受到弯曲和拉伸作用，凸模下的材料产生弯曲，凹模上的材料向上翘曲。随着凸模的不断压入，凸模挤入板料深度增加，塑性变形程度增大，变形区材料硬化加剧，冲裁变形抗力不断增大，直到刃口附近侧面的材料由于拉应力的作用出现微裂纹时，塑性变形阶段结束，此时冲裁变形抗力达到最大值。

3. 裂纹延伸及断裂分离阶段

随着凸模继续压入板料，已经出现的上下裂纹逐渐向板料内部扩展延伸，当上下裂纹相遇重合时，板料即被剪断，完成分离过程，从而获得制件。当凸模再下行时，凸模将冲落部分全部推入凹模孔口，冲裁过程结束。

（二）冲裁件断面质量分析

冲裁件断面质量是指冲切断面质量、表面质量、形状误差和尺寸精度。冲裁过程中除剪切变形外，还有拉伸、弯曲及横向挤压等变形。因此，冲裁变形是一个具有多种变形的复杂工艺。由图 9-4 可知，冲裁件断面 b 段主要受切应力 τ 和压应力 σ 的作用，在塑性状态下通过原子面之间的滑移实现剪切变形，成为较光洁、平整的光亮部分。c 段受凸、凹模间隙的影响，受到切应力 τ 和正向拉应力 σ 的共同作用，这种应力状态促使冲裁变形区的塑性下降，必然产生裂纹，在分离面上形成粗糙的断裂部分。从图中还可以看到，裂纹产生的位置并非正对着刃口，而是在离刃口不远的侧面上，这是因为模具的刃口不可能是绝对锋利的。因此，从冲裁原理上讲，冲裁件产生毛刺是不可避免的。

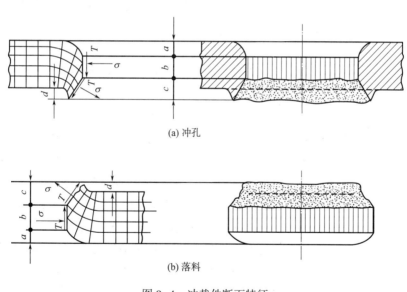

(a) 冲孔

(b) 落料

图 9-4　冲裁件断面特征

a—圆角　b—光亮带　c—断裂带　d—毛刺

由此可知，普通冲裁获得的冲裁件断面一般可划分为四个区域：圆角、光亮带、断裂带和毛刺。

1. 圆角

圆角形成于冲裁过程中弹性变形的后期和塑性变形开始阶段。凸模刃口刚压入板料时，由于模具间隙的存在，刃口附近的材料产生弯曲和伸长变形，这是材料被拉入模具间隙的结果。材料塑性越好，凸、凹模之间的间隙越大，形成的圆角也越大。

2. 光亮带

光亮带紧挨着圆角带，形成于塑性变形阶段。凸模挤压切入材料时，在制件断面形成表面光洁平整的滑移面。光亮带越宽，说明断面质量越好。正常状况下，其高度占整个断面的 $1/3 \sim 1/2$。材料塑性越好，凸、凹模之间的间隙越小，光亮带的高度越高。

3. 断裂带

断裂带紧挨着光亮带，形成于冲裁变形后期的断裂阶段。由于裂纹扩展而使材料撕裂产生分离，从而形成表面粗糙并带有一定锥度的断裂区域，并带有 $4° \sim 6°$ 的斜度，质量较差。凸、凹模之间的间隙越大，断裂带高度越高，且斜度也越大。

4. 毛刺

毛刺位于断裂带的边缘。在凸模与凹模刃口处最早产生的微裂纹随着凸模的下降而形成毛刺，凸模继续下降，毛刺拉长，最后残留在制件上。一般毛刺的高度应控制在料厚的 10% 以下，精度要求高的制件应控制在 5% 以下。

二、冲裁模间隙

（一）冲裁间隙的概念

冲裁间隙是指冲裁凸模与凹模刃口横向尺寸之差，如图 9-5 所示。双面间隙值用字母 Z 表示，单面间隙用 $Z/2$ 表示，如无特殊说明，冲裁间隙是指双面间隙。Z 值可为正，也可为负，但在普通冲裁中，均为正值。

$$Z = D_A - D_T \qquad (9-1)$$

式中：Z 为冲裁间隙（mm）；D_A 为凹模尺寸（mm）；D_T 为凸模尺寸（mm）。

冲裁凸模和凹模之间的间隙不仅对冲裁件的质量有极重要的影响，而且影响模具寿命、冲裁力、卸料力和推件力等。因此，冲裁间隙是一个非常重要的工艺参数。

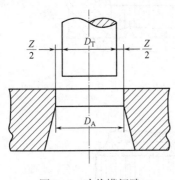

图 9-5 冲裁模间隙

（二）冲裁间隙对冲裁件质量的影响

冲裁件质量包括断面质量、尺寸精度、表面平直度等。影响冲裁件质量的因素有很多，如材料的性能、模具制造的精度、冲裁间隙、冲裁条件等。在影响冲裁件质量的诸多因素中，冲裁间隙是主要的因素之一。

1. 冲裁间隙对断面质量的影响

（1）冲裁间隙过小时，变形区内弯矩小，压应力成分高，上下裂纹中间的一部分材料随着冲裁的进行将造成二次剪切，从而使断面上产生两个光亮带，且由于间隙的减小而使材料受挤压的成分增大，断裂带及圆角所占比例减少，形成薄而高的毛刺，如图 9-6（a）所示。

（2）冲裁间隙合理时，凸模与凹模处的裂纹（上下裂纹）在冲压过程中相遇并重合，此时断面如图 9-6（b）所示，其圆角较小，光亮带所占比例较宽，其断裂带虽然粗糙，但比较平坦，虽有斜度但并不大，虽有毛刺但不明显，断面质量较好。

（3）冲裁间隙过大时，变形区内弯矩大，拉应力成分高，易产生裂纹，塑性变形阶段较早结束。致使光亮带减少，断裂带增大，且圆角、毛刺也较大，冲裁件穹弯增大。同时，上下裂纹未重合，凸模刃口处的裂纹相对凹模刃口处的裂纹向内错开了一段距离，致使断裂带斜角增大，断面质量不理想，如图9-6(c)所示。

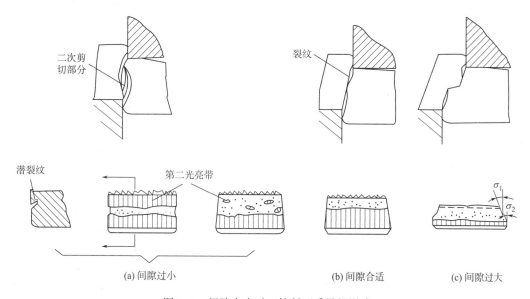

二次剪切部分

裂纹

潜裂纹

第二光亮带

σ_1

σ_2

(a) 间隙过小　　　　　　(b) 间隙合适　　　　　　(c) 间隙过大

图9-6　间隙大小对工件断面质量的影响

2. 冲裁间隙对尺寸精度的影响

冲裁加工时，由于冲压力的影响，凹模刃口部分不可能严格维持无载荷的形状和尺寸。同时，从上述分析可知，材料在冲裁过程中会产生各种变形，因此在冲裁结束后，材料会产生回弹，使制件的尺寸不同于凹模和凸模刃口尺寸。结果是有的使制件尺寸变大，有的则减小。一般规律是间隙小时，落料件尺寸大于凹模尺寸，冲出的孔径小于凸模尺寸；间隙大时，落料件尺寸小于凹模尺寸，冲出的孔径大于凸模尺寸。尺寸变化量的大小与材料性质、料厚及轧制方向等因素有关。

3. 冲裁间隙对冲裁力的影响

冲裁力随着间隙的增大虽然有一定程度的降低，但当单边间隙在5%～10%料厚时，冲裁力降低并不明显。因此，一般来说，在正常冲裁情况下，间隙对冲裁力的影响并不大，但间隙对卸料力、推件力的影响却较大。间隙较大时，卸料及推料时所需要克服的摩擦阻力小，从凸模上卸料或从凹模内推料都较为容易，当单边间隙大到15%～20%料厚时，卸料力几乎等于零。

4. 冲裁间隙对冲模寿命的影响

由于冲裁时，凸模与凹模之间、材料与模具之间都存在摩擦，而间隙的大小直接影响到摩擦的大小。间隙越小，摩擦造成的磨损越严重，模具寿命就越短，而较大的间隙可使摩擦造成的磨损减少，从而提高模具的寿命。

综上所述，冲裁间隙较小，冲裁件质量较高，但模具寿命短，冲裁力有所增大；而冲裁间隙较大，冲裁件质量较差，但模具寿命长，冲裁力有所减小。因此，选择合理的间隙值的原则是：在满足冲裁件质量的前提下，间隙值一般取偏大值，这样可以降低冲裁力、提高模具寿命。

（三）合理间隙值的确定

考虑到模具制造的精度及使用过程中的磨损，生产中通常选择一个适当的范围作为合理间隙。这个范围的最小值称为最小合理间隙，最大值称为最大合理间隙。冲裁间隙只要在这个范围内，都能冲裁出合格的制件。由于模具在使用中的磨损使间隙增大，故设计与制造时要采用最合理的间隙值。确定合理间隙值的方法有理论计算法、经验公式法和查表法三种。

1. 理论计算法

理论计算法的依据是保证上下裂纹重合，以获得良好的断面质量。根据图 9-7 所示的几何关系可得：

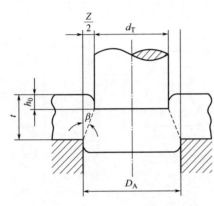

图 9-7　冲裁时产生裂纹的瞬时状态

$$Z = 2(t - h_0)\tan\beta = 2t\left(1 - \frac{h_0}{t}\right)\tan\beta \quad (9-2)$$

式中：t 为料厚（mm）；h_0 为产生裂纹时凸模挤入的深度（mm）；h_0/t 为产生裂纹时凸模挤入的相对深度，见表 9-1；β 为最大剪应力方向与垂线间的夹角，见表 9-1。

表 9-1　h_0/t 与 β 值

材料	h_0/t		$\beta/$（°）	
	退火	硬化	退火	硬化
软钢、紫铜、软黄铜	0.5	0.35	6	5
中硬钢、硬黄铜	0.3	0.2	5	4
硬钢、硬黄铜	0.2	0.1	4	4

由式（9-2）可知，间隙值的大小 Z 主要与材料厚度 t、相对切入深度 h_0/t 及裂纹方向 β 有关。而 h_0 和 β 又与材料的性质有关，材料越硬，h_0/t 越小，因此，影响间隙值的主要因素是材质与料厚。材料越硬越厚，模具所需合理间隙值越大，反之则越小。由于理论计算法在生产中使用不方便，故目前广泛使用的是经验公式法和查表法。

2. 经验公式法

生产中常用下述经验公式计算合理冲裁间隙 Z 的数值：

$$Z = ct \quad (9-3)$$

式中：t 为材料厚度（mm）；c 为系数，与材料的性能及厚度有关。当 $t < 3\text{mm}$ 时，$c = 6\% \sim 12\%$；当 $t > 3\text{mm}$ 时，$c = 15\% \sim 25\%$。当材料软时，取小值；当材料硬时，取大值。

3. 查表法

根据使用经验，在确定间隙值时要根据要求分类使用。如汽车、拖拉机行业来说，对制件的质量要求相对不是很高时，应以降低冲裁力、提高模具寿命为主，其合理间隙值可取得偏大一些；而对于电器、仪表行业而言，对制件的质量要求较高，因此，其合理间隙值应取得偏小。冲裁模的间隙值可在一般冲压设计手册中查到。汽车拖拉机行业和电器仪表行业常用的间隙分别见表9-2和表9-3，供设计时参考。

表9-2 汽车、拖拉机行业常用冲裁模初始双面间隙 Z　　　　单位：mm

| 板料厚度 t | 初始双面间隙 | | | | | | | |
| | 08钢、10钢、35钢 09Mn、Q235 | | 16Mn | | 40钢、50钢 | | 65Mn | |
	Z_{min}	Z_{max}	Z_{min}	Z_{max}	Z_{min}	Z_{max}	Z_{min}	Z_{max}
<0.5	极小间隙							
0.5	0.040	0.060	0.040	0.060	0.040	0.060	0.040	0.060
0.6	0.048	0.072	0.048	0.072	0.048	0.072	0.048	0.072
0.7	0.064	0.092	0.064	0.092	0.064	0.092	0.064	0.092
0.8	0.072	0.104	0.072	0.104	0.072	0.104	0.064	0.092
0.9	0.090	0.120	0.090	0.126	0.090	0.126	0.090	0.126
1.0	0.100	0.140	0.100	0.140	0.100	0.140	0.090	0.126
1.2	0.126	0.180	0.132	0.180	0.132	0.180		
1.5	0.132	0.240	0.170	0.240	0.170	0.230		
1.75	0.220	0.320	0.220	0.320	0.220	0.320		
2.0	0.246	0.360	0.260	0.380	0.260	0.380		
2.1	0.260	0.380	0.280	0.400	0.280	0.400		
2.5	0.360	0.500	0.380	0.540	0.380	0.540		
2.75	0.400	0.560	0.420	0.600	0.420	0.600		
3.0	0.460	0.640	0.480	0.660	0.480	0.660		
3.5	0.540	0.740	0.580	0.780	0.580	0.780		
4.0	0.640	0.880	0.680	0.920	0.680	0.920		
4.5	0.720	1.000	0.680	0.960	0.780	1.040		
5.5	0.940	1.280	0.780	1.100	0.980	1.320		
6.0	1.080	1.440	0.840	1.200	1.140	1.500		
6.5			0.940	1.300				
8.0			1.200	1.680				

注 冲裁皮革、石棉和纸板时，间隙取08钢的25%；Z_{min}相当于公称间隙。

表 9-3　电器仪表行业常用冲裁模初始双面间隙 Z

材料名称		45 钢 T7、T8（退火） 65Mn（退火） 磷青铜（硬） 铍青铜（硬）		10 钢、15 钢、 20 钢、30 钢 硅钢 H62、H65（硬） LY12		Q215、Q235 钢 08 钢、10 钢、15 钢 纯铜（硬） 磷青铜、铍青铜 H62、H68		H62、H68（软） 纯铜（软） L21～LF2 防锈铝 硬铝 LY12（退火） 铜母线、铝母线	
力学 性能	HBS	≥190		140～190		70～140		≤70	
	σ_b/MPa	≥600		400～600		300～400		≤300	
板料厚度 t/mm		初始双面间隙 Z/mm							
		Z_{min}	Z_{max}	Z_{min}	Z_{max}	Z_{min}	Z_{max}	Z_{min}	Z_{max}
0.3		0.04	0.06	0.03	0.05	0.02	0.04	0.01	0.03
0.5		0.08	0.10	0.06	0.08	0.04	0.06	0.025	0.045
0.8		0.12	0.16	0.10	0.13	0.07	0.10	0.045	0.075
1.0		0.17	0.20	0.13	0.16	0.10	0.13	0.065	0.095
1.2		0.21	0.24	0.16	0.19	0.13	0.16	0.075	0.105
1.5		0.27	0.31	0.21	0.25	0.15	0.19	0.10	0.14
1.8		0.34	0.38	0.27	0.31	0.20	0.24	0.13	0.17
2.0		0.38	0.42	0.30	0.34	0.22	0.26	0.14	0.18
2.5		0.49	0.55	0.39	0.45	0.29	0.35	0.18	0.24
3.0		0.62	0.65	0.49	0.55	0.36	0.42	0.23	0.29
3.5		0.73	0.81	0.58	0.66	0.43	0.51	0.27	0.35
4.0		0.86	0.94	0.68	0.76	0.50	0.58	0.32	0.40
4.5		1.00	1.08	0.78	0.86	0.58	0.66	0.36	0.45
5.0		1.13	1.23	0.90	1.00	0.65	0.75	0.42	0.52
6.0		1.40	1.50	1.00	1.20	0.82	0.92	0.53	0.63
8.0		2.00	2.12	1.60	1.72	1.17	1.29	0.76	0.88

注　Z_{min} 应视为公称间隙；一般情况下，Z_{max} 可适当放大。

三、凸、凹模刃口尺寸的计算

（一）凸、凹模刃口尺寸的计算原则

冲裁件的断面有圆角、光亮带、断裂带和毛刺四个部分。而在冲裁件的测量与使用中，都是以光亮带的尺寸为基准的。落料件的尺寸接近于凹模尺寸，而冲孔件的尺寸接近于凸模尺寸。故计算凸模与凹模刃口尺寸时，应按落料与冲孔两种情况分别进行。其计算原则如下：

（1）落料时以凹模尺寸为基准，即先确定凹模尺寸。考虑到凹模尺寸在使用过程中因磨损而增大，故落料件的基本尺寸应取工件尺寸公差范围内的较小尺寸，而落料凸模的基本

尺寸，则按凹模基本尺寸减最小初始间隙。

（2）冲孔时以凸模尺寸为基准，即先确定凸模尺寸。考虑到凸模尺寸在使用过程中因磨损而减小，故冲孔件的基本尺寸应取工件尺寸公差范围内的较大尺寸，而冲孔凹模的基本尺寸，则按凸模基本尺寸加最小初始间隙。

（3）凸、凹模刃口的制造公差根据工件的精度要求而定。一般取比工件精度高 2~3 级的精度。考虑到凹模比凸模加工稍难，凹模制造精度取比凸模低一级。制件精度与模具制造精度的关系见表 9-4。若制件没有标注公差，则对于非圆形件按国家标准"非配合尺寸的公差数值" IT 14 级处理，冲模则可按 IT 11 级制造；对于圆形件，一般可按 IT 7~IT 6 级制造模具。

表 9-4　模具公差等级与冲裁件公差等级对应关系

材料厚度 t/mm		0.5	0.8	1.0	1.5	2	3	4	5	6~12
冲模制造精度	IT 6~IT 7	IT8	IT8	IT9	IT10	IT10				
	IT 7~IT 8		IT9	IT10	IT10	IT12	IT12	IT12		
	IT 9				IT12	IT12	IT12	IT12	IT12	IT14

（4）公差标注遵循"入体"原则。工件尺寸公差与冲模刃口尺寸的制造偏差原则上都应按"入体"原则标注为单向公差。所谓"入体"原则是指标注工件尺寸公差时，应向材料实体方向单向标注，落料件上偏差为零，下偏差为负；冲孔件上偏差为正，下偏差为零。

（二）凸、凹模刃口尺寸的计算方法

冲裁模工作部分尺寸的计算方法与模具的加工方法有关。

1. 凸、凹模分别加工法

凸、凹模分别加工是指凸模与凹模分别按照各自图样上标注的尺寸公差进行加工，冲裁间隙由凸、凹模刃口尺寸及公差来保证。主要适用于简单规则形状（圆形、方形或矩形）的冲件。凸、凹模刃口与冲件尺寸及公差分布情况如图 9-8 所示，尺寸计算公式见表 9-5。表中：D_T 为落料凸模的刃口尺寸（mm）；D_A 为落料凹模的刃口尺寸（mm）；d_T 为冲孔凸模的刃口尺寸（mm）；d_A 为冲孔凹模的刃口尺寸（mm）；D_{max} 为落料件的最大极限尺寸（mm）；d_{min} 为冲孔件孔的最小极限尺寸（mm）；Δ 为冲裁件制造公差（mm）；Z_{min} 为最小初始双面间隙（mm）；δ_T、δ_A 为凸、凹模的制造公差（mm），见表 9-6，或取 $\delta_T \leq 0.4 (Z_{max}-Z_{min})$、$\delta_A \leq 0.6 (Z_{max}-Z_{min})$；$X$ 为磨损系数，在 0.5~1，与工件精度有关，可查表 9-7 或按下列值选取：工件精度 IT 10 以上，取 $X=1$；工件精度 IT 11~IT 13，取 $X=0.75$；工件精度 IT 14，取 $X=0.5$。

采用分别加工法时，因要分别标注凸、凹模刃口尺寸与公差，所以无论冲孔或落料，为了保证间隙值，必须验算下列条件：

$$|\delta_T| + |\delta_A| \leq (Z_{max} - Z_{min}) \tag{9-4}$$

若 $|\delta_T| + |\delta_A| > (Z_{max} - Z_{min})$ 时，可适当调整 δ_T、δ_A 值以满足上述条件，这时，可取 $\delta_T \leq 0.4 (Z_{max}-Z_{min})$、$\delta_A \leq 0.6 (Z_{max}-Z_{min})$；如果相差很大，则应采用配合加工法。

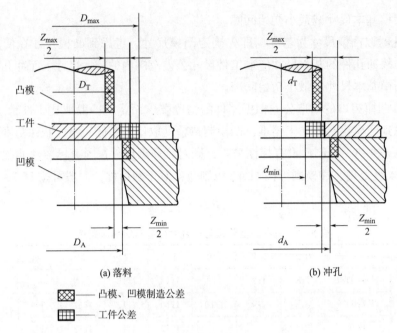

(a) 落料　　　　　　　　　　(b) 冲孔

▨—— 凸模、凹模制造公差

▦—— 工件公差

图 9-8　冲孔落料时刃口尺寸与公差的关系

表 9-5　采用分开加工法时凸、凹模工作部分尺寸和公差计算公式

工序性质	工件尺寸	凸模尺寸	凹模尺寸
落料	$D^0_{-\Delta}$	$D_T = (D_{max} - X\Delta - Z_{min})^0_{-\delta_T}$	$D_A = (D_{max} - X\Delta)^{+\delta_A}_0$
冲孔	$d^{+\Delta}_0$	$d_T = (d_{min} + X\Delta)^0_{-\delta_T}$	$d_A = (d_{min} + X\Delta + Z_{min})^{+\delta_A}_0$

注　计算时需先将工件尺寸转化成 $D^0_{-\Delta}$，$d^{+\Delta}_0$ 的形式。

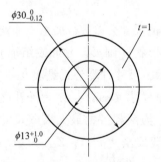

图 9-9　垫圈

【例 1】 图 9-9 所示为冲裁垫圈零件，材料为 Q235 钢，料厚 $t = 1$mm，计算凸、凹模刃口尺寸及公差。

解： 由图可知，该零件为一般冲孔、落料件，无特殊要求，外形 $\phi 30$ 由落料获得，内形 $\phi 13$ 由冲孔获得。查表 9-2 得：$Z_{min} = 0.100$mm，$Z_{max} = 0.140$mm。

（1）落料（$\phi 30^0_{-0.52}$）。

$$D_T = (D_{max} - X\Delta - Z_{min})^0_{-\delta_T}$$

$$D_A = (D_{max} - X\Delta)^{+\delta_A}_0$$

查表 9-6、表 9-7 得：$\delta_T = 0.020$mm，$\delta_A = 0.025$mm，$X = 0.5$。

校核间隙：

因为 $\delta_T + \delta_A = 0.020 + 0.025 = 0.045$（mm），$Z_{max} - Z_{min} = 0.04$（mm），$\delta_T + \delta_A > Z_{max} - Z_{min}$。

说明所取的凸、凹模公差不能满足 $|\delta_T| + |\delta_A| \leqslant (Z_{max} - Z_{min})$ 条件，但相差不大，此时可调整如下：

$$\delta_T = 0.4 (Z_{max} - Z_{min}) = 0.4 \times 0.04 = 0.016 （mm）$$

$$\delta_A = 0.6 (Z_{max} - Z_{min}) = 0.6 \times 0.04 = 0.024 （mm）$$

将已知和查表的数据代入公式，即得：

$D_T = (30-0.5\times0.52-0.1)_{-0.016}^{0} = 29.64_{-0.016}^{0}$ （mm）

$D_A = (30-0.5\times0.52)_{0}^{0.024} = 29.74_{0}^{0.024}$ （mm）

（2）冲孔（$\phi13_{0}^{+0.43}$）。

$d_T = (d_{min}+X\Delta)_{-\delta_T}^{0}$

$d_A = (d_{min}+X\Delta+Z_{min})_{0}^{+\delta_A}$

查表9-6、表9-7得：$\delta_T = 0.02$mm，$\delta_A = 0.02$mm，$X = 0.5$。

校核间隙：

因为 $\delta_T+\delta_A = 0.02+0.02 = 0.04$（mm），$Z_{max}-Z_{min} = 0.04$（mm），符合 $|\delta_T|+|\delta_A| \leqslant (Z_{max}-Z_{min})$ 的条件。

将已知和查表得的数据代入公式，即得：

$d_T = (13+0.5\times0.43)_{-0.02}^{0} = 13.22_{-0.02}^{0}$ （mm）

$d_A = (13+0.5\times0.43+0.10)_{0}^{+0.02} = 13.32_{0}^{+0.02}$ （mm）

表9-6 规则形状冲裁模凸、凹模制造公差　　　　　　　　单位：mm

基本尺寸	$\delta_凸$	$\delta_凹$	基本尺寸	$\delta_凸$	$\delta_凹$
≤18	-0.020	+0.020	>180~260	-0.030	+0.045
>18~30	-0.020	+0.025	>260~360	-0.035	+0.050
>30~80	-0.020	+0.030	>360~500	-0.040	+0.060
>80~120	0.025	+0.035	>500	-0.050	+0.070
>120~180	-0.030	+0.040			

表9-7 磨损系数 X

板料厚度 t	制件公差 Δ				
	非圆形 X 值			圆形 X 值	
	1.0	0.75	0.5	0.75	0.5
<1	≤0.16	0.17~0.35	≥0.36	<0.16	≥0.16
>1~2	≤0.20	0.21~0.41	≥0.42	<0.20	≥0.20
>2~4	≤0.24	0.25~0.49	≥0.50	<0.24	≥0.24
>4	≤0.30	0.31~0.59	≥0.60	<0.30	≥0.30

2. 凸、凹模配制加工法

这种加工方法凸模与凹模间隙的均匀性依靠工艺方法保证。配制加工又可分为先加工凸模配制凹模和先加工凹模配制凸模两种。方法是先按设计尺寸制造一个基准件（凸模或凹模），然后根据基准件制造出的实际尺寸按所需的间隙配制另一件，这样在图中的尺寸就可以简化，只要先标基准件尺寸及公差，而另一件只需注明按基准件配制加工，并给出间隙值即可。这种方法不仅容易保证间隙，而且制造加工也较容易，是目前一般工厂广泛采用的方法。它特别适合于冲裁薄板件（因其 $Z_{max}-Z_{min}$ 很小）和复杂几何形状件的冲模加工。

根据冲件的结构形状不同，刃口尺寸的计算方法如下：

（1）落料。落料时以凹模为基准，配制凸模。配制加工的计算以图9-10的工件为例，设落料工件的形状与尺寸如图9-10(a)所示，图9-10(b)所示为冲裁该工件所用落料凹模刃口的轮廓图，图中虚线表示凹模刃口磨损后尺寸的变化情况。从图9-10(b)中可以看出，凹模磨损刃口尺寸的变化有增大、减小和不变三种情况，故凹模刃口尺寸也应分三种情况进行计算：凹模磨损后变大的尺寸（如图中 A 类尺寸），按一般落料凹模尺寸公式计算；凹模磨损后变小的尺寸（如图中 B 类尺寸），因它在凹模上相当于冲孔凸模尺寸，故按一般冲孔凸模尺寸公式计算；凹模磨损后不变的尺寸（如图中 C 类尺寸）。具体计算公式见表9-8。

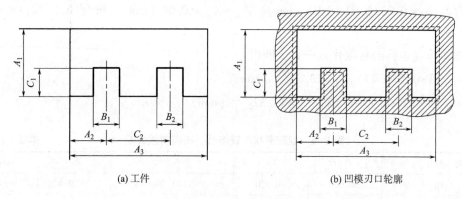

(a) 工件　　　　　　　　　　　(b) 凹模刃口轮廓

图9-10　配合加工法

表9-8　以落料凹模设计为基准的刃口尺寸计算

工序性质	凹模刃口尺寸磨损情况	基准件凹模的尺寸	配制凸模的尺寸
落料	磨损后增大的尺寸（A_1、A_2、A_3）	$A_i = (A_{max} - X\Delta)^{+\Delta/4}_0$	按凹模实际尺寸配制，保证双面合理间隙值为 $Z_{min} \sim Z_{max}$
	磨损后减小的尺寸（B_1、B_2、B_3）	$B_i = (B_{min} + X\Delta)^0_{-\Delta/4}$	
	磨损后不变的尺寸（C_1、C_2）	$C_i = (C_{min} + 0.5\Delta) \pm \Delta/8$	

注　A_i、B_i、C_i 为基准件的凹模刃口尺寸，A_{max}、B_{min}、C_{min} 为落料件的极限尺寸。

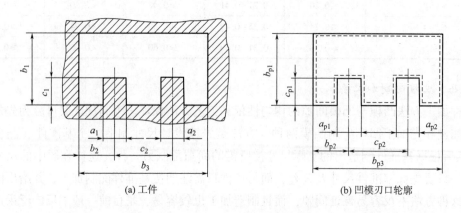

(a) 工件　　　　　　　　　　　(b) 凹模刃口轮廓

图9-11　配合加工法

（2）冲孔。冲孔时以凸模为基准，配制凹模。设冲孔件的形状和尺寸如图 9-11（a）所示，图 9-11（b）为冲裁该工件所用冲孔凸模刃口的轮廓图，图中虚线表示凸模磨损后尺寸的变化情况。从图 9-11（b）中可以看出，冲孔凸模刃口尺寸的计算同样要考虑三种不同的磨损情况：凸模磨损后变大的尺寸（如图中 a 类尺寸），因它在凸模上相当于落料凹模尺寸，故按一般落料凹模尺寸公式计算；凸模磨损后变小的尺寸（如图中 b 类尺寸），按一般冲孔凸模尺寸公式计算；凸模磨损后不变的尺寸（如图中 c 类尺寸）。具体计算公式见表 9-9。

表 9-9　以冲孔凸模设计为基准的刃口尺寸计算

工序性质	凸模刃口尺寸磨损情况	基准件凸模的尺寸	配制凹模的尺寸
冲孔	磨损后增大的尺寸（a_1、a_2、a_3）	$a_i = \left(a_{max} - X\Delta\right)^{+\frac{\Delta}{4}}_{0}$	按凸模实际尺寸配制，保证双面合理间隙值为 $Z_{min} \sim Z_{max}$
	磨损后减小的尺寸（b_1、b_2、b_3）	$b_i = \left(b_{min} + X\Delta\right)^{0}_{-\frac{\Delta}{4}}$	
	磨损后不变的尺寸（c_1、c_2）	$c_i = \left(c_{min} + 0.5\Delta\right) \pm \frac{\Delta}{8}$	

注　a_i、b_i、c_i 为基准件的凸模刃口尺寸，a_{max}、b_{min}、c_{min} 为冲压件的极限尺寸。

【例 2】　图 9-12 所示为开口垫片。材料为 10 钢，采用复合模冲裁，用配合加工法计算冲孔凸模、落料凹模工作部分尺寸，并画出凸模、凹模及凸凹模工作部分简图。

解：令 $a = 80^{0}_{-0.4}$mm，$b = 40^{0}_{-0.3}$mm，$c = （22 \pm 0.14）$mm，$d = \phi6^{+0.12}_{0}$mm，$e = \phi15^{0}_{-0.2}$mm。

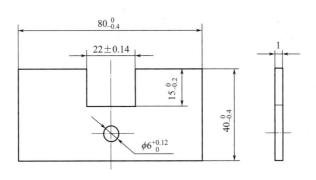

图 9-12　开口垫片

由表 9-2 查得：$Z_{min} = 0.100$mm，$Z_{max} = 0.140$mm。

由表 9-7 查得：对于尺寸 a，$X = 0.5$；其他尺寸，$X = 0.75$。

该制件 d 尺寸为冲孔，其余尺寸均为落料。

冲孔凸模，由于 d 尺寸随凸模磨损变小，故：

$$d_i = \left(d_{min} + X\Delta\right)^{0}_{-\frac{\Delta}{4}} = \left(6 + 0.75 \times 0.12\right)^{0}_{-\frac{1}{4} \times 0.12} = 6.09^{0}_{-0.03}（mm）$$

落料凹模，由于 a、b 尺寸随凹模磨损变大，c 尺寸随凹模磨损变小，e 尺寸不随凹模磨损变化，故：$a = \left(a_{max} - X\Delta\right)^{+\frac{\Delta}{4}}_{0} = \left(80 - 0.5 \times 0.4\right)^{+\frac{1}{4} \times 0.4}_{0} = 79.8^{+0.1}_{0}（mm）$

$$b = \left(b_{max} - X\Delta\right)^{+\frac{\Delta}{4}}_{0} = \left(40 - 0.75 \times 0.34\right)^{+\frac{1}{4} \times 0.34}_{0} = 39.75^{+0.085}_{0}（mm）$$

$$c = \left(c_{min} + X\Delta\right)^{0}_{-\frac{\Delta}{4}} = \left(22 - 0.14 + 0.75 \times 0.28\right)^{0}_{-\frac{1}{4} \times 0.28} = 22.07^{0}_{-0.07}（mm）$$

$$e=（e_{\min}+0.5\Delta）±\Delta/8=（15-0.2+0.5×0.2）±\frac{1}{8}×0.2=14.9±0.025（mm）$$

凸凹模外形各尺寸按落料凹模相应尺寸、圆孔尺寸按冲孔凸模相应尺寸配制，保证双面间隙为 0.100～0.140mm。

凸模、凹模及凸凹模工作部分简图如图 9-13 所示。

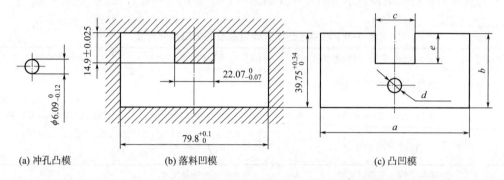

(a) 冲孔凸模　　　　　　(b) 落料凹模　　　　　　　(c) 凸凹模

图 9-13　冲孔凸模、落料凹模和凸凹模工作部分简图

四、冲裁工艺力及压力中心的计算

（一）冲裁工艺力的计算

在冲裁过程中，冲裁工艺力（也称冲压力）是对冲裁力、卸料力、推件力和顶件力的总称。冲裁力是选择压力机、设计冲裁模和校核模具强度的重要依据。

为了正确选择压力机和合理设计模具，就必须计算冲裁力。用一般平刃冲裁时，其冲裁力 F 可以按下式计算：

$$F=KLt\tau_0 \tag{9-5}$$

式中：F 为冲裁力（N）；K 为考虑刃口磨损钝化，冲裁间隙不均匀，材料力学性能与厚度尺寸波动等因素而增加的安全系数，常取 $K=1.3$；当查不到材料抗剪强度时，可用材料抗拉强度代替，此时 $K=1$；t 为材料的厚度（mm）；L 为材料的长度（mm）；τ_0 为材料的抗剪强度（MPa），见表 9-10；当查不到材料抗剪强度时，可用抗拉强度 σ_b 代替。

表 9-10　钢在加热状态的抗剪强度

钢的牌号	加热到以下温度时的抗剪强度/MPa					
	200℃	500℃	600℃	700℃	800℃	900℃
Q195、Q215、10钢、15钢	353	314	196	108	59	29
Q235、Q255、20钢、25钢	441	411	235	127	88	59
30钢、35钢	520	511	324	157	88	69
40钢、45钢、50钢	588	569	373	186	88	69

因一般情况下，材料的抗拉强度 $\sigma_b≈1.3\tau_0$，故也可通过抗拉强度来计算冲裁力，即：

$$F≈Lt\sigma_b \tag{9-6}$$

式中：σ_b 为材料的抗拉强度（MPa）。

（二）卸料力、推件力、顶件力的计算

在冲裁结束后，由于材料的弹性回复及摩擦的存在，使冲落部分的材料卡在凹模内，而余下的材料则紧箍在凸模上，为使冲裁工作能继续进行，必须将这些材料卸下或推出。将箍在凸模上的材料从凸模上刮下所需的力，称为卸料力；从凹模内向下推出制件或废料所需的力，称为推件力；从凹模内向上顶出制件所需的力，称为顶件力，如图9-14所示。

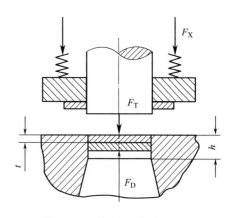

图9-14 卸料力、推件力、顶件力

影响卸料力、推件力和顶件力的因素很多，要精确计算比较困难。在实际生产中常用经验公式计算：

$$F_X = K_X F \qquad (9-7)$$

$$F_T = n K_T F \qquad (9-8)$$

$$F_D = K_D F \qquad (9-9)$$

式中：F_X、F_T、F_D 分别为卸料力、推件力、顶件力；K_X、K_T、K_D 分别为卸料力、推件力、顶件力系数，参见表9-11；n 为同时卡在凹模内的冲裁件（或废料）个数，$n = h/t$（h 为凹模洞口的直壁高度，t 为材料厚度）。

表9-11 卸料力、推件力、顶件力系数

材料	厚度 t/mm	卸料力系数 K_X	推件力系数 K_T	顶件力系数 K_D
钢	≤0.1	0.065~0.075	0.1	0.14
	>0.1~0.5	0.045~0.055	0.063	0.08
	>0.5~2.5	0.04~0.05	0.055	0.06
	>2.5~6.5	0.03~0.04	0.045	0.05
	>6.5	0.02~0.03	0.025	0.03
铝、铝合金		0.025~0.08	0.03~0.07	
紫铜、黄铜		0.02~0.06	0.03~0.09	

（三）压力机标称压力的确定

冲裁时，压力机的标称压力 $F_压$ 必须大于或等于总冲压力 F_z，总冲压力 F 的大小根据模具结构的不同而分为：

采用弹性卸料装置和下出料方式的冲裁模时：

$$F_z = F + F_X + F_T \qquad (9-10)$$

采用弹性卸料装置和上出料方式的冲裁模时：

$$F_z = F + F_X + F_D \qquad (9-11)$$

采用刚性卸料装置和下出料方式的冲裁模时：

$$F_z = F + F_T \qquad (9-12)$$

（四）降低冲裁力的措施

如果工厂现有压力机的吨位不能满足所需压力机吨位或需要减少冲击振动和噪声时，可采用降低冲裁力的措施，方法有：加热冲裁、阶梯冲裁、斜刃冲裁。

1. 加热冲裁

加热冲裁俗称红冲，因为钢在加热状态时的抗剪强度降低许多，因此加热冲裁可以大幅度降低冲裁力。但要注意模具刃口在加热状态时存在退火软化，故需要用热模具钢制造模具。

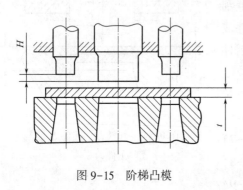

图 9-15 阶梯凸模

2. 阶梯冲裁

在多凸模冲裁时，将凸模做成不同高度，使各凸模冲裁力的峰值不同时出现，结构如图 9-15 所示。使各凸模中冲裁力的最大值不同时出现，以降低总的冲裁力。采用阶梯凸模方法应注意以下几点：

（1）各阶梯凸模的分布要尽量对称，以减小压力中心的偏移。

（2）在几个凸模直径相差较大，彼此距离较近的情况下，应先冲大孔，后冲小孔。这样可使小直径凸模稍短些，尽量避免产生折断或倾斜。

（3）凸模间的高度差 h 取决于板料厚度 t。凸模阶梯高度的差值 H 与料厚有关。当 $t<3mm$ 时，$H=t$；当 $t>3mm$，$H=0.5t$。

3. 斜刃冲裁

将刃口平面做成与其轴线倾斜成一定角度的斜刃，因冲裁时刃口不是同时切入材料，所以可以显著降低冲裁力。为了得到平整的制件，斜刃开设的方向是斜刃冲裁的关键。其开设原则是：落料时，斜刃开在凹模上，凸模为平刃；冲孔时，斜刃开在凸模上，凹模为平刃。除此之外，斜刃应双面对称，以免模具单面受力。一边斜的刃口，只用于切口。各种斜刃的形式如图 9-16 所示。

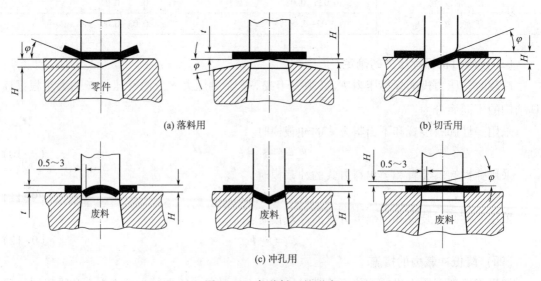

(a) 落料用   (b) 切舌用

(c) 冲孔用

图 9-16 各种斜刃的形式

冲裁力可用下列公式计算：

$$F_{斜} = K_{斜} L t \tau_0 \tag{9-13}$$

式中：$K_{斜}$ 为降低冲裁力系数，与斜刃高度 H 有关。当 $H = t$ 时，$K_{斜} = 0.4 \sim 0.6$；$H = 2t$ 时，$K_{斜} = 0.2 \sim 0.4$（其他参数同前）。

（五）模具压力中心的确定

冲压力合力的作用点称为模具的压力中心。模具压力中心应与压力机滑块轴线重合，以免滑块受偏心载荷而损坏导轨及模具。

1. 简单形状制件压力中心的确定

（1）冲裁直线段时，模具压力中心位于该线段的中点。

（2）冲裁简单对称的冲件时，模具压力中心位于冲件轮廓图形的几何中心即重心，如图 9-17(a) 所示。

（3）如图 9-17(b) 所示，冲裁圆弧线段时，模具压力中心计算公式如下：

$$x_0 = R \frac{180°}{\pi\alpha}\sin\alpha \quad 或 \quad x_0 = R\frac{b}{l} \tag{9-14}$$

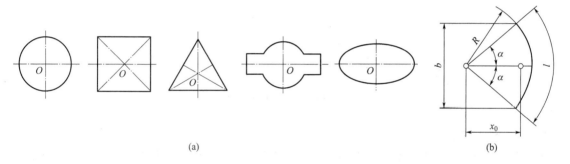

(a)　　　　　　　　　　　　　　　　(b)

图 9-17　简单形状制件的压力中心

2. 复杂形状制件和多凸模的模具压力中心的确定

复杂形状的冲裁件（图 9-18），模具压力中心确定方法如下：

（1）任取坐标系，但取以计算最简便的坐标系最好。

（2）将组成复杂形状冲裁件图形的轮廓分解成若干最简单的线段，求出各线段的长度 L_1、L_2、L_3……和重心坐标 X_1、X_2、X_3……，Y_1、Y_2、Y_3……。

（3）按式 9-15、式 9-16 算出压力中心的坐标 X_0、Y_0。

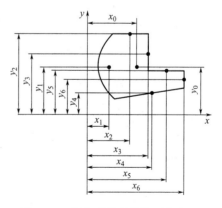

图 9-18　复杂形状制件的压力中心

$$X_0 = \frac{L_1 X_1 + L_2 X_2 + \cdots + L_n X_n}{L_1 + L_2 + \cdots + L_n} = \frac{\sum\limits_{i=1}^{n} L_i X_i}{\sum\limits_{i=1}^{n} L_i} \tag{9-15}$$

$$Y_0 = \frac{L_1 Y_1 + L_2 Y_2 + \cdots + L_n Y_n}{L_1 + L_2 + \cdots + L_n} = \frac{\sum\limits_{i=1}^{n} L_i Y_i}{\sum\limits_{i=1}^{n} L_i} \tag{9-16}$$

3. 多凸模压力中心的确定

如图 9-19 所示，多凸模压力中心的计算方法与上述过程相似。所不同的是：式 9-15、式 9-16 中的 X_1、X_2、X_3……为各凸模的压力中心，L_1、L_2、L_3……为各凸模的冲裁周长。

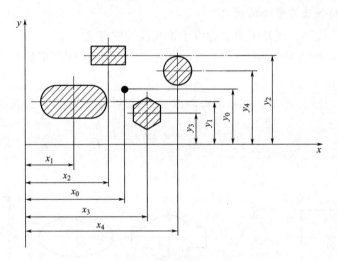

图 9-19　多凸模的压力中心

五、排样方法

冲裁件在板料、带料或条料上的布置方式称为排样，合理的排样是降低成本和保证制件质量及模具寿命的有效措施。

（一）排样

按有无废料来分可分为有废料排样、少废料排样、无废料排样（图 9-20）。按制件在条料上的排列方式可分为直排、斜排、对排、混合排、多排、冲裁搭边等几种。

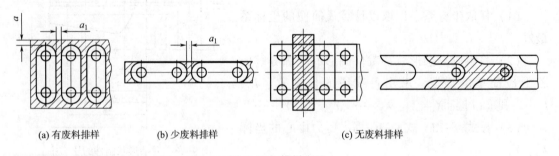

(a) 有废料排样　　　　(b) 少废料排样　　　　(c) 无废料排样

图 9-20　排样方法

1. 有废料排样

有废料排样是指沿冲件全部外形冲裁，冲件与冲件之间、冲件与条料侧边之间都有工艺余料（搭边），冲裁后搭边成为废料。冲件尺寸完全由冲模保证，因此精度高，模具寿命长，但材料利用率低，如图9-20(a) 所示。

2. 少废料排样

少废料排样是指沿冲件部分外形切断或冲裁，只是冲件之间或冲件与条料侧边之间留有搭边。因受剪裁、条料质量和定位误差的影响，其冲件质量稍差，同时边缘毛刺被带入模具间隙也影响模具寿命。但此方法材料利用率稍高，冲模结构简单，如图9-20(b) 所示。

3. 无废料排样

无废料排样是指沿直线或曲线切断条料而获得冲件，无任何搭边，如图9-20(c) 所示。无废料排样方法虽然材料利用率高，但圆角带与毛刺不在同一个面上，而在相邻的剪切断面上，圆角带和毛刺出现在完全相反的方向上。

另外，因受条料下料质量和定位误差的影响，其冲裁件尺寸不准确。因此，实际生产中，这种排样方法应用较少。

各排样方式的应用及特点见表9-12。

表9-12　排样方式

排样方式	有废料排样	少废料、无废料排样	应用及特点
直排	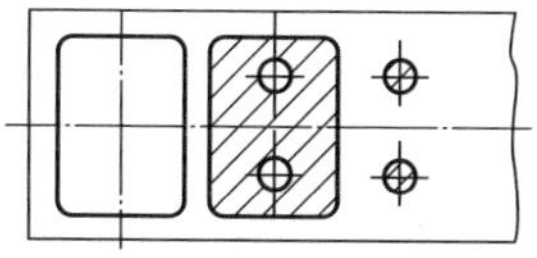	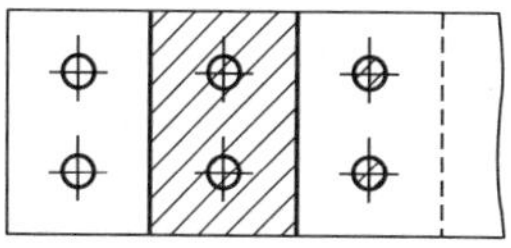	用于简单的矩形、方形
斜排	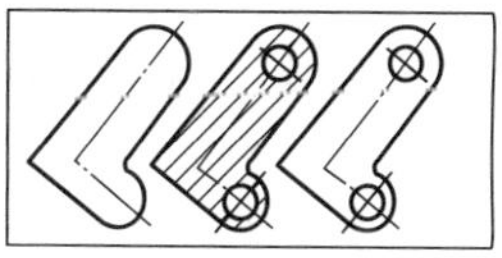	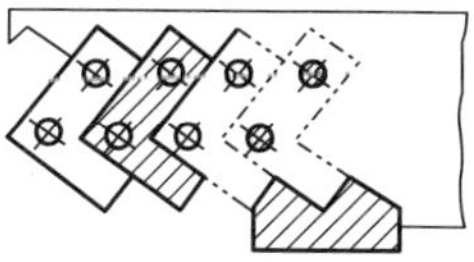	用于椭圆形、十字形、T形、L形或S形。材料利用率比直排高，但受形状限制，应用范围有限
直对排	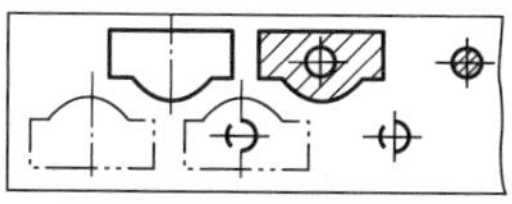	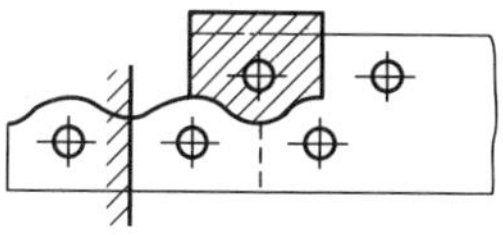	用于梯形、三角形、半圆形、山字形，直对排一般需将板料掉头往返冲裁，有时甚至要翻转材料往返冲，工人劳动强度大
斜对排	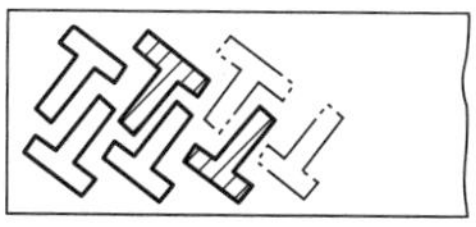	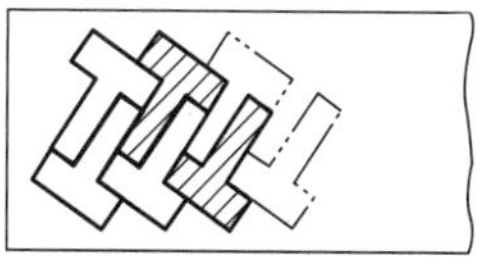	多用于T形冲件，材料利用率比直对排高，但也存在和直对排同样的问题
多排	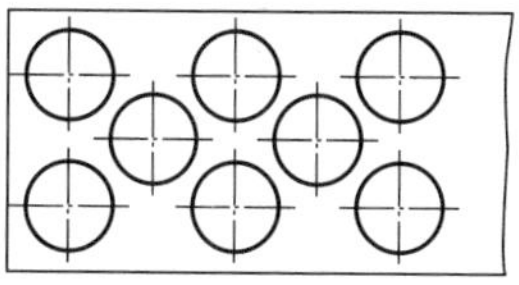 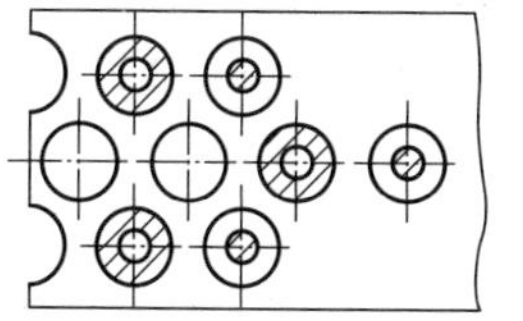	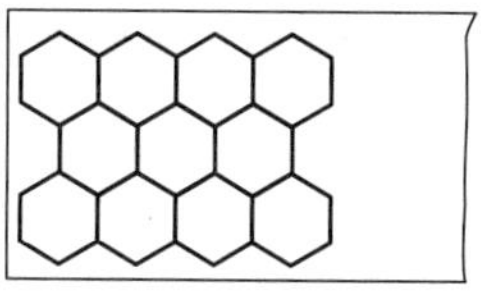 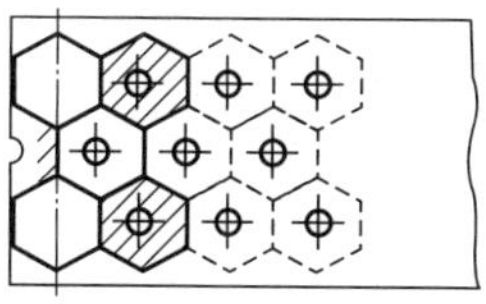	用于大批量生产中尺寸不大的圆形、正多边形。材料利用率随行数的增加而大大提高。但会使模具结构复杂。由于模具结构的限制，同时冲相邻两件是不可能的。另外，由于增加了行数，使模具在送料方向也要增长。短的板料，每块都会产生残件或不能再冲料头等问题，为了克服其缺点，这种排样最好采用卷料

排样方式	有废料排样	少废料、无废料排样	应用及特点
混合排	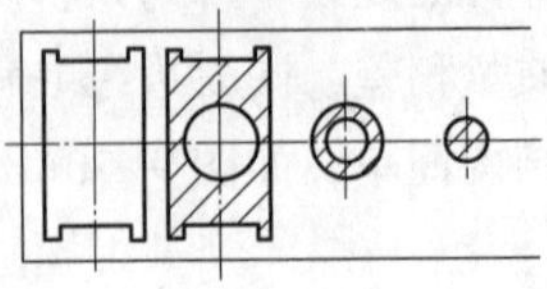	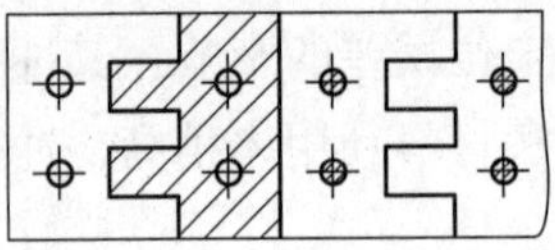	材料及厚度都相同的两种或两种以上的制件。混合排样只有采用不同零件同时落料,将不同制件的模具复合在一副模具上,才有价值
冲裁搭边	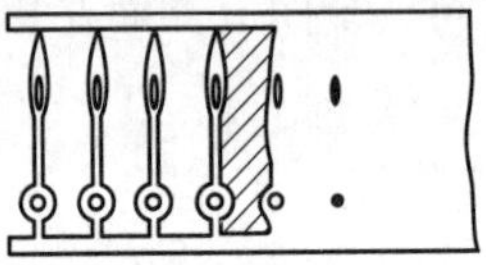	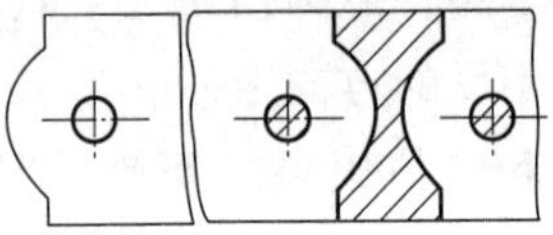	细而长的制件或将宽度均匀的板料只在制件的长度方向冲成一定形状

(二) 搭边

1. 搭边及其作用

冲裁件之间以及冲裁件与条料侧边之间留下的余料叫搭边。搭边的作用如下:

(1) 补偿条料送进时的定位误差和下料误差,确保冲出合格的制件。

(2) 保持条料的刚性,方便送进,提高劳动效率。

(3) 避免冲裁时条料边缘的毛刺被带入模具间隙,从而提高模具寿命。

搭边值的大小对冲裁生产有很大的影响。一般来说,过小的搭边,使条料刚性降低,条料容易产生变形,进而影响到条料的正确送进,而在冲制非金属材料或脆性材料时,搭边量过小,极容易造成角部开裂,而搭边值过大,则材料利用率低。

2. 搭边值的确定

搭边值的确定可参考有关设计手册,同时考虑如下因素对搭边值的影响:

(1) 材料力学性能。硬材料的搭边值比软材料、脆材料小一些。

(2) 冲裁件的形状及尺寸。冲裁件大或有尖突的复杂形状时,搭边值大一些。

(3) 材料厚度。料厚时搭边值大。

(4) 送料方式与挡料方式。用手工送料,有侧压装置的搭边值小;用侧刃定距的搭边值大。

(5) 卸料方式。弹性卸料比刚性卸料的搭边值小。

根据生产的统计,正常搭边比无搭边冲裁的模具寿命高50%以上,所以搭边取值一定要合理。搭边值通常由经验确定,低碳钢冲裁时常用的最小搭边值见表9-13。

(三) 条料宽度与材料利用率

1. 条料宽度和导料板间距的确定

当排样方式确定以后,就可以计算出条料的宽度和导料板的间距。根据冲模有无侧压装置、是否有侧刃,条料宽度尺寸的计算方法是不同的 (图9-21),其计算公式见表9-14。

表9-13 最小搭边经验值　　　　　　　　　　　　　　　单位：mm

材料厚度 t	圆形或圆角 $r>2t$ 的工件		矩形件边长 $L<50\text{mm}$ 的工件		矩形件边长 $L\geqslant50\text{mm}$ 或圆角 $r\leqslant2t$	
	工件间 a_1	侧面 a	工件间 a_1	侧面 a	工件间 a_1	侧面 a
0.25 以下	1.8	2.0	2.2	2.5	2.8	3.0
0.25~0.5	1.2	1.5	1.8	2.0	2.2	2.5
0.5~0.8	1.0	1.2	1.5	1.8	1.8	2.0
0.8~1.2	0.8	1.0	1.2	1.5	1.5	1.8
1.2~1.6	1.0	1.2	1.5	1.8	1.8	2.0
1.6~2.0	1.2	1.5	1.8	2.5	2.0	2.2
2.0~2.5	1.5	1.8	2.0	2.2	2.2	2.5
2.5~3.0	1.8	2.2	2.2	2.5	2.5	2.8
3.0~3.5	2.2	2.5	2.5	2.8	2.8	3.2
3.5~4.0	2.5	2.8	2.5	3.2	3.2	3.5
4.0~5.0	3.0	3.5	3.5	4.0	4.0	4.5
5.0~12	$0.6t$	$0.7t$	$0.7t$	$0.8t$	$0.8t$	$0.9t$

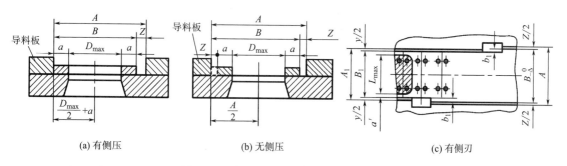

(a) 有侧压　　　　　　　　　　(b) 无侧压　　　　　　　　　　(c) 有侧刃

图9-21 条料宽度及导料板间距的确定

表9-14 条料宽度及导料板间距计算公式

模具结构	条料宽度/mm	侧面导板距离/mm
有侧压	$B_{-\Delta}^{0}=(D_{\max}+2a)_{-\Delta}^{0}$	$A=B+Z=D_{\max}+2a+Z$
无侧压	$B_{-\Delta}^{0}=(D_{\max}+2a+Z)_{-\Delta}^{0}$	$A=B+Z=D_{\max}+2a+2Z$
有侧刃	$B_{-\Delta}^{0}=(L_{\max}+1.5a+nb_1)_{-\Delta}^{0}$	$A=B+Z=L_{\max}+1.5a+nb_1+Z$

2. 材料利用率

在批量生产中，材料费用约占冲裁件成本的60%以上。因此，合理利用材料，提高材料的利用率，是排样设计考虑的主要因素之一。

（1）材料利用率计算。冲裁件的实际面积与所用板料面积的百分比称为材料利用率，它是衡量合理利用材料的经济性指标。

①一根条料的材料利用率：

$$\eta_1 = n_1 \frac{A_0}{A_1} \times 100\% \tag{9-17}$$

②一块板料（或带料、条料）的材料利用率：

$$\eta = n \frac{A_0}{A} \times 100\% \tag{9-18}$$

式中：A_0 为一个制件的有效面积；A_1 为一根条料的面积；n_1 为一根条料所冲制件的个数；n 为一块板料所冲制件的总个数；A 为一块板料的面积。

在冲压生产中，通常先将板料剪切成条料，再进行冲压。而板料的剪裁有横裁和纵裁两种方式。在保证制件质量的前提下，应通过对比一块板料的材料利用率决定采取横裁还是纵裁。

（2）提高材料利用率的方法。冲裁所产生的废料可分为两类（图9-22）：一类是结构废料，是由冲件的形状特点产生的；另一类是由于冲件之间和冲件与条料侧边之间的搭边以及料头、料尾和边余料而产生的废料，称为工艺废料。要提高材料利用率，主要应从减少工艺废料着手。减少工艺废料的有力措施是设计合理的排样方案，选择合适的板料规格和合理的裁板法（减少料头、料尾和边余料），或利用废料作小零件等。

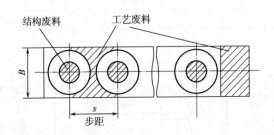

图9-22 废料的种类

对一定形状的冲件，结构废料是不可避免的，但充分利用结构废料是可能的。当两个不同冲件的材料和厚度相同时，在尺寸允许的情况下，较小尺寸的冲件可在较大尺寸冲件的废料中冲制出来。在使用条件许可下，也可以改变零件的结构形状，提高材料利用率，如图9-23所示。

（四）排样图

在模具装配图及工艺卡片上都应该有排样图。排样图绘在图纸的右上方。一张完整的排样图应标注条料宽度、条料长度、板料厚度、步距、端距、搭边。当连续排样时，还应标注各工步名称，废料孔应至少有两个，如图9-24所示。

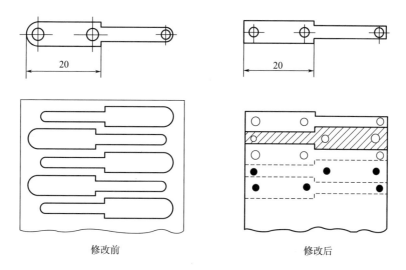

图 9-23　零件形状不同材料利用情况的对比

步距 S 为：

$$S = D + a_1 \qquad (9-19)$$

式中：D 为工件送进方向的最大尺寸；a_1 为送进方向的搭边值。

六、冲裁件的工艺设计

冲裁件的工艺性是指冲裁件对冲裁工艺的适用性。良好的冲裁工艺性应能满足材料省、工序少、模具结构简单、加工容易、寿命较长、操作安全方便、产品质量稳定等要求。一般情况下，对冲裁工艺性影响最大的是冲裁件的几何形状、尺寸和精度要求。

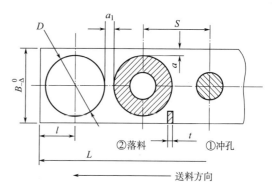

图 9-24　排样图

（一）冲裁件的结构工艺性

1. 冲裁件形状

冲裁件形状应尽可能设计成简单对称的，提高材料利用率。如图 9-25 所示的冲裁件，工件用条料两端裁切圆弧成型时，圆弧的半径应超过料宽的一半，以免因送料偏移而产生台肩。

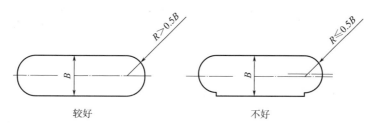

图 9-25　圆弧与宽度的关系

2. 冲裁件的内外形转角

冲裁件内外形转角处要尽量避免尖角，应有一定的圆角过渡，其最小圆角半径允许值见表9-15。如果是少废料、无废料排样冲裁，或者采用镶拼模具时，可不要求冲裁件有圆角。圆角大大地减小了应力集中，有效地消除了冲模开裂现象。

表9-15　冲裁件最小圆角半径

工序	连接角度	黄铜、纯铜、铝	软钢	合金钢
落料	$\geqslant 90°$	$0.18t$	$0.25t$	$0.35t$
	$< 90°$	$0.35t$	$0.50t$	$0.70t$
冲孔	$\geqslant 90°$	$0.20t$	$0.30t$	$0.45t$
	$< 90°$	$0.40t$	$0.60t$	$0.90t$

注　t 为材料厚度（mm），当 $t < 1$mm 时，均以 $t = 1$mm 计算。

3. 冲裁件上的悬臂和凹槽（图9-26）

尽量避免冲裁件上过长的凸出悬臂和凹槽，悬臂和凹槽宽度也不宜过小，其许可值见表9-16。

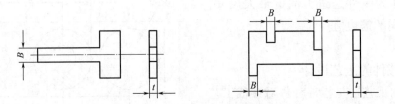

图9-26　冲裁件上的悬臂和凹槽

表9-16　悬臂和凹槽的最小宽度 B

材料	宽度 B
硬钢	$(1.3 \sim 1.5)t$
黄铜、低碳钢	$(0.9 \sim 1.0)t$
紫铜、铝	$(0.75 \sim 0.8)t$

4. 冲裁件上孔的最小尺寸

冲裁件上孔的尺寸受凸模强度和刚度的限制，不能太小，冲孔的最小尺寸见表9-17。

表9-17　冲孔的最小尺寸

材料	自由凸模冲孔		精密导向凸模冲孔	
	圆形	矩形	圆形	矩形
硬钢	$1.3t$	$1.0t$	$0.5t$	$0.4t$
软钢及黄铜	$1.0t$	$0.7t$	$0.35t$	$0.3t$
铝	$0.8t$	$0.5t$	$0.3t$	$0.28t$
酚醛层压布（纸）板	$0.4t$	$0.35t$	$0.3t$	$0.25t$

注　t 为材料厚度（mm）。

5. 冲裁件上最小孔边距、孔间距

当冲孔边缘与工件外形的边缘平行时，其距离不应小于材料厚度的 1.5 倍，当冲孔边缘与工件外形的边缘不平行时，其距离不应小于材料厚度（图 9-27）。

6. 成型件上的孔边距

在弯曲件或拉深件上冲孔时，孔边与直壁之间应保持一定的间距，以免冲孔时凸模折断（图 9-28）。

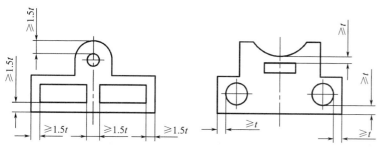

<table>
<tr><td>图 9-27　冲裁件上的孔边距、孔间距</td><td>图 9-28　成型件上的孔边距</td></tr>
</table>

（二）冲裁件的精度和断面粗糙度

1. 精度

冲裁件的精度一般可分为精密级与经济级两类。在不影响冲裁件使用要求的前提下，应尽可能采用经济精度。冲裁件的经济精度一般不高于 IT 11 级，要求高时可达 IT 8~IT 10 级，冲孔比落料的精度约高一级，冲裁件的尺寸公差、孔中心距的公差见表 9-18 和表 9-19。

表 9-18　冲裁件内形与外形尺寸公差　　　　单位：mm

材料厚度	零件尺寸							
	普通冲裁模				高级冲裁模			
	<10	10~50	50~150	150~300	<10	10~50	50~150	150~300
0.2~0.5	0.08/0.05	0.10/0.08	0.14/0.12	0.20	0.025/0.02	0.03/0.04	0.05/0.08	0.08
0.5~1	0.12/0.05	0.16/0.08	0.22/0.12	0.30	0.03/0.02	0.04/0.04	0.06/0.08	0.10
1~2	0.18/0.06	0.22/0.10	0.30/0.16	0.50	0.04/0.03	0.06/0.06	0.08/0.10	0.12
2~4	0.24/0.08	0.28/0.12	0.40/0.20	0.70	0.06/0.04	0.08/0.08	0.10/0.12	0.15
4~6	0.30/0.10	0.35/0.15	0.50/0.25	1.00	0.10/0.06	0.12/0.10	0.15/0.15	0.20

注　表中分子为外形的公差值，分母为内孔的公差值；普通冲裁模是指模具工作部分，普通冲裁模按 IT 7~IT 8 级制造，高级冲裁模按 IT 5~IT 6 级制造。

表 9-19　冲裁件孔的中心距公差　　　　单位：mm

材料厚度	孔中心距基本尺寸					
	普通冲裁模			高级冲裁模		
	<50	50~150	150~300	<50	50~150	150~300
<1	±0.10	±0.15	±0.20	±0.03	±0.05	±0.08

材料厚度	孔中心距基本尺寸					
	普通冲裁模			高级冲裁模		
	<50	50~150	150~300	<50	50~150	150~300
1~2	±0.12	±0.20	±0.30	±0.04	±0.06	±0.10
2~4	±0.15	±0.25	±0.35	±0.06	±0.08	±0.12
4~6	±0.20	±0.30	±0.40	±0.08	±0.10	±0.15

注 符合表中数据的孔应同时冲出。

2. 断面粗糙度

冲裁件的断面粗糙度一般为 $Ra12.5 \sim 50\mu m$，最高可达 $Ra6.3\mu m$，具体数值见表 9-20。允许毛刺高度见表 9-21。

表 9-20 一般冲裁件断面的近似粗糙度

材料厚度/mm	≤1	1~2	2~3	3~4	4~5
粗糙度 $Ra/\mu m$	6.3	12.5	25	50	100

表 9-21 冲裁件断面允许毛刺的高度 单位：mm

冲裁材料厚度	<0.3	0.3~0.5	0.5~1.0	1.0~1.5	1.5~2.0
试模时允许毛刺高度	≤0.015	≤0.02	≤0.03	≤0.04	≤0.05
生产时允许毛刺高度	≤0.05	≤0.08	≤0.10	≤0.13	≤0.15

第二节 冲裁模的典型结构分析

一、冲裁模分类

冲压件品种繁多，导致冲模结构类型多种多样。冲裁模一般有下列几种分类方式。

（1）按工序性质。可分为落料模、冲孔模、切断模、切边模、切舌模、剖切模、整形模、精冲模等。

（2）按工序的组合程度。可分为单工序模、复合模和级进模（连续模或跳步模）。

（3）按导向方式。可分为无导向的开式模和有导向的导板模、导柱模。

（4）按自动化程度。可分为手动模、半自动模、自动模。

除此之外，还有按其他形式进行分类的。如按凸模与凹模的材质不同而进行分类的，有普通钢模、硬质合金模、锌基合金模、软模等。而在汽车制造业中，为了便于组织管理、配置设备和生产准备等，将冲模按冲模的下模座的长度与宽度之和分为大型、中型和小型冲模。对于同一副冲模，可能既是落料冲孔级进模又是导柱导套模，这是由于按不同的分类而有不同的称谓。

二、典型冲模分析

(一) 小孔冲模

如图 9-29 所示，该模具可在厚 2mm 的 Q235 钢板上冲两个 $\phi 2mm$ 的小孔。其凸模工作部分采用凸模活动护套 13 和扇形块 8 保护，并且除进入材料内的一段外，其余部分均可得到不间断的导向，从而增加凸模的刚度，防止凸模弯曲和折断的可能。凸模活动护套 13 的一端压入卸料板 2 中，另一端与扇形固定板 10 组成间隙配合。扇形块呈三角形以 60°斜面嵌入扇形固定板和活动护套内，并以三等分布在凸模 7 的外围，（图中 A—A 剖视）。弹压卸料板 2 由导柱、导套导向，使凸模的导向更加可靠。卸料板上还装有强力弹簧 4，当模具工作时，首先使卸料板压紧坯料，再冲孔，可使冲孔后的孔壁很光洁。

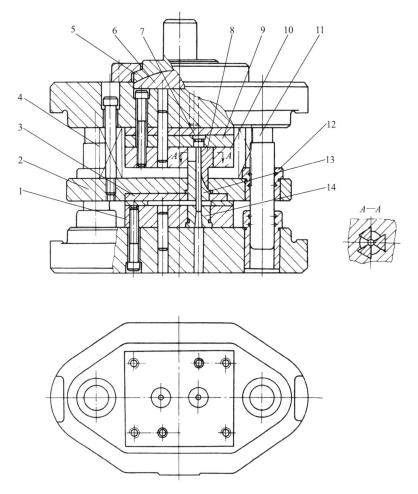

图 9-29 冲小孔模

1—固定板 2—卸料板 3—托板 4—弹簧 5，6—浮动模柄 7—凸模
8—扇形块 9—凸模固定板 10—扇形块固定板 11—导柱 12—导套
13—凸模活动护套 14—带肩圆形凹模

(二) 挡料销和导正销定位的级进模

如图 9-30 所示，冲裁时，使用挡料销挡首件，上模下压，凸模 1、2 先将三个孔冲出，

条料继续送进时，由固定挡料销5挡料，进行外形落料。此时，挡料销5只对步距起一个初步定位的作用。落料时，装在凸模7上的导正销6先进入已冲好的孔内，使孔与制件外形有较准确的相对位置，由导正销精确定位，控制步距。此模具在落料的同时冲孔工步也在冲孔，即下一个制件的冲孔与前一个制件的落料是同时进行的，这样就使冲床每一个行程均能冲出一个制件。

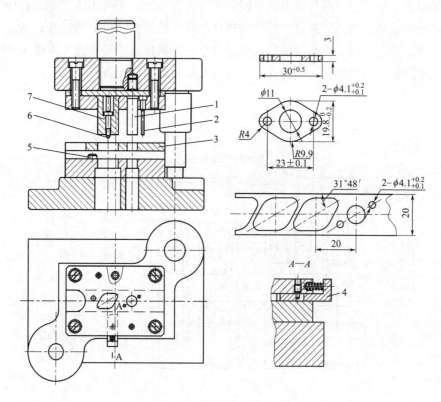

图9-30　导正销定距级进模

1,2,7—凸模　3—固定卸料板　4—始用挡料销　5—挡料销　6—导正销

该模具采用固定卸料板3卸料，操作比较安全。卸料板上开有导料槽，即把卸料板与导料板做成一个整体，简化了模具结构。卸料板左端有一个缺口，便于操作者观察。当零件形状不适合用导正销定位时，可在条料上的废料部分冲出工艺孔，利用装在凸模固定板上的导正销导正。导正销直径应大于2mm，以避免折断。如果料厚小于0.5mm，孔的边缘可能被导正销压弯而起不到导正的作用。另外，对窄长形凸模，也不宜采用导正销定位。这时，可用侧刃定距。

（三）正装式复合模

如图9-31所示，凸凹模11在上模，其外形为落料的凸模，内孔为冲孔的凹模，形状与工件一致，采用等截面结构，与固定板铆接固定。顶板7在弹顶装置的作用下，把卡在凹模2、3内的工件顶出，并起压料的作用，因此，冲出的工件较为平整。冲孔废料由打料装置通过推杆12从凸凹模11孔中推出，冲孔废料应及时用压缩空气吹走，以保证操作安全。凹模采用镶拼式，制造容易，维修方便。

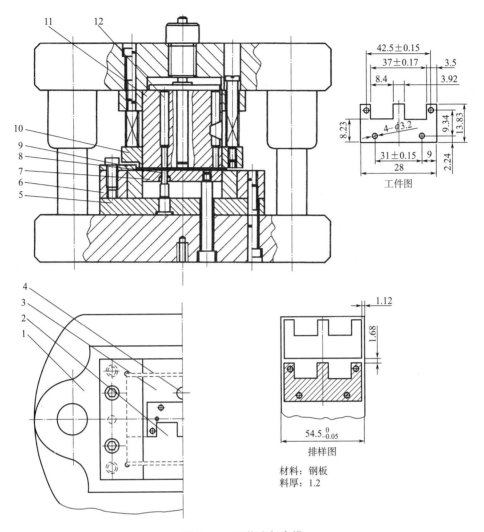

图 9-31　正装式复合模

1—下模座　2,3—凹模拼块　4—挡料销　5—凸模固定板　6—凹模框　7—顶件板

8—凸模　9—导料板　10—弹压卸料板　11—凸凹模　12—推杆

第三节　冲裁模零部件设计及选用

一、模具零件的分类

从冲模的典型结构分析中可以看出，组成冲模的零件虽然多种多样，但根据其作用可以分为两大类：工艺零件与结构零件（图 9-32）。前者直接参与完成工艺过程并决定着制件的形状与尺寸及其精度，后者只对模具完成工艺过程起保证或完善作用。

冲模设计中的标准化与典型化，具有重大的意义。它能简化设计工作，稳定设计质量，标准件的成批制造，提高了模具制造的劳动生产率，降低了制造成本，缩短了制造周期。国家标准总局对冷冲模先后制订了冲模基础标准、冲模产品（零件）标准和冲模工艺质量标准等标准，见表 9-22。

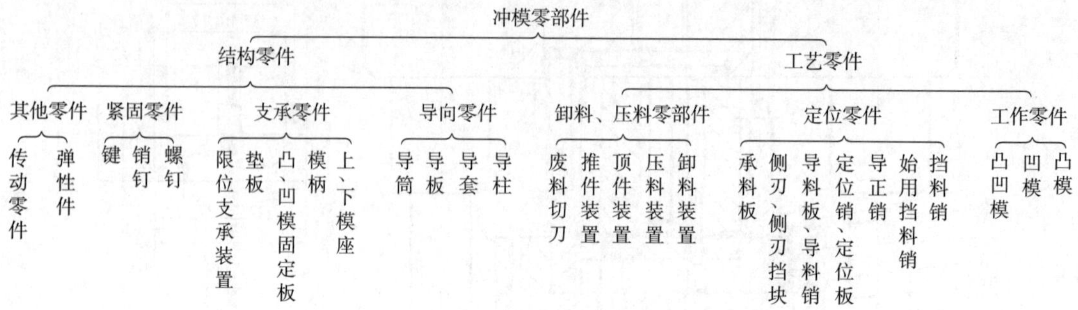

冲模零部件
- 结构零件
  - 其他零件：传动零件、弹性件
  - 紧固零件：键、销、钉、螺钉
  - 支承零件：限位支承装置、垫板、凸、凹模固定板、模柄、上、下模座
  - 导向零件：导筒、导板、导套、导柱
- 工艺零件
  - 卸料、压料零部件：废料切刀、推件装置、顶件装置、压料装置、卸料装置、承料板
  - 定位零件：侧刃、侧刃挡块、导料板、导料销、定位销、定位板、导正销、始用挡料销、挡料销
  - 工作零件：凸、凹模、凹模、凸模

图 9-32　冲模零部件分类

表 9-22　冲模技术标准

标准类型	准名称	标准号	简要内容
冲模基础标准	冲模术语	GB/T 8845—2006	对常用冲模类型、组成零件及零件的结构要素、功能进行了定义性的阐述。每个术语都由中英文对照
	冲压件尺寸公差	GB/T 13914—2002	给出了技术经济性较合理的冲压件尺寸公差、形状位置公差
	冲压件角度公差	GB/T 13915—2002	
	冲裁间隙	GB/T 16743—2010	给出了合理冲裁间隙范围
冲模产品（零件）标准	冲模零件	GB/T 2855.1~2—2008	冲模滑动导向对角，中间，后侧，四角导柱上、下模座
		GB/T 2856.1~2—2008	冲模滚动导向对角，中间，后侧，四角导柱上、下模座
		GB/T 2861.1~11—2008	各种导柱、导套等
		JB/T 7646.1~6—2008	模柄，圆凸、凹模，快换圆凸模等
		JB/T 5825~5830—2008	
		JB/T 7643~7652—2008	通用固定板，垫板，小导柱，各式模柄，导正销，侧刃，导料板，始用导料装置；钢板滑动与滚动导向对角，中间，后侧，四角导柱上、下模座和导柱、导套等
	冲模模架	GJB/T 2851—2008	滑动导向对角，中间，后侧，四角导柱上、下模架
		GJB/T 2852—2008	滚动导向对角，中间，后侧，四角导柱上、下模架
冲模工艺质量标准	冲模技术条件	JB/T 14662—2006	各种模具零件制造和装配技术要求，以及模具验收的技术要求等
		JB/T 8053—2008	
	冲模模架技术条件	JB/T 8050—2008	模架零件制造和装配技术要求，以及模架验收的技术要求等
		JB/T 8070—2008	
		JB/T 8071—2008	

二、工作零件

(一) 凸模

1. 凸模的结构形式及固定方法

(1) 圆形标准凸模。如图 9-33(a) 所示，采用台阶是为了增加凸模的刚性，凸模与固定板的配合采用 H7/m6 的过渡配合。图 9-33(e) (f) 为快换式的小凸模，维修更换方便。圆形标准凸模的具体结构及要求可查阅冲模设计资料，其他形状凸模设计的形位公差、表面粗糙度等要求可依据圆形标准凸模来进行确定。

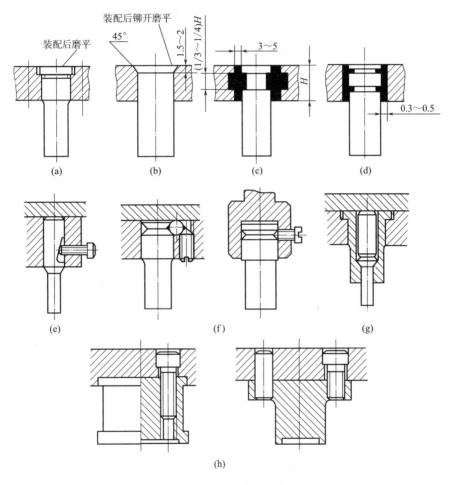

图 9-33　凸模及其固定方式

(2) 异形凸模。大多数情况下，凸模截面为非圆形，称为异形。异形凸模的结构与固定方式如图 9-33(b) 所示。为使凸模加工方便，异形凸模做成等断面，称直通式。其固定方式采用 N7/h6，P7/h6 铆接固定 [图 9-33(b)]，这种固定方式都必须在固定端接缝处加止动销防转。也可采用低熔点合金或粘接剂固定 [图 9-33(c)(d)]。对于截面尺寸较大的，还可以采取螺钉、销钉直接固定的方式，如图 9-33(h)。

(3) 冲小孔凸模。当冲制孔径与料厚相近的小孔时，应考虑采用加强凸模的强度与刚度的措施以保护凸模。其措施一般有加凸模护套 [图 9-33(g)] 和对凸模进行导向的方式。

另外采用厚垫板缩短凸模长度也是提高凸模刚性的一种的方法，如图9-34所示。

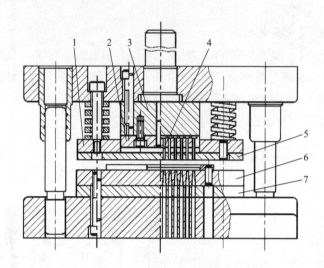

图9-34　短凸模冲孔模

1—导板　2—固定板　3—垫板　4—凸模　5—卸料板　6—凹模　7—垫板

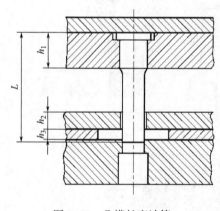

图9-35　凸模长度计算

2. 凸模长度计算

凸模长度依模具结构而定。如果采用固定卸料板和导料板时（图9-35），凸模长度按下式确定：

$$L = h_1 + h_2 + h_3 + h \qquad (9-20)$$

式中：h_1为凸模固定板厚度；h_2为固定卸料板厚度；h_3为导料板厚度；h为附加长度，主要考虑凸模进入凹模深度（0.5~1mm）、总修模量（10~15mm）及模具闭合状态下卸料板到凸模固定板的安全距离（15~20mm）。

3. 凸模的强度与刚度校核

一般情况下，凸模的强度与刚度足够，但当凸模截面尺寸很小而冲裁厚料时，或凸模特别细长时，则应进行强度与刚度的校核。

（1）强度校核。凸模最小截面积A_{min}应满足下式，则强度满足要求：

$$A_{min} \geqslant \frac{F'_z}{[\sigma_{bc}]} \qquad (9-21)$$

特别地，对于圆形凸模，当推件力或顶件力为零时，则为：

$$d_{min} \geqslant \frac{4t\tau_b}{[\sigma_{bc}]} \qquad (9-22)$$

式中：d_{min}为凸模工作部分的最小直径；A_{min}为凸模最小截面积；F'_z为凸模纵向所受的压力，其值为总冲压力；t为料厚；τ_b为冲剪材料的抗剪强度；$[\sigma_{bc}]$为凸模材料的许用抗压强度。

（2）刚度校核。凸模的最大长度不超过下式，则刚度满足要求：

有导向的凸模：

$$L_{\max} \leqslant 1200 \sqrt{\frac{I_{\min}}{F_Z}} \qquad (9-23)$$

无导向的凸模：

$$L_{\max} \leqslant 425 \sqrt{\frac{I_{\min}}{F_Z}} \qquad (9-24)$$

对于圆形凸模 $I_{\min} = \pi d^4 / 64$

式中：$L_{\max}$ 为凸模允许的最大长度；$I_{\min}$ 为凸模最小截面的惯性矩；d 为凸模最小截面的直径。

（二）凹模

1. 凹模的外形结构及固定方法

小型圆形凹模结构采用国家标准形式，如图 9-36(a)（b）所示，可直接装在凹模固定板内，主要用于冲孔。

生产实际中，更多情况是使用凹模板，如图 9-36(c) 所示。用螺钉和销钉直接固定在固定板上，其螺钉与销钉孔与凹模孔壁间距不能太小，否则会影响凹模强度，其值可查有关

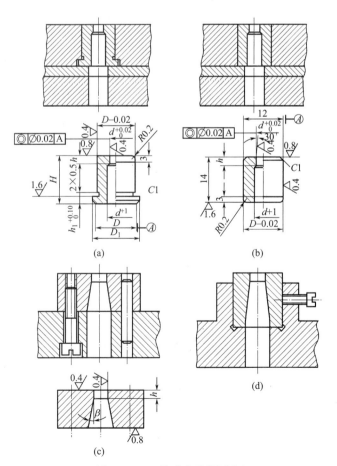

图 9-36 凹模形式及其固定

手册。图 9-36(d) 所示为快换式结构。

2. 凹模的外形尺寸

凹模外形尺寸一般用经验公式确定，将计算得出的长×宽×厚的尺寸套对应国家标准，最终确定其外形尺寸，并以套标后的凹模外形尺寸来确定模架的大小。

（三）凸、凹模

复合模中，凸、凹模内外均为刃口，其壁厚取决于工件相对应尺寸。但其值必须考虑凹模的强度。倒装式复合模中，凸、凹模的最小壁厚由经验确定。对于正装式复合模，由于凸、凹模装在上模，内孔不积存废料，最小壁厚可比倒装式的小一些。

（四）凸、凹模的镶拼结构

1. 镶拼结构的特点及应用

当制件形状复杂，尺寸很大或很小，精度要求高时，工作零件一般采用镶拼结构。镶拼结构比整体式制造容易，不易热处理开裂，更换维修方便，可节约模具钢。但镶拼式结构装配复杂，零件数量多，成本高。因此，采用镶拼结构必须选择适当的镶拼形式，才能取得良好的效果。

2. 镶拼形式（图 9-37）

（1）平面式。把各拼块用螺钉和销钉定位固定到固定板或底座的平面上。平面式一般用于大型模具或多孔冲模 [图 9-37(a)]。

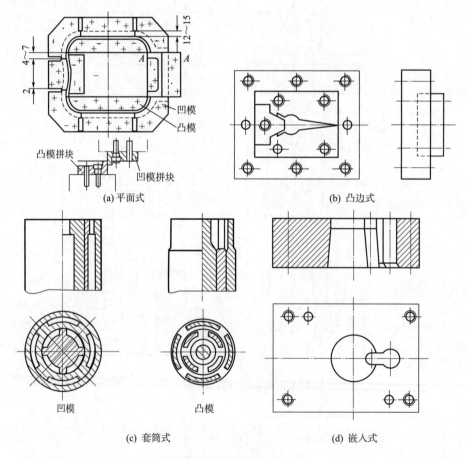

(a) 平面式   (b) 凸边式

(c) 套筒式   (d) 嵌入式

图 9-37 镶拼形式

（2）凸边式。把各拼块嵌入两边或四边的凸边固定板内，凸边高度不小于拼块高度的一半，凸边宽度大于两倍销钉的直径。这种结构适用于冲制薄料和小件［图9-37(b)］。

（3）套筒式。把凹模或凸模按不同直径分割成几个同心圆套筒，分别加工后相互套合组成［图9-37(c)］。

（4）嵌入式。把凹模中难于加工或悬臂很长受力危险的部分分割出来，做成凸模的镶块，嵌入凹模里固定，并在凹模下面增加淬硬的垫板，防止镶块受力下沉［图9-37(d)］。

3. 镶拼原则

（1）力求改善加工工艺性，减小钳工工作量，提高模具加工精度。

（2）便于装配调整与维修。

（3）满足冲压工艺要求。

如图9-38所示，将形状复杂的内形加工变为外形加工［图9-38(a)(b)(e)(g)］；使分块后的各块形状、尺寸相同［图9-38(d)］；应该沿转角、尖角分割，并尽量使拼块角度大于90°［图9-38(j)］；比较薄弱的或容易磨损的局部单独分块，便于更换［图9-38(a)］；拼合面应离圆弧与直线的相交处4~7mm［图9-38(a)］。拼块之间应能通过磨削或增减垫片的方法，调整间隙或中心距公差［图9-38(h)(i)］；拼块的接缝不能相切于组成工作孔的圆弧，而应在圆弧的中间［图9-38(f)］；拼块之间应尽量以凸凹槽相嵌，防止在冲压过程中发生相对移动［图9-38(k)］。

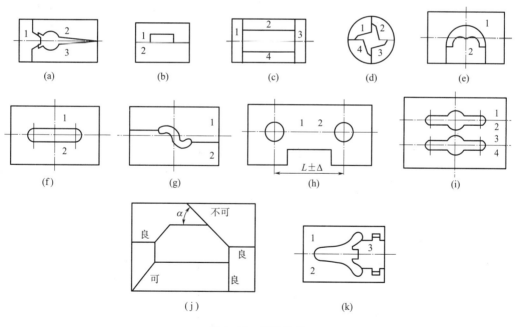

图9-38 镶拼结构

三、定位零件

条料在送进过程中，需要控制其送进方向（定向）和送进距离（定距），即定位以保证冲压质量。根据毛坯和模具结构的不同，定位零件主要有定位板、定位销、侧面导板、侧压板、挡料钉、侧刃、导正销等。

（一）定位板、定位销

单个毛坯在模具上定位时，常采用定位板或定位销。定位有两种形式，一种靠毛坯外形定位［图9-39(a)］，另一种靠毛坯内孔定位［图9-39(b)］。

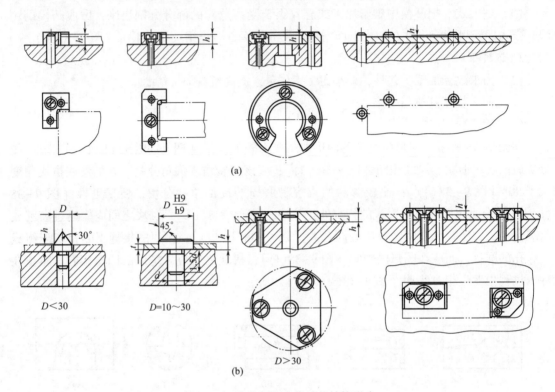

图9-39　定位板和定位销的结构形式

（二）导料板与侧压板

导料板（导尺）的作用是保证条料的送料方向。常用于带弹压卸料板或固定卸料板的单工序模和级进模。国家标准结构如图9-40所示。其中图9-40(b)为导料板与固定卸料板做成一体的结构。大多数模具，特别是冲薄料时，都用两块导料板导向，这样送料比较准确。

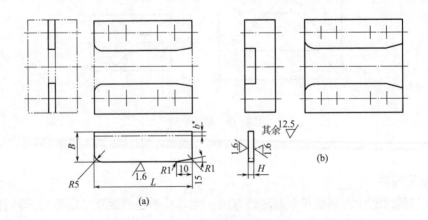

图9-40　标准导料板

导料板的长度 L 一般大于或等于凹模长度。其厚度 H 根据制件料厚和挡料销的高度而定，一般为 4~14mm，导料板间距需根据料宽及条料定位方式确定。

如果条料公差很大，或搭边太小时，则在导料板一侧装侧压板，送料时，条料被侧压板压向导料板的一侧，以便和凹模保持一定的位置关系，从而冲出合格的制件。其结构形式如图 9-41 所示。其中图 9-41（a）侧压力较大，宜用于厚料冲裁；而图 9-41（b）结构简单，冲裁力小，适用于 0.3~1mm 的薄料。其安装位置与数量视需要而定。图 9-41（c）所示侧压力大且均匀，但其安装位置限于进料口。

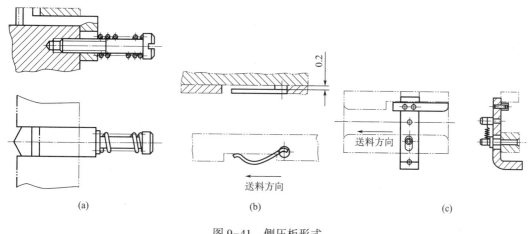

图 9-41　侧压板形式

（三）挡料销

挡料销是控制条料送进距离的零件，根据其工作特点及作用分为固定挡料销、活动挡料销及始用挡料销。

1. 固定挡料销

固定挡料销结构最简单，国家标准结构如图 9-42（a）所示。固定部分直径 d 与工作部分直径 D 相差一倍以上，广泛用于中、小型冲模条料定距。当挡料销的固定孔离凹模孔壁太近时，为不削弱凹模强度，可采用图 9-42（b）所示的钩形挡料销结构。

2. 活动式挡料销

活动式挡料销国家标准结构如图 9-43 所示。挡料销的一端与弹簧、橡皮发生作用，可以活动。活动挡料销常用在倒装式落料模或复合模中，装在弹压卸料板上。图 9-43（d）所示挡料销又称回带式挡料销，面对送料方向的一面做成斜面，送料时，挡料销抬起，簧片将挡料销压下，此时应将料回拉一下，使搭边被挡料销挡住。这种形式常用于带固定卸料板的落料模。

3. 始用挡料销

始用挡料销国家标准结构如图 9-44 所示。主要用于冲裁排样中不能冲首件的级进模和单工序模中。目的是提高材料利用率。

（四）侧刃

侧刃定距主要用于薄料而不能用导正销精确定距或者生产率高且制件有较高的精度要求

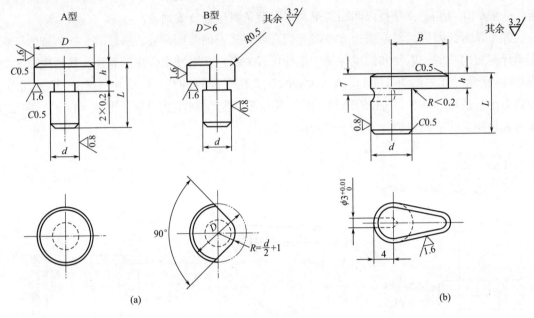

图 9-42　固定挡料销

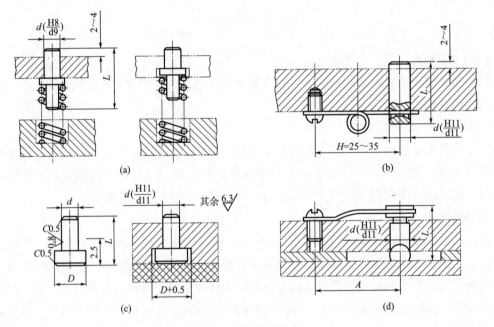

图 9-43　活动式挡料销

的级进模中。

　　国家标准的侧刃结构分为无导向侧刃（图 9-45）和有导向侧刃（图 9-46）。按其刃口形状的不同又分为矩形侧刃［图 9-46(a)］、齿形侧刃［图 9-46(b)(c)］和尖角形侧刃［图 9-46(d)］。

矩形侧刃的结构与制造都很简单，但刃口磨钝后，在条料上易产生毛刺，如图9-47所示，这种毛刺会影响送料精度，所以常用于料厚在 1.5mm 以下，且要求不高的制件。

齿形侧刃所产生的毛刺处在侧刃齿形的冲出宽缺口中，所以定距精度比矩形高。但较矩形侧刃结构复杂，加工较难。

尖角侧刃是在条料的边缘冲出一个缺口，条料送进时，当缺口直边滑过挡销后，再向后拉料，由挡料销挡住缺口。这种侧刃定距操作不方便，但切去的料少，适合于贵重金属或料厚在 0.5~2mm 的冲裁。

在实际生产中，有一种特殊侧刃，侧刃在完成定距的同时也冲出工作的部分轮廓，如图9-48所示。

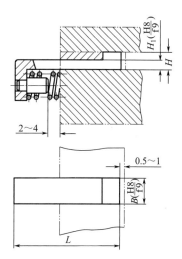

图 9-44　始用挡料销

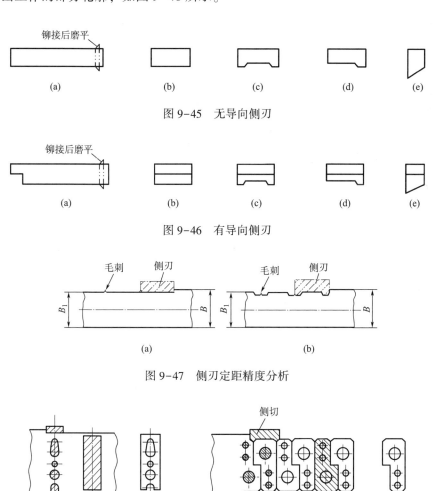

图 9-45　无导向侧刃

图 9-46　有导向侧刃

图 9-47　侧刃定距精度分析

图 9-48　特殊侧刃

根据制件的结构特点和材料利用率，可采用一个（单侧刃）或两个侧刃（双侧刃）。双侧刃可在条料两侧并列或错开布置。错开布置可使条料的尾料得到利用。采用单侧刃一般用于工位数少、料厚且硬的情况；双侧刃用于工位数多、料薄的情况。双侧刃冲出的制件精度比单侧刃高。侧刃的制造公差按 h6 确定。带侧刃的模具，一般在带侧刃旁的导料板上装有挡块。

（五）导正销

导正销用来保证孔与外形的相对位置尺寸，主要用于级进模中。导正销一般装在冲孔工步后的落料凸模上，当上模下冲时，导正销的导入部分首先进入已冲出的孔内，再由导正部分对条料进行导正、落料。这样可以消除送料步距误差，起精确定位的作用。按导正孔径的大小及导正销在凸模上的装配方法，国家标准结构如图 9-49 所示。

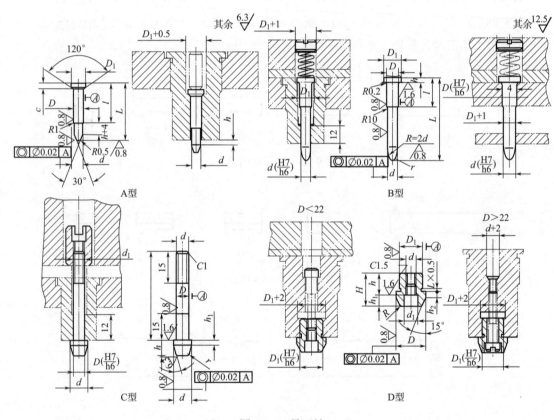

图 9-49　导正销

A 型用于导正 $d = 2 \sim 12$mm 的孔。

B 型用于导正 $d \leqslant 10$mm 的孔。这种形式的导正销采用弹簧压紧结构，如果送料不正确时，可以避免损坏导正销。

C 型用于导正 $d = 4 \sim 12$mm 的孔。这种形式拆装方便，模具刃磨后导正销长度可以调节。

D 型用于导正 $d = 12 \sim 50$mm 的孔。

导正销直径一般应大于 2mm 以防折断。如果小于 2mm，则应冲工艺孔来导正。导正销直径按 h6~h9 制造。

导正销的头部由圆柱段（起导正作用）和圆弧或圆锥体（起导入作用）组成，圆柱段的高度 h_1 不宜太大，否则不易脱件；但也不能太小，否则定位不准。

当导正销与挡料销配合使用时，冲孔凸模、导正销和挡料销之间的关系如图 9-50 所示。

按图 9-50(a) 方式定位，挡料销与导正销的中心距为：

$$s_1 = s - \frac{D_T}{2} + \frac{D}{2} + 0.1 \qquad (9-25)$$

按图 9-50(b) 方式定位，挡料销与导正销的中心距为：

$$s_1 = s + \frac{D_T}{2} - \frac{D}{2} - 0.1 \qquad (9-26)$$

式中：s 为步距；D_T 为落料凸模直径；D 为挡料销头部直径；s_1 为挡料销与落料凸模的中心距。

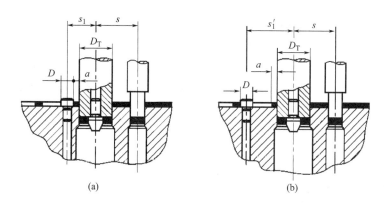

图 9-50　挡料销与导正销的关系

四、卸料

广义上的卸料是指将冲件或废料从模具工作零件上卸下来，包括卸料、推件和顶件等装置。

(一) 卸料装置

从凸模上卸下工件或废料的装置称卸料装置，有固定卸料、弹压卸料和废料切刀几种形式。

1. 固定卸料装置

如图 9-51 所示，固定卸料常在冲制材料厚度大于 0.8mm 时采用。固定卸料板应有足够的厚度，不因卸料力大而变形，一般为 6~20mm，其长宽取和凹模相同。

2. 弹压卸料装置

如图 9-52 所示，弹压卸料主要用于冲制薄料的模具。弹压卸料板既起压料作用也起卸料作用，所得冲件平直度较高。图 9-52(a) 是最简单的弹压卸料装置，用于简单冲裁模中。图 9-52(b) 用于以导料板为导向的冲模中，卸料板凸台部分的高度为：

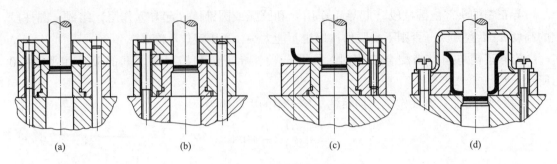

图 9-51　固定卸料装置

$$h = H - xt \tag{9-27}$$

式中：h 为卸料板凸台高度；H 为导料板高度；t 为料厚；x 为系数，取 0.1~0.3，对于薄料取大值，对于厚料取小值。

图 9-52(c) (e) 所示的弹压卸料装置均用于倒装式复合模中，但后者的弹性元件装在工作台下方，所能提供的弹性力更大，大小更易调节。图 9-52(d) 是以弹压卸料板作为细长凸模的导向，卸料板本身又以两个以上的小导柱导向，以免弹压卸料板产生水平摆动，从而起到保护小凸模的作用。这种结构的卸料板与凸模按 H7/h6 制造，但其间隙应比凸、凹模间隙小。而凸模与固定板则以 H7/h6 或 H8/h7 配合。这种结构多用于小孔冲模、精密冲模和多工位级进模中。

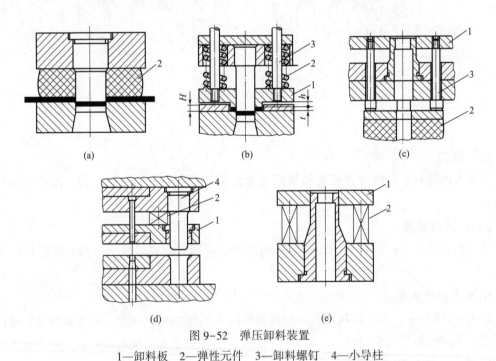

图 9-52　弹压卸料装置

1—卸料板　2—弹性元件　3—卸料螺钉　4—小导柱

3. 废料切刀

对于落料或切边后的废料，如果尺寸大或板料厚时，可用废料切刀将废料切开而卸料。国家标准的废料切刀如图 9-53 所示。

(二) 推件与顶件装置

1. 推件装置

将废料或工件从上往下从凹模内卸下的装置叫推件装置，推件装置一般是刚性的。如图 9-54 所示，其推件力通过打杆、推板、连接推杆、推块至工件或废料。

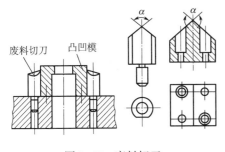

图 9-53 废料切刀

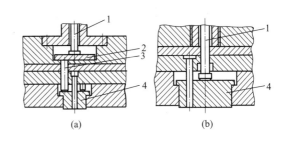

图 9-54 刚性推件装置
1—打杆 2—推板 3—推杆 4—推件块

连接推杆的根数及布置以使推件块受力均衡为原则，一般为 2~4 根，且分布均匀，长短一致。推板装在上模座的孔内，为保证凸模支承的刚度和强度，放推板的孔不能全部挖空，图 9-55 所示为标准推板的结构，设计时可根据要求选用。

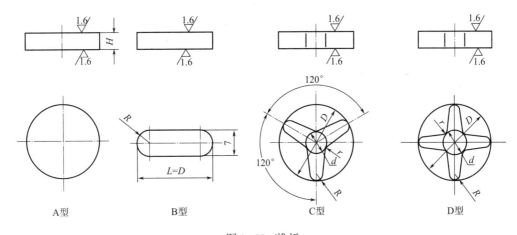

A型　　　　B型　　　　C型　　　　D型

图 9-55 推板

刚性推件装置推件力大，结构简单，工作可靠，所以应用十分广泛。但对于薄料及平直度要求较高的冲裁件，宜采用弹性推件装置，如图 9-56 所示。采用弹性推件时，必须保证弹性力足够。

2. 顶件装置

把工件或废料从凹模内从下往上顶出的装置称为顶出装置，顶出装置一般为弹性的，如图 9-57 所示。

顶件装置的顶件力通过弹顶器、顶杆、顶件块至工件或废料。这种结构的顶件力容易调节，工作可靠，冲裁件平直度高。但冲件容易嵌入边料中，取出零件麻烦。

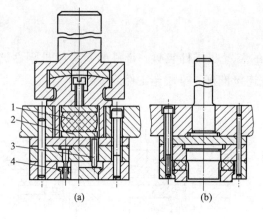

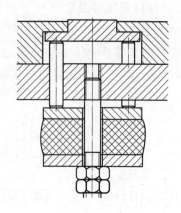

图 9-56 弹性推件装置 　　　　　图 9-57 弹性顶件装置

1—橡皮　2—垫板　3—推杆　4—推块

弹顶器一般做成通用的，主要用于小型开式压力机。大型压力机可以使用气垫或液压垫来取代弹顶器。

（三）弹簧和橡皮的选用

弹簧和橡皮都是弹性体，在模具中作为卸料或推件力的一种主要来源而被应用广泛。

1. 弹簧

模具中常用的弹簧是压缩弹簧和拉伸弹簧。按绕制钢丝断面的不同，又分为圆柱形弹簧、方形弹簧、碟形弹簧几种形式。

圆柱形弹簧的特点是弹力较小，但变形量较大，应用最广。而方形弹簧和碟形弹簧的弹力比圆形弹簧大，主要用于卸料力、推件力要求较大的中型以上模具中。

弹簧的计算与选用原则如下：

（1）卸料弹簧的预压力 F_0 应满足下式：

$$F_0 \geqslant \frac{F_x}{n} \qquad\qquad (9-28)$$

式中：F_x 为卸料力或顶件力、推件力（N）；n 为弹簧根数。

（2）弹簧最大许可压缩量应满足下式：

$$\Delta H_2 \geqslant \Delta H \qquad\qquad (9-29)$$

$$\Delta H = \Delta H_0 + \Delta H' + \Delta H'' \qquad\qquad (9-30)$$

式中：ΔH_2 为弹簧最大许可压缩量；ΔH 为弹簧实际总压缩量；ΔH_0 为弹簧预压缩量；$\Delta H'$ 为卸料板的工作行程，一般取 $\Delta H' = t+1$，t 为料厚；$\Delta H''$ 为凸模刃模总修模量，可取 $5 \sim 10$mm。

（3）所选用弹簧应能够合理地布置在模具的相应空间。

2. 橡皮

橡皮允许承受的负荷较大，安装调整方便，是冲模中常用的弹性元件。

使用橡皮时，不应使最大压缩量超过橡皮自由高度 H 的 $35\% \sim 45\%$，否则橡皮会很快损坏而失去弹性。所以，橡皮的自由高度应为：

$$H = \frac{h}{0.25 \sim 0.30} \qquad (9\text{-}31)$$

式中：h 为所需的工作行程。

由式（9-31）所得的高度，应按下式进行校核：

$$0.5 \leqslant \frac{H}{D} \leqslant 1.5 \qquad (9\text{-}32)$$

如果高径比 H/D 超过 1.5，应把橡皮分成若干段，并在橡皮之间垫上钢圈。

五、模架及零件

（一）模架

常用的标准模架是由上、下模座、导柱、导套组成。模架的组成零件已实现标准化，设计中可直接选用标准模架。按导柱在模架中固定位置的不同，国家标准的模架形式如图 9-58 所示。

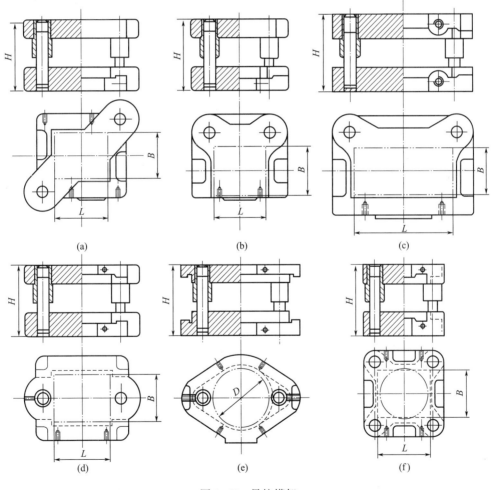

图 9-58 导柱模架

后侧导柱的模架，送料及操作比较方便，但由于导柱装在同一侧，容易偏斜，影响模具寿命。后侧导柱的模架适用于冲制中等复杂程度及精度要求一般的制件，如落料、冲孔、引伸等。

对角导柱、中间导柱及四角导柱模架的共同特点是，导向装置都安装在模具的对称线上，滑动平稳，导向准确可靠，冲压时，可防止偏心力矩而引起的模具的偏斜，有利于延长模具的寿命。但条料宽度受导柱间距离的限制。对角导柱模具常用于级进模，中间导柱及四角导柱模架常用于复合模、压弯模、成型模冲制较精密的制件。

（二）导向装置

常用导向装置有导板式和导柱式。

1. 导板式

导板导向分为固定导板和弹压导板两种形式，导板的结构已标准化。但导板的导向孔须按凸模的断面形状加工，冲压及刃磨时，凸模始终不离开导板，从而起到导向作用。但工件外形复杂时，导板加工和热处理都较困难，所以生产中，更多地使用导柱及导套导向。

2. 导柱式

导柱导套导向分为滑动导向和滚珠导向两种形式。滚珠导向用于精密冲裁模、硬质合金模、高速冲模及其他精密模具上。导柱、导套的国家标准结构如图 9-59、图 9-60 所示。

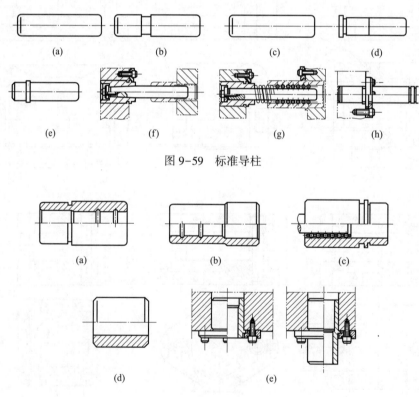

图 9-59 标准导柱

图 9-60 标准导套

导柱与导套的配合采用 H7/h6 或 H6/h5，并且成对研配。选用时，导柱导套的间隙，根据模具的要求，应该不大于凸模与凹模的配合间隙。为了导向的可靠，导柱、导套的安装尺寸如图 9-61 所示。在保证安装尺寸的前提下，导柱应尽可能长，以保证更好的导向性。

（三）上、下模座

模座主要用来固定冲模所有的零件，并分别与压力机的滑块与工作台相连，传递压力。模座的长度尺寸比凹模的长度单边大 40~70mm，宽度可以略大于或等于凹模宽度。下模座的尺寸要比工作台孔每边大 40 ~ 50mm。模座的厚度在 20 ~ 55mm，下模座比上模座略厚。

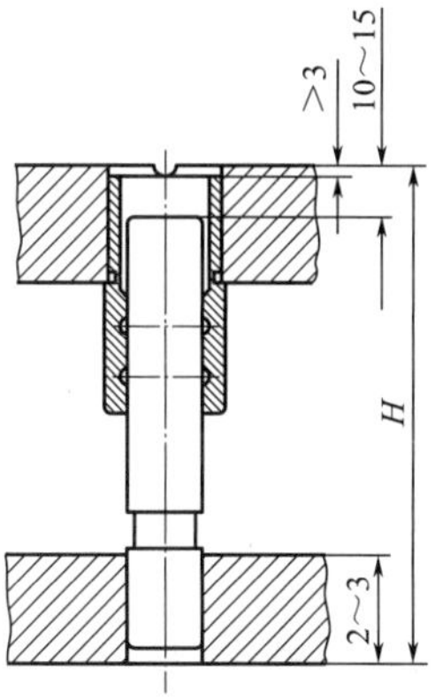

图 9-61　导向装置安装尺寸

六、其他零件

（一）模柄

在中、小型压力机上，上模的固定是通过模柄与滑块相连的。模柄的直径与长度与冲床的滑块孔有关。标准的模柄结构如图 9-62 所示。

图 9-62(a) 为压入式模柄，它与上模座以 H7/h6 配合，并加以销钉以防转动，主要用于上模座较厚又没有开设推板孔或上模座比较重的场合；图 9-62(b) 为旋入式模柄，通过螺纹与模座连接，并加防转螺钉，主要用于有导柱、导套的中小型模具中；图 9-62(c) 为凸缘模柄，用螺钉、销钉与模座定位固定，适用于大型模具或有刚性推件时采用。凸缘埋入上模座时，可减小模具闭合高度，也有的凸缘露在外边，根据需要决定；图 9-62(d)（e) 为通用式模柄，均为简易式，方便凸模的更换，主要用于敞开式简单模中；图 9-62(f)（g) 为浮动式模柄，因为有球面垫片，可以消除压力机导向误差对模具导向精度的影响，主要用于硬质合金等精密导柱模。

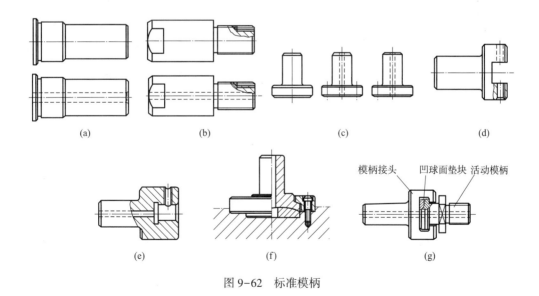

(a)　　　　　　　(b)　　　　　　　(c)　　　　　　　(d)

(e)　　　　　　　(f)　　　　　　　(g)

图 9-62　标准模柄

（二）固定板与垫板

固定板按外形分为圆形和矩形两种。主要用于固定小型凸模、凹模等零件。其外形做成和凹模一样大小，厚度取凹模厚度的 0.6~0.8。

垫板主要用来承受工作零件传来的压力，防止模座受到过大的压力而损坏。是否要用垫板，可按下式校核：

$$p = \frac{Fz'}{A} \tag{9-33}$$

式中：p 为凸模头部端面对模座的单位面积压力；Fz' 为凸模承受的总压力；A 为凸模头部端面支承面积。

如果计算出的结果大于相关设计手册中模座材料的许用压应力时，需在工作零件与模座之间加一块淬硬的垫板，否则可以不加。

（三）螺钉与销钉

在模具中经常用到各种螺钉和销钉。螺钉主要承受拉应力，用来连接零件，模具中常选用内六角沉头螺钉。一副模具中选用的螺钉大小和数目，视不同情况并参考标准典型组合来确定。对于中、小型模具，常用螺钉型号为 M5、M6、M8、M10、M12，数量为 2~6 个。螺钉旋入的深度，不宜太浅，也不宜太深，可参考相关设计手册选用。

销钉主要起定位作用，同时也承受一定的偏移力，在中、小型模具中，一般都用两个销钉定位。直径为 4mm、6mm、8mm、12mm 的比较常用。销钉配合深度一般不小于其直径的两倍，也不宜太深。

用于弹压卸料板上的卸料螺钉，和普通紧固螺钉不一样。其个数圆形板常用 3 个，矩形板用 4~6 个。由于弹压卸料板装配后应保持水平，所以卸料螺钉的长度有一定的公差要求，因此在装配时应尽量挑选与实际尺寸相近的使用。

七、冲模组合结构

模具的标准化工作可简化模具设计与制造、缩短生产周期、提高质量、节约材料、降低成本，对促进生产的发展起到非常重要的作用。

国家标准依据组成模具的板件外形（圆形或矩形）、送料方向（横向或纵向）、卸料方式（弹压或固定）的不同，凸模与凹模的安装位置（正装或倒装）分为十种典型组合，其中几种常用组合如图 9-63 所示。设计时，可根据凹模周界大小选用，并作必要的校核（如闭合高度等）。

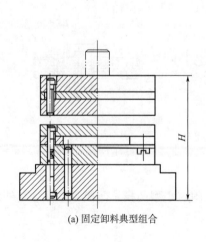

(a) 固定卸料典型组合

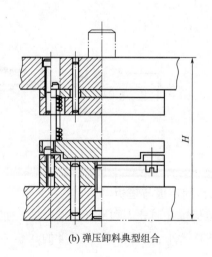

(b) 弹压卸料典型组合

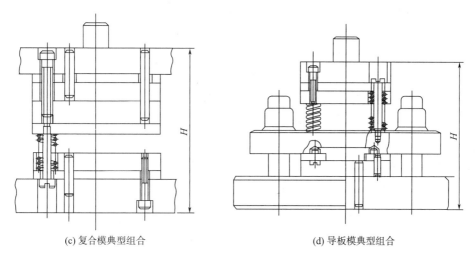

(c) 复合模典型组合 　　　　　　　　　(d) 导板模典型组合

图 9-63　几种常用冲模标准组合结构

第四节　冲裁模设计实例分析

图 9-64 所示为 XDⅢ 型电动机定子冲片，材料为硅钢片，料厚 0.5mm，为实现该片的大批量生产，试确定冲裁工艺及模具设计。

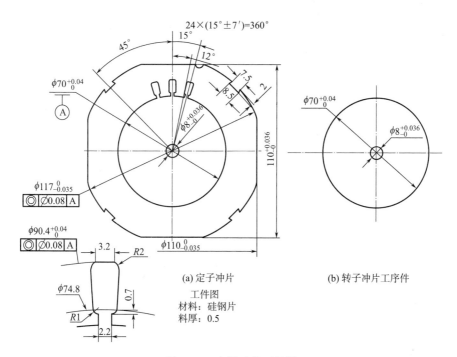

(a) 定子冲片
工件图
材料：硅钢片
料厚：0.5

(b) 转子冲片工序件

图 9-64　定子冲片工件图

一、制定定子的工艺过程

（一）分析零件的冲压工艺性

XDIII 型电动机定子 [图 9-64(a)] 是将厚 0.5mm 的 200 片定子冲片叠在一起组成的。实际冲压过程中，定子冲片中 $\phi70$ 的冲孔废料可以作为转子冲片的毛坯，如图 9-64(b) 所示。其中 $\phi8$ 的孔作为转子冲片冲槽时的定位孔。因此，在冲定子冲片时，可以将 $\phi8$ 的孔一起冲出。

定子冲片形状对称但复杂，要求表面平整，毛刺高度不得大于 0.08mm，其尺寸 $\phi110^{0}_{-0.035}$ 的精度等级为 IT 7 级，精度高，各槽之间、孔与外形之间位置精度要求高。

（二）拟定冲压件的工艺方案

定子冲片所需基本冲压工序为落料、冲孔、冲槽，可拟出如下几种方案：

方案一：落料、冲孔复合，再冲槽；该方案生产率低，工件尺寸的积累误差大。

方案二：冲孔、冲槽及落料的级进模冲裁；该方案生产率可提高，但级进模由于送料定位误差会影响到制件的位置精度，且制造难度大。

方案三：冲孔、冲槽及落料的一次复合冲裁；该方案可保证工件尺寸精度的要求，也可提高生产率。同时采用弹性压料及顶件装置，工件平整，且操作比较安全。故该零件的生产应采用方案三，冲孔、冲槽及落料的一次复合冲裁。

（三）排样、裁板

零件外轮廓尺寸为 110mm×110mm，考虑操作便捷性，同时为了保证制件精度，采用单排有废料排样，如图 9-65 所示。由相关设计手册查得搭边数值为 $a=2$mm，$a_1=1.5$mm；

条料宽 $B=110+2a=$（110+4）mm=114mm；

进距 $S=110+a_1=$（110+1.5）mm=111.5mm；

选用板料规格为 0.5mm×900mm×1800mm，采用横裁，剪切条料尺寸为 114mm×900mm。

一块板可裁的条数：$n_1=\dfrac{1800}{114}=15$（条），余 90mm；

每条可冲零件的个数：$n_2=\dfrac{900-1.5}{111.5}=8$（个），余 6.5mm；

每板可冲零件的总个数：$n=n_1\times n_2=15\times8=120$（个）；

一个冲片面积：$A_0=6903$mm^2；

材料利用率：$\eta=n\dfrac{A_0}{A}\times100\%=\dfrac{120\times6903}{900\times1800}\times100\%=51\%$。

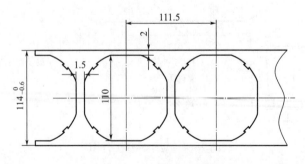

图 9-65　定子冲片排样图

（四）计算工序压力选用压力机并确定压力中心

1. 选用压力机

查相关设计手册，取 $\sigma_b = 225\text{MPa}$，$K_X = 0.05$，$K_D = 0.08$。

落料力：$F_1 = Lt\sigma_b = \pi \times 117 \times 0.5 \times 225 = 41351$（N）；

冲内孔及 24 槽力：$F_2 = Lt\sigma_b =$（$\pi \times 70 + 24 \times 35$）$\times 0.5 \times 225 = 119240$（N）；

冲小孔力：$F_3 = Lt\sigma_b = \pi \times 8 \times 0.5 \times 225 = 2827$（N）；

卸料力：$F_X = K_X \times F_1 = 0.05 \times 41351 = 2067.6$（N）；

顶件力：$F_D = K_D$（$F_1 + F_2$）$= 0.08 \times$（$41351 + 119240$）$= 12847.3$（N）；

推件力与上述力相比较小，可忽略不计。

总冲压力：$F_Z = F_1 + F_2 + F_3 + F_X + F_D \approx 178$（kN）；

根据计算总力，可选 JB23-25 型压力机。

2. 压力中心

由于该零件形状对称，压力中心即为冲件的形心。

（五）填写工艺过程卡片

略

二、设计定子冲片复合模

（一）模具类型及结构形式的确定

根据对定子冲片的工艺分析，拟采用冲孔、冲槽、落料倒装式复合模（因倒装式比顺装式结构相对简单，在保证凸凹模壁厚的情况下，尽量采用倒装式）这样可以保证零件所要求的各项精度指标，工序次数少，生产率高，适用于大批量生产。若采用自动送料，操作更为安全。根据分析绘制总装草图（图 9-66）。

在冲裁过程中，工件被装在下模的橡胶弹顶器压紧，冲裁结束后将其顶起，这样冲出的工件表面平整。冲孔废料从压力机工作台孔中漏下，使模具周围保持清洁。

采用弹性卸料装置，在冲裁时可压紧条料，提高冲裁件的断面质量。

上模采用刚性推件装置，可使模具结构紧凑，制造简便，维修容易。废料在滑块到达上死点时被推出，易采用自动接料装置。为保证工件的高精度要求，采用 I 级精度的模架。

（二）部分工作零件的设计

1. 工件的外形落料凹模

如图 9-67 所示，采用整体结构，直刃口形式。这种刃口强度较好，孔口尺寸随刃口刃磨而增大，适用于形状复杂、精度高的工件向上顶出的要求。

查相关设计手册，凹模外径 $D = S_1 + 2S_2 = 110 + 2.5 \times 38 = 205$（mm）；

凹模厚 $H = ks = 0.25 \times 110 = 27$（mm）。

套国家标准后，取 $\phi 200\text{mm} \times 26\text{mm}$ 的标准尺寸。

2. 凸凹模（上）

凸凹模（上）是落外形的凸模，冲孔的凹模。其结构尺寸由工件的尺寸所决定，最小

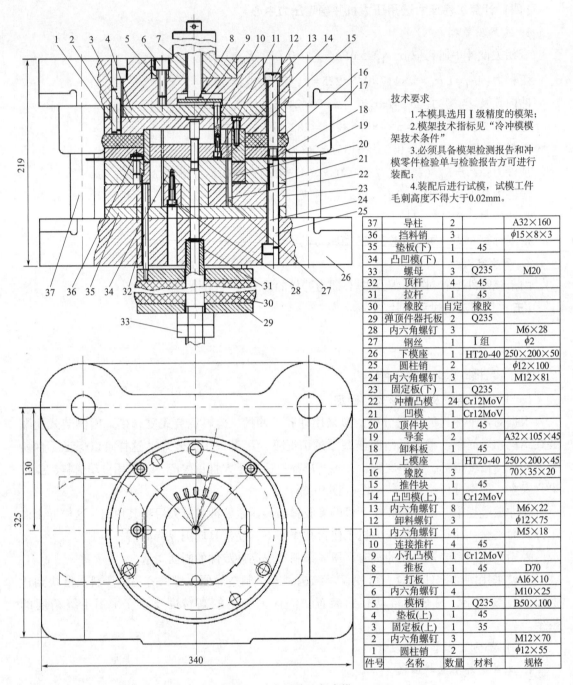

技术要求

1.本模具选用Ⅰ级精度的模架；
2.模架技术指标见"冷冲模模架技术条件"
3.必须具备模架检测报告和冲模零件检验单与检验报告方可进行装配；
4.装配后进行试模，试模工件毛刺高度不得大于0.02mm。

件号	名称	数量	材料	规格
37	导柱	2		A32×160
36	挡料销	3		φ15×8×3
35	垫板(下)	1	45	
34	凸凹模(下)	1		
33	螺母	3	Q235	M20
32	顶杆	4	45	
31	拉杆	1	45	
30	橡胶	自定	橡胶	
29	弹顶件托板	2	Q235	
28	内六角螺钉	3		M6×28
27	钢丝	1	Ⅰ组	φ2
26	下模座	1	HT20-40	250×200×50
25	圆柱销	2		φ12×100
24	内六角螺钉	3		M12×81
23	固定板(下)	1	Q235	
22	冲槽凸模	24	Cr12MoV	
21	凹模	1	Cr12MoV	
20	顶件块	1	45	
19	导套	2		A32×105×45
18	卸料板	1	45	
17	上模座	1	HT20-40	250×200×45
16	橡胶	3		70×35×20
15	推件块	1	45	
14	凸凹模(上)	1	Cr12MoV	
13	内六角螺钉	8		M6×22
12	卸料螺钉	3		φ12×75
11	内六角螺钉	4		M5×18
10	连接推杆	4	45	
9	小孔凸模	1	Cr12MoV	
8	推板	1	45	D70
7	打板	1		Al6×10
6	内六角螺钉	4		M10×25
5	模柄	1	Q235	B50×100
4	垫板(上)	1	45	
3	固定板(上)	1	35	
2	内六角螺钉	3		M12×70
1	圆柱销	2		φ12×55
件号	名称	数量	材料	规格

图 9-66　定子冲片复合模

壁厚处为 5mm。查相关设计手册，允许的最小壁厚为 1.6mm，故凸凹模的壁厚满足强度要求（图略）。

3. 凸凹模（下）

图 9-68 所示是冲孔的凸模，冲小孔的凹模。

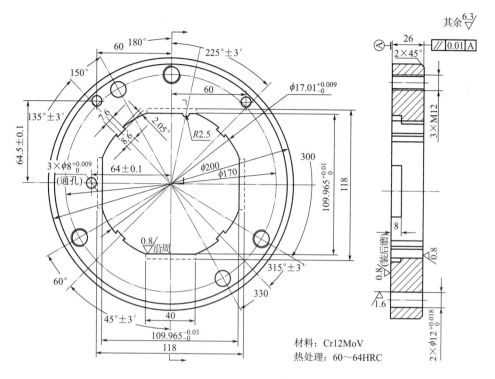

图 9-67　落料凹模

材料：Cr12MoV
热处理：60～64HRC

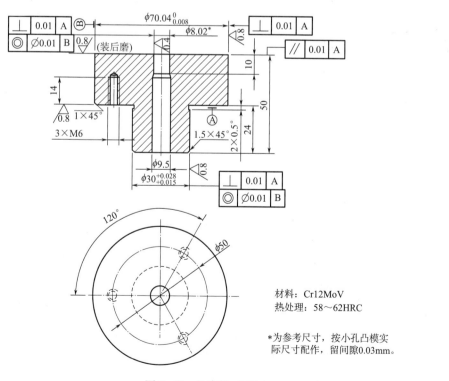

材料：Cr12MoV
热处理：58～62HRC

*为参考尺寸，按小孔凸模实
际尺寸配作，留间隙0.03mm。

图 9-68　凸凹模（下）

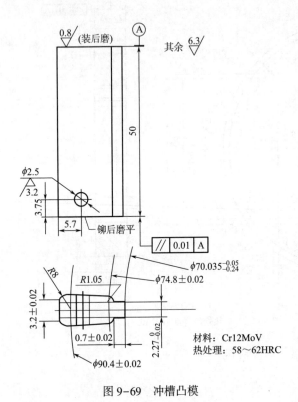

图 9-69　冲槽凸模

材料：Cr12MoV
热处理：58~62HRC

4. 冲槽凸模

如图 9-69 所示，共 24 个，为异形凸模，做成直通式，与固定板铆接固定。冲小孔凸模采用台阶式结构，以增强其强度和刚度，是标准圆凸模的形式之一。

圆形刃口的小孔凸模和凸凹模（下），可采用普通机械加工方法制造。其他工作零件的刃口部分均采用线切割加工，既可保证零件的尺寸精度，又可以减少模具钳工的修配工作量。

5. 工作零件刃口尺寸的确定

略

（三）定位零件

采用固定挡料销 3 个，相应国家标准中选取 $\phi15mm \times 3mm$，见表 9-22。这种定位零件结构简单、制造、使用方便，装在凹模上。查相关设计手册，凹模上的固定挡料销孔与刃口间的壁厚为 5mm，大于允许的最小壁厚 1.6mm，满足强度要求。故所选的挡料销合适。

（四）压料、卸料及出料零件

上模推件采用刚性装置，由打杆、推板、连接推杆、推件块四部分组成。推件块的圆柱部分与周围的 24 个凸起做成整体。弹性卸料板的外形与凹模一样为圆形，直径也为 $\phi200mm$。

下模的顶件块形状与工件形状一致，为了控制其顶起的位置，在其下端做一个凸台。一般弹顶器中的螺杆为实心，为了使冲小孔的废料自动漏到工作台面下，做成中空的螺纹管。

（五）固定板及垫板

冲小孔凸模与凸凹模（上）用一个固定板（图 9-70）固定，凸凹模（下）与 24 个冲槽凸模用一个下固定板固定为一体。因上模座在刚性推件装置处被挖空，故上垫板要设计的厚一些。为提高下模座对 24 个冲槽凸模的承载能力，在下模座上也加一个垫板。

（六）导向、固定、紧固及其他零件

采用后侧导柱、导套导向，可从两个方向送料，操作方便，也便于模具的凸、凹模在不卸下的情况下刃磨刃口。在表 9-22 所示的相应国家标准中，根据凹模的最大轮廓尺寸 $\phi200mm$，选用上、下模座。按照模具各零件的情况，合理布置螺钉、圆柱销的位置，从国家标准中选用适当的规格与尺寸，详见图 9-66 明细表。

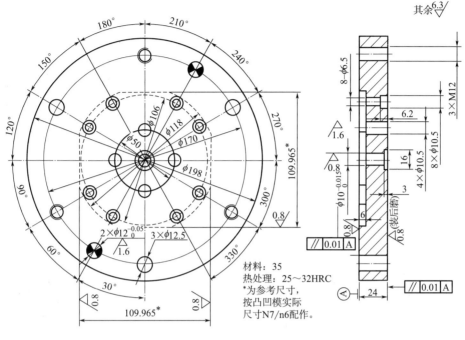

图 9-70　固定板

思 考 题

1. 按照材料的分离形式不同，冲裁一般可分为哪两大类，它们的主要区别是什么？

2. 板料冲裁时，其断面特征是什么，影响冲裁件断面质量的因素有哪些？

3. 提高冲裁件尺寸精度和断面质量的有效措施有哪些？

4. 什么是冲裁间隙？冲裁间隙对冲裁有哪些影响？

5. 冲裁凸、凹模刃口尺寸计算方法有几种？各有什么特点？分别适用于什么场合？

6. 冲裁模一般由哪几类零部件组成？它们在冲裁模中分别起什么作用？

7. 试比较单工序模、级进模和复合膜的结构特点和应用。

第十章　弯曲工艺及弯曲模设计

将金属板料、型材或管材等弯成一定的曲率和角度，从而得到一定形状和尺寸零件的冲压工序称为弯曲。用弯曲方法加工的零件种类很多，如自行车车把、汽车的纵梁、桥、电器零件的支架、门窗铰链及配电箱外壳等。弯曲的方法也很多，可以在压力机上利用模具弯曲，也可在专用弯曲机上进行弯折、滚弯或拉弯等，如图10-1所示。尽管各种弯曲方法所用设备与工具不同，但其变形过程及特点却存在一些共同的规律。本章主要介绍在压力机上进行弯曲的弯曲模具设计与制造。

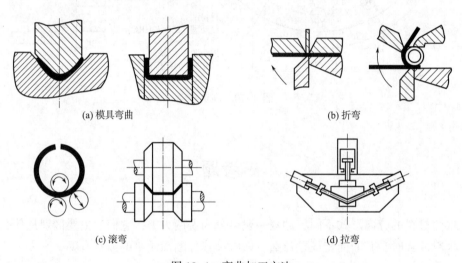

图 10-1　弯曲加工方法

(a) 模具弯曲　　　(b) 折弯　　　(c) 滚弯　　　(d) 拉弯

第一节　弯曲变形分析

一、弯曲变形过程及特点

（一）弯曲变形过程

为了解弯曲变形过程，现以 V 形件在弯曲模中的校正弯曲过程为例加以说明。

如图 10-2 所示，弯曲开始后，坯料首先经过弹性弯曲，然后进入塑性弯曲。随着凸模的下压，塑性弯曲由坯料的表面向内部逐渐增多，坯料的直边与凹模工作表面逐渐靠紧，弯曲半径从 r_0 变为 r_1，弯曲力臂也由 l_0 变为 l_1。凸模继续下压，坯料弯曲区（圆角部分）逐渐变小，在弯曲区的横截面上，塑性弯曲的区域增多，到板料与凸模三点接触时，弯曲半径由 r_1 变为 r_2。此后，坯料的直边部分向外弯曲，到行程终了时，凸、凹模

250

对板料进行校正，板料的弯曲半径及弯曲力臂达到最小值（r 及 l），坯料与凸模紧靠，得到所需要的弯曲件。

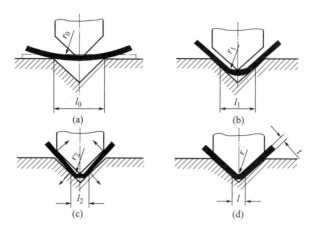

图 10-2　V 形件弯曲过程图

由 V 形件的弯曲过程可以看出，弯曲成型的过程是从弹性弯曲到塑性弯曲的过程，弯曲成型的效果表现为弯曲变形区弯曲半径和角度的变化。

（二）弯曲变形特点

为了分析弯曲变形特点，可采用网格法，如图 10-3 所示。通过观察板料弯曲变形后位于弯曲件侧壁的坐标网络的变化情况，可以看出：

（1）弯曲变形区主要集中在圆角部分，此处的正方形网络变为扇形。圆角以外除靠近圆角的直边处有少量变形外，其余部分不发生变形。

（2）在变形区内，板料的外区（靠凹模一侧）切向受拉而伸长（$\overset{\frown}{bb} > \overline{bb}$），内区（靠凸模一侧）切向受压而缩短（$\overset{\frown}{aa} < \overline{aa}$）。由内、外表面至板料中心，其缩短和伸长的过程逐渐变小。

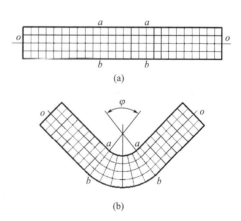

图 10-3　板料弯曲前后坐标网格的变化

因板料外层伸长而内层缩短，其间必有一层金属的长度在变形前后保持不变（$\overset{\frown}{oo} = \overline{oo}$），称为中性层。

（3）在弯曲变形区内板料厚度略有变薄。

（4）由试验可知，当弯曲半径与板厚之比 r/t（称为相对弯曲半径）较小时，中性层位置将从板料中心向内移动。中性层内移的结果是外层拉伸变薄的区域范围增大，内层受压增厚的区域范围减小，从而使弯曲变形区板料厚度变小，变薄后的厚度为：

$$t_1 = \eta t \tag{10-1}$$

式中：t_1 为变形后的材料厚度（mm）；t 为变形前的材料厚度（mm）；η 为变薄系数，可查表 10-1。

根据塑性变形体积不变定律，变形区减薄的结果是使板料长度有所增加。

表 10-1　90°弯曲时的变薄系数 η

r/t	0.1	0.25	0.5	1.0	2.0	3.0	4.0	>4
η	0.82	0.87	0.92	0.96	0.99	0.992	0.995	1

（5）弯曲变形区板料横截面的变化分为两种情况。窄板（板宽 B 与料厚 t 之比 $B/t<3$）弯曲时，内区因厚度受压而使宽度增加，外区因厚度受拉而使宽度减小，因而原矩形截面变成扇形；宽板（$B/t>3$）弯曲时，因板料在宽度方向的变形受到相邻材料彼此间的制约作用，不能自由变形，所以横截面几乎不变，仍为矩形，如图10-4所示。

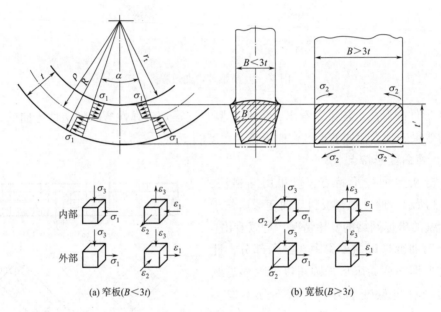

(a) 窄板($B<3t$)　　　　(b) 宽板($B>3t$)

图 10-4　弯曲变形时的应力与应变

二、塑性弯曲时变形区的应力与应变状态

由于板料的相对宽度（B/t）直接影响弯曲时板料沿宽度方向的应变，进而影响应力，因此板料在塑性弯曲时，随着 B/t 的不同，变形区具有不同的应力和应变状态，如图10-4所示。

（一）应变状态

（1）长度方向（切向）ε_1。弯曲内区为压缩应变，外区为拉伸应变。切向应变是绝对值最大的主应变。

（2）厚度方向（径向）ε_3。因 ε_1 是绝对值最大的主应变，根据塑性变形体积不变定律可知，沿板料厚度和宽度两个方向必然产生与 ε_1 符号相反的应变。所以在弯曲的内区 ε_3 为拉应变，在弯曲的外区 ε_3 为压应变。

（3）宽度方向 ε_2。窄板弯曲时，因材料在宽度方向上可以自由变形，故在内区宽度方

向 ε_2 应变与切向应变 ε_1 符号相反而为拉应变，在外区 ε_2 则为压应变；宽板弯曲时，由于沿宽度方向受到材料彼此之间的制约作用，不能自由变形，故可以近似认为，无论在外区还是内区，其宽度方向的应变 $\varepsilon_2=0$。

由此可见，窄板弯曲时的应变状态是立体的，而宽板弯曲的应变状态则是平面的。

（二）应力状态

（1）长度方向（切向）σ_1。内区受压，则 σ_1 为压应力；外区受拉，则 σ_1 为拉应力。切向应力是绝对值最大的主应力。

（2）厚度方向（径向）σ_3。塑性弯曲时，由于变形区曲度增大，以及金属各层之间的互相挤压的作用，从而在变形区引起径向压应力 σ_3。通常在板料表面 $\sigma_3=0$，由表及里 σ_3 逐渐增大，至应力中性层处达到最大值。

（3）宽度方向 σ_2。对于窄板，由于宽度方向可以自由变形，因而无论是内区还是外区，$\sigma_2=0$；对于宽板，因为宽度方向受到材料的制约作用，$\sigma_2\neq0$。内区由于宽度方向的伸长受阻，所以 σ_2 为压应力；外区由于宽度方向的收缩受阻，所以 σ_2 为拉应力。

1. 窄板

弯曲时，在切线方向上的应力应变最大，其弯曲处内侧应力为压应力 $-\sigma_1$、应变为压应变 $-\varepsilon_1$，外侧应力为拉应力 $+\sigma_1$，应变为拉应变 $+\varepsilon_1$；在宽度方向上，弯曲处内侧应变为拉应变 $+\varepsilon_2$，外侧应变为压应变 $-\varepsilon_2$。由于材料在宽度方向上能自由变形，所以弯曲处内、外侧的应力都接近于零（$\sigma_2\approx0$）；在厚度方向上，由于表层材料对里层材料产生挤压，因此，弯曲处内、外侧的应力均为压应力 $-\sigma_3$，其应变根据体积不变的原则，即有 $\varepsilon_1+\varepsilon_2+\varepsilon_3=0$，如果知道一个最大主应变，则另外两个主应变的符号必然与最大主应变相反，或其中一个主应变为零。

如图 10-4（a）所示，弯曲内侧的切向压缩应变是最大主应变 $-\varepsilon_1$，则厚度方向的应变为拉应变 $+\varepsilon_3$。同理，弯曲外侧的切向拉延应变是最大主应变 $+\varepsilon_1$，而厚度方向的应变则为压应变 $-\varepsilon_3$。

2. 宽板

宽板弯曲时，在切向和厚度方向的应力应变与窄板相同，只有在宽度方向上，由于宽度大，沿宽度方向变形困难，因而宽度基本不变，弯曲处内、外侧的应变均为零（$\varepsilon_2=0$），在弯曲处内侧拉延受阻，应力为压应力 $-\sigma_2$，在外侧压缩受阻，应力为拉应力 $+\sigma_2$，如图 10-4（b）所示。

综上所述，窄板在弯曲时为平面（两向）应力状态和立体（三向）应变状态，宽板则为立体应力状态和平面应变状态。

第二节　弯曲件的质量问题及控制

弯曲是一种变形工艺，由于弯曲变形过程中变形区应力应变分布的性质、大小和表现形态不尽相同，加上板料在弯曲工程中要受到凹模摩擦阻力的作用，所以在实际生产中弯曲件容易产生许多质量问题，其中常见的是弯裂、回弹、偏移、翘曲与剖面畸变。

一、弯裂及其控制

弯曲时板料的外侧受拉伸，当外侧的拉伸应力超过材料的抗拉强度以后，在板料的外侧将产生裂纹，此种现象称为弯裂。实践证明，在材料性质一定的情况下，板料是否会产生弯裂，主要与弯曲半径 r 与板料厚度 t 的比值 r/t（称为相对弯曲半径）有关，r/t 越小，其变形程度就越大，越容易产生裂纹。

（一）最小相对弯曲半径

如图 10-5 所示，设中性层半径为 ρ，弯曲中心角为 α，则最外层金属（半径为 R）的伸长率 $\delta_{外}$ 为：

$$\delta_{外} = \frac{\widehat{aa} - \widehat{oo}}{\widehat{oo}} = \frac{(R-\rho)\ \alpha}{\rho\alpha} = \frac{R-\rho}{\rho} \qquad (10-2)$$

设中性层位置在半径为 $\rho = r + t/2$ 处，且弯曲后厚度保持不变，则 $R = r + t$，且有：

$$\delta_{外} = \frac{(r+t)\ -\ (r+t/2)}{r+t/2} = \frac{t/2}{r+t/2} = \frac{1}{2r/t+1} \qquad (10-3)$$

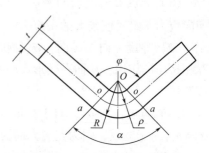

图 10-5　弯曲时的变形情况

如将 $\delta_{外}$ 以材料断后伸长率 δ 代入，则 r/t 转化为 r_{min}/t，且有：

$$r_{min}/t = \frac{1-\delta}{2\delta} \qquad (10-4)$$

由式（10-3）可以看出，相对弯曲半径 r/t 越小，外层材料的伸长率就越大，即板料切向变形程度越大，因此，生产中常用 r/t 来表示板料的弯曲变形程度。当外层材料的伸长率达到材料断后伸长率后，就会导致弯裂，故称 r_{min}/t 为板料不产生弯裂时的最小相对弯曲半径。

影响最小相对弯曲半径的因素很多，主要有以下几种。

1. 材料的塑性及热处理状态

材料的塑性越好，其断后伸长率 δ 越大，由式（10-4）可以看出，r_{min}/t 就越小。

经退火处理后的坯料塑性较好，r_{min}/t 较小；经冷作硬化的坯料塑性降低，r_{min}/t 较大。

2. 板料的表面和侧面质量

板料的表面及侧面（剪切断面）的质量差时，容易造成应力集中并降低塑性变形的稳定性，使材料过早地被破坏。对于冲裁或剪裁的坯料，若未经退火，由于切断面存在冷变形硬化层，也会使材料塑性降低。在这些情况下，均应选用较大的相对弯曲半径。

3. 弯曲方向

板料经轧制以后产生纤维组织，使板料性呈现明显的方向性。一般顺着纤维方向的力学性能较好，不易拉裂。因此，当弯曲线与纤维方向垂直时［图 10-6（a）］，r_{min}/t 可取较小值［图 10-6（d）］；当弯曲线与纤维方向平行时［图 10-6（b）］，r_{min}/t 则应取较

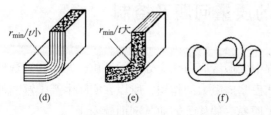

图 10-6　板料纤维方向对 r_{min}/t 的影响

大值 [图 10-6(e)]。当弯曲件有两个相互垂直的弯曲线时 [图 10-6(f)]，排样时应使两个弯曲线与板料的纤维方向呈 45°夹角，如图 10-6(c) 所示。

4. 弯曲中心角 α

理论上弯曲变形区外表面的变形程度只与 r/t 有关，而与弯曲中心角 α 无关，但实际上由于接近圆角的直边部分也产生一定的变形，这就相当于扩大了弯曲变形区的范围，分散了集中在圆角部分的弯曲应变，从而可以减缓弯曲时弯裂的危险。弯曲中心角 α 越小，减缓作用越明显，因而 r_{min}/t 可以越小。

由于上述各种因素对 r_{min}/t 的综合影响十分复杂，所以 r_{min}/t 的数值一般通过试验方法确定。各种金属材料在不同状态下的最小相对弯曲半径的数值参考表 10-2。

表 10-2　最小相对弯曲半径 r_{min}/t

材料	退火状态		冷作硬化状态	
	弯曲线的位置			
	垂直纤维方向	平行纤维方向	垂直纤维方向	平行纤维方向
08 钢、10 钢、Q195、Q215	0.1	0.4	0.4	0.8
15 钢、20 钢、Q235	0.1	0.5	0.5	1.0
25 钢、30 钢、Q255	0.2	0.6	0.6	1.2
35 钢、40 钢、Q275	0.3	0.8	0.8	1.5
45 钢、50 钢	0.5	1.0	1.0	1.7
55 钢、60 钢	0.7	1.3	1.3	2.0
铝	0.1	0.35	0.5	1.0
纯铜	0.1	0.35	1.0	2.0
软黄铜	0.1	0.35	0.35	0.8
半硬黄铜	0.1	0.35	0.5	1.2
紫铜	0.1	0.35	1.0	2.0
磷铜	—	—	1.0	3.0
Cr18Ni9	1.0	2.0	3.0	4.0

注　1. 当弯曲线与纤维方向不垂直也不平行时，可取垂直和平行方向二者的中间值。
　　2. 冲裁或剪裁后的板料若未做退火处理，则应作为硬化的金属选用。
　　3. 弯曲时应使板料有毛刺的一边处于弯曲的内侧。

（二）控制弯裂的措施

为了控制或防止弯裂，一般情况下应采用大于最小相对弯曲半径的数值。当零件的相对弯曲半径小于表 10-2 所列数值时，可采取以下措施。

（1）经冷变形硬化的材料，可采用热处理的方法恢复其塑性。对于剪切断面的硬化层，还可以采取先去除再进行弯曲的方法。

（2）去除坯料剪切面的毛刺，采用整修、挤光、滚光等方法，降低剪切面的表面粗糙度值。

（3）弯曲时使切断面上的毛面一侧处于弯曲受压的内缘（即朝向弯曲凸模）。

（4）对于低塑性材料或厚料，可采用加热弯曲。

（5）采取两次弯曲的工艺方法，即第一次弯曲采用较大的相对弯曲半径，中间退火后再按零件要求的相对弯曲半径进行弯曲。这样能使变形区域扩大，每次弯曲的变形程度减小，从而减小外层材料的伸长率。

（6）对于较厚板料的弯曲，如果结构允许，可采取先在弯角内侧开出工艺槽后再进行弯曲的工艺，如图 10-7（a）（b）所示。对于较薄的材料，可以在弯角处压出工艺凸肩，如图 10-7（c）所示。

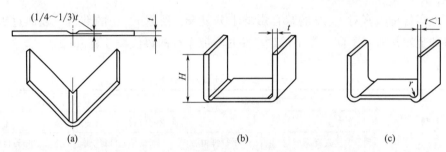

$(1/4\sim1/3)t$ t t $t<1$

（a）   （b）   （c）

图 10-7　在弯曲处开工艺槽或压出工艺凸肩

二、回弹及其控制

在外载荷作用下，材料产生塑性变形的同时，伴随着弹性变形，当外载荷去掉后，弹性变形恢复，致使弯曲件的形状和尺寸都发生变化，这种现象称为回弹。由于弯曲时内、外区切向应力方向不一致，因而弹性回复方向也相反，即外区弹性缩短而内区弹性伸长，这种反向的回弹就大大加剧了弯曲件圆角半径和角度的改变。所以，与其他变形工序相比，弯曲过程的回弹现象是一个不能忽视的重要问题，它直接影响弯曲件的精度。

回弹的大小通常用弯曲件的弯曲半径或弯曲角与凸模相应半径或角度的差值来表示，如图 10-8 所示，即：

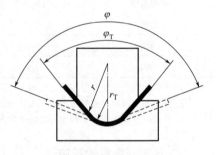

$$\Delta r = r - r_T \qquad (10-5)$$

$$\Delta\varphi = \varphi - \varphi_T \qquad (10-6)$$

式中：Δr、$\Delta\varphi$ 为弯曲半径与弯曲角的回弹值；r、φ 为弯曲件的弯曲半径与弯曲角；r_T、φ_T 为凸模的半径和角度。

图 10-8　弯曲时的回弹

一般情况下，Δr、$\Delta\varphi$ 为正值时称为正回弹，但在有些校正弯曲时，也会出现负回弹。

（一）影响回弹的因素

1. 材料的力学性能

卸载时弹性回复的应变量与材料的屈服极限 σ_s 成正比，与弹性模量 E 成反比，即 σ_s/E 越大，则回弹越大。例如，图 10-9 所示为退火状态的软钢拉伸时的应力—应变曲线，当拉伸到 P 点后卸除载荷时，产生 $\Delta\varepsilon_1$ 的回弹，其值 $\Delta\varepsilon_1 = \sigma_p/\tan\alpha = \sigma_p/E$，即材料的弹性模量 E 越大，材料的回弹值越小。图中的虚线为同一材料经冷作硬化后的拉伸曲线，屈服极限提高，当应变均为 ε_p 时，材料的回弹 $\Delta\varepsilon_2$ 比退火状态的回弹 $\Delta\varepsilon_1$ 大。

2. 相对弯曲半径 r/t

r/t 越大，弯曲变形程度越小，中性层附近的弹性变形区域增加，同时在总的变形量中，弹性变形量所占比例也相应增大。由图 10-10 中的几何关系可以看出 $\Delta\varepsilon_1/\varepsilon_p > \Delta\varepsilon_2/\varepsilon_Q$。因此，相对弯曲半径 r/t 越大，回弹也越大。这也是 r/t 很大的零件不易弯曲成型的原因。

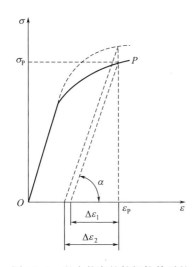

图 10-9　退火状态的软钢拉伸时的
应力—应变曲线

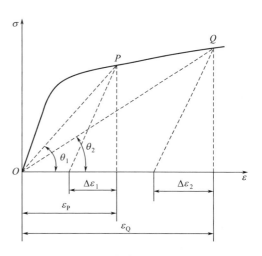

图 10-10　相对弯曲半径对回弹的影响

3. 弯曲角度 φ（或弯曲中心角 α）

弯曲角度 φ 越小（或弯曲中心角 α 越大），弯曲变形区域就越大，因而回弹累积越大，回弹也就越大。

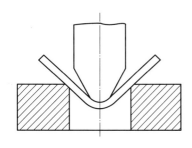

图 10-11　无底凹模内的自由弯曲

4. 弯曲方式

在无底凹模内做自由弯曲时（图 10-11）的回弹比在有底凹模内做校正弯曲时（图 10-2）的回弹大。校正弯曲时回弹较小的原因之一是凹模 V 形面对坯料的限制作用，当坯料与凸模三点接触后，随着凸模的继续下压，坯料的直边部分则向与之前相反的方向变形，弯曲终了时可以使产生了一定曲度的直边重新压平并与凸模完全贴合。卸载后直边部分的回弹是向 V 形闭合方向进行，而圆角部分的回弹是向 V 形张开方向进行，两者回弹方向相反，可以相互抵消一部分；另一个原因是板料圆角变形区受凸、凹模压缩的作用，不仅使弯曲变形外区的拉应力有所减小，而且在外区中性层附近还出现和内区同号的压缩应力，随着校正力的增加，压应力区向板料外表面逐步扩展，致使板料的全部或大部分断面均出现压应力，于是圆角部分的内、外区回弹方向一致，故校正弯曲时的回弹比自由弯曲时的回弹大为减小。

5. 凸、凹模间隙

在弯曲 U 形件时，凸、凹模之间的间隙对回弹有较大的影响。间隙较大时，材料处于松动状态，回弹就大；间隙较小时，材料被挤紧，回弹就小。

6. 弯曲件的形状

弯曲件形状复杂时，一次弯曲成型角的数量越多，则弯曲时各部分互相牵制的作用越大，弯曲中拉伸变形的成分越大，回弹值越小。如弯 U 形件的回弹比弯 U 形件的回弹小，弯 U 形件的回弹比弯 V 形件的回弹小。

（二）回弹值的确定

为了得到形状与尺寸精确的弯曲件，需要先确定回弹值，由于影响回弹的因素很多，用理论方法计算回弹值很复杂，而且也不准确，因此，在设计与制造模具时，往往先根据经验数值和简单的计算来初步确定模具工作部分的尺寸，然后在试模时修正。

1. 小变形程度（$r/t \geqslant 10$）自由弯曲时的回弹值

当 $r/t \geqslant 10$ 时，弯曲件的角度和圆角半径的回弹都较大，这时在考虑回弹后，凸模工作部分的圆角半径和角度可按以下公式进行计算：

$$r_P = \frac{r}{1 + \dfrac{3\sigma_s r}{Et}} \tag{10-7}$$

$$\varphi_P = 180° - \frac{r}{r_P}(180° - \varphi) \tag{10-8}$$

式中：r、φ 为弯曲件的圆角半径和角度；r_P、φ_P 为凸模的圆角半径和角度；σ_s 为弯曲材料的屈服极限；E 为弯曲件材料的弹性模量；t 为弯曲件材料厚度。

2. 大变形程度（$r/t < 5$）自由弯曲时的回弹值

当 $r/t < 5$ 时，弯曲件的圆角半径回弹量很小，可以不予考虑，因此只需确定角度的回弹值。表 10-3 所示为自由弯曲 V 形件弯曲角为 90°时部分材料的平均回弹角。

表 10-3　自由弯曲 V 形件弯曲角为 90°时部分材料的平均回弹角（$\Delta\varphi_{90}$）

材料	r/t	材料厚度 t/mm		
		<0.8	0.8~2	>2
软钢 $\sigma_b = 350\text{MPa}$	<1	4°	2°	0°
黄铜 $\sigma_b = 350\text{MPa}$	1~5	5°	3°	1°
铝和锌	>5	6°	4°	2°
中硬钢 $\sigma_b = 400\sim500\text{MPa}$	<1	5°	2°	0°
硬黄铜 $\sigma_b = 350\sim400\text{MPa}$	1~5	6°	3°	1°
硬青铜	>5	8°	5°	3°
硬钢 $\sigma_b > 550\text{MPa}$	<1	7°	4°	2°
	1~5	9°	5°	3°
	>5	12°	7°	6°
硬铝 LY12	<2	2°	3°	4°30′
	2~5	4°	6°	8°30′
	>5	6°30′	10°	14°

当弯曲件的弯曲角不为90°时，其回弹角可按下式计算：

$$\Delta\varphi = \frac{\varphi}{90}\Delta\varphi_{90} \tag{10-9}$$

式中：φ 为弯曲件的弯曲角（°）；$\Delta\varphi$ 为弯曲件的弯曲角为 φ 时的回弹角（°）；$\Delta\varphi_{90}$ 为弯曲件的弯曲角为90°时的回弹角（°），见表10-3。

3. 校正弯曲时的回弹值

校正弯曲时也不需考虑弯曲半径的回弹，只考虑弯曲角的回弹值。弯曲角的回弹值可按表10-4中的经验公式进行计算。

表 10-4　V 形件校正弯曲时的回弹角 $\Delta\varphi$

材料	弯曲角 φ			
	30°	60°	90°	120°
08 钢、10 钢、Q195	$\Delta\varphi = 0.75r/t - 0.39$	$\Delta\varphi = 0.58r/t - 0.80$	$\Delta\varphi = 0.43r/t - 0.61$	$\Delta\varphi = 0.36r/t - 1.26$
12 钢、20 钢、Q215、Q235	$\Delta\varphi = 0.69r/t - 0.23$	$\Delta\varphi = 0.64r/t - 0.65$	$\Delta\varphi = 0.434r/t - 0.36$	$\Delta\varphi = 0.37r/t - 0.58$
25 钢、30 钢、Q255	$\Delta\varphi = 1.59r/t - 1.03$	$\Delta\varphi = 0.95r/t - 0.94$	$\Delta\varphi = 0.78r/t - 0.79$	$\Delta\varphi = 0.46r/t - 1.36$
35 钢、Q275	$\Delta\varphi = 1.51r/t - 1.48$	$\Delta\varphi = 0.84r/t - 0.76$	$\Delta\varphi = 0.79r/t - 1.62$	$\Delta\varphi = 0.51r/t - 1.71$

【例1】 如图 10-12(a) 所示，该零件材料为 LY12，$\sigma_s = 361\text{MPa}$，$E = 71 \times 10^3 \text{MPa}$，求凸模圆角半径 r_P 及角度 φ_P。

解：

（1）零件中间弯曲部分（$r = 12\text{mm}$，$\varphi = 90°$，$t = 1\text{mm}$）。

因为 $r/t = 12 \div 1 = 12 > 10$，故零件的圆角半径回弹和角度回弹都要考虑。由式（10-7）和式（10-8）得：

$$r_P = \frac{r}{1 + \dfrac{3\sigma_s r}{Et}} = \frac{12}{1 + \dfrac{3 \times 361 \times 12}{71 \times 10^3 \times 1}} = 10.1 \ (\text{mm})$$

$$\varphi_P = 180° - \frac{r}{r_P}(180° - \varphi) = 180° - \frac{12}{10.1} \times (180° - 90°) = 73.1°$$

（2）零件两侧弯曲部分（$r = 4\text{mm}$，$\varphi = 90°$，$t = 1\text{mm}$）。

因为 $r/t = 4 \div 1 = 4 < 5$，故只需考虑弯曲角度的回弹。查表10-3得到 $\Delta\varphi = 6°$，故：

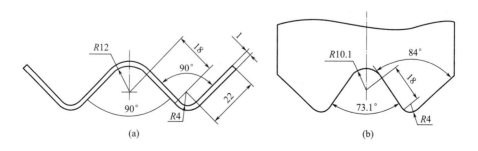

图 10-12　回弹值计算实例

$$\varphi_P = \varphi - \Delta\varphi = 90° - 6° = 84°$$

$$r_P = r = 4mm$$

计算后的凸模尺寸如图 10-12（b）所示。

（三）控制回弹的措施

在实际生产中，由于材料的力学性能及厚度的变动等，无法完全消除弯曲件的回弹，但可以采取一些措施来控制或减小回弹所引起的误差，以提高弯曲件的精度。控制弯曲件回弹的措施主要有以下几方面。

1. 改进弯曲件的设计

（1）尽量避免选用过大的相对弯曲半径 r/t。如有可能，在弯曲变形区压出加强筋或成型边翼，以提高弯曲件的刚度，抑制回弹，如图 10-13 所示。

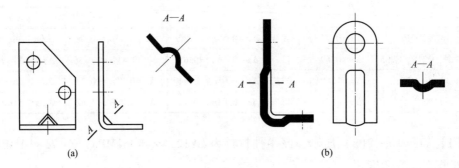

图 10-13　加强筋减小回弹

（2）采用 σ_s/E 小、力学性能稳定和板料厚度波动小的材料。如用软钢代替硬铝、铜合金等，不仅回弹小，而且成本低，易于弯曲。

2. 采取合适的弯曲工艺

（1）用校正弯曲代替自由弯曲。

（2）对经冷作硬化后的材料在弯曲前进行退火处理，弯曲后再用热处理方法恢复材料性能。对于回弹较大的材料，必要时可采用加热弯曲。

（3）采用拉弯工艺方法。拉弯工艺如图 10-14 所示，在弯曲过程中对板料施加一定的拉力，使弯曲件变形区的整个断面都处于同向拉应力，卸载后变形区的内、外区回弹方向一致，从而可以大大减小弯曲件的回弹。这种方法对于弯曲 r/t 很大的弯曲件特别有利。

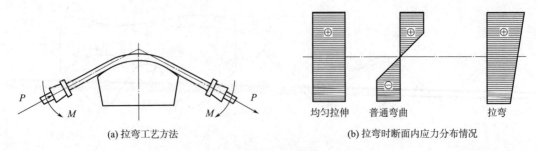

(a) 拉弯工艺方法　　　　　　(b) 拉弯时断面内应力分布情况

图 10-14　拉弯工艺

3. 合理设计弯曲模结构

（1）在凸模上减去回弹角 ［图 10-15（a）（b）］，使弯曲件弯曲后其回弹得到补偿。对于 U 形件，还可将凸、凹模底部设计成弧形 ［图 10-15（c）］，弯曲后利用底部向上的回弹来补偿两直边向外的回弹。

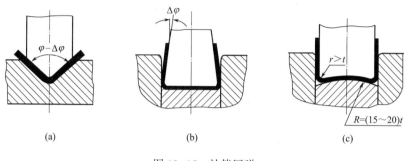

図 10-15　补偿回弹

（2）当弯曲件材料厚度大于 0.8mm，且塑性较好时，可将凸模设计成图 10-16 所示的局部凸起形状，使凸模作用力集中在弯曲变形区，以加大变形区的变形程度，从而减小回弹。

（3）对于一般较软的材料 ［如 Q215、Q235、10 钢、20 钢、H62（M）等］，可增加压料力 ［图 10-17（a）］ 或减小凸、凹模之间的间隙 ［图 10-17（b）］，增加拉应变，减小回弹。

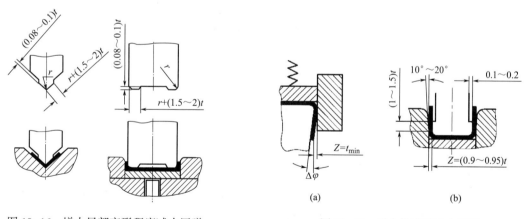

图 10-16　增大局部变形程度减小回弹　　　　图 10-17　增大拉应变减小回弹

（4）在弯曲件直边的端部加压，使弯曲变形区的内、外区都处于压应力状态而减小回弹，并能得到较精确的弯边高度，如图 10-18 所示。

（5）采用橡胶或聚氨酯代替刚性凹模进行软凹模弯曲，可使坯料紧贴凸模，同时使坯料产生拉伸变形，获得类似拉弯的效果，能显著减小回弹，如图 10-19 所示。

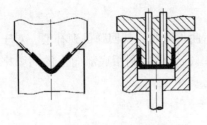

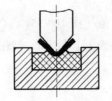
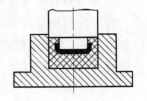

图 10-18　在弯曲件直边的端部加压　　　　　图 10-19　采用软凹模弯曲减小回弹

三、偏移及其控制

在弯曲过程中，坯料沿凹模边缘滑动时要受到摩擦阻力的作用，当坯料各边所受到的摩擦力不等时，坯料会沿其长度方向产生滑移，从而使弯曲后的零件两直边长度不符合图样要求，这种现象称为偏移，如图 10-20 所示。

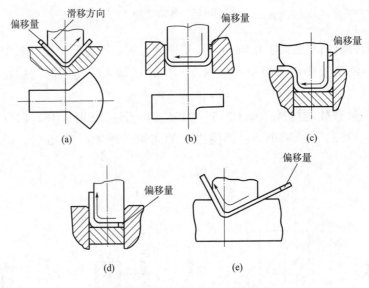

图 10-20　弯曲时的偏移现象

（一）产生偏移的原因

1. 弯曲件坯料形状不对称

如图 10-20（a）（b）所示，由于弯曲件坯料形状不对称，弯曲时坯料的两边与凹模接触的宽度不相等，使坯料沿宽度大的一边偏移。

2. 弯曲件两边折弯的个数不相等

如图 10-20（c）（d）所示，由于两边折弯的个数不相等，折弯个数多的一边摩擦力大，因此坯料会向折弯个数多的一边偏移。

3. 弯曲凸、凹模结构不对称

如图 10-20（e）所示，在 V 形件弯曲中，如果凸、凹模两边与对称线的夹角不相等，角度大的一边坯料所受凸、凹模的压力大，因而摩擦力也大，所以坯料会向角度大的一边偏移。

此外，坯料定位不稳定、压料不牢、凸模与凹模的圆角不对称、间隙不对称和润滑情况不一致，也会导致弯曲时产生偏移现象。

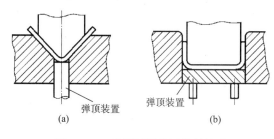

图 10-21　采用压料装置控制偏移

（二）控制偏移的措施

（1）采用压料装置，使坯料在压紧状态下逐渐弯曲成型，从而防止坯料的滑动，而且可得到平整的弯曲件，如图 10-21 所示。

（2）利用毛坯上的孔或弯曲前冲出工艺孔，用定位销插入孔中定位，使坯料无法移动，如图 10-22（a）（b）所示。

（3）根据偏移量大小，调节定位元件的位置来补偿偏移，如图 10-22（c）所示。

（4）对于不对称的零件，先成对地弯曲，再切断，如图 10-22（d）所示。

（5）尽量采用对称的凸、凹结构，使凹模两边的圆角半径相等，凸、凹模间隙调整对称。

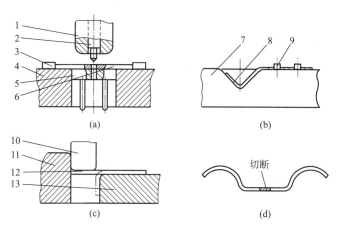

图 10-22　控制偏移的措施

1,10—凸模　2—导正销　3—定位板　4,7,13—凹模　5—顶板

6,12—坯料　8—弯曲件　9—定位销　11—定位块

四、翘曲与剖面畸变

对于细而长的板料弯曲件，弯曲后一般会沿纵向产生翘曲变形，如图 10-23 所示。这是因为沿板料宽度方向（折弯线方向）零件的刚度小，塑性弯曲后，外区（a 区）宽度方向的压应变 ε_2 和内区（b 区）宽度方向的拉应变 ε_2 得以实现，结果使折弯线凹曲，造成零件的纵向翘曲。当板弯件短而粗时，因为零件纵向的刚度大，宽度方向的应变被抑制，弯曲后翘曲

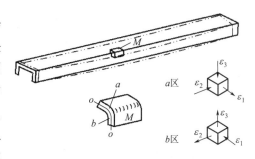

图 10-23　弯曲后的翘曲现象

则不明显。翘曲现象一般可通过采用校正弯曲的方法进行控制。

剖面畸变是指弯曲后坯料断面发生变形的现象。窄板弯曲时的剖面畸变如图 10-24(a) 所示。弯曲管材和型材时，由于径向压应力 σ_3 的作用，也会产生如图 10-24(b)(c) 所示的剖面畸变现象。另外，在薄壁管的弯曲中，还会出现内侧面因受宽向压应力 σ_2 的作用而失稳起皱的现象，因此弯曲时管中应添加填料或芯棒。

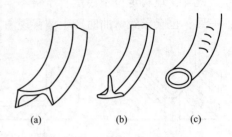

图 10-24　型材、管材弯曲后的剖面畸变

第三节　弯曲件的工艺性

弯曲件的工艺性是指弯曲件的结构形状、尺寸、精度、材料及技术要求等是否符合弯曲加工的工艺要求。具有良好工艺性的弯曲件能简化弯曲工艺过程及模具结构，提高弯曲件的质量。

一、弯曲件的结构与尺寸

（一）弯曲件的形状

弯曲件的形状应尽可能对称，弯曲半径左右一致，以防止弯曲变形时坯料受力不均匀而产生偏移。

有些弯曲件虽然形状对称，但变形区附近有缺口，若在坯料上先将缺口冲出，弯曲时会出现叉口现象。叉口严重时弯曲件难以成型，这时应在缺口处留连接带，弯曲后再将连接带切除，如图 10-25(a)(b) 所示。

为了保证坯料在弯曲模内准确定位，或防止在弯曲过程中坯料发生偏移，最好能在坯料上预先增添定位工艺孔，如图 10-25(b)(c) 所示。

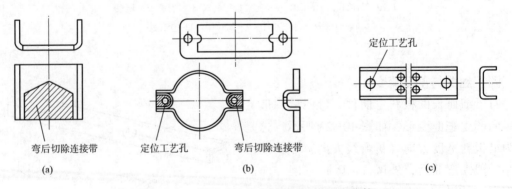

图 10-25　增添连接带和定位工艺孔的弯曲件

（二）弯曲件的相对弯曲半径

弯曲件的相对弯曲半径 r/t 应大于最小相对弯曲半径（表 10-2），但也不宜过大。因为

相对弯曲半径过大时，受到回弹的影响，弯曲件的精度不易保证。

（三）弯曲件的弯边高度

弯曲件的弯边高度不宜过小，其值应为 $h>r+2t$，如图 10-26(a) 所示。当 h 较小时，弯边在模具上支持的长度过小，不容易形成足够的弯矩，很难得到形状准确的零件。当零件要求 $h<r+2t$ 时，则须预先在圆角内侧压槽，或增加弯边高度，弯曲后再切除，如图 10-26(b) 所示。如果所弯直边带有斜角，则在斜边高度小于 $r+2t$ 的区段不可能弯曲到要求的角度，而且此处也容易开裂 [图 10-26(c)]，因此必须改变零件的形状，加高弯边尺寸，如图 10-26(d) 所示。

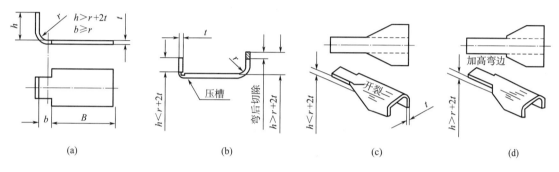

图 10-26　弯曲件的弯边高度

（四）弯曲件的孔边距离

带孔的板料弯曲时，如果孔位于弯曲变形区内，则弯曲时孔的形状会发生变形，因此必须使孔位于变形区之外，如图 10-27 所示。一般孔边到弯曲半径 r 中心的距离要满足以下关系：

（1）当 $t<2\text{mm}$ 时，$L \geq t$。

（2）当 $t \geq 2\text{mm}$ 时，$L \geq 2t$。

如果不满足上述关系，在结构许可的情况下，可在靠变形区一侧预先冲出凸缘形缺口或月牙槽 [图 10-28(a)(b)]，也可在弯曲线上冲出工艺孔 [图 10-28(c)]，以改变变形范围，利用工艺变形来保证所需孔不产生变形。

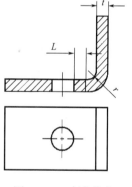

图 10-27　弯曲件的
孔边距离

（五）避免弯边根部开裂

在局部弯曲坯料上的某一部分时，为避免弯边根部撕裂，应使不弯部分退出弯曲线之外，即保证 $b \geq r$ [图 10-29(a)]。如果不能满足条件 $b \geq r$，可在弯曲部分和不弯部分之间切槽 [图 10-29(a)，槽深 l 应大于弯曲半径 R]，或在弯曲前冲出工艺孔 [图 10-29(b)]。

（六）弯曲件的尺寸标注

弯曲件尺寸标注不同会影响冲压工序的安排。例如，如图 10-30 所示为弯曲件的位置尺寸的三种标注方法，其中采用如图 10-30(a) 所示的标注方法时，孔的位置精度不受坯料展开长度和回弹的影响，可先冲孔落料（复合工序），然后弯曲成型，工艺和模具设计较简单；图 10-30(b)(c) 所示的标注法受弯曲回弹的影响，冲孔只能安排在弯曲之后进行，增加了工序，还会造成诸多不便。

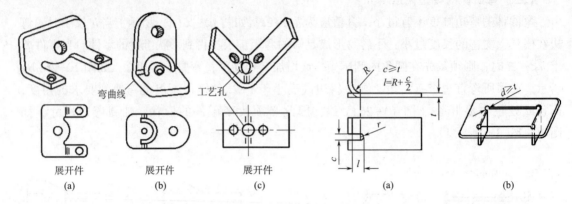

图 10-28　防止弯曲变形的措施图　　　　图 10-29　避免弯边根部开裂的措施

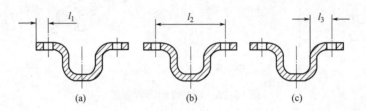

图 10-30　弯曲件的位置尺寸标注

二、弯曲件的精度

弯曲件的精度受坯料定位、偏移、回弹及翘曲等因素的影响，弯曲的工序数目越多，精度也越低。对弯曲件的精度要求应合理，一般弯曲件长度的尺寸公差等级在 IT 13 级以下，角度公差大于 15′。弯曲件未注公差的长度尺寸的极限偏差见表 10-5；弯曲件角度的自由公差值见表 10-6。

表 10-5　弯曲件未注公差的长度尺寸的极限偏差　　　　　　　　　单位：mm

长度尺寸 l/mm		3~6	6~18	18~50	50~120	120~260	260~500
材料厚度 t/mm	≤2	±0.3	±0.4	±0.6	±0.8	±1.0	±1.5
	2~4	±0.4	±0.6	±0.8	±1.2	±1.5	±2.0
	>4	—	±0.8	±1.0	±1.5	±2.0	±2.5

表 10-6　弯曲件角度的自由公差值

弯边长度 l/mm	≤6	≤6~10	10~18	18~30	30~50
角度公差 $\Delta\beta$	±3°	±2°30′	±2°	±1°30′	±1°15′
弯边长度 l/mm	50~80	80~120	120~180	180~260	260~360
角度公差 $\Delta\beta$	±1°	±50′	±40′	±30′	±25′

三、弯曲件的材料

弯曲件的材料要求具有足够的塑性，屈弹比 σ_s/E 和屈强比 σ_s/σ_b 小。足够的塑性和较小的屈强比能保证弯曲时不开裂，较小的屈弹比能使弯曲件的形状和尺寸准确。适宜于弯曲的材料有软钢、黄铜及铝等。

脆性较大的材料（如磷青铜、铍青铜、弹簧钢等），要求弯曲时有较大的相对弯曲半径 r/t，否则容易发生裂纹。

对于非金属材料，只有塑性较大的纸板、有机玻璃才能进行弯曲，而且在弯曲前坯料要进行预热，相对弯曲半径也应较大，一般要求 $r/t>5$。

四、弯曲件毛坯展开尺寸的确定

为了确定弯曲前坯料的形状与大小，需要计算弯曲件的展开尺寸。弯曲件展开尺寸的计算基础是应变中性层在弯曲前后长度保持不变。

（一）弯曲中性层位置的确定

根据中性层的定义，弯曲件的坯料长度应等于弯曲件中性层的展开长度。由于在塑性弯曲时，中性层的位置要发生位移，所以，计算中性层展开长度，首先应确定中性层位置。中性层位置以曲率半径 ρ 表示（图 10-31），常用下面经验公式确定：

$$\rho = r + xt \qquad (10\text{-}10)$$

式中：r 为弯曲件的内弯曲半径；t 为材料厚度；x 为中性层位移系数，见表 10-7。

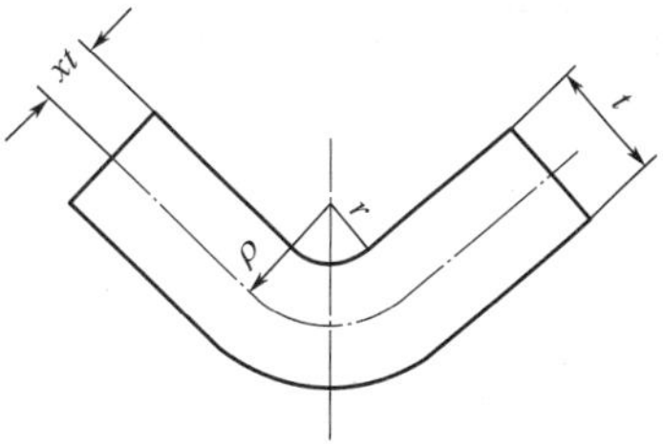

图 10-31　中性层位置

表 10-7　中性层位移系数 x

r/t	0.1	0.2	0.3	0.4	0.5	0.6	0.7	0.8	1	1.2
x	0.21	0.22	0.23	0.24	0.25	0.26	0.28	0.3	0.32	0.33
r/t	1.3	1.5	2	2.5	3	4	5	6	7	≥8
x	0.34	0.36	0.38	0.39	0.40	0.42	0.44	0.46	0.48	0.5

（二）弯曲件坯料尺寸的确定

弯曲件的展开长度等于各直边部分长度与各圆弧部分长度之和。直边部分的长度是不变的，而圆弧部分的长度则需考虑材料的变形和中性层的位移。

1. $r/t>0.5$ 的弯曲件

$r/t>0.5$ 的弯曲件由于变薄不严重，按中性层展开的原理，坯料总长度应等于弯曲件直线部分和圆弧部分长度之和（图 10-32），即：

$$L_Z = l_1 + l_2 + \frac{\pi\alpha}{180}\rho = l_1 + l_2 + \frac{\pi\alpha}{180}\rho(r+xt) \qquad (10\text{-}11)$$

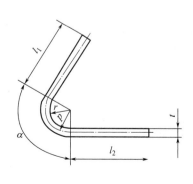

图 10-32　$r/t>0.5$ 的弯曲件

式中：L_Z 为坯料展开总长度（mm）；α 为弯曲中心角（°）。

2. $r/t<0.5$ 的弯曲件

对于 $r/t<0.5$ 的弯曲件，由于弯曲变形时不仅零件的圆角变形区产生严重变薄，而且与其相邻的直边部分也产生变薄，故应按变形前后体积不变条件来确定坯料长度。通常可采用表 10-8 所列经验公式计算。

表 10-8　$r/t<0.5$ 的弯曲件坯料长度计算公式

简图	计算公式	简图	计算公式
	$L_Z = l_1+l_2+0.4t$		$L_Z = l_1+l_2+l_3+0.6t$ （一次同时弯曲两个角）
	$L_Z = l_1+l_2-0.43t$		$L_Z = l_1+2l_2+2l_3+t$ （一次同时弯曲四个角） $L_Z = l_1+2l_2+2l_3+1.2t$ （分为两次弯曲四个角）

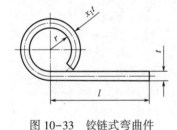

图 10-33　铰链式弯曲件

3. 铰链式弯曲件

对于 $r=（0.6\sim3.5）t$ 的铰链件（图 10-33），通常采用推圆的方法成型，在卷圆过程中板料有所增厚，中性层发生外移，故其坯料长度 L_Z 可按下式近似计算：

$$L_Z = 1+1.5\pi（r+x_1t）+r \approx 1+5.7r+4.7x_1t \quad (10-12)$$

式中：l 为直线段长度；r 为铰链内半径；x_1 为中性层位移系数，见表 10-9。

表 10-9　卷圆时中性层位移系数 x_1 值

r/t	>0.5~0.6	>0.6~0.8	>0.8~1	>1~1.2	>1.2~1.5	>1.5~1.8	>1.8~2	>2~2.2	>2.2
x_1	0.76	0.73	0.7	0.67	0.64	0.61	0.58	0.54	0.5

需要指出的是，上述坯料长度计算公式只能用于形状比较简单、尺寸精度要求不高的弯曲件。对于形状比较复杂或精度要求高的弯曲件，在利用上述公式初步计算坯料长度后，还需反复试弯，不断修正，才能最后确定坯料的形状及尺寸。这是因为很多因素没有考虑，可能产生较大的误差，故在生产中宜先制造弯曲模，后制造坯料的落料模。

五、弯曲力的计算

弯曲力是设计弯曲模和选择压力机的重要依据之一。弯曲力不仅与弯曲变形过程有关，还与坯料尺寸、材料性能、零件形状、弯曲方式、模具结构等多种因素有关，因此用理论公式来计算弯曲力不但计算复杂，而且精确度不高。实际生产中常用经验公式来进行概略计算。

图 10-34 所示为各弯曲阶段弯曲力 F 随凸模行程 S 的变化关系。由图可知，各弯曲阶段的弯曲力是不同的。弹性阶段弯曲力较小，可以略去不计；自由弯曲阶段的弯曲力基本不随凸模行程的变化而变化；校正弯曲力随行程急剧增加。

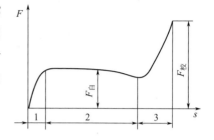

图 10-34 弯曲力的变化曲线
1—弹性弯曲阶段 2—自由弯曲阶段
3—矫正弯曲阶段

（一）自由弯曲时的弯曲力

V 形件弯曲力：

$$F_{自} = 0.6KBt^2\sigma_b / (r+t) \tag{10-13}$$

U 形件弯曲力：

$$F_{自} = 0.7KBt^2\sigma_b / (r+t) \tag{10-14}$$

式中：$F_{自}$ 为自由弯曲在冲压行程结束时的弯曲力（N）；B 为弯曲件的宽度（mm）；r 为弯曲件的内弯曲半径（mm）；t 为弯曲件材料厚度（mm）；σ_b 为材料的抗拉强度（MPa）；K 为安全系数，一般取 $K=1.3$。

（二）校正弯曲时的弯曲力

校正弯曲时的弯曲力比自由弯曲力大得多，一般按下式计算：

$$F_{校} = Ap \tag{10-15}$$

式中：$F_{校}$ 为校正弯曲力（N）；A 为校正部分在垂直于凸模运动方向上的投影面积（mm^2）；p 为单位面积校正力（MPa），常见材料的单位面积校正力见表 10-10，其他相关材料的值可查阅设计手册。

表 10-10 单位面积校正力 单位：MPa

材料	材料厚度 t/mm			
	≤1	1~3	3~6	6~10
铝	10~20	20~30	30~40	40~50
黄铜	20~30	30~40	40~60	60~80
10钢、15钢、20钢	30~40	40~60	60~80	80~100
20钢、30钢、35钢	40~50	50~70	70~100	100~120

（三）顶件力或压件力

若弯曲模设有顶件装置或压件装置，其顶件力（F_D）或压件力（F_y）可近似取自由弯曲力的 30%~80%，即：

$$F_D = F_y = (0.3 \sim 0.8) F_{自} \tag{10-16}$$

（四）压力机标称压力的确定

对于有压料的自由弯曲，压力机公称压力 $F_{压机}$ 应为：

$$F_{压机} \geq (F_{自} + F_y)$$

对于校正弯曲，由于校正弯曲力是发生在接近压力机下死点的位置，且校正弯曲力比压料力或推件力大得多，故 F_y 值可忽略不计，压力机公称压力可取：

$$F_{压机} \geq F_{校}$$

第四节　弯曲工序及弯曲模

一、弯曲件的工序安排

弯曲件的工序安排是在工艺分析和计算后进行的一项工艺设计工作。安排弯曲件的工序时应根据零件的形状、尺寸、精度等级、生产批量以及材料的性能等因素进行考虑。弯曲工序安排合理，则可以简化模具结构，提高零件质量和劳动生产率。弯曲件工序安排的原则如下。

（1）对于形状简单的弯曲件，如 V 形件、U 形件、Z 形件等，可以一次弯曲成型（图 10-35）。而对于形状复杂的弯曲件，一般要多次弯曲才能成型（图 10-36、图 10~37）。

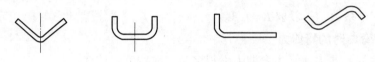

图 10-35　一次弯曲成型实例

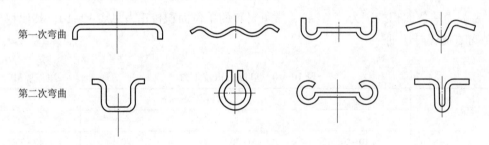

第一次弯曲

第二次弯曲

图 10-36　二次弯曲成型实例

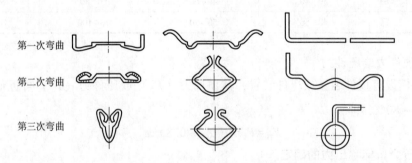

第一次弯曲

第二次弯曲

第三次弯曲

图 10-37　三次弯曲成型实例

（2）对于批量大而尺寸小的弯曲件，为使操作方便、定位准确和提高生产率，应尽可能采用级进模或复合模弯曲成型。

（3）需要多次弯曲时，一般应先弯两端，后弯中间部分，前次弯曲应考虑后次弯曲有可靠的定位，且后次弯曲不能影响前次已弯成的形状（图 10-36～图 10-38）。

（4）对于非对称弯曲件，为避免弯曲时坯料偏移，应尽可能采用成对弯曲后再切成两件的工艺（图 10-38）。

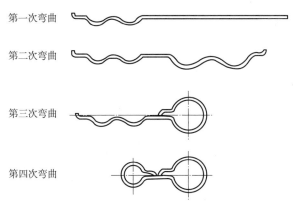

图 10-38　四次弯曲成型实例

二、弯曲模典型结构

（一）弯曲模的分类与设计要点

由于弯曲件的种类很多，形状繁简不一，因此弯曲模的结构类型也是多种多样的。常见的弯曲模结构类型有：单工序弯曲模、级进弯曲模、复合弯曲模和通用弯曲模等。简单的弯曲模工作时只有一个垂直运动，复杂的弯曲模除垂直运动外，还有一个或多个水平动作。因此，弯曲模设计难以做到标准化，通常参照冲裁模的一般设计要求和方法，并针对弯曲变形特点进行设计。设计时应考虑以下要点。

（1）坯料的定位要准确、可靠，尽可能采用坯料的孔定位，防止坯料在变形过程中发生偏移。

（2）模具结构不应妨碍坯料在弯曲过程中应有的转动和移动，避免弯曲过程中坯料产生过度变薄、断面发生畸变。

（3）模具结构应能保证弯曲时，上、下模之间水平方向的错移力得到平衡。

（4）为减小回弹，弯曲行程结束时，应使弯曲件的变形部位在模具中得到校正。

（5）坯料的安放和弯曲件的取出要方便、迅速、生产率高、操作安全。

（6）弯曲回弹量较大的材料时，模具结构上必须考虑凸、凹模加工及试模时便于修正的可能性。

（二）单工序弯曲模

1. V 形件弯曲模

图 10-39 所示为 V 形件弯曲模的基本结构。凸模 3 装在标准槽形模柄 1 上，并用两个销钉 2 固定。凹模 5 通过螺钉和销钉直接固定在下模座上。顶杆 6 和弹簧 7 组成的顶件装置，工作行程起压料作用，可防止坯料偏移，回程时又可将弯曲件从凹模内顶出。弯曲时，坯料由定位板 4 定位，在凸、凹模作用下，一次便可将平板坯料弯曲成 V 形件。

图 10-40 所示为 V 形件折板式弯曲模，两块活动凹模 4 由铰链 8 连接，铰链的心轴 2 可沿支架 7 的长槽做上下滑动，定位板 9 固定在活动凹模上。弯曲前，顶杆 3 将心轴顶到最高位置，使两块活动凹模成一平面，平板坯料放在定位板上定位。工作时，在凸模 1 作用下，两块凹模将绕铰链心轴转动，而铰链心轴沿支架槽下滑，从而使坯料随活动凹模一起折弯成型。当凸模回程时，活动凹模借助顶杆 3 的作用复位并顶出弯曲件。在弯曲过程中，由于坯料始终与活动凹模和定位板接触，即使坯料形状不对称也不会产生相对滑动和偏移，因此弯曲件的精度和表面质量都较高。图中铰链心轴中心至凹模面的距离 s 影响凹模成 V 形时底部开口宽度 b 的大小，b 过大时弯边接触凹模的面积减小，将失去折板凹模的优越性。为了使全部直边都能与凹模接触，一般 s 值不能大于弯曲件的外弯曲半径，即 $s \leq r+t$。这种弯曲模特别适用于有精确孔位的小零件、坯料不易放平稳的带窄条的零件以及没有足够压料面的零件。

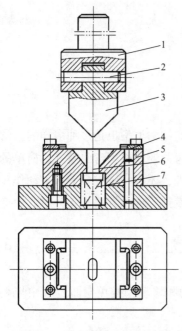

图 10-39　V 形件弯曲模

1—槽形模柄　2—销钉　3—凸模　4—定位板
5—凹模　6—顶杆　7—弹簧

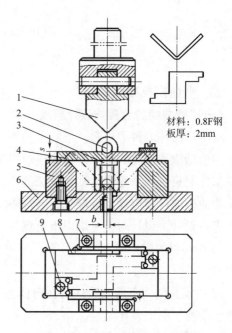

材料：0.8F钢
板厚：2mm

图 10-40　V 形件折板式弯曲模

1—凸模　2—心轴　3—顶杆　4—活动凹模　5—支承板
6—下模座　7—支架　8—铰链　9—定位板

2. U 形件弯曲模

图 10-41 所示为上出件 U 形弯曲模，坯料用定位板 4 和定位销 2 定位，凸模 1 下压时将坯料及顶板 3 同时压下，待坯料在凹模 5 内成型后，凸模回升，弯曲后的零件就在弹顶器（图中未画出）的作用下，通过顶杆和顶板顶出，完成弯曲工作。该模具的主要特点是在凹模内设置了顶件装置，弯曲时顶板能始终压紧坯料，因此弯曲件底部平整。同时顶板上还装有定位销 2，可利用坯料上的孔（或工艺孔）定位，即使 U 形件两直边高度不同，也能保证弯边高度尺寸。因有定位销定位，定位板可不作精确定位。如果要进行校正弯曲，顶板可接

触下模座作为凹模底来用。

图 10-42 所示为弯曲角小于 90°的闭角 U 形件弯曲模，在凹模 4 内安装一对可转动的凹模镶件 5，其缺口与弯曲件外形相适应。凹模镶件受拉簧 6 和止动销的作用，非工作状态下总是处于图示位置。模具工作时，坯料在凹模 4 和定位销 2 上定位，随着凸模的下压，坯料先在凹模 4 内弯曲成夹角为 90°的 U 形过渡件，当工件底部接触到凹模镶件后，凹模镶件就会转动而使工件最后成型。凸模回程时，带动凹模镶件反转，并在拉簧作用下保持复位状态。同时，顶杆 3 配合凸模一起将弯曲件顶出凹模，最后将弯曲件由垂直于图面方向从凸模上取下。

3. Z 形件弯曲模

Z 形件一次弯曲即可成型。图 10-43(a) 所示的 Z 形件弯曲模结构简单，但由于没有压料装置，弯曲时坯料容易滑动，只适用于精度要求不高的零件。

图 10-43(b) 所示的 Z 形件弯曲模设置了顶板 1 和定位销 2，能有效防止坯料的偏移。反侧压块 3 的作用是平衡上、下模之间水平方向的错移力，同时也为顶板导向，防止其窜动。

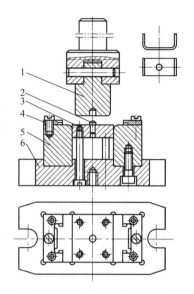

图 10-41　上出件 U 形弯曲模
1—凸模　2—定位销　3—顶板
4—定位板　5—凹模　6—下模座

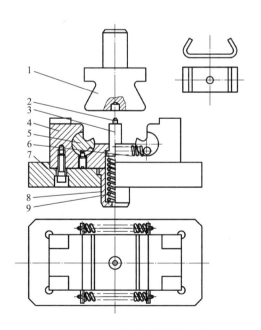

图 10-42　闭角 U 形件弯曲模
1—凸模　2—定位销　3—顶杆　4—凹模　5—凹模镶件
6—拉簧　7—下模座　8—弹簧座　9—弹簧

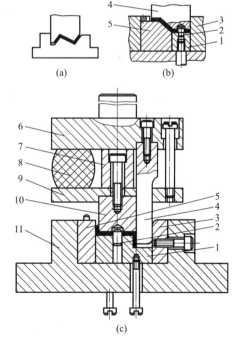

图 10-43　Z 形件弯曲模
1—顶板　2—定位销　3—反侧压块　4—凸模
5—凹模　6—上模座　7—压块　8—橡皮
9—凸模托板　10—活动凸模　11—下模座

273

图 10-43(c) 所示的 Z 形件弯曲模，弯曲前活动凸模 10 在橡皮 8 的作用下与凸模 4 端面平齐。弯曲时活动凸模与顶板 1 将坯料压紧，由于橡皮的弹力较大，推动顶板下移使坯料左端弯曲。当顶板接触下模座 11 后，橡皮 8 压缩，则凸模 4 相对于活动凸模 10 下移将坯料右端弯曲成型。当压块 7 与上模座 6 相碰时，整个弯曲件得到校正。

4. 圆形件弯曲模

一般圆形件尽量采用标准规格的管材切断成型，只有当标准管材的尺寸规格或材质不能满足要求时，才采用板料弯曲成型。用模具弯曲圆形件通常限于中小型件，大直径圆形件可采用滚弯成型。

小圆形件，一般先弯成 U 形，再将 U 形弯成圆形。图 10-44(a) 为用两套简单模弯圆的方法。由于工件小，分两次弯曲操作不便，可将两道工序合并，如图 10-44(b)(c) 所示。图 10-44(b) 为有侧楔的一次弯圆模，上模下行时，芯棒 3 先将坯料弯成 U 形，随着上模继续下行，侧楔 7 便推动活动凹模 8 将 U 形弯成圆形；图 10-44(c) 是另一种一次弯圆模，上模下行时，压板 2 将滑块 6 往下压，滑块带动芯棒 3 先将坯料弯成 U 形，然后凸模 1 再将 U 形弯成圆形。如果工件精度要求高，可旋转工件连冲几次，以获得较好的圆度。弯曲后工件由垂直于图面方向从芯棒上取下。

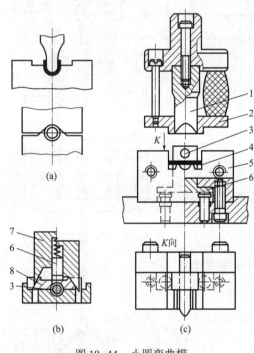

图 10-44　小圆弯曲模

1—凸模　2—压板　3—芯棒　4—坯料　5—凹模
6—滑块　7—侧楔　8—活动凹模

(三) 级进模

对于批量大、尺寸小的弯曲件，为了提高生产率和安全性，保证零件质量，可以采用级进弯曲模进行多工位的冲裁、弯曲、切断等工艺成型。

图 10-45 所示为同时进行冲孔、切断和弯曲的级进模。条料以导料板导向并从刚性卸料板下面送至挡块右侧定位。上模下行时，条料被凸凹模切断并随即将所切断的坯料压弯成型，与此同时冲孔凸模在条料上冲出孔。上模回程时卸料板卸下条料，顶件销则在弹簧的作用下推出工件，获得侧壁带孔的 U 形弯曲件。

(四) 复合模

对于尺寸不大的弯曲件，还可以采用复合模，即在压力机一次行程内，在模具同一位置上完成落料、弯曲、冲孔等几种不同的工序。

图 10-46(a)(b) 所示是切断、弯曲复合模结构简图。图 10-46(c) 所示是落料、弯曲、冲孔复合模，模具结构紧凑，工件精度高，但凸凹模修模困难。

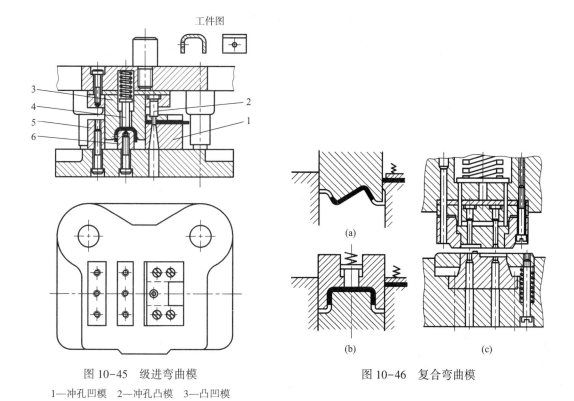

图 10-45 级进弯曲模

1—冲孔凹模 2—冲孔凸模 3—凸凹模
4—顶件销 5—挡块 6—弯曲凸模

图 10-46 复合弯曲模

（五）通用弯曲模

对于小批量生产或试制生产的弯曲件，因为生产量少、品种多、尺寸经常改变，采用专用的弯曲模时成本高、周期长，采用手工加工时，工人劳动强度大、精度不易保证，所以生产中常采用通用弯曲模。

采用通用弯曲模不仅可以成型一般的 V 形件、U 形件，还可成型精度要求不高的复杂形状件，图 10-47 所示是经过多次 V 形弯曲成型复杂零件的实例。

图 10-48 所示是折弯机上使用的通用弯曲模。凹模的四面分别制出适应于弯曲不同形状或尺寸零件的几种槽口 [图 10-48(a)]，凸模有直臂式和曲臂式两种，工作部分的圆角半径也作成几种不同尺寸，以便按工件需要更换 [图 10-48(b)(c)]。

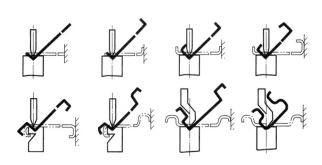

图 10-47 多次 V 形弯曲成型复杂零件的实例

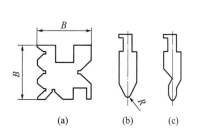

图 10-48 折弯机用的弯曲模的端面形状

三、弯曲模工作部分尺寸的确定

弯曲模工作零件的设计主要是确定凸、凹模工作部分的圆角半径、凹模深度、凸模与凹模间隙、横向尺寸及公差等，凸、凹模安装部分的结构设计与冲裁凸、凹模基本相同。弯曲凸、凹模工作部分的结构及尺寸如图 10-49 所示。

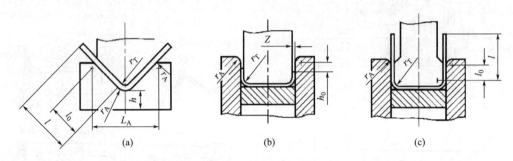

图 10-49　弯曲凸、凹模工作部分的结构及尺寸

（一）凸模圆角半径 R_T

当弯曲件的相对弯曲半径 $r/t<5$ 且不小于 r_{min}/t 时，凸模的圆角半径取等于弯曲件的圆角半径，即 $R_T=r$。若 $r/t<r_{min}/t$，则应取 $R_T \geqslant r_{min}$，将弯曲件先弯成较大的圆角半径，再采用整形工序进行整形，使其满足弯曲件圆角半径的要求。

当弯曲件的相对弯曲半径 $r/t \geqslant 10$ 时，由于弯曲件圆角半径的回弹较大，凸模的圆角半径应根据回弹值作相应的修正。

（二）凹模圆角半径 R_A

凹模圆角半径的大小对弯曲变形力、模具寿命、弯曲件质量等均有影响。R_A 过小，坯料拉入凹模的滑动阻力增大，易使弯曲件表面擦伤或出现压痕，并增大弯曲变形力和影响模具寿命；R_A 过大，又会影响坯料定位的准确性。生产中，凹模圆角半径 R_A 通常根据材料厚度选取。

当 $t \leqslant 2mm$ 时，$R_A = （3~6）t$；

当 $t = 2~4mm$ 时，$R_A = （2~3）t$；

当 $t>4mm$ 时，$R_A = 2t$。

另外，凹模两边的圆角半径应一致，否则在弯曲时坯料会发生偏移。

V 形弯曲凹模的底部可开设退刀槽或取圆角半径 $R_A = （0.6~0.8）（R_T+t）$。

（三）凹模深度 l_0

凹模深度过小，则坯料两端未受压部分太多，弯曲件回弹大且不平直，影响其质量；凹模深度若过大，则浪费模具钢材，且需压力机有较大的工作行程。

（1）V 形件弯曲模。凹模深度 l_0 及底部最小厚度 h 值见表 10-11。但应保证凹模开口宽度 L_A 之值不能大于弯曲坯料展开长度的 0.8 倍。

（2）U 形件弯曲模。对于弯边高度不大或要求两边平直的 U 形件，则凹模深度应大于弯曲件的高度，如图 10-49(b) 所示，其中 h_0 值见表 10-12；对于弯边高度较大，而平直度要求不高的 U 形件，可采用图 10-49(c) 所示的凹模形式，凹模深度 l_0 值见表 10-13。

表 10-11　V 形件弯曲模的凹模深度 l_0 及底部最小厚度 h　　单位：mm

弯曲件边长 l	材料厚度 t					
	<2		2~4		>4	
	h	l_0	h	l_0	h	l_0
10~25	20	10~15	22	15	—	—
25~50	22	15~20	27	25	32	30
50~75	27	20~25	32	30	37	35
75~100	32	25~30	37	35	42	40
100~150	37	30~35	42	40	47	50

表 10-12　U 形件弯曲凹模的 h_0　　单位：mm

材料厚度 t	≤1	1~2	2~3	3~4	4~5	5~6	6~7	7~8	8~10
h_0	3	4	5	6	8	10	15	20	25

表 10-13　U 形件弯曲模的凹模深度 l_0　　单位：mm

弯曲件边长 l	材料厚度 t				
	<1	1~2	2~4	4~6	6~10
<50	15	20	25	30	35
50~75	20	25	30	35	40
75~100	25	30	35	40	40
100~150	30	35	40	50	50
150~200	40	45	55	65	65

（四）凸、凹模间隙

弯曲 V 形件时，凸、凹模间隙是由调整压力机的闭合高度来控制的，模具设计时可以不考虑。对于 U 形类弯曲件，设计模具时应当确定合适的间隙值。间隙过小，会使弯曲件直边料厚减薄或出现划痕，同时还会降低凹模寿命，增大弯曲力；间隙过大，则回弹增大，从而降低弯曲件精度。生产中，U 形件弯曲模的凸、凹模单边间隙一般可按如下公式确定。

弯曲有色金属时：

$$Z = t_{min} + ct \qquad\qquad (10-17)$$

弯曲黑色金属时：

$$Z = t_{max} + ct \qquad\qquad (10-18)$$

式中：Z 为弯曲凸、凹模的单边间隙；t 为弯曲件的材料厚度（基本尺寸）；t_{min}、t_{max} 为弯曲件材料的最小厚度和最大厚度；c 为间隙系数，见表 10-14。

表 10-14　U 形件弯曲模凸凹模的间隙系数 c

弯曲件高度 H/mm	弯曲件宽度 $B \leqslant 2H$				弯曲件宽度 $B > 2H$				
	材料厚度 t/mm								
	≤0.5	0.6~2	2.1~4	4.1~5	≤0.5	0.6~2	2.1~4	4.1~7.5	7.6~12
10	0.05	0.05	0.04	—	0.10	0.10	0.08	—	—

弯曲件高度 H/mm	弯曲件宽度 $B \leqslant 2H$				弯曲件宽度 $B>2H$				
	材料厚度 t/mm								
	≤0.5	0.6~2	2.1~4	4.1~5	≤0.5	0.6~2	2.1~4	4.1~7.5	7.6~12
20	0.05	0.05	0.04	0.03	0.10	0.10	0.08	0.06	0.06
35	0.07	0.05	0.04	0.03	0.15	0.10	0.08	0.06	0.06
50	0.10	0.07	0.05	0.04	0.20	0.15	0.10	0.06	0.06
75	0.10	0.07	0.05	0.05	0.20	0.15	0.10	0.10	0.08
100	—	0.07	0.05	0.05	—	0.15	0.10	0.10	0.08
150	—	0.10	0.07	0.05	—	0.20	0.15	0.10	0.10
200	—	0.10	0.07	0.07	—	0.20	0.15	0.15	0.10

（五）U 形件弯曲凸、凹模横向尺寸及公差

确定 U 形件弯曲凸、凹模横向尺寸及公差的原则是：弯曲件标注外形尺寸时 ［图 10-50 (a)］，应以凹模为基准件，间隙取在凸模上；弯曲件标注内形尺寸时 ［图 10-50(b)］，应以凸模为基准件，间隙取在凹模上；基准凸、凹模的尺寸及公差则应根据弯曲件的尺寸、公差、回弹情况以及模具磨损规律等因素确定 ［图 10-50(c)］。

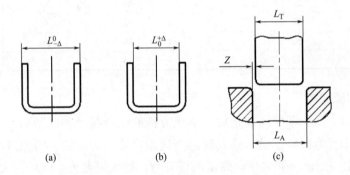

图 10-50 标注外形与内形的弯曲件及模具尺寸

1. 弯曲件标注外形尺寸时 ［图 10-50(a)］

$$L_{\mathrm{A}} = (L_{\max} - 0.75\Delta)_0^{+\delta_{\mathrm{A}}} \qquad (10\text{-}19)$$

$$L_{\mathrm{T}} = (L_{\mathrm{A}} - 2Z)_{-\delta_{\mathrm{T}}}^0 \qquad (10\text{-}20)$$

2. 弯曲件标注内形尺寸时 ［图 10-50(b)］

$$L_{\mathrm{T}} = (L_{\min} + 0.75\Delta)_{-\delta_{\mathrm{T}}}^0 \qquad (10\text{-}21)$$

$$L_{\mathrm{A}} = (L_{\mathrm{T}} + 2Z)_0^{+\delta_{\mathrm{A}}} \qquad (10\text{-}22)$$

式中：L_{A}、L_{T} 为弯曲凸、凹模横向尺寸；$L_{\max}$、$L_{\min}$ 为弯曲件的横向最大、最小极限尺寸；Δ 为弯曲件横向的尺寸公差；δ_{A}、δ_{T} 为弯曲凸、凹模的制造公差，可采用 IT 7~IT 9 级精度，一般凸模的精度比凹模精度高一级，但要保证 $\delta_{\mathrm{A}}/2 + \delta_{\mathrm{T}}/2 + t_{\max}$ 的值在最大允许间隙范围内；Z 为凸、凹模单边间隙。

当弯曲件的精度要求较高时，其凸、凹模可以采用配作法加工。

四、实例分析

零件名称：保持架

生产批量：中批量

材料：20 钢，厚度 0.5mm

零件简图：图 10-51

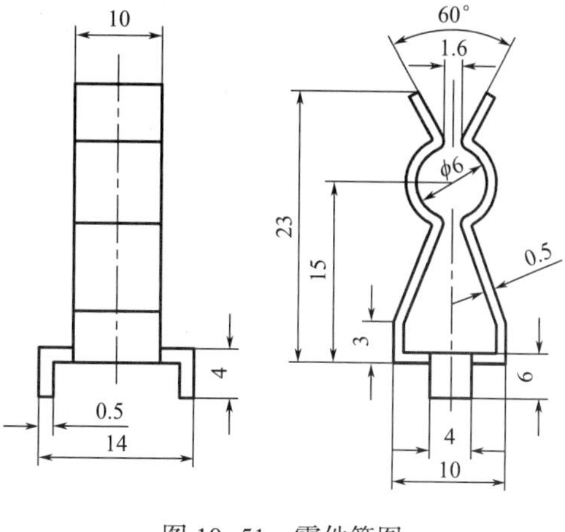

（一）冲压零件工艺

保持架采用单工序冲压，需要三道工序，如图 10-52 所示。三道工序依次为落料、异向弯曲、最终弯曲。每道工序各用一套模具。现将第二道工序的异向弯曲模介绍如下。

异向弯曲工序的工件如图 10-53 所示。工件左右对称，在 b、c、d 各有两处弯曲。bc 弧段的半径为 R3，其余各段是直线。中间 e 部位为对称的向下弯曲。通过上述分析可知，其共有八条弯曲线。

图 10-51　零件简图

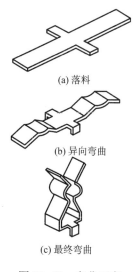

(a) 落料

(b) 异向弯曲

(c) 最终弯曲

图 10-52　弯曲工序

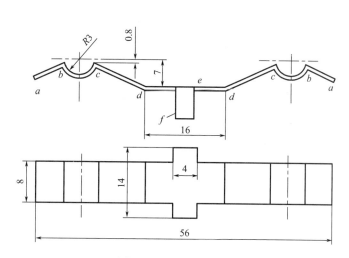

图 10-53　异向弯曲件

（二）模具结构

坯料在弯曲过程中极易滑动，必须采取定位措施。工件中部有两个突耳，在凹模的对应部位设置沟槽，冲压时突耳始终处于沟槽内，用这种方法实现坯料的定位。

模具总体结构如图 10-54 所示。上模座采用带柄矩形上模座，凸模用凸模固定板固定；下模部分由凹模、凹模固定板、垫板和下模座组成。下模座下面装有弹顶器，弹顶力通过两细杆传递到顶件块上。

模具工作过程：将落料后的坯料放在凹模上，并使中部的两个突耳进入凹模固定板的槽中。当模具下行时，凸模中部和顶件块压住坯料的突耳，使坯料准确定位在槽内。模具继续下行，使各部弯曲逐渐成型。上模回程时，弹顶器通过顶件块将工件顶出。

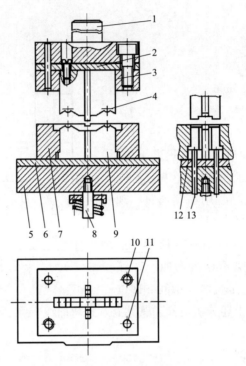

图 10-54　保持架弯曲模装配图

1—带柄矩形上模座　2,6—垫板　3—凸模固定板　4—凸模　5—下模座

7—凹模固定板　8—弹顶器　9—凹模　10—螺栓　11—销钉　12—顶件块　13—推杆

（三）主要计算

略

（四）主要零、部件设计

1. 凸模

凸模是由两部分组成的镶拼结构，如图 10-55 所示。这样的结构便于线切割机床加工。图中凸模 B 部位的尺寸按前述回弹补偿角度设计。A 部位在弯曲工件的两突耳时起凹模作用。凸模用凸模固定板和螺钉固定。

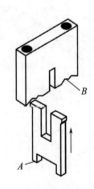

图 10-55　凸模镶拼结构

2. 凹模

凹模采用镶拼结构，与凸模结构相似，如图 10-56 所示。凹模下部设有凸台，用于凹模的固定。凹模工作部位的几何形状，可对照凸模的几何形状并考虑工件厚度进行设计。凸模和凹模均采用 Cr12 制造，热处理硬度为 62~64（HRC）。

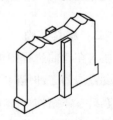

图 10-56　凹模镶拼结构

思考题

1. 弯曲变形有哪些特点，宽板与窄板弯曲时为什么得到的截面形状不同？

2. 弯曲时的变形程度用什么来表示？弯曲时极限变形程度受哪些因素的影响？

3. 为什么说弯曲回弹是弯曲工艺不能忽略的问题？试述减小弯曲回弹的常用措施。

4. 弯曲件弯曲工序的安排要注意什么？

5. 什么是中性层？怎样确定中性层的位置？

6. 试计算图 10-57 中弯曲件 a、b 的毛坯展开长度尺寸。

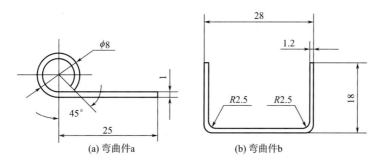

(a) 弯曲件a   (b) 弯曲件b

图 10-57 弯曲件

第十一章　拉深工艺及拉深模设计

拉深是利用拉深模将一定形状的平面坯料或空心件制成开口空心件的冲压工序。拉深工艺可以在普通的单动压力机上进行，也可在专用的双动、三动拉深压力机或液压机上进行。拉深件的种类很多，按变形力学特点可以分为四种基本类型，如图11-1所示。

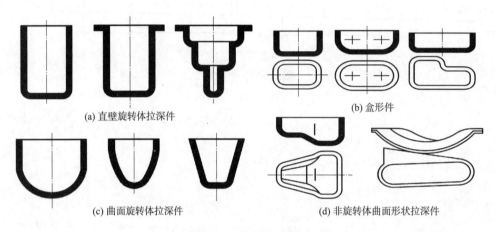

(a) 直壁旋转体拉深件　　　　　　　　(b) 盒形件

(c) 曲面旋转体拉深件　　　　(d) 非旋转体曲面形状拉深件

图 11-1　拉深件示意图

第一节　拉深变形分析

一、拉深变形过程及特点

图 11-2 所示为圆筒形件的拉深过程。直径为 D、厚度为 t 的圆形毛坯经过拉深模拉深，得到外径为 d、高度为 H 的开口圆筒形工件。

（1）在拉深过程中，坯料的中心部分成为筒形件的底部，基本不变形，是不变形区，坯料的凸缘部分（即 $D-d$ 的环形部分）是主要变形区。拉深过程实质上是将坯料的凸缘部分材料逐渐转移到筒壁的过程。

（2）在转移过程中，凸缘部分材料由于拉深力的作用，径向产生拉应力 σ_1，切向产生压应力 σ_3。在 σ_1 和 σ_3 的共同作用下，凸缘部分金属材料产生塑性变形，其多余的三角形材料沿径向伸长，切向压缩，且不断被拉入凹模中变为筒壁，成为

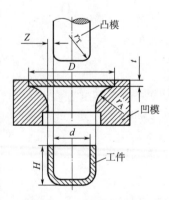

图 11-2　圆筒形件的拉深

282

圆筒形开口空心件。

（3）圆筒形件拉深的变形程度通常以筒形件直径 d 与坯料直径 D 的比值来表示，即：

$$m = \frac{d}{D} \tag{11-1}$$

其中，m 称为拉深系数，m 越小，拉深变形程度越大；相反，m 越大，拉深变形程度越小。

二、拉深过程中坯料内的应力与应变状态

拉深过程是一个复杂的塑性变形过程，其变形区比较大，金属流动大，拉深过程中容易发生凸缘变形区的起皱和传力区的拉裂而使工件报废。因此，有必要分析拉深时的应力、应变状态，从而找出产生起皱、拉裂的根本原因，在设计模具和制订冲压工艺时引起注意，以提高拉深件的质量。拉深过程的应力与应变状态如图 11-3 所示。

根据应力应变的状态不同，可将拉深坯料划分为凸缘平面区、凸缘圆角区、筒壁区、筒底圆角区、筒底区等五个区域。

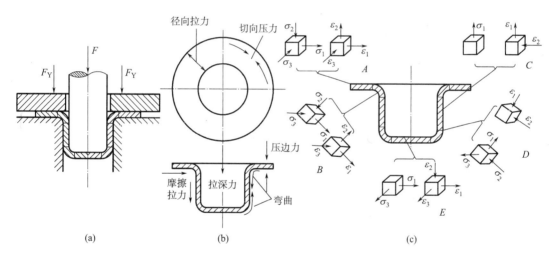

图 11-3　拉深过程的应力与应变状态

（一）凸缘平面部分（A 区）

凸缘平面部分是拉深的主要变形区，材料在径向拉应力 σ_1 和切向压应力 σ_3 的共同作用下产生切向压缩与径向伸长变形而被逐渐拉入凹模。在厚度方向，由于压料圈的作用，产生压应力 σ_2，但通常 σ_1 和 σ_3 的绝对值比 σ_2 大得多。厚度方向的变形取决于径向拉应力 σ_1 和切向压应力 σ_3 之间的比例关系，一般板料厚度有所增厚，越接近外缘，增厚越多。如果不压料（$\sigma_2 = 0$），或压料力较小（σ_2 小），板料增厚比较大。当拉深变形程度较大，板料又比较薄时，则在坯料的凸缘部分，特别是外缘部分，在切向压应力 σ_3 作用下可能失稳而拱起，形成起皱。

（二）凸缘圆角部分（B 区）

凸缘圆角部分是位于凹模圆角部分的材料，径向受拉应力 σ_1 而伸长，切向受压应力 σ_3

而压缩，厚度方向受到凹模圆角的压力和弯曲作用产生压应力 σ_2。由于这里切向压应力值 σ_3 不大，而径向拉应力 σ_1 最大，且凹模圆角越小，由弯曲引起的拉应力越大，板料厚度有所减薄，所以有可能出现破裂。

（三）筒壁部分（C 区）

筒壁部分材料已经形成筒形，材料不再发生大的变形。但是，在拉深过程中，凸模的拉深力要经过筒壁传递到凸缘区，因此它承受单向拉应力 σ_1 的作用，发生少量的纵向伸长变形和厚度减薄。

（四）底部圆角部分（D 区）

底部圆角部分是与凸模圆角接触的部分，从拉深开始一直承受径向拉应力 σ_1 和切向拉应力 σ_3 的作用，并且受到凸模圆角的压力和弯曲作用，因而这部分材料变薄最严重，尤其与侧壁相切的部位，所以此处最容易出现拉裂，是拉深的"危险断面"。

（五）筒底部分（E 区）

筒底部分在拉深开始时即被拉入凹模，并在拉深的整个过程中保持其平面形状。它受切向和径向的双向拉应力作用，变形是双向伸拉变形，厚度略有减薄。但这个区域的材料由于受到与凸模接触面的摩擦阻力约束，基本不产生塑性变形或者只产生不大的塑性变形。

上述筒壁部分、底部圆角部分和筒底部分这三个部分的主要作用是传递拉深力，即把凸模的作用力传递到变形区凸缘部分，使之产生足以引起拉深变形的径向拉应力 σ_1，因而又叫传力区。

三、拉深件的主要质量问题及控制

生产中可能出现的拉深件质量问题较多，主要是起皱和拉裂。

（一）起皱

拉深时坯料凸缘区出现波纹状的皱折称为起皱。起皱是一种受压失稳现象。

1. 起皱产生的原因

凸缘部分是拉深过程中的主要变形区，而该变形区受最大切向压应力作用，其主要变形是切向压缩变形。当切向压应力较大而坯料的相对厚度 t/D（t 为料厚，D 为坯料直径）又较小时，凸缘部分的料厚与切向压应力之间失去了应有的比例关系，从而在凸缘的整个周围产生波浪形的连续弯曲，如图 11-4(a) 所示，这就是拉深时的起皱现象。通常起皱首先从凸缘外缘发生，因为这里的切向压应力绝对值最大。出现轻微起皱时，凸缘区板料仍有可能全部拉入凹模内，但起皱部位的波峰在凸模与凹模之间受到强烈挤压，从而在拉深件侧壁靠上部位将出现条状的挤光痕迹和明显的波纹，影响工件的外观质量与尺寸精度，如图 11-4(b) 所示。起皱严重时，拉深便无法顺利进行，这时起皱部位相当于板厚增加了许多，因而不能在凸模与凹模之间顺利通过，并使径向拉应力急剧增大，继续拉深时将会在危险断面处拉破，如图 11-4(c) 所示。

2. 影响起皱的主要因素

（1）坯料的相对厚度 t/D。坯料的相对厚度越小，拉深变形区抵抗失稳的能力越差，越容易起皱。相反，坯料相对厚度越大，越不容易起皱。

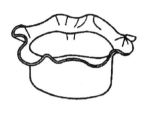  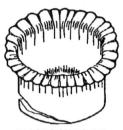

(a) 起皱现象　　　　　(b) 轻微起皱影响拉深件质量　　　　　(c) 严重起皱导致破裂

图 11-4　拉深件的起皱破坏

（2）拉深系数 m。根据拉深系数的定义 $m=d/D$ 可知，拉深系数 m 越小，拉深变形程度越大，拉深变形区内金属的硬化程度也越高，因而切向压应力相应增大。另一方面，拉深系数越小，凸缘变形区的宽度相对越大，其抵抗失稳的能力就越小，因而越容易起皱。

有时，虽然坯料的相对厚度较小，但当拉深系数较大时，拉深时也不会起皱。例如，拉深高度很小的浅拉深件时，即属于这一种情况。这说明，在上述两个主要影响因素中，拉深系数的影响更为重要。

（3）拉深模工作部分的几何形状与参数。凸模和凹模圆角及凸、凹模之间的间隙过大时，则坯料容易起皱。用锥形凹模拉深的坯料与用普通平端面凹模拉深的坯料相比，前者不容易起皱，如图 11-5 所示。原因是用锥形凹模拉深时，坯料形成的曲面过渡形状［图 11-5（b）］比平面形状具有更大的抗压失稳能力。而且，凹模圆角处对坯料造成的摩擦阻力和弯曲变形的阻力都减到最低限度，凹模锥面对坯料变形区的作用力也有助于使它产生切向压缩变形，因此，其拉深力比平端面凸模要小得多，拉深系数可以大为减小。

3. 防止起皱的措施

为了防止起皱，最常用的方法是在拉深模具上设置压料装置，使坯料凸缘区夹在凹模平面与压料圈之间通过，如图 11-6 所示。当然并不是任何情况下都会发生起皱现象，当变形程度较小、坯料相对厚度较大时，一般不会起皱，这时就可不必采用压料装置。

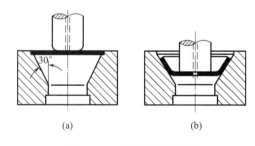 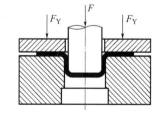

(a)　　　　　　(b)

图 11-5　锥形凹模的拉深　　　　　　图 11-6　带压料圈的模具结构

（二）拉裂

1. 拉裂产生的原因

在拉深过程中，由于凸缘变形区应力应变很不均匀，靠近外边缘的坯料压应力大于拉应力，其压应变为最大主应变，坯料有所增厚；而靠近凹模孔口的坯料拉应力大于压应力，其

图 11-7 拉深件的
拉裂破坏

拉应变为最大主应变，坯料有所变薄。因而，当凸缘区转化为筒壁后，拉深件的壁厚就不均匀，口部壁厚增大，底部壁厚减小，壁部与底部圆角相切处变薄最严重。变薄最严重的部位成为拉深时的危险断面，当筒壁的最大拉应力超过该危险断面材料的抗拉强度时，便会产生拉裂，如图 11-7 所示。另外，当凸缘区起皱时，坯料难以通过或不能通过凸、凹模间隙，使得筒壁拉应力急剧增大，也会导致拉裂 [图 11-4(c)]。

2. 避免拉裂的措施

生产实际中常用适当加大凸、凹模圆角半径、降低拉深力、增加拉深次数、在压料圈底部和凹模上涂润滑剂等方法来避免拉裂的产生。

第二节 拉深件的工艺性

一、拉深件的形状、尺寸及精度

(一) 拉深件的形状与尺寸

(1) 拉深件应尽量简单、对称，并能一次拉深成型。

(2) 拉深件壁厚公差或变薄量要求一般不应超出拉深工艺壁厚变化规律。根据统计，不变薄拉深工艺的筒壁最大增厚量约为 $(0.2 \sim 0.3)t$，最大变薄量约为 $(0.1 \sim 0.18)t$（t 为板料厚度）。

(3) 当零件一次拉深的变形程度过大时，为避免拉裂，需采用多次拉深，这时在保证必要的表面质量前提下，应允许内、外表面存在拉深过程中可能产生的痕迹。

(4) 在保证装配要求的前提下，应允许拉深件侧壁有一定的斜度。

(5) 拉深件的底部或凸缘上有孔时，孔边到侧壁的距离应满足 $a \geqslant R + 0.5t$（或 $r + 0.5t$），如图 11-8(a) 所示。

(6) 拉深件的底与壁、凸缘与壁、矩形件的四角等处的圆角半径应满足：$r \geqslant t$，$R \geqslant 2t$，$r_g \geqslant 3t$，如图 11-8 所示。否则，应增加整形工序。一次整形时，圆角半径可取 $r \geqslant (0.1 \sim 0.3)t$，$R \geqslant (0.1 \sim 0.3)t$。

(7) 拉深件的径向尺寸应只标注外形尺寸或内形尺寸，而不能同时标注内、外形尺寸。带台阶的拉深件，其高度方向的尺寸标注一般应以拉深件底部为基准，如图 11-9(a) 所示。若以上部为基准，高度尺寸不易保证，如图 11-9(b) 所示。

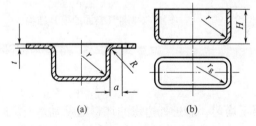

图 11-8 拉深件的孔边距及圆角半径

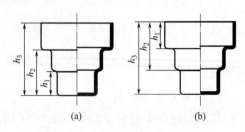

图 11-9 带台阶拉深件的尺寸标注

（二）拉深件的精度

一般情况下，拉深件的尺寸精度应在 IT 13 级以下，不宜高于 IT 11 级。对于精度要求高的拉深件，应在拉深后增加整形工序，以提高其精度。由于材料各向异性的影响，拉深件的口部或凸缘外缘一般不整齐，出现"突耳"现象，需要增加切边工序。

二、拉深件的材料

用于拉深件的材料，要求具有较好的塑性，屈强比 σ_s/σ_b 小、板厚方向性系数 r 大，板平面方向性系数 Δr 小。

屈强比 σ_s/σ_b 值越小，一次拉深允许的极限变形程度越大，拉深的性能越好。例如，低碳钢的屈强比 $\sigma_s/\sigma_b \approx 0.57$，其一次拉深的最小拉深系数为 $m = 0.48 \sim 0.50$；65Mn 钢的 $\sigma_s/\sigma_b \approx 0.63$，其一次拉深的最小拉深系数为 $m = 0.68 \sim 0.70$。所以有关材料标准规定，作为拉深用的钢板，其屈强比不大于 0.66。

板厚方向性系数 r 和板平面方向性系数 Δr 反映了材料的各向异性性能。当 r 较大或 Δr 较小时，材料宽度的变形比厚度方向的变形容易，板平面方向性能差异较小，拉深过程中材料不易变薄或拉裂，因而有利于拉深成型。

三、旋转体拉深件坯料尺寸的确定

（一）坯料形状和尺寸确定的原则

1. 形状相似性原则

拉深件的坯料形状一般与拉深件的截面轮廓形状近似相同，即当拉深件的截面轮廓是圆形、方形或矩形时，相应坯料的形状应分别为圆形、近似方形或近似矩形。另外，坯料周边应光滑过渡，以使拉深后得到等高侧壁（如果零件要求等高时）或等宽凸缘。

2. 表面积相等原则

对于不变薄拉深，虽然在拉深过程中板料的厚度有增厚也有变薄，但实践证明，拉深件的平均厚度与坯料厚度相差不大。由于塑性变形前后体积不变，因此，可以按坯料面积等于拉深件表面积的原则确定坯料尺寸。

应该指出，用理论计算方法确定坯料尺寸不是绝对准确的，而是近似的，尤其是变形复杂的复杂拉深件。实际生产中，对于形状复杂的拉深件，通常是先做好拉深模，并以理论计算方法初步确定的坯料进行反复试模修正，直至得到的工件符合要求时，再将符合实际的坯料形状和尺寸作为制造落料模的依据。

由于金属板料具有板平面方向性和受模具几何形状等因素的影响，制成的拉深件口部一般不整齐，尤其是深拉深件。因此在多数情况下还需采取加大工序件高度或凸缘宽度的办法，拉深后再经过切边工序以保证零件质量。切边余量可参考表 11-1 和表 11-2。但当零件的相对高度 H/d 很小并且高度尺寸要求不高时，也可以不用切边工序。

（二）简单旋转体拉深件坯料尺寸的确定

旋转体拉深件坯料的形状是圆形，所以坯料尺寸的计算主要是确定坯料直径。对于简单旋转体拉深件，可首先将拉深件划分为若干个简单而又便于计算的几何体，并分别求出各简单几何体的表面积，再把各简单几何体的表面积相加即为拉深件的总表面积，然后根据表面积相等原则，即可求出坯料直径。

表 11-1　无凸缘圆筒形拉深件的修边余量　　　　　　　　　单位：mm

拉深件高度 h	拉深相对高度 h/d				附图
	>0.5~0.8	>0.8~1.6	>1.6~2.5	>2.5~4	
≤10	1.0	1.2	1.5	2	
10~20	1.2	1.6	2	2.5	
20~50	2	2.5	3.3	4	
50~100	3	3.8	5	6	
100~150	4	5	6.5	8	
150~200	5	6.3	6.5	10	
200~250	6	7.5	9	11	
250	7	8.5	10	12	

表 11-2　带凸缘圆筒形拉深件的修边余量　　　　　　　　　单位：mm

拉深件高度	相对凸缘直径 d_t/d			
	<1.5	1.5~2	2~2.5	>2.5
<25	1.8	1.6	1.4	1.2
25~50	2.5	2.0	1.8	1.6
50~100	3.5	3.0	2.5	2.2
100~150	4.3	3.6	3.0	2.5
150~200	5.0	4.2	3.5	2.7
200~250	5.5	4.6	3.8	2.8
250	6.0	5.0	4.0	3.0

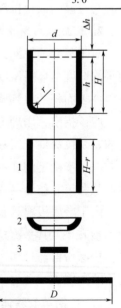

例如，图 11-10 所示的圆筒形拉深件，可分解为无底圆筒 1、1/4 凹圆环 2 和圆形板 3 三部分，每一部分的表面积分别为：

$$A_1 = \pi d\ (H-r)$$

$$A_2 = \pi\ [\ 2\pi r\ (d-2r)\ +8r^2\ ]\ /4$$

$$A_3 = \pi\ (d-2r)^2/4$$

设坯料直径为 D，则按坯料表面积与拉深件表面积相等原则有：

$$\pi D^2/4 = A_1 + A_2 + A_3$$

分别将 A_1、A_2、A_3 代入上式并简化后得：

$$D = \sqrt{d^2 + 4dH - 1.72dr - 0.56r^2} \qquad (11\text{-}2)$$

式中：D 为坯料直径；d、H、r 分别为拉深件的直径、高度、圆角半径。

计算时，拉深件尺寸均按厚度中线尺寸计算，但当板料厚度小于 1mm 时，也可以按零件图标注的外形或内形尺寸计算。

常用旋转体拉深件坯料直径的计算公式见表 11-3。

图 11-10　圆筒形拉深件
坯料尺寸计算图

表 11-3　常用旋转体拉深件坯料直径的计算公式

序号	零件形状	坯料直径 D
1		$D = \sqrt{d_1^2 + 2l\ (d_1 + d_2)}$
2		$D = \sqrt{d_1^2 + 2r\ (\pi d_1 + 4r)}$
3		$D = \sqrt{d_1^2 + 4d_2h + 6.28rd_1 + 8r^2}$ 或 $D = \sqrt{d_2^2 + 4d_2H - 1.72rd_2 - 0.56r^2}$
4		当 $r \neq R$ 时， $D = \sqrt{d_1^2 + 6.28rd_2 + 8r^2 + 4d_2h + 6.28Rd_2 + 4.56R^2 + d_4^2 - d_3^2}$ 当 $r = R$ 时， $D = \sqrt{d_4^2 + 4d_2H - 3.44rd_2}$
5		$D = \sqrt{8rh}$ 或 $D = \sqrt{s^2 + 4h^2}$
6		$D = \sqrt{2d^2} = 1.414d$

（三）复杂旋转体拉深件坯料尺寸的确定

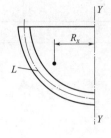

图 11-11　旋转体
表面积计算图

复杂旋转体拉深件是指母线较复杂的旋转体零件，其母线可能由一段曲线组成，也可能由若干直线段与圆弧段相接组成。复杂旋转体拉深件的表面积可根据久里金法则求出，即任何形状的母线绕轴旋转一周所得到的旋转体表面积，等于该母线的长度与其形心绕该轴线旋转所得周长的乘积。如图 11-11 所示，旋转体表面积为：

$$A = 2\pi R_x L$$

根据拉深前后表面积相等的原则，坯料直径可按下式求出：

$$\pi D^2 / 4 = 2\pi R_x L$$

$$D = \sqrt{8 R_x L} \tag{11-3}$$

式中：A 为旋转体表面积（mm^2）；R_x 为旋转体母线形心到旋转轴线的距离，称旋转半径（mm）；L 为旋转体母线长度（mm）；D 为坯料直径（mm）。

由式（11-3）可知，只要知道旋转体母线长度及其形心的旋转半径，就可以求出坯料的直径。当母线较复杂时，可先将其分成简单的直线和圆弧，分别求出各直线和圆弧的长度 L_1，L_2，$\cdots$，L_n 和其形心到旋转轴的距离 R_{x1}，R_{x2}，$\cdots$，R_{xn}（直线的形心在其中点，圆弧的形心可从有关手册中查得），再根据下式进行计算：

$$D = \sqrt{8 \sum_{i=1}^{n} R_{xi} L_i} \tag{11-4}$$

【例 1】如图 11-12 所示的拉深件，板料厚度为 1mm，求坯料直径。

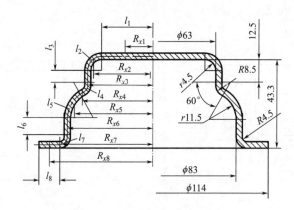

图 11-12　用解析法计算坯料直径

解：经计算，各直线段和圆弧长度为：

$l_1 = 27mm$，$l_2 = 7.85mm$，$l_3 = 8mm$，$l_4 = 8.376mm$，$l_5 = 12.564mm$，$l_6 = 8mm$，$l_7 = 7.85mm$，$l_8 = 10mm$。

各直线和圆弧形心的旋转半径为：

$R_{x1} = 13.5mm$，$R_{x2} = 30.18mm$，$R_{x3} = 32mm$，$R_{x4} = 33.384mm$，$R_{x5} = 39.924mm$，$R_{x6} = 42mm$，$R_{x7} = 43.82mm$，$R_{x8} = 52mm$。

故坯料直径为：

$$D = \sqrt{8 \times (27 \times 13.5 + 7.85 \times 30.18 + 8 \times 32 + 8.38 \times 33.38 + 12.56 \times 39.92 + 8 \times 42 + 7.85 \times 43.82 + 10 \times 52)}$$
$$= 150.6 \ (\text{mm})$$

四、圆筒形件的拉深工艺计算

（一）拉深系数及其极限

圆筒形件的拉深变形程度一般用拉深系数表示。在设计冲压工艺过程与确定拉深工序的数目时，通常也是用拉深系数作为计算的依据。从广义上说，圆筒形件的拉深系数 m 以每次拉深后的直径与拉深前的坯料（工序件）直径之比表示（图 11-13），即：

第一次拉深系数： $$m_1 = \frac{d_1}{D}$$

第二次拉深系数： $$m_2 = \frac{d_2}{d_1}$$

$$\cdots\cdots$$

第 n 次拉深系数： $$m_n = \frac{d_n}{d_{n-1}}$$

总拉深系数 $m_总$ 表示从坯料直径 D 拉深至 d_n 的总变形程度，即：

$$m_总 = \frac{d_n}{D} = \frac{d_1}{D}\frac{d_1}{d_2}\frac{d_3}{d_2}\cdots\frac{d_{n-1}}{d_{n-2}}\frac{d_n}{d_{n-1}} = m_1 m_2 m_3 \cdots m_{n-1} m_n$$

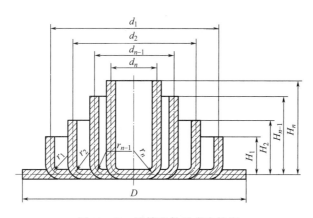

图 11-13 圆筒形件的多次拉深

拉深变形程度对凸缘区的径向拉应力和切向压应力以及对筒壁传力区拉应力影响极大，为了防止在拉深过程中产生起皱和拉裂的缺陷，应减小拉深变形程度（即增大拉深系数），从而减小切向压应力和径向拉应力，以减小起皱和破裂的可能性。

图 11-14 所示为用同一材料、同一厚度的坯料，在凸、凹模尺寸相同的模具上用逐步加大坯料直径（即逐步减小拉深系数）的办法进行试验的情况。其中，图 11-14（a）表示在无压料装置情况下，当坯料尺寸较小时（即拉深系数较大时），拉深能够顺利进行；当坯料直径加大，使拉深系数减小到一定数值（如 $m=0.75$）时，会出现起皱。如果增加压料装置 ［图 11-14（b）］，则能防止起皱，此时进一步加大坯料直径、减少拉深系数，拉深还可

以顺利进行。但当坯料直径加大到一定数值、拉深系数减少到一定数值（如 $m = 0.50$）后，筒壁出现拉裂现象，拉深过程被迫中断。

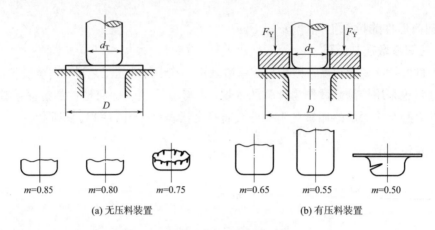

图 11-14 拉深试验

因此，为了保证拉深工艺的顺利进行，必须使拉深系数大于一定数值，这个一定的数值即为在一定条件下的极限拉深系数，用 $[m]$ 表示。小于这个数值，就会使拉深件起皱、拉裂或严重变薄而超差。另外，在多次拉深过程中，由于材料的加工硬化，使得变形抗力不断增大，所以以后各次极限拉深系数必须逐次递增，即 $[m_1] < [m_2] < [m_3] < \cdots < [m_n]$。

影响极限拉深系数的因素较多，主要有：

（1）材料的组织与力学性能。一般来说，材料组织均匀、晶粒大小适当、屈强比 σ_s / σ_b 小、塑性好、板平面方向性系数 Δr 小、板厚方向系数 r 大、硬化指数 n 大的板料，变形抗力小，筒壁传力区不容易产生局部严重变薄和拉裂，因而拉深性能好，极限拉深系数较小。

（2）板料的相对厚度 t/D。当板料的相对厚度大时，抗失稳能力较强，不易起皱，可以不采用压料或减少压料力，从而减少摩擦损耗，有利于拉深，故极限拉深系数较小。

（3）摩擦与润滑条件。凹模与压料圈的工作表面光滑、润滑条件较好，可以减小拉深系数。但为避免在拉深过程中凸模与板料或工序件之间产生相对滑移，造成危险断面的过度变薄或拉裂，在不影响拉深件内表面质量和脱模的前提下，凸模工作表面可以比凹模粗糙一些，并避免涂润滑剂。

（4）模具的几何参数。模具几何参数中，影响极限拉深系数的主要是凸、凹模圆角半径及间隙。凸模圆角半径 r_T 太小，板料绕凸模弯曲的拉应力增加，易造成局部变薄严重，降低危险断面的强度，因而会降低极限变形程度；凹模圆角半径 r_A 太小，板料在拉深过程中通过凹模圆角半径时弯曲阻力增加，增加了筒壁传力区的拉应力，也会降低极限变形程度；凸、凹模间隙太小，板料会受到太大的挤压作用和摩擦阻力，增大拉深力，使极限变形程度减小。因此，为了减小极限拉深系数，凸、凹模圆角半径及间隙应适当取较大值。但是，凸、凹模圆角半径和间隙也不宜取得过大，过大的圆角半径会减小板料与凸模和凹模端面的接触面积及压料圈的压料面积，板料悬空面积增大，容易产生失稳起皱；过大的凸、凹模间隙会影响拉深件的精度，拉深件的锥度和回弹较大。

除此以外，影响极限拉深系数的因素还有拉深方法、拉深次数、拉深速度、拉深件形状等。由于影响因素很多，在实际生产中，极限拉深系数的数值一般是在一定的拉深条件下用试验方法得出的，可查表 11-4 和表 11-5 确定。

表 11-4　圆筒形件的极限拉深系数（带压料圈）

拉深系数	坯料相对厚度 $\frac{t}{D}$/%					
	2.0~1.5	1.5~1.0	1.0~0.6	0.6~0.3	0.3~0.15	0.15~0.08
$[m_1]$	0.48~0.50	0.50~0.53	0.53~0.55	0.55~0.58	0.58~0.60	0.60~0.63
$[m_2]$	0.73~0.75	0.75~0.76	0.76~0.78	0.78~0.79	0.79~0.80	0.80~0.82
$[m_3]$	0.76~0.78	0.78~0.79	0.79~0.80	0.80~0.81	0.81~0.82	0.82~0.84
$[m_4]$	0.78~0.80	0.80~0.81	0.81~0.82	0.82~0.83	0.83~0.85	0.85~0.86
$[m_5]$	0.80~0.82	0.82~0.84	0.84~0.85	0.85~0.86	0.86~0.87	0.87~0.88

表 11-5　圆筒形件的极限拉深系数（不带压料圈）

拉深系数	坯料相对厚度 $\frac{t}{D}$/%				
	1.5	2.0	2.5	3.0	>3
$[m_1]$	0.65	0.60	0.55	0.53	0.50
$[m_2]$	0.80	0.75	0.75	0.75	0.70
$[m_3]$	0.84	0.80	0.80	0.80	0.75
$[m_4]$	0.87	0.84	0.84	0.84	0.78
$[m_5]$	0.90	0.87	0.87	0.87	0.82
$[m_6]$	—	0.90	0.90	0.90	0.85

需要指出的是，在实际生产中，并不是所有情况下都采用极限拉深系数。为了提高工艺稳定性，提高零件质量，必须采用稍大于极限值的拉深系数。

（二）圆筒形件的拉深次数与工序尺寸的计算

1. 无凸缘圆筒形件的拉深次数与工序尺寸的计算

（1）拉深次数的确定。当拉深件的拉深系数 $m=d/D$ 大于第一次极限拉深系数 $[m_1]$，即 $m>[m_1]$ 时，则该拉深件只需一次拉深就可成型，否则就要进行多次拉深。

需要多次拉深时，拉深次数可按以下方法确定：

①推算法。先根据 t/D 和是否带压料圈可查表确定，并查出 $[m_1]$，$[m_2]$，$[m_3]$，…，然后从第一道工序开始依次算出各次拉深工序件直径，即 $d_1=[m_1]D$，$d_2=[m_2]d_1$，…，$d_n=[m_n]d_{n-1}$，直到 $d_n \leqslant d$。即当计算所得直径 d_n 稍小于或等于拉深件所要求的直径 d 时，计算的次数即为拉深次数。

②查表法。圆筒形件的拉深次数还可从表 11-6 中查取。

表 11-6　拉深相对高度 H/d 与拉深次数的关系（无凸缘圆筒形件）

拉深次数	坯料相对厚度（t/D）/%					
	2~1.5	1.5~1.0	1.0~0.6	0.6~0.3	0.3~0.15	0.15~0.08
1	0.94~0.77	0.84~0.65	0.71~0.57	0.62~0.5	0.52~0.45	0.46~0.38
2	1.88~1.54	1.60~1.32	1.36~1.1	1.13~0.94	0.96~0.83	0.9~0.7
3	3.5~2.7	2.8~2.2	2.3~1.8	1.9~1.5	1.6~1.3	1.3~1.1
4	5.6~4.3	4.3~3.5	3.6~2.9	2.9~2.4	2.4~2.0	2.0~1.5
5	58.9~6.6	6.6~5.1	5.2~4.1	4.1~3.3	3.3~2.7	2.7~2.0

（2）各次拉深工序尺寸的计算。当圆筒形件需多次拉深时，必须计算各次拉深的工序件尺寸，以作为设计模具及选择压力机的依据。

①各次工序件的直径。当拉深次数确定之后，先从表中查出各次拉深的极限拉深系数，并加以调整后确定各次拉深实际采用的拉深系数。调整的原则是：

a. 保证 $m_1 m_2 \cdots m_n = d/D$；

b. 使 $m_1 \leqslant [m_1]$，$m_2 \leqslant [m_2]$，$\cdots$，$m_n \leqslant [m_n]$，且 $m_1 < m_2 < \cdots < m_n$。

然后根据调整后的各次拉深系数计算各次工序件的直径：

$$d_1 = m_1 D$$
$$d_2 = m_2 d_1$$
$$\cdots\cdots$$
$$d_n = m_n d_{n-1} = d$$

②各次工序件的圆角半径。工序件的圆角半径 r 等于相应拉深凸模的圆角半径 r_T，即 $r = r_T$。但当料厚 $t \geqslant 1$ 时，应按中线尺寸计算，这时 $r = r_T + t/2$。凸模圆角半径 r_T 的确定可参考本章相关内容。

③各次工序件的高度。在各工序件的直径与圆角半径确定之后，可根据圆筒形件坯料尺寸计算公式推导出各次工序件高度的计算公式为：

$$H_1 = 0.25\left(\frac{D^2}{d_1} - d_1\right) + 0.43\frac{r_1}{d_1}(d_1 + 0.32r_1)$$

$$H_2 = 0.25\left(\frac{D^2}{d_2} - d_2\right) + 0.43\frac{r_2}{d_2}(d_2 + 0.32r_2)$$

$$\cdots\cdots$$

$$H_n = 0.25\left(\frac{D^2}{d_n} - d_n\right) + 0.43\frac{r_n}{d_n}(d_n + 0.32r_n) \tag{11-5}$$

式中：H_1，H_2，$\cdots$，H_n 为各次工序件的高度；d_1，d_2，$\cdots$，d_n 为各次工序件的直径；r_1，r_2，$\cdots$，r_n 为各次工序件的底部圆角半径；D 为坯料直径。

【例2】计算图 11-15 所示圆筒形件的坯料尺寸、拉深系数及各次拉深工序件的尺寸。材料为 10 钢，板料厚度 $t = 2\text{mm}$。

解：因板料厚度 $t > 1\text{mm}$，故按板厚中线尺寸计算。

（1）计算坯料直径。根据拉深件尺寸，其相对高度为 $h/d = (76-1)/(30-2) \approx 2.7$，查

表 11-1 得切边余量 $\Delta h = 6\,\text{mm}$。从表 11-3 中查得坯料直径计算公式为:

$$D = \sqrt{d^2 + 4dH - 1.72dr - 0.56r^2}$$

如图 11-15 所示, $d = 30 - 2 = 28$ （mm）, $r = 3 + 1 = 4$ （mm）, $H = 76 - 1 + 6 = 81$ （mm）, 代入上式得:

$$D = \sqrt{28^2 + 4 \times 28 \times 81 - 1.72 \times 28 \times 4 - 0.56 \times 4^2} = 98.3 \text{ （mm）}$$

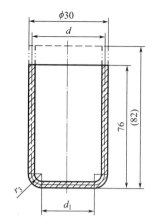

图 11-15　圆筒形件

（2）确定拉深次数。根据坯料的相对厚度 $t/D = 2/98.3 \times 100\% = 2\%$, 根据表 11-1 可采用也可不采用压料圈, 但为了保险起见, 拉深时采用压料圈。

根据 $t/D = 2\%$, 查表 11-4 得各次拉深的极限拉深系数为 $[m_1] = 0.50$, $[m_2] = 0.75$, $[m_3] = 0.78$, $[m_4] = 0.80$。故:

$d_1 = [m_1]\,D = 0.50 \times 98.3 = 49.2$ （mm）

$d_2 = [m_2]\,d_1 = 0.75 \times 49.2 = 36.9$ （mm）

$d_3 = [m_3]\,d_2 = 0.78 \times 36.9 = 28.8$ （mm）

$d_4 = [m_4]\,d_3 = 0.80 \times 28.8 = 23$ （mm）

因 $d_4 = 23\,\text{mm} < 28\,\text{mm}$, 所以需采用 4 次拉深成型。

（3）计算各次拉深工序件尺寸。为了使第 4 次拉深的直径与零件要求一致, 需对极限拉深系数进行调整。调整后取各次拉深的实际拉深系数为 $m_1 = 0.52$, $m_2 = 0.78$, $m_3 = 0.83$, $m_4 = 0.846$。

各次工序件直径为:

$d_1 = m_1 D = 0.52 \times 98.3 = 51.1$ （mm）

$d_2 = m_2 d_1 = 0.78 \times 51.1 = 39.9$ （mm）

$d_3 = m_3 d_2 = 0.83 \times 39.9 = 33.1$ （mm）

$d_4 = m_4 d_3 = 0.846 \times 33.1 = 28$ （mm）

各次工序件底部圆角半径取以下数值:

$r_1 = 8\,\text{mm}$, $r_2 = 5\,\text{mm}$, $r_3 = r_4 = 4\,\text{mm}$

把各次工序件直径和底部圆角半径代入式（11-5）, 得各次工序件高度为:

$$H_1 = 0.25 \times \left(\frac{98.3^2}{51.1} - 51.1\right) + 0.43 \times \frac{8}{51.1} \times (51.1 + 0.32 \times 8) = 38.1 \text{ （mm）}$$

$$H_2 = 0.25 \times \left(\frac{98.3^2}{39.9} - 39.9\right) + 0.43 \times \frac{5}{39.9} \times (39.9 + 0.32 \times 5) = 52.8 \text{ （mm）}$$

$$H_3 = 0.25 \times \left(\frac{98.3^2}{33.1} - 33.1\right) + 0.43 \times \frac{4}{33.1} \times (33.1 + 0.32 \times 4) = 66.3 \text{ （mm）}$$

$$H_4 = 81 \text{ （mm）}$$

以上计算所得工序件尺寸都是中线尺寸, 换算成与零件图相同的标注形式后, 所得各工序件的尺寸如图 11-16 所示。

2. 带凸缘圆筒形件的拉深方法与工序尺寸的计算

图 11-17 所示为带凸缘圆筒形件及其坯料。通常, 当 $d_t / d = 1.1 \sim 1.4$ 时, 称为窄凸缘圆

筒形件；当 $d_t/d>1.4$ 时，称为宽凸缘圆筒形件。

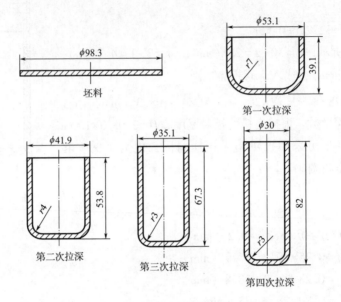

图 11-16　圆筒形件的各次拉深工序件尺寸

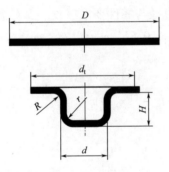

图 11-17　带凸缘圆筒形件
及其坯料

带凸缘圆筒形件的拉深看上去简单，好像是拉深无凸缘圆筒形件的中间状态。但当其各部分尺寸关系不同时，拉深中要解决的问题是不同的，拉深方法也不相同。当拉深件凸缘为非圆形时，在拉深过程中仍需拉出圆形的凸缘，最后再用切边或其他冲压加工方法完成工件所需的形状。

（1）拉深方法。

①窄凸缘圆筒形件的拉深。窄凸缘圆筒形件是凸缘宽度很小的拉深件，这类零件需多次拉深时，由于凸缘很窄，可先按无凸缘圆筒形件进行拉深，再在最后一次工序用整形的方法压成所要求的窄凸缘形状。为了使凸缘容易成型，在拉深的最后两道工序可采用锥形凹模和锥形压料圈进行拉深，留出锥形凸缘，这样整形时可减小凸缘区切向的拉深变形，对防止外缘开裂有利。如图 11-18 所示的窄凸缘圆筒形件，共需三次拉深成型，第一次拉成无凸缘圆筒形工序件，在后两次拉深时留出锥形凸缘，最后整形达到要求。

②宽凸缘圆筒形件的拉深。宽凸缘圆筒形件需多次拉深时，拉深的原则是：第一次拉深就必须使凸缘尺寸等于拉深件的凸缘尺寸（加切边余量），以后各次拉深时凸缘尺寸保持不变，仅依靠筒形部分的材料转移来达到拉深件尺寸。因为在以后的拉深工序中，即使凸缘部分产生很小的变形，也会使筒壁传力区产生很大的拉应力，从而使底部危险断面拉裂。生产实际中，宽凸缘圆筒形件需多次拉深时的拉深方法有两种，如图 11-19 所示，图中 1、2、3、4 为拉深次序。

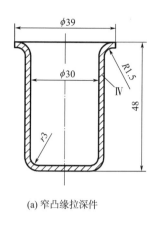

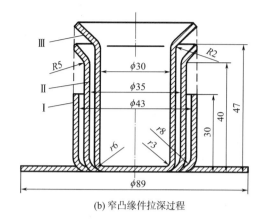

(a) 窄凸缘拉深件　　　　　　　　　　(b) 窄凸缘件拉深过程

图 11-18　窄凸缘圆筒形件的拉深

Ⅰ—第一次拉深　Ⅱ—第二次拉深　Ⅲ—第三次拉深　Ⅳ—成品（整形后）

　　a. 通过多次拉深，逐渐缩小筒形部分直径和增加其高度 [图 11-19(a)]。这种拉深方法是直接采用圆筒形件的多次拉深方法，通过各次拉深逐次缩小直径，增加高度，各次拉深的凸缘圆角半径和底部圆角半径不变或逐次减小。用这种方法拉成的零件表面质量不高，其直壁和凸缘上保留着圆角弯曲和局部变薄的痕迹，需要在最后增加整形工序，适用于材料较薄、高度大于直径的中小型带凸缘圆筒形件。

　　b. 采用高度不变法 [图 11-19(b)]。即首次拉深尽可能取较大的凸缘圆角半径和底部圆角半径，高度基本拉到零件要求的尺寸，以后各次拉深时仅减小圆角半径和筒形部分直径，而高度基本不变。这种方法由于拉深过程中变形区材料所受到的

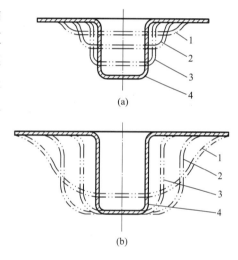

图 11-19　宽凸缘圆筒形件的拉深方法

折弯较轻，所以拉成的零件表面较光滑，没有折痕。但它只适用于坯料相对厚度较大、采用大圆角过渡不易起皱的情况。

　　(2) 拉深特点。与无凸缘圆筒形件相比，带凸缘圆筒形件的拉深变形具有如下特点：

　　①带凸缘圆筒形件不能用拉深系数来反映材料实际的变形程度大小，而必须将拉深高度考虑进去。因为，对于同一坯料直径 D 和筒形部分直径 d，可有不同凸缘直径 d_t 和高度 H 对应，尽管拉深系数相同（$m = d/D$），若拉深高度 H 不同，其变形程度也不同。生产实际中，通常用相对拉深高度 H/d 来反映其变形程度。

　　②宽凸缘圆筒形件需多次拉深时，第一次拉深必须将凸缘尺寸拉到位，以后各次拉深中，凸缘的尺寸应保持不变。这就要求能正确地计算拉深高度，严格地控制凸模进入凹模的深度。考虑到在普通压力机上严格控制凸模进入凹模的深度比较困难，生产实践中通常有意把第一次拉入凹模的材料比最后一次拉入凹模所需的材料增加 3%~5%（按面积计算），这

些多拉入的材料在以后各次拉深中，再逐次挤入凸缘部分，使凸缘变厚。工序间这些材料的重新分配，保证了所要求的凸缘直径，并使已成型的凸缘不再参与变形，从而避免筒壁拉裂的危险。这一方法对于料厚小于 0.5mm 的拉深件效果更为显著。

（3）带凸缘圆筒形件的拉深变形程度。带凸缘筒件的拉深系数为：

$$m_t = d/D \qquad\qquad (11-6)$$

式中：m_t 为带凸缘圆筒形件拉深系数；d 为拉深件筒形部分的直径；D 为坯料直径。

当拉深件底部圆角半径 r 与凸缘处圆角半径 R 相等，即 $r=R$ 时，坯料直径为：

$$D = \sqrt{d_t^2 + 4dH - 3.44dR}$$

所以：

$$m_t = d/D = \frac{1}{\sqrt{\left(\dfrac{d_t}{d}\right)^2 + 4\dfrac{H}{d} - 3.44\dfrac{R}{d}}} \qquad\qquad (11-7)$$

由上式可以看出，带凸缘圆筒形件的拉深系数取决于下列三组有关尺寸的相对比值：凸缘的相对直径 d_t/d；零件的相对高度 H/d；相对圆角半径 R/d。其中 d_t/d 影响最大，H/d 次之，R/d 影响较小。

带凸缘圆筒形件首次拉深的极限拉深系数见表 11-7。由表可以看出，$d_t/d \leqslant 1.1$ 时，极限拉深系数与无凸缘圆筒形件基本相同，d_t/d 大时，其极限拉深系数比无凸缘圆筒形的小。而且当坯料直径 D 一定时，凸缘相对直径 d_t/d 越大，极限拉深系数越小，这是因为在坯料直径 D 和圆筒形直径 d 一定的情况下，带凸缘圆筒形件的凸缘相对直径 d_t/d 大，意味着只要将坯料直径稍加收缩即可达到零件凸缘外径，筒壁传力区的拉应力远没有达到许可值，因而可以减小其拉深系数。但这并不表明带凸缘圆筒形件的变形程度大。

表 11-7　带凸缘圆筒形件首次拉深的极限拉深系数

凸缘的相对直径 d_t/d	坯料相对厚度 (t/D) /%				
	2~1.5	1.5~1.0	1.0~0.6	0.6~0.3	0.3~0.1
1.1 以下	0.51	0.53	0.55	0.57	0.59
1.3	0.49	0.51	0.53	0.54	0.55
1.5	0.47	0.49	0.50	0.51	0.52
1.8	0.45	0.46	0.47	0.48	0.48
2	0.42	0.43	0.44	0.45	0.45
2.2	0.40	0.41	0.42	0.42	0.42
2.5	0.37	0.38	0.38	0.38	0.38
2.8	0.34	0.35	0.35	0.35	0.35
3.0	0.32	0.33	0.33	0.33	0.33

由上述分析可知，在影响 m_t 的因素中，因 R/d 影响较小，因此当 m_t 一定时，则 d_t/d 与 H/d 的关系也就基本确定了。这样，就可用拉深件的相对高度来表示带凸缘圆筒形件的变形程度。首次拉深可能达到的相对高度见表 11-8。

表 11-8 带凸缘圆筒形件首次拉深的极限相对高度

凸缘的相对直径 d_t/d	坯料相对厚度 (t/D) /%				
	2~1.5	1.5~1.0	1.0~0.6	0.6~0.3	0.3~0.1
1.1 以下	0.90~0.75	0.82~0.65	0.57~0.70	0.62~0.50	0.52~0.45
1.3	0.80~0.65	0.72~0.56	0.60~0.50	0.53~0.45	0.47~0.40
1.5	0.70~0.58	0.63~0.50	0.53~0.45	0.48~0.40	0.42~0.35
1.8	0.58~0.48	0.53~0.42	0.44~0.37	0.39~0.34	0.35~0.29
2.0	0.51~0.42	0.46~0.36	0.38~0.32	0.34~0.29	0.30~0.25
2.2	0.45~0.35	0.40~0.31	0.33~0.27	0.29~0.25	0.26~0.22
2.5	0.35~0.28	0.32~0.25	0.27~0.22	0.23~0.20	0.21~0.17
2.8	0.27~0.22	0.24~0.19	0.21~0.17	0.18~0.15	0.16~0.13
3.0	0.22~0.18	0.20~0.16	0.17~0.14	0.15~0.12	0.13~0.10

注 1. 表中大数值适用于大圆角半径，小数值适应于小圆角半径。随着凸缘直径的增加及相对高度的减小，其数值也跟着减少。

2. 表中数值适用于 10 钢，对比 10 钢塑性好的材料，取接近表中的大数值，塑性差的取小数值。

当带凸缘圆筒形件的总拉深系数 $m_t=d/D$ 大于表 11-7 的极限拉深系数，且零件的相对高度 H/d 小于表 11-8 的极限值时，则可以一次拉深成型，否则需要两次或多次拉深。

带凸缘圆筒形件以后各次拉深系数为：

$$m_i=d_i/d_{i-1} \quad (i=2, 3, \cdots, n) \tag{11-8}$$

其值与凸缘宽度及外形尺寸无关，可取与无凸缘圆筒形件的相应拉深系数相等或略小的数值，见表 11-9。

表 11-9 带凸缘圆筒形件以后各次的极限拉深系数

极限拉深系数	坯料相对厚度 (t/D) /%				
	2~1.5	1.5~1.0	1.0~0.6	0.6~0.3	0.3~0.1
$[m_2]$	0.73	0.75	0.76	0.8	0.80
$[m_3]$	0.75	0.78	0.79	0.80	0.82
$[m_4]$	0.78	0.80	0.82	0.83	0.84
$[m_5]$	0.80	0.82	0.84	0.85	0.86

（4）带凸缘圆筒形件的各次拉深高度。根据带凸缘圆筒形件坯料直径计算公式（表 11-3），可推导出各次拉深高度的计算公式如下：

$$H_i=\frac{0.25}{d_i}(D^2-d_t^2)+0.43(r_i+R_i)+\frac{0.14}{d_i}(r_i^2-R_i^2) \quad (i=1, 2, 3, \cdots, n) \tag{11-9}$$

式中：H_1，H_2，$\cdots$，H_n 为各次拉深工序件的高度；d_1，d_2，$\cdots$，d_n 为各次拉深工序件的直径；D 为坯料直径；r_1，r_2，$\cdots$，r_n 为各次拉深工序件的底部圆角半径；R_1，R_2，$\cdots$，R_n 为各次拉深工序件的凸缘圆角半径。

（5）带凸缘圆筒形件的拉深工序尺寸计算程序。带凸缘圆筒形件拉深与无凸缘圆筒形件拉深的最大区别在于首次拉深，现结合实例说明其工序尺寸计算程序。

【例 3】对图 11-20 所示带凸缘圆筒形件的拉深工序进行计算。零件材料为 08 钢，厚度

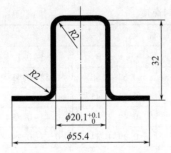

图 11-20　带凸缘圆筒形件

$t = 1\mathrm{mm}$。

解：板料厚度 $t = 1\mathrm{mm}$，故按中线尺寸计算。

（1）计算坯料直径 D。根据零件尺寸查表 11-2 得切边余量 $\Delta R = 2.2\mathrm{mm}$，故实际凸缘直径 $d_t = （57.4 + 2 \times 2.2） = 59.8$（mm）。由表 11-3 查得带凸缘圆筒形件的坯料直径计算公式为：

$$D = \sqrt{d_1^2 + 6.28rd_1 + 8r^2 + 4d_2h + 6.28Rd_2 + 4.56R^2 + d_4^2 - d_3^2}$$

如图 11-20 所示，$d_1 = 16.1\mathrm{mm}$，$R = r = 2.5\mathrm{mm}$，$d_2 = 21.1\mathrm{mm}$，$h = 27\mathrm{mm}$，$d_3 = 26.1\mathrm{mm}$，$d_4 = 59.8\mathrm{mm}$，代入上式得：

$$D = \sqrt{3200 + 2895} \approx 78 \text{（mm）}$$

其中，$3200 \times \pi/4$ 为该拉深件除去凸缘平面部分的表面积。

（2）判断可否一次拉深成型。

根据：

$$t/D = 1/78 \times 100\% = 1.28\%$$

$$d_t/d = 59.8/21.1 = 2.83$$

$$H/d = 32/21.1 = 1.52$$

$$m_t = d/D = 21.1/78 = 0.27$$

查表 11-7、表 11-8，得 $[m_1] = 0.35$，$[H_1/d_1] = 0.21$，说明该零件不能一次拉深成型，需要多次拉深。

（3）确定首次拉深工序件尺寸。初定 $d_t/d_1 = 1.3$，查表 11-7，得 $[m_1] = 0.51$，取 $m_1 = 0.52$，则：

$$d_1 = m_1 \times D = 0.52 \times 78 = 40.5 \text{（mm）}$$

取 $r_1 = R_1 = 7.5\mathrm{mm}$，

为使以后各次拉深时凸缘不再变形，取首次拉入凹模的材料面积比最后一次拉入凹模的材料面积（即零件中除去凸缘平面以外的表面积 $3200 \times \pi/4$）增加 5%，故坯料直径修正为：

$$D = \sqrt{3200 \times 105\% + 2895} \approx 79 \text{（mm）}$$

按式（11-9），可得首次拉深高度为：

$$H_1 = \frac{0.25}{d_1}（D^2 - d_t^2） + 0.43（r_1 + R_1） + \frac{0.14}{d_1}（r_1^2 - R_1^2）$$

$$= \frac{0.25}{40.5} \times （79^2 - 59.8^2） + 0.43 \times （5.5 + 5.5） = 21.2 \text{（mm）}$$

验算所取 m_1 是否合理：根据 $t/D = 1.28\%$，$d_t/d_1 = 59.8/40.5 = 1.48$，查表 11-8 可知 $[H_1/d_1] = 0.58$。因 $H_1/d_1 = 21.2/40.5 = 0.52 < [H_1/d_1] = 0.58$，故所取 m_1 是合理的。

（4）计算以后各次拉深的工序件尺寸。查表 11-9 得，$[m_2] = 0.75$，$[m_3] = 0.78$，$[m_4] = 0.80$，则：

$$d_2 = [m_2] \times d_1 = 0.75 \times 40.5 = 30.4 \text{（mm）}$$

$$d_3 = [m_3] \times d_2 = 0.78 \times 30.4 = 23.7 \text{（mm）}$$

$$d_4 = [m_4] \times d_3 = 0.80 \times 23.7 = 19.0 \text{（mm）}$$

因 $d_4 = 19.0 < 21.1$，故共需 4 次拉深。

调整以后各次拉深系数，取 $m_2=0.77$，$m_3=0.80$，$m_4=0.844$。故以后各次拉深工序件的直径为：

$$d_2=m_2\times d_1=0.77\times40.5=31.2 \text{（mm）}$$

$$d_3=m_3\times d_2=0.80\times31.2=27.0 \text{（mm）}$$

$$d_4=m_4\times d_3=0.844\times27.0=21.1 \text{（mm）}$$

以后各次拉深工序件的圆角半径取：

$$r_2=R_2=4.5\text{mm}，r_3=R_3=3.5\text{mm}，r_4=R_4=2.5\text{mm}$$

设第二次拉深时多拉入3%的材料（其余2%的材料返回到凸缘上），第三次拉深时多拉入1.5%的材料（其余1.5%的材料返回到凸缘上），则第二次和第三次拉深的假想坯料直径分别为：

$$D'=\sqrt{3200\times103\%+2895}=78.7 \text{（mm）}$$

$$D''=\sqrt{3200\times101.5\%+2895}78.4 \text{（mm）}$$

以后各次拉深工序件的高度为：

$$H_2=\frac{0.25}{d_2}\left(D'^2-d_t^2\right)+0.43\left(r_2+R_2\right)+\frac{0.14}{d_2}\left(r_2^2-R_2^2\right)$$

$$=\frac{0.25}{31.2}\times\left(78.7^2-59.8^2\right)+0.43\times\left(4.5+4.5\right)=24.8 \text{（mm）}$$

$$H_3=\frac{0.25}{d_3}\left(D''^2-d_t^2\right)+0.43\left(r_3+R_3\right)+\frac{0.14}{d_3}\left(r_3^2-R_3^2\right)$$

$$=\frac{0.25}{25}\times\left(78.4^2-59.8\right)^2+0.43\times\left(3.5+3.5\right)=28.7 \text{（mm）}$$

最后一次拉深后达到零件的高度 $H_4=32\text{mm}$，上工序多拉入的1.5%的材料全部返回到凸缘，拉深工序至此结束。

将上述按中线尺寸计算的工序件尺寸换算成与零件图相同的标注形式后，所得各工序件的尺寸如图 11-21 所示。

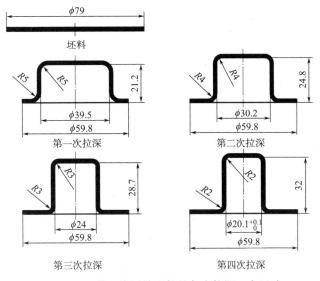

图 11-21 带凸缘圆筒形件的各次拉深工序尺寸

五、圆筒形件的拉深力、压料力与压料装置

(一) 拉深力的确定

图 11-22 所示为试验测得一般情况下的拉深力随凸模行程变化的曲线。

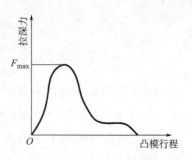

由于影响拉深力的因素比较复杂，按实际受力和变形情况来准确计算拉深力是比较困难的，所以，实际生产中通常是以危险断面的拉应力不超过其材料抗拉强度为依据，采用经验公式进行计算。对于圆筒形件：

图 11-22　拉深力变化曲线

首次拉深：

$$F = K_1 \pi d_1 t \sigma_b \tag{11-10}$$

以后各次拉深：

$$F = K_2 \pi d_i t \sigma_b \quad (i = 2,\ 3,\ \cdots,\ n) \tag{11-11}$$

式中：F 为拉深力；d_1，d_2，$\cdots$，d_n 为各次拉深工序件直径（mm）；t 为板料厚度（mm）；σ_b 为拉深件材料的抗拉强度（MPa）；K_1、K_2 为修正系数，与拉深系数有关，见表 11-10。

表 11-10　修正系数 K_1 和 K_2 的数值

m_1	0.55	0.57	0.6	0.62	0.65	0.67	0.70	0.72	0.75	0.77	0.80
K_1	1.00	0.93	0.86	0.79	0.72	0.66	0.60	0.55	0.50	0.45	0.40
m_2，m_3，$\cdots$，m_n	0.70	0.72	0.75	0.77	0.80	0.85	0.90	0.95			
K_2	1.00	0.95	0.90	0.85	0.80	0.70	0.60	0.50			

(二) 压料力的确定

压料力的作用是防止拉深过程中坯料的起皱。压料力的大小应适当，压料力过小时，防皱效果不好；压料力过大时，则会增大传力区危险断面上的拉应力，从而引起严重变薄甚至拉裂。因此，应在保证坯料变形区不起皱的前提下，尽量选用较小的压料力。应指出，压料力的大小应允许在一定范围内调节。一般来说，随着拉深系数的减小，压料力许可调节范围减小，这对拉深工作是不利的，因为这时当压料力稍大些时就会产生破裂，压料力稍小些时会产生起皱，也即拉深的工艺稳定性不好。相反，拉深系数较大时，压料力可调节范围增大，工艺稳定性较好。在模具设计时，压料力可按下列经验公式计算：

任何形状的拉深件：

$$F_Y = Ap \tag{11-12}$$

圆筒形件首次拉深：

$$F_Y = \pi \left[D^2 - (d_1 + 2r_{A1})^2 \right] p/4 \tag{11-13}$$

圆筒形件以后各次拉深：

$$F_Y = \pi \left(d_{i-1}^2 - d_i^2 \right) p/4 \quad (i = 2,\ 3,\ \cdots) \tag{11-14}$$

式中：F_Y 为压料力（N）；A 为压料圈下坯料的投影面积（mm²）；p 为单位面积压料力（MPa），见表 11-11；D 为坯料直径（mm）；d_1，d_2，$\cdots$，d_n 为各次拉深工序件的直径（mm）；r_{A1}，r_{A2}，$\cdots$，r_{An} 为各次拉深凹模的圆角半径（mm）。

表 11-11　单位面积压料力

材料	单位面积压料力 p/MPa	材料	单位面积压料力 p/MPa
铝	0.8~1.2	软钢（$t<0.5$mm）	2.5~3.0
纯铜、硬铝（已退火）	1.2~1.8	镀锡钢	2.5~3.0
黄铜	1.5~2.0	耐热钢（软化状态）	2.8~3.5
软钢（$t>0.5$mm）	2.0~2.5	高合金钢、不锈钢、高锰钢	3.0~4.5

（三）压料装置

目前生产中常用的压料装置有弹性压料装置和刚性压料装置。

1. 弹性压料装置

在单动压力机上进行拉深加工时，一般采用弹性压料装置来产生压料力。根据产生压料力的弹性元件不同，弹性压料装置可分为弹簧式、橡胶式和气垫式三种，如图 11-23 所示。

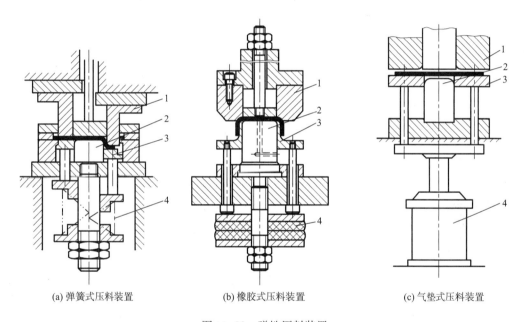

(a) 弹簧式压料装置　　　　(b) 橡胶式压料装置　　　　(c) 气垫式压料装置

图 11-23　弹性压料装置

1—凹模　2—凸模　3—压料圈　4—弹性元件（弹顶器或气垫）

上述三种压料装置的压料力变化曲线如图 11-24 所示。由图可以看出，弹簧和橡胶压料装置的压料力随工作行程（拉深深度）的增加而增大，尤其是橡胶式压料装置更突出。这样的压料力变化特性会使拉深过程中的拉深力不断增大，从而增大拉裂的危险性。因此，弹簧和橡胶压料装置通常只用于浅拉深。但是，这两种压料装置结构简单，在中小型压力机上使用较为方便。只要正确地选用弹簧的规格和橡胶的牌号及尺寸，并采取适当的限位措施，就能减少它的不利因素。弹簧应选总压缩量大、压力随压缩量增加而缓慢增大的规格。橡胶应选用软橡

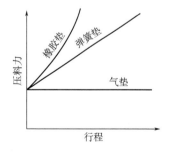

图 11-24　各种弹性压料装置的压料力曲线

胶，并保证相对压缩量不过大，建议橡胶总厚度不小于拉深工作行程的 5 倍。

气垫式压料装置压料效果好，压料力基本上不随工作行程而变化（压料力的变化可控制在 10%~15%），但气垫装置结构复杂。

压料圈是压料装置的关键零件，常见的结构形式有平面形、锥形和弧形，如图 11-25 所示。一般的拉深模采用平面形压料圈［图 11-25(a)］；当坯料相对厚度较小，拉深件凸缘小且圆角半径较大时，则采用带弧形的压料圈［图 11-25(b)］；锥形压料圈［图 11-25(c)］能降低极限拉深系数，其锥角与锥形凹模的锥角相对应，一般取 $\beta = 30° \sim 40°$，主要用于拉深系数较小的拉深件。

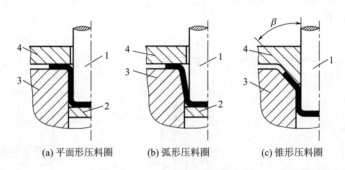

(a) 平面形压料圈　　　(b) 弧形压料圈　　　(c) 锥形压料圈

图 11-25　压料圈的结构形式
1—凸模　2—顶板　3—凹模　4—压料圈

为了保持整个拉深过程中压料力均衡，同时防止将坯料压得过紧，特别是拉深板料较薄且凸缘较宽的拉深件时，可采用带限位装置的压料圈，如图 11-26 所示。限位柱可使压料圈和凹模之间始终保持一定的距离 s。对于带凸缘零件的拉深，$s = t + (0.05 \sim 0.1)$ mm；铝合金零件的拉深，$s = 1.1t$；钢板零件的拉深，$s = 1.2t$（t 为板料厚度）。

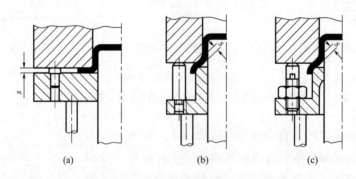

(a)　　　　　　(b)　　　　　　(c)

图 11-26　有限位装置的压料圈

2. 刚性压料装置

刚性压料装置一般设置在双动压力机上用的拉深模中。图 11-27 所示为双动压力机用拉深模，4 为刚性压料圈（又兼作落料凸模），压料圈固定在外滑块之上。在每次冲压行程开始时，外滑块带动压料圈下降压在坯料的凸缘上，并在此停止不动，随后内滑块带动凸模下降，并进行拉深变形。

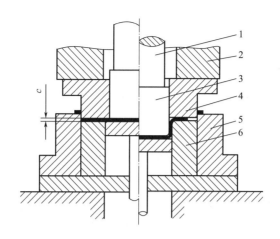

图 11-27 双动压力机用拉深模的刚性压料

1—凸模固定杆 2—外滑块 3—拉深凸模 4—压料圈兼落料凸模 5—落料凹模 6—拉深凹模

刚性压料装置的压料作用是通过调整压料圈与凹模平面之间的间隙 c 获得的，而该间隙则靠调节压力机外滑块得到。考虑到拉深过程中坯料凸缘区有增厚现象，所以这一间隙应略大于板料厚度。

刚性压料圈的结构形式与弹性压料圈基本相同。刚性压料装置的特点是压料力不随拉深的工作行程而变化，压料效果较好，模具结构简单。

拉深时的起皱和防止起皱的问题比较复杂，防皱的压料与防破裂又有矛盾，目前常用的压料装置产生的压料力还不能符合理想的压料力变化曲线。因此，如何探索较理想的压料装置是拉深工作的一个重要课题。

（四）拉深压力机标称压力及拉深功的确定

1. 拉深压力机标称压力的确定

对于单动压力机，其标称压力 F_g 应大于拉深力 F 与压料力 F_Y 之和，即：

$$F_g > F + F_Y$$

对于双动压力机，应使内滑块标称压力 $F_{g内}$ 和外滑块标称压力 $F_{g外}$ 分别大于拉深力 F 和压料力 F_Y，即：

$$F_{g内} > F$$

$$F_{g外} > F_Y$$

确定机械式拉深压力机标称压力时必须注意，当拉深工作行程较大，尤其是落料拉深复合时，应使拉深力曲线位于压力机滑块的许用负荷曲线之下，而不能简单地按压力机标称压力大于拉深力或拉深力与压料之和的原则去确定规格。在实际生产中，也可以按下式来确定压力机的标称压力：

浅拉深： $\qquad\qquad F_g \geq (1.6 \sim 1.8) F_\Sigma$ $\qquad\qquad$ (11-15)

深拉深： $\qquad\qquad F_g \geq (1.8 \sim 2.0) F_\Sigma$ $\qquad\qquad$ (11-16)

式中：F_Σ 为冲压工艺总力，与模具结构有关，包括拉深力、压料力、冲裁力等。

2. 拉深功的计算

当拉深高度较大时，由于凸模工作行程较大，可能出现压力机的压力够而功率不够的现象。这时应计算拉深功，并校核压力机的电动机功率。

拉深功按下式计算：

$$W = CF_{max}h/1000 \qquad (11-17)$$

式中：W 为拉深功（J）；F_{max} 为最大拉深力（包含压料力）（N）；h 为凸模工作行程（mm）；C 为系数，与拉深力曲线有关，C 值可取 0.6~0.8。

压力机的电动机功率可按下式计算：

$$P_w = \frac{KWn}{60 \times 1000 \times \eta_1 \eta_2} \qquad (11-18)$$

式中：P_w 为电动机功率（kW）；K 为不均衡系数，$K = 1.2 \sim 1.4$；η_1 为压力机效率，$\eta_1 = 0.6 \sim 0.8$；η_2 为电动机效率，$\eta_2 = 0.9 \sim 0.95$；n 为压力机每分钟行程次数。

若所选压力机的电动机功率小于计算值，则应另选更大规格的压力机。

六、其他形状零件的拉深

（一）阶梯圆筒形件的拉深

阶梯圆筒形件如图 11-28 所示。阶梯圆筒形件拉深的变形特点与圆筒形件拉深的特点

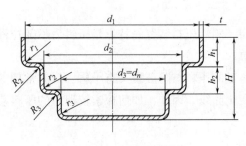

图 11-28　阶梯圆筒形件

相同，可以认为圆筒形件以后各次拉深时，不拉到底就得到阶梯形件，变形程度的控制也可采用圆筒形件的拉深系数。但是，阶梯圆筒形件的拉深次数及拉深方法等与圆筒形件拉深是有区别的。

1. 判断能否一次拉深成型

判断阶梯圆筒形件能否一次拉深成型的方法是：先计算零件的高度 H 与最小直径 d_n 的比值 H/d_n（图 11-28），然后根据坯料相对厚度 t/D 查表 11-6，如果拉深次数为 1，则可一次拉深成型，否则需多次拉深成型。

2. 阶梯圆筒形件多次拉深的方法

阶梯圆筒形件需多次拉深时，根据阶梯圆筒形件的各部分尺寸关系不同，其拉深方法也有所不相同。

（1）当任意相邻两个阶梯直径之比 d_i/d_{i-1} 均大于相应圆筒形件的极限拉深系数 $[m_i]$ 时，则可由大阶梯到小阶梯依次拉出 [图 11-29（a）]，这时的拉深次数等于阶梯直径数目与最大阶梯成型所需的拉深次数之和。

（2）如果某相邻两个阶梯直径之比 d_i/d_{i-1} 小于相应圆筒形件的极限拉深系数 $[m_i]$，则可先按带凸缘筒形件的拉深方法拉出直径 d_i，再将凸缘拉成直径 d_{i-1}，其顺序是由小到大，如图 11-29(b) 所示。图中因 d_2/d_1 小于相应圆筒形件的极限拉深系数，故先用带凸缘筒形件的拉深方法拉出直径 d_2，d_3/d_2 不小于相应圆筒形件的极限拉深系数，可直接从 d_2 拉到 d_3，最后拉出 d_1。

如图 11-30(a) 所示阶梯形拉深件，材料为 H62 黄铜，厚度为 1mm。该零件可先拉深成阶梯形件后切底而成。由图求得坯料直径 $D = 106$mm，$t/D \approx 1.0\%$，$d_2/d_1 = 24/$

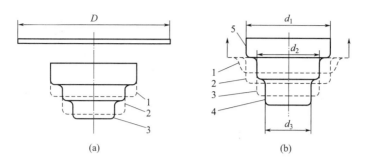

图 11-29　阶梯圆筒形件多次拉深方法

48＝0.5，查相关设计手册可知，该直径之比小于相应圆筒形件的极限拉深系数，但由于小阶梯高度很小，实际生产中仍采用从大阶梯到小阶梯依次拉出。其中大阶梯采用两次拉深，小阶梯一次拉出，拉深工序顺序如图 11-30（b）所示（工序件Ⅲ为整形工序得到的）。

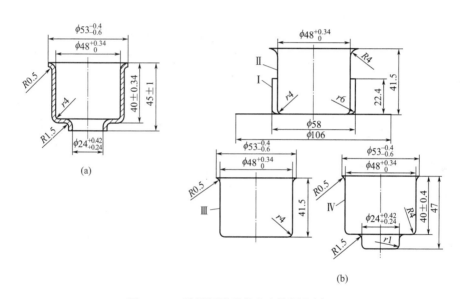

图 11-30　阶梯圆筒形件多次拉深实例一

如图 11-31 所示，Ⅴ为最终拉深的零件，材料为 H62，厚度为 0.5mm。因 $d_2/d_1＝16.5/34.5＝0.48$，该值显然小于相应的拉深系数，故先采用带凸缘筒形件的拉深方法拉出直径 16.5mm，然后再拉出直径 34.5mm。

当阶梯件的最小的阶梯直径 d_n 很小，d_n/d_{n-1} 过小，其高度 h_n 又不大时，则最小阶梯可以用胀形的方法得到，但材料变薄，影响零件质量。

当阶梯件的坯料相对厚度较大（$t/D \geqslant 1.0\%$），而且每个阶梯的高度不大，相邻阶梯直径差又不大时，也可以先拉成带大圆角半径的圆筒形件，用校形方法得到零件的形状和尺寸，如图 11-32 所示。用这种方法成型，材料可能有局部变薄，影响零件质量。

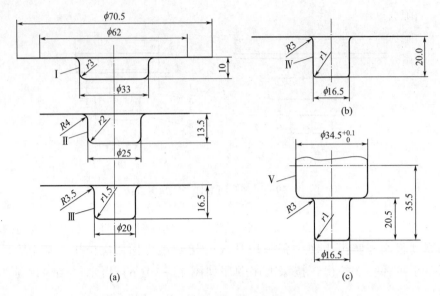

图 11-31　阶梯圆筒形件多次拉深实例二

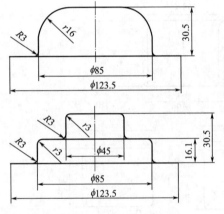

图 11-32　电喇叭底座的拉深

（二）轴对称曲面形状件的拉深

轴对称曲面形状件包括球形件、抛物线形件、锥形件等。这类零件在拉深成型时，变形区的位置、受力情况、变形特点等都与直壁拉深件不同，所以在拉深中出现的问题和解决问题的方法与直壁筒形件也有很大的差别。对这类零件不能简单地用拉深系数去衡量和判断成型的难易程度，也不能用它来作为工艺过程设计和模具设计的依据。

1. 轴对称曲面形状件的拉深特点

（1）成型过程。现以球形件拉深变形为例，来认识曲面形状件拉深变形的共同特点。

坯料在凸模的作用下，中心附近以外的金属乃至压料圈下面的环形部分金属逐步产生变形，并从里向外逐步贴紧凸模，最后形成了与凸模球表面一致的球形零件。

（2）成型特点。整个坯料都是变形区。曲面零件的成型是胀形和拉深变形的复合变形：在整个变形区内变形性质是不同的，在凸模顶点及其附近的坯料处于双向拉应力状态（图 11-33），从而产生厚度变薄表面积增大的胀形变形。一定界限之外直至压料圈下的凸缘区都是在切向压应力、径向拉应力作用下产生切向压缩、径向伸长的变形，这种变形通常称"拉深变形"。实践证明，一定界限的位置是随着压料力等冲压条件的变化而变化的。

从球形零件的成型过程中可以看出，刚开始拉深时，中间部分坯料几乎都不与模具表面接触，即处于"悬空"状态。随着拉深过程的进行，悬空状态部分虽有逐步减少，但仍比圆筒形件拉深时大得多。坯料处于这种悬空状态，抗失稳能力较差，在切向压应力作用下很容易起皱。这个现象常成为曲面形状件拉深必须解决的主要问题。另一方面，由于坯料中的径向拉应力在凸模顶部接触的中心部位上最大，因此，曲面中心部分的破裂仍是这类零件成型中需要注意的另一个问题。

（3）提高轴对称曲面形状件成型质量的措施。轴对称曲面形状件的起皱倾向比圆筒形件等直壁零件大。防止这类零件拉深时中间悬空部分坯料起皱的方法有如下几种：

①加大坯料直径。这种方法实质上是增大了坯料凸缘部分的变形抗力和摩擦力，从而增大了径向拉应力，降低了中间部分坯料的切向压应力，增大了中间部分胀形区，从而起到了防皱的作用。这种防皱方法简单，但增大了材料的消耗。

②适当地调整和增大压料力。这种方法实质上是增大了凸缘部分的摩擦阻力，其防皱原理与上述相同。

③采用带压料筋的拉深模（图11-34）。这种模具在拉深时，板料在压料筋上弯曲和滑动，增大了进料阻力，从而增大了径向拉应力，减少了起皱倾向，而且减少了冲压件成型卸载后的回弹，提高了零件的准确性。带压料筋的拉深模，在利用双动拉深压力机和液压机进行复杂曲面形状件的成型中，应用比较广泛。

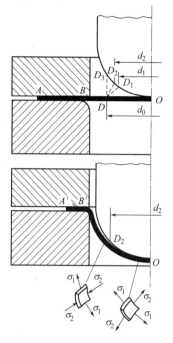

图11-33　坯料受力分析

压料筋的结构形状有圆弧形（图11-34）和阶梯形（图11-35），其中阶梯形又称压料槛，它在拉深时对板料滑动阻力较大。改变压料筋的高度、压料筋的圆角半径和压料筋的数量及其布置，便可调整径向拉应力和切向压应力的大小。

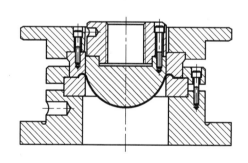

图11-34　带圆弧形压料筋的拉深模

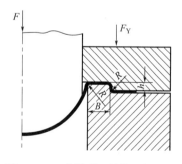

图11-35　阶梯形压料筋的拉深模

④采用反拉深方法。反拉深原理如图11-36所示。图11-36（a）所示为汽车灯前罩，经过多次拉深，逐步增大高度，减小顶部曲率半径，从而达到零件尺寸要求。图11-36（b）所示为圆筒形件的反拉深。图11-36（c）所示为正、反拉深，用于尺寸较大，板料薄的曲面形状件的拉深。

反拉深时，由于坯料与凹模的包角为180°（一般拉深为90°），所以增大了材料拉入凹模的摩擦阻力，使径向拉应力增大，切向压应力减小，材料不容易起皱。同时由于反拉深过程坯料侧壁反复弯曲次数少，硬化程度较小，所以反拉深的拉深系数可比正拉深降低10%~15%。

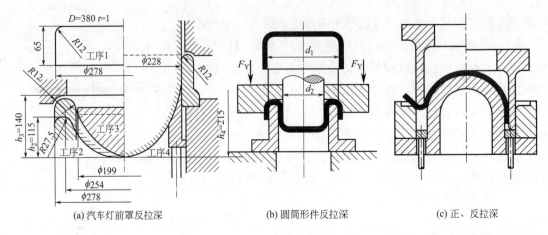

(a) 汽车灯前罩反拉深   (b) 圆筒形件反拉深   (c) 正、反拉深

图 11-36　反拉深原理

反拉深的凹模壁厚尺寸决定于拉深系数，如果拉深系数大，则凹模壁厚小，强度低。反拉深的凹模圆角半径也受到两次拉深工序件直径差的限制，最大不能超过直径差的 1/4。所以，反拉深不适用于直径小而厚度大的零件，一般用于拉深尺寸较大、板料较薄（$t/D <$ 0.3%）的零件。图 11-37 所示为反拉深实例，反拉深所需的拉深力比正拉深大 10%~20%。

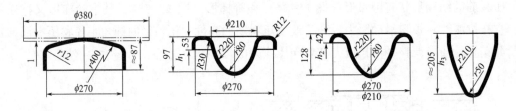

图 11-37　反拉深实例

以上四种防止曲面形状件拉深时起皱的方法，其共同特点是：增大坯料凸缘部分的变形抗力和摩擦阻力，提高径向拉应力，从而增大坯料中间部分的胀形成分，减小中间部分起皱的可能性。但可能导致凸模顶点附近材料过分变薄甚至破裂，即防皱却带来拉裂的倾向。所以，在实际生产中必须根据各种曲面零件拉深时具体的变形特点，选择适当的防皱措施，正确确定并认真调整压料力和压料筋的尺寸，以确保拉深件的质量。

2. 球形件的拉深

球面形状件有多种类型，如图 11-38 所示。

（1）半球形件 ［图 11-38(a)（b）］。半球形件的拉深系数为：

$$m = \frac{d}{D} = \frac{d}{\sqrt{2}\,d} = 0.71 = 常数$$

可见半球形件拉深系数与零件直径大小无关，是个常数。因此，不能以拉深系数作为设计工艺过程的依据，而以坯料的相对厚度 t/D 作为判断成型难易程度和选定拉深方法的依据。根据不同情况，半球形件有三种成型方法：

① 当 $t/D > 3\%$ 时，可用不带压料装置的简单拉深模一次拉深成型，如图 11-39(a) 所

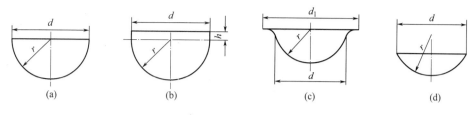

图 11-38　球形件类型

示。以这种方法拉深，坯料贴模不良，需要用球形底凹模在拉深工作行程终了时进行整形。

②当 $t/D = 0.5\% \sim 3\%$ 时，采用带压料装置的拉深模进行拉深。

③当 $t/D < 0.5\%$ 时，采用有压料筋的拉深模［图 11 - 39（b）］或反拉深方法［图 11-39（c）］进行拉深。

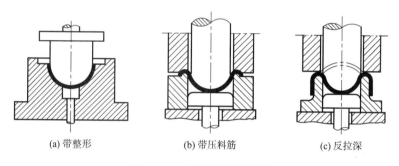

(a) 带整形　　　　(b) 带压料筋　　　　(c) 反拉深

图 11-39　半球形件的拉深

（2）高度小于球面半径的浅球形件［图 11-38（c）（d）］。这种零件在成型时，除了容易起皱外，坯料容易偏移，卸载后还有一定的回弹。所以，当坯料直径 $D \leqslant 9\sqrt{rt}$ 时，可以不压料，用球形底的凹模一次成型。但当球面半径 r 较大，板料厚 t 和深度较小时，必须按回弹量修正模具。当坯料直径 $D > 9\sqrt{rt}$ 时，应加大坯料直径，并用强力压料装置或带压料筋的模具进行拉深，以克服回弹并防止坯料在成型时产生偏移。多余的材料可在成型后切边。

3. 抛物线形件的拉深

（1）深度较小的抛物线形件（$h/d < 0.5 \sim 0.6$）。其变形特点及拉深方法与半球形件相似。图 11-40 所示为抛物线形灯罩及其拉深模，灯罩的材料为 08 钢，厚度为 0.8mm，经计算坯料直径 $D = 280$mm。根据 $h/d = 0.58$，$t/D = 0.28\% < 0.5\%$，采用上述半球形件的第三种成型方法，即用有压料筋的凹模进行拉深［图 11-39（b）］。其模具设有两道压料筋。

（2）深度较大的抛物线形件（$h/d \geqslant 0.5 \sim 0.6$）。由于零件高度较大，顶部圆角较小，所以拉深难度较大，一般需进行反拉深或正拉深多工序逐步成型。

①直接拉深法。直接拉深法又分以下两种情况：

第一种情况：相对高度较小（$h/d \approx 0.5 \sim 0.6$），而材料相对厚度又较大，故产生起皱的危险性小。此时，可先使零件上部按图纸尺寸拉成近似形，之后再次拉深使零件下部接近图纸尺寸，最后拉深至要求，如图 11-41（a）所示。

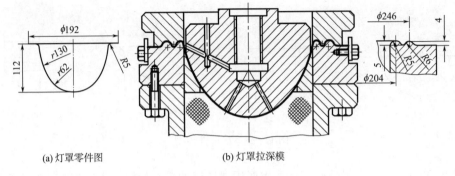

(a) 灯罩零件图　　　　　　(b) 灯罩拉深模

图 11-40　灯罩及其拉深模

第二种情况：相对高度较小且材料相对厚度也较小，应首先作预备形状，凸模头部作成带锥度的或普通 R 形状，然后多次拉深至要求，如图 11-41(b) 所示。

②阶梯拉深法。采用多次拉深，但保持上部直径不变。拉深近似形状的阶梯圆筒形件，最后胀形成型，如图 11-42 所示。

③反拉深法。反拉深能增加径向拉应力，有效地防止起皱，对于 h/d 大且 δ/D 小的抛物线形件，能起到较好的效果。反拉深法首先用多次拉深拉到近似于制件大端直径尺寸，再反拉深制成近似制件形状，最后在整形中稍微胀形使之成型的方法，如图 11-43 所示。该法适用于尺寸较大、板料较薄的拉深件。

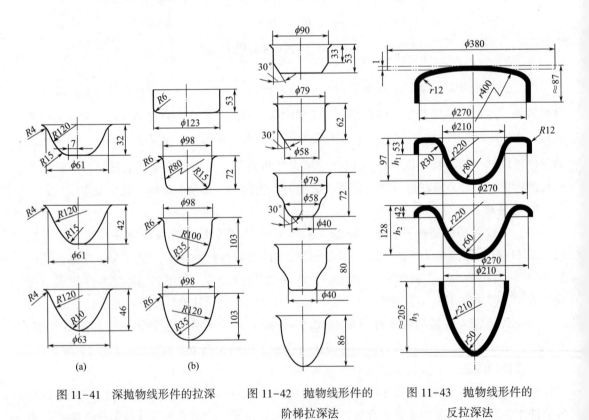

图 11-41　深抛物线形件的拉深　　图 11-42　抛物线形件的阶梯拉深法　　图 11-43　抛物线形件的反拉深法

4. 锥形件的拉深

锥形件（图11-44）拉深的主要困难是：坯料悬空面积大，容易起皱；凸模接触坯料面积小，变形不均匀程度比球形件大，尤其是锥顶圆角半径 r 较小时，容易变薄甚至破裂；如果口部与底部直径相差大时，拉深后回弹较大。

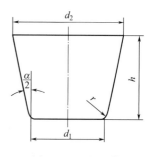

图 11-44　锥形件

锥形件各部分的尺寸参数（图11-44）不同，拉深成型的难易程度不同，成型方法也不同。在确定其拉深方法时，主要由锥形件的相对高度 h/d_2、相对锥顶直径 d_1/d_2、相对厚度 t/d_2 这三个参数所决定。显然，h/d_2 越大、d_1/d_2 越小、t/d_2 越小，则拉深难度越大。

根据锥形件拉深成型的难易程度，其成型方法大体分为如下几种：

（1）浅锥形件（$h/d_2<0.2$）。浅锥形件一般可以一次拉深成型。这时相对锥顶直径 d_1/d_2 影响不大，可根据相对厚度 t/d_2 值决定拉深模的结构。

当 $t/d_2>0.02$ 时，可不带压料圈，采用带底凹模的模具一次成型，如图 11-45（a）所示。这种成型方法回弹比较严重，通常需要试冲，修正模具。当相对厚度 t/d_2 较小，或虽然相对厚度较大，但精度要求较高时，则采用带平面压料圈或带压料筋的模具一次成型，如图 11-45（b）所示。如果零件是无凸缘的，为了成型的需要，可加大坯料直径，成型后再切边。

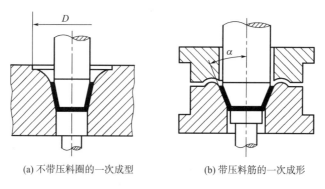

(a) 不带压料圈的一次成型　　　　　(b) 带压料筋的一次成形

图 11-45　相对高度小的锥形件拉深方法

（2）中等深度锥形件（$0.2<h/d_2<0.43$）。根据 t/d_2 和 d_1/d_2 值不同，有以下拉深方法：

当 $t/d_2>0.02$，$d_1/d_2>0.5$ 时，可以采用锥形带底凹模一次拉深成型，在工作行程终了时进行一定程度的整形。假如 d_1/d_2 值增大，一次拉深可能成功的高度可以相应增大。当 $d_1/d_2=0.6\sim0.7$ 时，h/d_2 可能达到 0.5 左右；当 $d_1/d_2=0.8\sim0.9$ 时，h/d_2 可能达到 0.5~0.6 或更大。当 $t/d_2=0.015\sim0.02$ 时，采用带压料装置的拉深模一次拉深成型。

如果锥形件相对高度超过上述范围，相对厚度较大，可采用两道拉深工序成型（图11-46）。首先拉深成圆筒形件或带凸缘的筒形件，然后用锥形凸、凹模拉深成锥形件，并在工作行程终了时进行整形。

当 $t/d_2<0.015$、$d_1/d_2\geq0.5$、$h/d_2=0.3\sim0.5$ 时，通常用两道拉深工序成型。第一道工

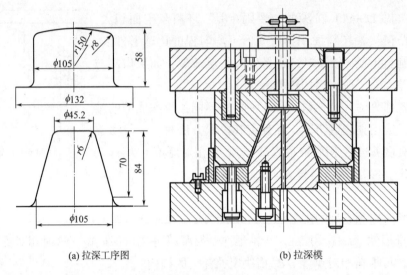

(a) 拉深工序图	(b) 拉深模

图 11-46　锥形件拉深方法及拉深模

序拉深成较大圆角半径的筒形或接近球面形状的工序件，然后用带有一定胀形变形的整形工序压成需要的形状，如图 11-47(a) 所示。第一道拉深后的工序件尺寸，应保证整形时各部分直径的增大量不超过 8%。当 d_1/d_2 较小时，第一道拉深可采用近似锥形的过渡形状，如图 11-47(b) 所示。

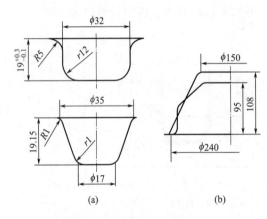

(a)	(b)

图 11-47　锥形件两次成型方法

第二道拉深可以用正拉深，也可以用反拉深。反拉深能有效防止起皱，所得零件表面质量也较好。

（3）深锥形件（$h/d_2 > 0.5$）。这种锥形件必须采用多工序拉深成型。

①阶梯过渡法。先逐步拉成具有大圆角半径的阶梯形工序件（阶梯形的内形与要求的锥形件相切），最后整形成锥形件，如图 11-48(a) 所示。其拉深方法和拉深次数计算与阶梯形件相同，拉深系数按圆筒形件拉深系数选取。采用这种方法，因为校形后零件表面仍留有原阶梯的痕迹，所以应用不多。

②锥面逐步增大法。采用底部直径逐步缩小、锥面逐步扩大的方法成型，如图 11-48 (b) 所示。其拉深系数可选圆筒形件的拉深系数。采用此法所得工件表面质量较好，因而应用较多。

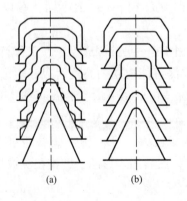

(a)	(b)

图 11-48　高锥形件的逐步成型方法

（三）盒形件的拉深

盒形件可以划分为 4 个长度，分别为 $(L-2r_\mathrm{g})$ 和 $(B-2r_\mathrm{g})$ 的直边部分及 4 个半径均为 r_g 的圆角部分，圆角部分是四分之一的圆柱面，直边部分是直壁平面，如图 11-49 所示。假设圆角部分与直边部分没有联系，则零件的成型可以假想为由直边部分的弯曲和圆角部分的拉深变形所组成。但实际上直边和圆角是一个整体，在成型

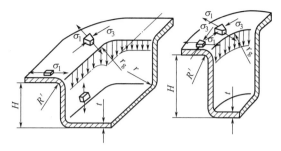

图 11-49 盒形件拉深时的应力分布

过程中必有互相作用和影响，两者之间也没有明显的界限。

根据观察和分析，可知盒形件拉深变形有以下特点：

（1）盒形件拉深的变形性质与圆筒形件相同，坯料变形区（凸缘）的应力状态也是一拉一压，如图 11-49 所示。

（2）盒形件拉深时沿坯料周边上的应力和变形分布是不均匀的。

（3）直边与圆角变形相互影响的程度取决于相对圆角半径（r_g/B）和相对高度（H/B）。r_g/B 越小，直边部分对圆角部分的变形影响越显著（如果 $r_\mathrm{g}/B=0.5$，则盒形件成为圆筒形件，也就不存在直边与圆角变形的相互影响了）；H/B 越大，直边与圆角变形相互影响也越显著。因此，r_g/B 和 H/B 两个尺寸参数不同的盒形件，在坯料展开尺寸和工艺计算上都有较大不同。

第三节　拉深工艺的辅助工序

为了保证拉深过程的顺利进行或提高拉深件质量和模具寿命，需要安排一些必要的辅助工序，如润滑、热处理和酸洗等。

一、润滑

在拉深过程中，不但材料的塑性变形强烈，而且板料与模具的接触面之间要产生相对滑动，因而有摩擦力存在。在拉深时采用润滑剂，不仅可以降低摩擦力，而且可以相对地提高变形程度，还能保护模具工作表面和冲压件表面不被损伤。实践证明：在拉深工序中，采用润滑剂以后，其拉深力可降低 30% 左右。润滑在拉深工艺中，主要是改善变形毛坯与模具相对运动时的摩擦阻力，同时也有一定的冷却作用。润滑的目的是降低拉深力、提高拉深毛坯的变形程度、提高产品的表面质量和延长模具寿命等。拉深中，必须根据不同的要求选择润滑剂的配方和选择正确的润滑方法。如润滑剂（油），一般应涂抹在凹模的工作面及压边圈表面，也可以涂抹在拉深毛坯与凹模接触的平面上。而在凸模表面或与凸模接触的毛坯表面切忌涂润滑剂（油），以防材料沿凸模表面滑动并使材料变薄。常用的润滑剂见有关冲压设计资料。还需注意，当拉深应力较大且接近材料的强度极限时，应采用含量不少于 20% 的粉状填料的润滑剂，以防止润滑液在拉深中被高压挤掉而失去润滑效果，也可以采用磷酸

盐表面处理后再涂润滑剂。

二、热处理

拉深工艺中的热处理是指落料毛坯的软化处理、拉深工序间半成品的退火及拉深后零件的消除应力的热处理。毛坯材料的软化处理是为了降低硬度、提高塑性、提高拉深变形程度，使拉深系数 m 减小，提高板料的冲压成型性能。拉深工序间半成品的热处理退火是为了消除拉深变形的加工硬化，恢复加工后材料的塑性，以保证后续拉深工序的顺利实现。对某些金属材料（如不锈钢、高温合金及黄铜等）拉深成型的零件，拉深后在规定时间内的热处理，目的是消除变形后的残余应力，防止零件在存放（或工作）中的变形和蚀裂等现象。中间工序的热处理方法主要有两种：低温退火和高温退火。有关材料的热处理规范可参考相关手册。退火使生产周期延长、成本增加，因此应尽可能避免。在拉深过程中，由于板料因塑性变形而产生较大的加工硬化，致使继续变形困难甚至不可能。为了使后续拉深或其他成型工序的顺利进行，或消除工件的内应力，必要时应进行工序间的热处理或最后消除应力的热处理。

对于普通硬化的金属（如08钢、10钢、15钢、黄铜和退火过的铝等），若工艺过程制订得正确，模具设计合理，一般不需要进行中间退火。而对于高度硬化的金属（如不锈钢、耐热钢、退火紫铜等），一般在1~2次拉深工序后就要进行中间热处理。

不论是工序间热处理还是最后消除应力的热处理，应尽量及时进行，以免由于长期存放造成冲件在内应力作用下生产变形或龟裂，特别对不锈钢、耐热钢及黄铜冲压件更是如此。

三、酸洗

经过热处理的工序件，表面有氧化皮，需要清洗后方可继续进行拉深或其他冲压加工。在许多场合，工件表面的油污及其他污物也必须清洗，方可进行喷漆或搪瓷等后续工序。有时在拉深成型前也需要对坯料进行清洗。

在冲压加工中，清洗的方法一般采用酸洗。酸洗时先用苏打水去油，然后将工件或坯料置于加热的稀酸中浸蚀，接着在冷水中漂洗，后在弱碱溶液中将残留的酸液中和，最后在热水中洗涤并经烘干即可。各种材料的酸洗溶液成分见表11-12。

表11-12　酸洗溶液成分

工件材料	酸洗溶液		说明
	化学成分	含量	
低碳钢	硫酸或盐酸水	15%~20%（质量分数） 余量	
高碳钢	硫酸水	10%~15%（质量分数） 余量	预浸
	氢氧化钠或氢氧化钾	50~100g/L	最后酸洗

工件材料	酸洗溶液		说明
	化学成分	含量	
不锈钢	硝酸 盐酸 氢氟酸 水	10%（质量分数） 1%~2%（质量分数） 0.1%（质量分数） 余量	得到光亮的表面
铜及其合金	硝酸 盐酸 炭黑	200份（质量） 1~2份（质量） 1~2份（质量）	预浸
	硝酸 硫酸 盐酸	75份（质量） 100份（质量） 1份（质量）	光亮酸洗
铝及锌	氢氧化钠或氢氧化钾 氯化钠 盐酸	100~200g/L 13g/L 50~100g/L	闪光酸洗

第四节 拉深模设计

一、拉深模的分类及典型结构

（一）拉深模分类

拉深模的结构一般较简单，但结构类型较多。按使用的压力机类型不同，可分为在单动压力机上使用的拉深模与在双动压力机上使用的拉深模；按工序的组合程度不同，可分为单工序拉深模、复合工序拉深模与级进工序拉深模；按结构形式与使用要求的不同，可分为首次拉深模与以后各次拉深模，有压料装置拉深模与无压料装置拉深模，顺装式拉深模与倒装式拉深模，下出件拉深模与上出件拉深模等。

（二）拉深模典型结构

1. 单动压力机上使用的拉深模

（1）首次拉深模。图11-50(a)所示为无压料装置的首次拉深模。拉深件直接从凹模底下落下，为了从凸模上卸下冲件，在凹模下装有卸件器，当拉深工作行程结束，凸模回程时，卸件器下平面作用于拉深件口部，把冲件卸下。为了便于卸件，凸模上钻有直径为3mm以上的通气孔。如果板料较厚，拉深件深度较小，拉深后有一定回弹量。回弹引起拉深件口部张大，当凸模回程时，凹模下平面挡住拉深件口部而自然卸下拉深件，此时可以不配备卸件器。这种拉深模具结构简单，适用于拉深板料厚度较大而深度不大的拉深件。

图11-50(b)所示为有压料装置的正装式首次拉深模。拉深模的压料装置在上模，由于弹性元件高度受到模具闭合高度的限制，因而这种结构形式的拉深模只适用于拉深高度不大的零件。

图11-50(c)所示为倒装式的具有锥形压料圈的拉深模，压料装置的弹性元件在下模底

下，工作行程可以较大，可用于拉深高度较大的零件，应用广泛。

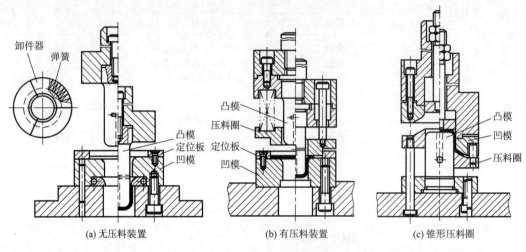

图 11-50　首次拉深模

（2）以后各次拉深模。图 11-51 所示为无压料装置的以后各次拉深模，前次拉深后的工序件由定位板 6 定位，拉深后工件由凹模孔台阶卸下。为了减小工件与凹模间的摩擦，凹模直边高度 h 取 9~13mm。该模具适用于变形程度不大、拉深件直径和壁厚要求均匀的以后各次拉深。

图 11-52 所示为有压料倒装式以后各次拉深模，压料圈 6 兼作定位用，前次拉深后的工序件套在压料圈上进行定位。压料圈的高度应大于前次工序件的高度，其外径最好按已拉成的前次工序件的内径配作。拉深完的工件在回程时分别由压料圈顶出和推件块 3 推出。可调式限位柱 5 可控制压料圈与凹模之间的间距，以防止拉深后期由于压料力过大造成工件侧壁底角附近过分减薄或拉裂。

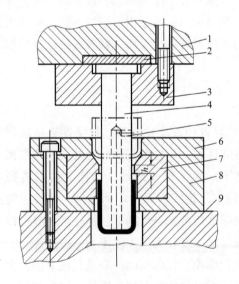

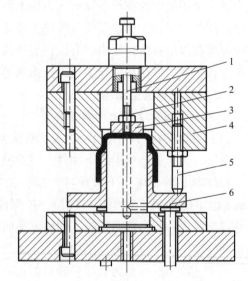

图 11-51　无压料装置以后各次拉深模　　　图 11-52　有压料装置以后各次拉深模

1—上模座　2—垫板　3—凸模固定板　4—凸模　5—通气孔　　　1—打杆　2—螺母　3—推件块　4—凹模

6—定位板　7—凹模　8—凹模座　9—下模座　　　　　　　5—可调式限位柱　6—压料圈

（3）落料拉深复合模。图11-53所示为落料拉深复合模，条料由两个导料销11进行导向，由挡料销12定距。由于排样图取消了纵搭边，落料后废料中间将自动断开，因此可不设卸料装置。工作时，首先由落料凹模1和凸凹模3完成落料，紧接着由拉深凸模2和凸凹模进行拉深。压料圈9既起压料作用又起顶件作用。由于有顶件作用，上模回程时，冲压件可能留在拉深凹模内，所以设置了推件装置。为了保证先落料、后拉深，模具装配时，应使拉深凸模2比落料凹模1低1~1.5倍料厚的距离。

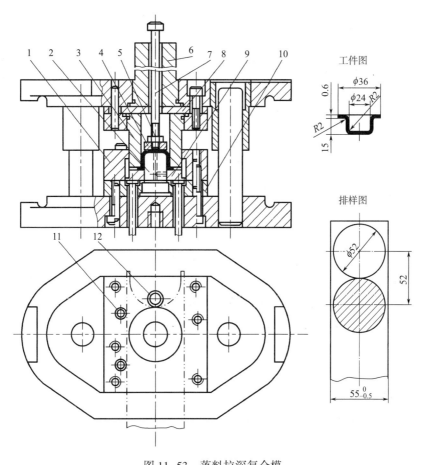

工件图

排样图

图11-53 落料拉深复合模

1—落料凹模 2—拉深凸模 3—凸凹模 4—推件块 5—螺母 6—模柄
7—打杆 8—垫板 9—压料圈 10—固定板 11—导料销 12—挡料销

2. 双动压力机上使用的拉深模

（1）双动压力机用首次拉深模。如图11-54所示，下模由下模座1、凹模2、定位板3、凹模固定板8、顶件块9组成，上模的压料圈5通过上模座4固定在压力机的外滑块上，凸模7通过凸模固定杆6固定在内滑块上。工作时，坯料由定位板定位，外滑块先行下降带动压料圈将坯料压紧，接着内滑块下降带动凸模完成对坯料的拉深。回程时，内滑块先带动凸模上升将工件卸下，接着外滑块带动压料圈上升，同时顶件块在弹顶器作用下将工件从凹模内顶出。

（2）双动压力机用落料拉深复合模。如图11-55所示，该模具可同时完成落料、拉深及底部的浅成型，主要工作零件采用组合式结构，压料圈3固定在压料圈座2上，并兼作落料凸模，拉深凸模4固定在凸模座1上。这种组合式结构特别适用于大型模具，不仅可以节省模具钢，而且便于坯料的制备与热处理。

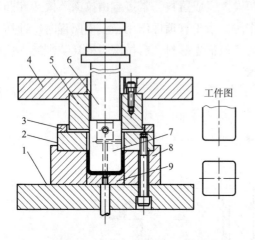

图11-54　双动压力机用首次拉深模

1—下模座　2—凹模　3—定位板　4—上模座
5—压料圈　6—凸模固定杆　7—凸模
8—凹模固定板　9—顶件块

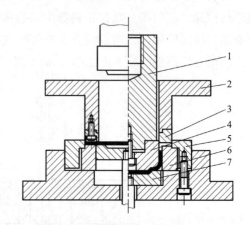

图11-55　双动压力机用落料拉深复合模

1—凸模座　2—压料圈座　3—压料圈（兼落料凸模）
4—拉深凸模　5—落料凹模　6—拉深凹模
7—顶件块（兼拉深凹模的底）

工作时，外滑块首先带动压料圈下行，在达到下止点前与落料凹模5共同完成落料，接着进行压料（如左半视图所示）。然后内滑块带动拉深凸模下行，与拉深凹模6一起完成拉深。顶件块7兼作拉深凹模的底，在内滑块到达下止点时，可完成对工件的浅成型（如右半视图所示）。回程时，内滑块先上升，然后外滑块上升，最后由顶件块7将工件顶出。

二、拉深模工作零件的设计

（一）凸、凹模的结构

凸、凹模的结构设计得是否合理，不但直接影响拉深时的坯料变形，而且影响拉深件的质量。凸、凹模常见的结构形式有以下几种：

1. 无压料时的凸、凹模

图11-56所示为无压料一次拉深成型时所用的凸、凹模结构，其中圆弧形凹模 ［图11-56(a)］结构简单，加工方便，是常用的拉深凹模结构形式；锥形凹模 ［图11-56(b)］、渐开线形凹模［图11-56(c)］和等切面形凹模［图11-56(d)］对抗失稳起皱有利，但加工较复杂，主要用拉深系数较小的拉深件。图11-57所示为无压料多次拉深所用的凸、凹模结构。上述凹模结构中，$a=5\sim10mm$，$b=2\sim5mm$，锥形凹模的锥角一般取30°。

2. 有压料时的凸、凹模

有压料时的凸、凹模结构如图11-58所示，其中图11-58(a)用于直径小于100mm的拉深件；图11-58(b)用于直径大于100mm的拉深件，这种结构除具有锥形凹模的特点外，还可减轻坯料的反复弯曲变形，以提高工件侧壁质量。

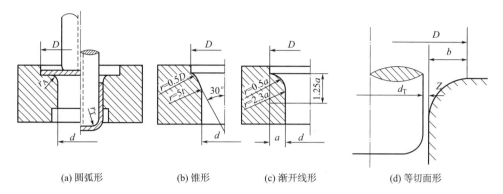

| (a) 圆弧形 | (b) 锥形 | (c) 渐开线形 | (d) 等切面形 |

图 11-56 无压料一次拉深的凸、凹模结构

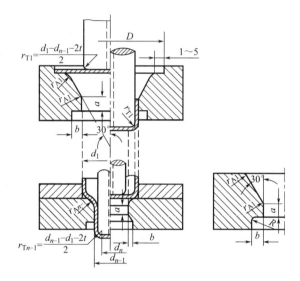

图 11-57 无压料多次拉深的凸、凹模结构

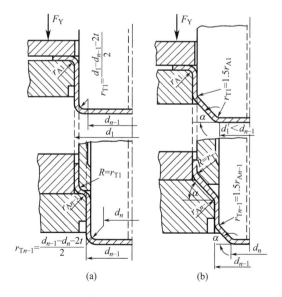

| (a) | (b) |

图 11-58 有压料多次拉深的凸、凹模结构

321

设计多次拉深的凸、凹模结构时，必须十分注意前后两次拉深中凸、凹模的形状尺寸具有恰当的关系，尽量使前次拉深所得工序件形状有利于后次拉深成型，而后一次拉深的凸、凹模及压料圈的形状与前次拉深所得工序件相吻合，以避免坯料在成型过程中反复弯曲。为了保证拉深时工件底部平整，应使前一次拉深所得工序件的平底部分尺寸不小于后一次拉深工件的平底尺寸。

(二) 凸、凹模的圆角半径

1. 凹模圆角半径

凹模圆角半径 r_A 越大，材料越易进入凹模，但 r_A 过大，材料易起皱。因此，在材料不起皱的前提下，r_A 宜取大一些。

第一次（包括只有一次）拉深的凹模圆角半径可按以下经验公式计算：

$$r_{A1} = 0.8 \sqrt{(D-d) t} \tag{11-19}$$

式中：r_{A1} 为凹模圆角半径；D 为坯料直径；d 为凹模内径（当工件料厚 $t \geq 1$ 时，也可取首次拉深时工件的中线尺寸）；t 为材料厚度。

以后各次拉深时，凹模圆角半径应逐渐减小，一般可按以下关系确定：

$$r_{Ai} = (0.6 \sim 0.9) r_{A(i-1)} \quad (i = 2, 3, \cdots, n) \tag{11-20}$$

盒形件拉深凹模圆角半径按下式计算：

$$r_A = (4 \sim 8) t \tag{11-21}$$

以上计算所得凹模圆角半径均应符合 $r_A \geq 2t$ 的拉深工艺性要求。对于带凸缘的筒形件，最后一次拉深的凹模圆角半径还应与零件的凸缘圆角半径相等。

2. 凸模圆角半径

凸模圆角半径 r_T 过小，会使坯料在此受到过大的弯曲变形，导致危险断面材料严重变薄甚至拉裂；r_T 过大，会使坯料悬空部分增大，容易产生内起皱现象。一般 $r_T < r_A$，单次拉深或多次拉深的第一次拉深可取：

$$r_{T1} = (0.7 \sim 1.0) r_{A1} \tag{11-22}$$

以后各次拉深的凸模圆角半径可按下式确定：

$$r_{T(i-1)} = \frac{d_{i-1} - d_i - 2t}{2} \quad (i = 3, 4, \cdots, n) \tag{11-23}$$

式中：d_{i-1}、d_i 为各次拉深工序件的直径。

最后一次拉深时，凸模圆角半径 r_{Tn} 应与拉深件底部圆角半径 r 相等。但当拉深件底部圆角半径小于拉深工艺性要求时，则凸模圆角半径应按工艺性要求确定（$r_T \geq t$），再通过增加整形工序得到拉深件所要求的圆角半径。

(三) 凸、凹模间隙

拉深模的凸、凹模间隙对拉深力、拉深件质量、模具寿命等都有较大影响。间隙小时，拉深力大，模具磨损也大，但拉深件回弹小，精度高。间隙过小，会使拉深件壁部严重变薄甚至拉裂。间隙过大，拉深时坯料容易起皱，而且口部的变厚得不到消除，拉深件出现较大的锥度，精度较差。因此，拉深凸、凹模间隙应根据坯料厚度及公差、拉深过程中坯料的增厚情况、拉深次数、拉深件的形状及精度等要求确定。

（1）对于无压料装置的拉深模，其凸、凹模单边间隙可按下式确定。

$$Z = (1 \sim 1.1)t_{max} \tag{11-24}$$

式中：Z 为凸、凹模单边间隙；t_{max} 为材料厚度的最大极限尺寸。

系数取值范围为 $1 \sim 1.1$，小值用于末次拉深或精度要求高的零件拉深，大值用于首次和中间各次拉深或精度要求不高的零件拉深。

（2）对于有压料装置的拉深模，其凸、凹模单边间隙可根据材料厚度和拉深次数参考表确定。

（3）对于盒形件拉深模，其凸、凹模单边间隙可根据盒形件精度确定，当精度要求较高时，$Z = (0.9 \sim 1.05)t$；当精度要求不高时，$Z = (1.1 \sim 1.3)t$。最后一次拉深取较小值。

另外，由于盒形件拉深时坯料在角部变厚较多，因此圆角部分的间隙应较直边部分的间隙大 $0.1t$。

（四）凸、凹模工作尺寸及公差

拉深件的尺寸和公差是由最后一次拉深模保证的，考虑拉深模的磨损和拉深件的弹性回复，最后一次拉深模的凸、凹模工作尺寸及公差按如下确定：

当拉深件标注外形尺寸时 ［图 11-59（a）］，则：

$$D_A = (D_{max} - 0.75\Delta)_0^{+\delta_A} \tag{11-25}$$

$$D_T = (D_{max} - 0.75\Delta - 2Z)_{-\delta_T}^0 \tag{11-26}$$

当拉深件标注内形尺寸时 ［图 11-59（b）］，则：

$$d_T = (d_{min} + 0.4\Delta)_{-\delta_T}^0 \tag{11-27}$$

$$d_A = (d_{min} + 0.4\Delta + 2Z)_0^{+\delta_A} \tag{11-28}$$

式中：D_A、d_A 为凹模工作尺寸；D_T、d_T 为凸模工作尺寸；D_{max}、d_{min} 为拉深件的最大外形尺寸和最小内形尺寸；Z 为凸、凹模单边间隙；Δ 为拉深件的公差；δ_T、δ_A 为凸、凹模的制造公差，可按 IT 6～IT 9 级确定。

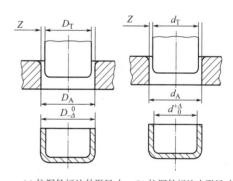

(a) 拉深件标注外形尺寸　(b) 拉深件标注内形尺寸

图 11-59　拉深件尺寸与凸、凹模工作尺寸

对于首次和中间各次拉深模，因工序件尺寸无需严格要求，所以其凸、凹模工作尺寸取相应工序的工序件尺寸即可。若以凹模为基准，则：

$$D_A = D_0^{+\delta_A} \tag{11-29}$$

$$D_T = (D - 2Z)_{-\delta_T}^0 \tag{11-30}$$

式中：D 为各次拉深工序件的基本尺寸。

思考题

1. 简述拉深起皱的影响因素及防止拉深起皱的措施。

2. 什么是拉深系数？用 $\phi250mm \times 1.5mm$ 的板料能否一次拉深成直径 $50mm$ 的拉深件？如果不能，应采取哪些措施才能保证正常生产？

3. 拉深模的基本性能要求有哪些？如何预防拉深模的拉毛磨损和黏附现象发生？

4. 计算图 11-60 所示拉深件的坯料尺寸、拉深次数及各次拉深半成品尺寸，并用工序图表示出来，材料为 08F 钢。

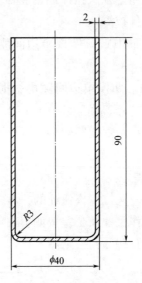

图 11-60 坯料尺寸图

第十二章 其他冲压工艺及模具设计

除最基本的弯曲和拉深外，成型工序中还有很多其他方法，其中比较常用的有翻孔与翻边、胀形、缩口与扩口、校平与整形、冷挤压和旋压等冲压工序。这些工序的基本特征为局部变形，变形特点也各不相同，胀形和翻圆孔属伸长类变形，成型时主要工艺问题是因变形区拉应力过大而出现开裂破坏；缩口和外凸外缘翻边均属压缩类变形，成型时主要问题是因变形区压应力过大而产生失稳起皱；对于校平和整形，主要需解决回弹问题；而对冷挤压来说，主要解决因变形程度大，变形抗力大而带来的各种工艺问题。在冲压生产实际中，应该根据各种成型工艺的力学原理，针对具体情况进行具体分析，合理、灵活地解决具体问题。

第一节 翻孔与翻边

一、翻孔

翻孔是在毛坯上预先加工好预制孔（有时不预先加工好预制孔），再沿孔边将材料翻成竖立凸缘的冲压工序，如图 12-1 所示。

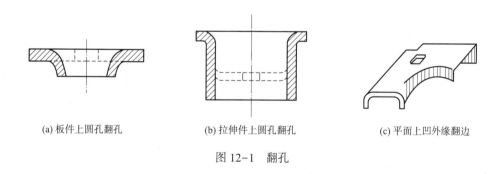

(a) 板件上圆孔翻孔　　　　(b) 拉伸件上圆孔翻孔　　　　(c) 平面上凹外缘翻边

图 12-1　翻孔

1. 圆孔翻孔

图 12-2 所示为毛坯变形区的受力情况与变形特点示意图。翻孔前毛坯孔的直径为 d，翻孔变形区是内径为 d，外径为 D_1 的环形部分。在翻孔过程中，随着凸模下行，d 不断扩大，并逐渐形成侧边，最后使平面环形变成竖直侧边，翻孔结束后，内径等于凸模的直径。

（1）圆孔翻孔的应力与应变。在圆孔翻孔时，毛坯变形区的应力与应变分布如图 12-3 所示。坯料变形区受到切向拉应力 σ_3 和径向拉应力 σ_1 的作用，并产生切向拉应变 ε_3 和径向拉应变 ε_1，根据同心圆间的距离基本不变可知：圆孔翻孔时材料在径向所受的拉应力 σ_1 和产生的变形 ε_1 不大。竖立侧边的边口部处于切向单向受拉应力 σ_3 的状态，而筒形边中间

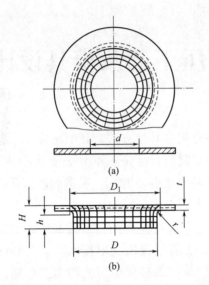

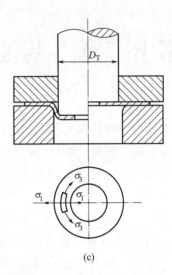

图 12-2　翻圆孔网实验

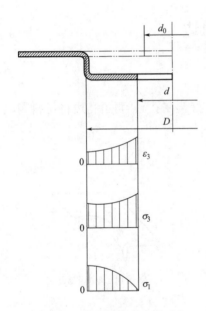

图 12-3　圆孔翻孔时变形区内
应力与应变分布

则处于径向、切向双向受拉应力 σ_1、σ_3 的状态（板厚方向的应力 σ_2 可忽略），因此圆孔翻孔时切向拉应力 σ_3 为最大主应力，切向拉应变 ε_3 为最大主应变。在翻孔过程中，竖立侧边的边缘部分变薄最严重，最容易发生开裂。

（2）翻孔系数。圆孔翻孔过程中，变形程度取决于毛坯预制孔直径 d 与翻孔后竖边的平均直径 D 的比值，即翻孔系数 K 表示为（图 12-2）：

$$K = \frac{d}{D} \tag{12-1}$$

显然 K 值越小，变形程度越大，竖边边缘面临破裂的危险也越大。翻孔时孔的边缘不破裂所能达到的最小翻孔系数称为极限翻孔系数，用 K_{min} 表示。影响翻孔系数的主要因素如下：

①材料的性能。材料的塑性越好，极限翻孔系数越小。

②预制孔的加工方法。钻孔加工方法获得的孔没有撕裂面，翻孔时不易出现裂纹，极限翻孔系数较小。冲出的孔有部分撕裂面，翻孔时容易开裂，极限翻孔系数较大。如果冲孔后对坯料进行退火或重修整理孔面，可以得到与钻孔相接近的效果。此外，还可以使冲孔的方向与翻孔的方向相反，使毛刺位于翻孔内侧，这样可以减小开裂倾向，降低极限翻孔系数。

③坯料相对厚度 d/t。如果翻孔前预制孔孔径 d 与材料厚度 t 的比值较小，在开裂前材料的绝对伸长可以较大，因此极限翻孔系数可以取较小值。

④凸模形状。采用球形、抛物面形或锥形凸模翻孔时，孔边缘圆滑地逐渐胀开，变形均

匀，所以极限翻孔系数相应可取小些，而采用平面凸模则很容易开裂。

低碳钢的极限翻孔系数见表 12-1。

表 12-1 低碳钢的极限翻孔系数

凸模形状	预制孔加工方法	预制孔相对直径 d/t									
		100	50	35	20	15	10	8	5	3	1
球形凸模	钻孔	0.70	0.60	0.52	0.45	0.40	0.36	0.33	0.30	0.25	0.20
	冲孔	0.75	0.65	0.57	0.52	0.48	0.45	0.44	0.42	0.42	
平底凸模	钻孔	0.80	0.70	0.60	0.50	0.45	0.42	0.40	0.35	0.30	0.25
	冲孔	0.85	0.75	0.65	0.60	0.55	0.52	0.50	0.48	0.47	

（3）翻孔的工艺计算。翻孔工艺类似于弯曲，可以按照工件中性层长度不变的原则近似计算。平板毛坯翻孔的尺寸如图 12-4 所示，预制孔直径 d 可以近似由下式计算：

$$d = D - 2(H - 0.43r - 0.72t) \tag{12-2}$$

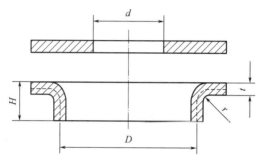

图 12-4 平板毛坯翻孔

翻孔后的高度 H 由下式计算：

$$H = \frac{D - d}{2} + 0.43r + 0.72t = \frac{D}{2}\left(1 - \frac{d}{D}\right) + 0.43r + 0.72t \tag{12-3}$$

式中：$\dfrac{d}{D} = K$，若将极限翻孔系数 $K_{\min}$ 代入翻孔高度公式，可求出一次翻孔的极限高度，即：

$$H_{\max} = \frac{D}{2}(1 - K_{\min}) + 0.43r + 0.72t \tag{12-4}$$

当工件要求的翻孔高度大于一次能达到的极限翻孔高度时，就难以一次翻孔成形。这时可采用加热翻孔、多次翻孔（以后各次的翻孔，其 K 值应增大 15%～20%）或经拉深、冲底孔后再翻孔的工艺方法。但是，翻孔高度也不能过小（一般 $H>1.5r$）。如果 H 过小，则翻孔后回弹严重，直径和高度尺寸误差大。工艺上一般采用加热翻孔或增加翻孔高度，然后按零件的要求切除多余高度的方法。

图 12-5 所示为在拉深件的底部预冲孔，再进行翻孔，这是一种常用的冲压方法。其工艺计算过程为：先计算允许的翻孔高度 h，然后按零件要求的高度 H 及 h 确定拉深高度 h' 及

预制孔直径 d。翻孔高度可用图 12-5 中的几何关系求出:

$$h = \frac{D-d}{2} - \left(r + \frac{t}{2}\right) + \frac{\pi}{2}\left(r + \frac{t}{2}\right) = \frac{D}{2}\left(1 - \frac{d_0}{D}\right) + 0.57\left(r + \frac{t}{2}\right) \qquad (12-5)$$

将翻孔系数代入,则得出允许的翻孔高度为:

$$h_{max} = \frac{D}{2}(1 - K_{min}) + 0.57\left(r + \frac{t}{2}\right) \qquad (12-6)$$

此时,预制孔直径 d 为:

$$d = K_{min}D$$

或

$$d = D + 1.14\left(r + \frac{t}{2}\right) - 2h_{max} \qquad (12-7)$$

于是,拉深高度 h' 为:

$$h' = H - h_{max} + r \qquad (12-8)$$

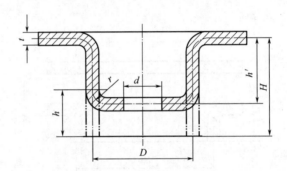

图 12-5 拉深件底部冲孔翻孔

用圆柱平底凸模时,翻孔力的计算式为:

$$F = 1.1\pi t\sigma_s(D - d) \qquad (12-9)$$

式中:F 为翻孔力 (N);t 为材料的厚度 (mm);σ_s 为材料的屈服极限 (MPa);D 为翻孔后的孔的直径 (mm);d 为坯料的预制孔直径 (mm)。

采用锥形或球形凸模时,翻孔力略小于上式的计算值。

(4) 翻孔模的间隙。为保证翻孔竖立边缘的挺直,翻孔模单边间隙值应略小于材料的厚度,一般取单边间隙值 Z 为:

$$Z = (0.75 \sim 0.85)t \qquad (12-10)$$

式中若先拉深后翻孔时取小值,平坯料翻孔时取大值。

(5) 翻孔模工作零件的设计。图 12-6 所示为几种常见凸模的结构形式和其主要尺寸,其中图 12-6 (a)~(c) 为凸模端部无定位部分,工作时由凸模端部的圆角、球面或抛物线部分导正后再翻孔,翻孔质量好;图 12-6(d)(e) 为凸模端部有定位部分,由定位部分导正定位预制孔后再翻孔;图 12-6 (f) 用于无预制孔的不精确翻孔凸模。而翻孔凹模结构如图 12-6 (g) 所示,由于翻孔凹模圆角半径对成型影响不大,因此常取其半径值等于零件的圆角半径。

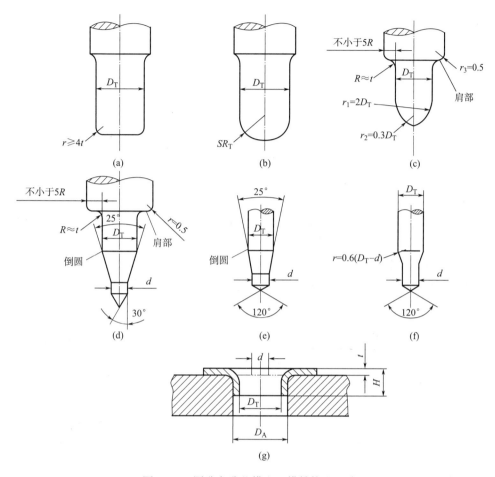

图 12-6　圆孔翻孔凸模和凹模结构和尺寸

2. 非圆孔翻孔

图 12-7 为非圆孔翻孔示意图，非圆孔又称异形孔，是由不同的凸弧、凹弧及直线边组成。这类翻孔的变形性质比较复杂，主要包括圆孔翻孔、弯曲、拉深等变形性质。对于非圆孔翻孔的预制孔，可以分别按圆孔翻孔、弯曲、拉深展开，然后用作图法把各展开线光滑连接即可。图中零件的非圆翻孔是由外凸弧线Ⅰ、直线段Ⅱ和内凹弧线段Ⅲ组成的非圆孔。翻孔时，Ⅰ、Ⅱ、Ⅲ段分别属于压缩类翻边、弯曲和伸长类翻边，为综合成型。

在非圆孔翻孔中，由于变形性质不相同的各部分相互毗邻，对翻孔和拉深有利，因此非圆孔翻孔系数可以小于圆孔翻孔系数，一般取：

$$K' = (0.90 \sim 0.85)K \qquad (12\text{-}11)$$

式中：K' 为非圆孔翻孔系数；K 为圆孔翻孔系数。

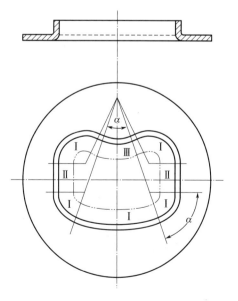

图 12-7　非圆孔翻孔

3. 变薄翻孔

当零件要求较高的竖边高度，又允许壁部略微变薄时，往往采用变薄翻孔。既提高了生产效率，又节约了材料。

变薄翻孔的变形程度不仅决定于翻孔系数，而且决定于壁部的变薄量。其变形程度可以用变薄系数 K 表示：

$$K = \frac{t_1}{t_0} \tag{12-12}$$

式中：t_1 为变薄翻孔后零件竖边的厚度；t_0 为毛坯厚度。

一次变薄翻孔的变薄系数可取 0.4~0.55，甚至更小。变薄翻孔后预制孔尺寸的计算应按翻孔前后体积不变的原则进行。变薄翻孔力比普通翻孔力大得多，并且力的增大与变薄的程度成正比。

变薄翻孔时常采用阶梯凸模，如图 12-8 所示，设计时凸模阶梯之间距离应大于零件高度，以便前一个阶梯的变形结束后进行后一阶梯的变形。

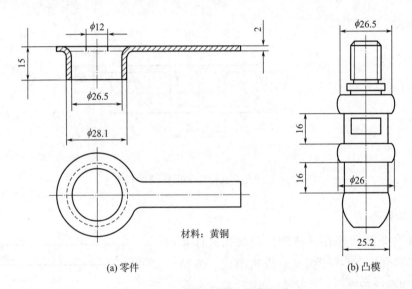

(a) 零件　　　　　　　　　　(b) 凸模

图 12-8　用阶梯凸模的变薄翻孔

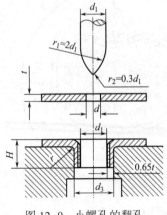

图 12-9　小螺孔的翻孔

另外，模具应有强力的压料装置和良好的润滑。变薄翻孔经常用于平坯料或工序件上冲压小螺孔，为保证螺孔连接强度，变薄翻孔的方法可增加竖边高度，如图 12-9 所示。

此时，坯料预制孔直径 d 为：

$$d = (0.45 \sim 0.5)d_1 \tag{12-13}$$

翻孔外径 d_3 为：

$$d_3 = d_1 + 1.3t \tag{12-14}$$

翻孔高度 H 一般取 $(2 \sim 2.5)\, t$。

对于常用材料进行螺纹变薄翻孔时的翻孔数据也可参考有关表格，在此不再列出。

二、翻边

翻边是使毛坯的平面或曲面部分的边缘沿一定的曲线翻成侧立边缘的冲压工序，如图 12-10 所示。

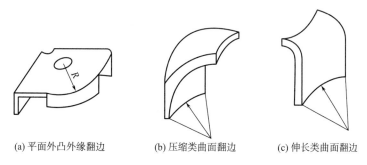

(a) 平面外凸外缘翻边　　(b) 压缩类曲面翻边　　(c) 伸长类曲面翻边

图 12-10　各种翻边示意图

翻边按变形性质可分伸长类翻边和压缩类翻边两类。在图 12-10(a)（c）都属于伸长类翻边，图 12-10(b) 属于压缩类翻边。

1. 伸长类翻边

沿内凹且不封闭曲线进行的平面或曲面翻边均属伸长类翻边，如图 12-11 所示，其共同特点是坯料变形区主要在切向拉应力作用下产生切向伸长变形，因此边缘处变形最大，容易开裂。伸长类翻边的变形程度 ε_d 可由下式表示：

$$\varepsilon_d = \frac{b}{R - b} \tag{12-15}$$

式中：b 为翻边的外缘宽度；R 为翻边的内凹圆半径。

伸长类翻边的工艺计算可以参照圆孔翻孔处理。伸长类翻边的极限变形程度见表 12-2。

伸长类平面翻边变形类似于翻孔，翻边时由于应力在变形区的分布不均匀，会导致翻边后零件的竖立边出现两端高中间低的现象，为得到平齐的翻边高度，翻边前应对坯料的两端轮廓线做一定修正，如图 12-11(a) 所示虚线形状为修正后的形状，若翻边高度不大可不做修正。

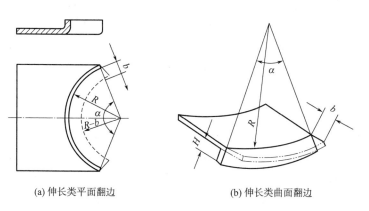

(a) 伸长类平面翻边　　　　(b) 伸长类曲面翻边

图 12-11　伸长类翻边

表 12-2　一些材料外缘翻边的极限变形程度

材料		$\varepsilon_{pmax}/\%$		$\varepsilon_{dmax}/\%$	
		橡胶成型	模具成型	橡胶成型	模具成型
铝合金	1035	25	30	6	40
	1A30	5	8	3	12
	3003	23	30	6	40
	3A21	5	8	3	12
	5A01	20	25	6	35
	5A03	5	8	3	12
	LY12M	14	20	6	30
	2A12	6	8	0.5	9
	LY11M	14	20	4	30
	2A11	6	6	0	0
黄铜	H62（软）	8	45	30	40
	H62（半硬）	4	16	10	14
	H68（软）	8	55	35	45
	H68（半硬）	4	16	10	14
钢	10	—	10	—	38
	20	—	10	—	22
	1Cr18Ni9（软）	—	10	—	15
	1Cr18Ni9（硬）	—	10	—	40

伸长类曲面翻边时，坯料底部中间位置易出现起皱现象，模具设计时应采用强力压料装置来防止。另外为创造有利于翻边的条件，防止中间部位过早地翻边而引起竖立边过大的伸长变形甚至开裂，设计模具时，应使凸模和顶料板形状与工件相同，而凸模的曲面应修正为图 12-12 所示形状；同时冲压方向的选取应保证翻边作用力在水平方向上的平衡，通常取冲压方向与坯料两端切线构成的角度相同，如图 12-12 所示。

2. 压缩类翻边

沿外凸的不封闭的曲线进行的平面或曲面翻边均属压缩类翻边，如图 12-13 所示。其变形情况近似于拉深，变形区主要为切向受压和由此产生的径向受拉。材料最外缘压缩变形最大，易失稳起皱。压缩类翻边的变形程度 ε_p 用下式表示。

$$\varepsilon_p = \frac{b}{R + b} \tag{12-16}$$

式中：b 为翻边的宽度；R 为翻边的外凸圆半径。

压缩类翻边的工艺问题可以参照浅拉深计算。压缩类翻边的极限变形程度见表 12-2。

压缩类平面翻边变形类似于拉深，由于翻边时竖立边缘的应力分布不均，翻边后零件的竖边高度出现中间高而两端低的现象，为得到齐平的竖立边，应对坯料的展开形状加以修正，修正后的形状如图 12-13(a) 虚线所示，翻边高度不大时可不修正。另外，当翻边高度较大时，模具应设计防止起皱的压料装置。

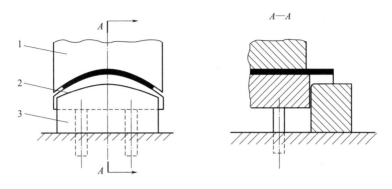

图 12-12　伸长曲面翻边凸模形状的修正

1—凹模　2—顶料板　3—凸模

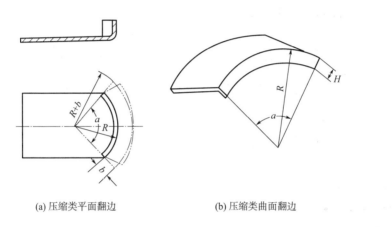

(a) 压缩类平面翻边　　　　　　　　(b) 压缩类曲面翻边

图 12-13　压缩类翻边

　　压缩类曲面翻边的主要问题是变形区的失稳起皱，为防止起皱，凹模应修正成图 12-14 所示的形状；冲压方向的选择原则与伸长类翻边时相同。

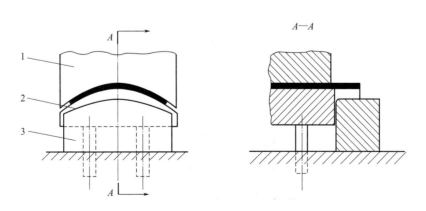

图 12-14　压缩类曲面翻边凹模形状的修正

1—凹模　2—压料板　3—凸模

三、翻孔翻边模结构

图 12-15 所示为翻孔模，其结构与拉深模基本相似。图 12-16 所示为翻孔及翻边同时进行的模具。

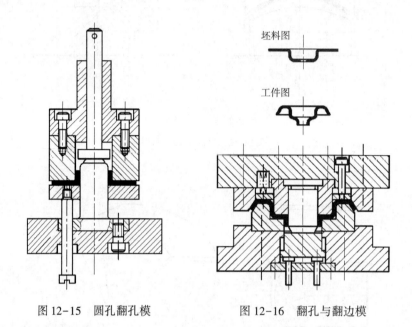

图 12-15　圆孔翻孔模　　　　　　　图 12-16　翻孔与翻边模

　　图 12-17 所示为落料、拉深、冲孔、翻孔复合模。凸凹模 8 与落料凹模 4 均固定在固定板 7 上，以保证同轴度。冲孔凸模 2 固定在凸凹模 1 内，并以垫片 10 调整它们的高度差，以控制冲孔前的拉深高度。该模具的工作过程是：上模下行，首先在凸凹模 1 和凹模 4 的作用下落料。上模继续下行，在凸凹模 1 和凸凹模 8 的相互作用下对坯料进行拉深，弹顶器通

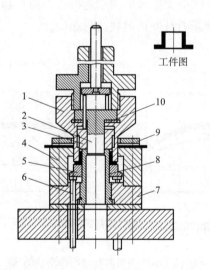

图 12-17　落料、拉深、冲孔、翻孔复合模

1,8—凸凹模　2—冲孔凸模　3—推件块　4—落料凹模　5—顶件块　6—顶杆　7—固定板　9—卸料板　10—垫片

过顶杆6和顶件块5对坯料施加压力。当拉深到一定高度后，由冲孔凸模2和凸凹模8进行冲孔，并由凸凹模1和凸凹模8完成翻孔。当上模回程时，在顶件块5和推件块3的作用下将工件推出，条料由卸料板9卸下。

第二节　胀形

对板料或制件的局部施加压力，使变形区内的材料在拉应力的作用下，厚度变薄表面积增大，以获得具有凸起或者凹进曲面几何形状制件的成型称为胀形。

胀形主要用于加强筋、花纹图案、标记等平板毛坯的局部成型，管类毛坯的胀形（波纹管）、高压气瓶、球形容器等空心毛坯的胀形；飞机和汽车蒙皮等薄板的拉张成型等。汽车覆盖件等曲面复杂形状零件成型也常包含胀形工艺。胀形在冲压生产中有着广泛的应用，图12-18所示为几种胀形件实例。

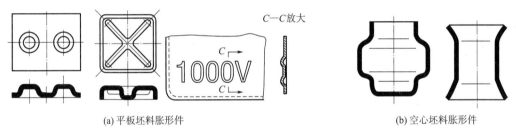

(a) 平板坯料胀形件　　　　　　　　　　(b) 空心坯料胀形件

图 12-18　胀形件实例

一、胀形的变形特点与胀形极限变形程度

1. 胀形的变形特点

图12-19所示为球头凸模胀形平板毛坯时的胀形变形区及其主应力和主应变图。图中黑色部分表示胀形变形区。胀形变形具有如下特点。

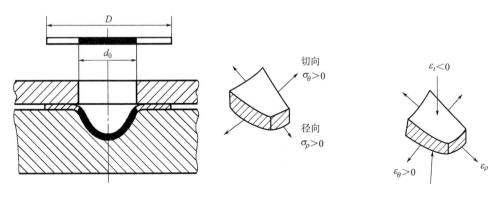

图 12-19　胀形变形区及其主应力和主应变示意图

（1）在胀形的变形区内，切向拉应力 $\sigma_\theta \geq 0$，径向应力 $\sigma_\rho \geq 0$，切向应变 $\varepsilon_\theta \geq 0$，径向应变 $\varepsilon_\rho > 0$，厚向应变 $\varepsilon_t < 0$，且在球头凸模胀形时的底部 $\sigma_\theta = \sigma_\rho$ 和 $\varepsilon_\theta = \varepsilon_\rho = 0.5 \mid \varepsilon_t \mid$。所以，胀形变形在板面方向为双向拉伸应力状态（板厚方向的应力忽略不计），变形主要是由材料厚度方向的减薄量支持板面方向的伸长量完成的，变形后材料厚度减薄而表面积增大。胀形属伸长类变形。

（2）胀形变形时，由于毛坯受到较大压边力作用，或由于毛坯的外径超过凹模孔直径的 3~4 倍，使塑性变形仅局限于一个固定的变形范围，板料既不向变形区外转移，也不从变形区外进入变形区。

（3）由于胀形变形时材料板面方向处于双向受拉的应力状态，所以变形不易产生失稳起皱现象，成品零件表面光滑，质量好。成型极限主要受拉伸破裂的限制。

（4）由于毛坯的厚度相对于毛坯的外形尺寸极小，胀形变形时拉应力沿板厚方向的变化很小，因此当胀形力卸除后回弹小，工件的几何形状容易固定，尺寸精度容易保证。因此，对汽车覆盖件等较大曲率半径零件的成型，常采用胀形方法或加大其胀形成分的成型方法，减少成型后的回弹。

2. 胀形的极限变形程度

胀形的极限变形程度是零件在胀形时不产生破裂所能达到的最大变形。由于胀形方法不同，变形在毛坯变形区内的分布也不同，模具结构、工件形状、润滑条件及材料性能均影响材料的变形，因此，各种胀形的成型极限表示方法也不同。如压凹坑等纯胀形时常用胀形深度表示成型极限，管形毛坯胀形时常用胀形系数表示成型极限。胀形深度、胀形系数等是以材料发生破裂时试样的某些总体尺寸达到的极限值来表示的，是近似表示方法。

胀形的极限变形程度主要取决于材料的塑性和变形的均匀性。塑性好，成型极限可提高。应变硬化指数 n 值大，可促使变形均匀，成型极限也可提高。润滑、制件的几何形状、模具结构等，凡是可以使胀形变形均匀的因素，均能提高成型极限，如平板毛坯的局部胀形，同等条件下圆形比方形或其他形状的胀形高度值要大。此外，材料的厚度增加也可以使成型极限提高。

二、平板毛坯的起伏成型

平板毛坯在模具的作用下发生局部胀形而形成各种形状的凸起或凹下的冲压方法称为起伏成型。起伏成型主要用于成型加强肋、局部凹槽、文字、花纹等，如图 12-20 所示。

由宽凸缘圆筒形零件的拉深可知，当毛坯的外径超过凹模孔直径的 3~4 倍时，拉深就变为胀形。平板毛坯起伏成型时的局部凹坑或凸起，主要是由凸模接触区内的材料在双向拉应力作用下的变薄来实现的。起伏成型的极限变形程度，多用胀形深度表示，对于形状比较简单的零件，可近似按单向拉伸变形处理，即：

$$\varepsilon_{极} = \frac{l - l_0}{l_0} \times 100\% \leq K\delta \tag{12-17}$$

式中：$\varepsilon_{极}$ 为起伏成型的极限变形程度；δ 为材料单向拉伸的伸长率；l_0、l 为起伏成型变

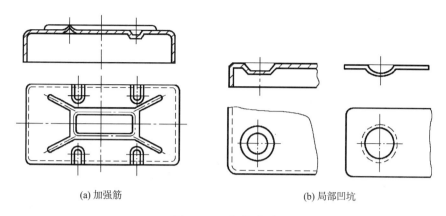

(a) 加强筋　　　　　　　　　(b) 局部凹坑

图 12-20　起伏成型

形区变形前后截面的长度，如图 12-21 所示；K 为形状系数，加强肋 $K=0.7\sim0.75$（半圆加强肋取大值，梯形加强肋取小值）。

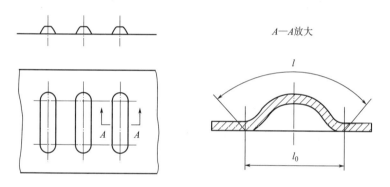

图 12-21　起伏成型变形区变形前后截面的长度

提高胀形的极限变形程度可采用图 12-22 所示的两次胀形法。第一次胀形用大直径的球头凸模，使变形区达到在较大范围内聚料和均化变形的目的，得到最终所需表面积的材料。第二次胀形到所要求的尺寸。如果制件的圆角半径超过极限范围，还可以采用先加大胀形凸模的圆角半径和凹模的圆角半径，胀形后再整形的方法加工成型。另外，降低凸模的表面粗糙度值，改善模具表面的润滑条件也能取得一定的效果。

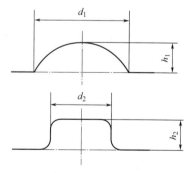

1. 压加强肋

常见的加强肋形式和尺寸见表 12-3。加强肋结构比较复杂，所以成型极限多用总体尺寸表示。当加强肋与边框距离小于 $(3\sim3.5)\,t$ 时，由于在成型过程中，边缘材料

图 12-22　两次胀形示意图

料要向内收缩，成型后需增加切边工序，因此应预留切边余量。多凹坑胀形时，还要考虑凹坑之间的影响。

表 12-3　加强肋形式和尺寸

简图	R	h	r	B 或 D	α
	$(3\sim4)\,t$	$(2\sim3)\,t$	$(1\sim2)\,t$	$(7\sim10)\,t$	
	$(1.5\sim2)\,t$	$(0.5\sim1.5)\,t$		$\geqslant 3h$	$15°\sim30°$

用刚性凸模压制加强肋的变形力按如下公式计算：

$$F = KLt\sigma_{\mathrm{b}} \tag{12-18}$$

式中：F 为变形力（N）；K 为系数，$K=0.7\sim1$，加强肋形状窄而深时取大值，宽而浅时取小值；L 为加强肋的周长（mm）；t 为料厚（mm）；σ_{b} 为材料的抗拉强度（MPa）。

对于软膜胀形，在不考虑材料厚度变薄的情况下，其单位面积压力 p 可按如下公式计算：

$$p = K\frac{t}{R}\sigma_{\mathrm{b}} \tag{12-19}$$

式中：K 为形状系数，球面形状 $K=2$，长条形肋 $K=1$；R 为球半径或肋的圆弧半径；σ_{b} 为材料的抗拉强度（考虑材料硬化的影响）（MPa）；t 为胀形区域的投影面积（mm²）。

所需胀形力 F：

$$F = Ap$$

式中：A 为成型面积 mm²；p 为单位面积压力（MPa）。

2. 压凹坑

压凹坑时，成型极限常用极限胀形深度表示。如果是纯胀形，凹坑深度因受材料塑形限制不能太大。用球头凸模对低碳钢、软铝等胀形时，可达到的极限胀形深度 h 约等于球头直径 d 的 1/3。用平头凸模胀形可能达到的极限深度取决于凸模的圆角半径，其取值范围见表 12-4。

表 12-4　平板毛坯压凹坑的极限深度

简图	材料	极限胀形深度 h
	软钢	$\leqslant (0.15\sim0.20)\,d$
	铝	$\leqslant (0.10\sim0.15)\,d$
	黄铜	$\leqslant (0.15\sim0.22)\,d$

若工件底部允许有孔，可以预先冲出小孔，使其底部中心部分材料在胀形过程中易于向外流动，以达到提高成型极限的目的，有利于达到胀形要求。

三、空心毛坯的成型

空心毛坯胀形是将空心件或管状坯料胀出所需曲面的一种加工方法。用这种方法可以成型高压气瓶、球形容器、波纹管、自行车多通接头（图12-23）等产品或零件。

圆柱形空心毛坯胀形时的应力状态如图12-24所示，其变形特点是厚度减薄，表面积增加。

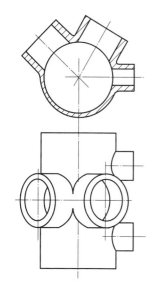

图 12-23　自行车多通接头

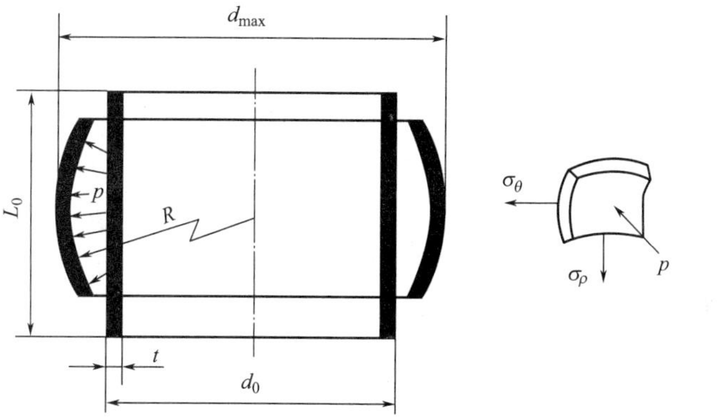

图 12-24　圆柱空心毛坯胀形时的应力状态

1. 胀形系数

空心毛坯胀形的变形程度可用胀形系数 K 表示：

$$K = \frac{d_{max}}{d_0} \qquad (12-20)$$

式中：K 为胀形系数，K_{max} 表示极限胀形系数（d_{max} 达到胀破时的极限值 d'_{max}）；d_0 为毛坯直径；d_{max} 为胀形后工件的最大直径。

极限胀形系数与工件切向伸长率的关系式为：

$$\delta = \frac{\pi d'_{max} - \pi d_0}{\pi d_0} = K_{max} - 1 \qquad (12-21)$$

其中，$K_{max} = 1 + \delta$。

一些材料的极限胀形系数 K_{max} 和切向许用伸长率 $\delta_{\theta P}$ 的试验值见表12-5。如采取轴向加压或对变形区局部加热等辅助措施，还可以提高极限变形程度。

表 12-5　极限胀形系数和切向许用伸长率

	材料	厚度/mm	极限胀形系数 K_{max}	切向许用伸长率 δ_{op}/%
纯铝	1070A（L1），1060（L2）	1.0	1.25	25
	1050A（L3），1035（L4）	1.5	1.32	32
	1200（L5），8A06（L6）	2.0	1.32	32

材料		厚度/mm	极限胀形系数 K_{max}	切向许用伸长率 δ_{op}/%
铝合金	3A21（LF21）退火	0.5	1.25	25
黄铜	H62	0.5～1.0	1.35	35
	H68	1.5～2.0	1.40	40
低碳钢	08F 钢	0.5	1.20	20
	10 钢，20 钢	1.0	1.24	24
不锈钢	1Cr18Ni9Ti	0.5	1.26	26
		1.0	1.28	28

2. 胀形力

钢膜胀形所需压力的计算公式可以根据力的平衡方程式推导得到，其表达式为：

$$F = 2\pi Ht\sigma_b \frac{\mu + \tan\beta}{1 - \mu^2 - 2\mu\tan\beta} \qquad (12-22)$$

式中：F 为所需胀形压力；H 为胀形后高度；t 为材料厚度；μ 为摩擦系数，一般 $\mu = 0.15～0.20$；β 为芯轴锥角，一般取 8°，10°，12°，15°；σ_b 为材料的抗拉强度。

软膜胀形圆柱形空心毛坯时，所需胀形压力 $F = Ap$，其中 A 为成型面积，单位面积压力 p 可按如下公式计算：

$$p = 2\sigma_b\left(\frac{t}{d_{max}} + m\frac{t}{2R}\right) \qquad (12-23)$$

式中：m 为约束系数，当毛坯两端不固定且轴向可以自由收缩时 $m = 0$，当毛坯两端固定且轴向不可以自由收缩时 $m = 1$。其他符号的意义如图 12-24 所示。

3. 胀形毛坯尺寸的计算

圆柱形空心毛坯胀形时，为增加材料在周围方向的变形程度，同时减小材料的变薄，毛坯两端一般不固定，使其自由收缩。因此，毛坯长度 L_0（图 12-24）应比工件长度增加一定的收缩量。毛坯长度可按下式近似计算：

$$L_0 = L[1 + (0.3 ～ 0.4)\delta] + \Delta h \qquad (12-24)$$

式中：L 为工件的母线长度（mm）；δ 为工件的切向伸长率；Δh 为修边余量，一般为 5～20mm。

四、胀形方法和模具结构

空心坯料胀形方法一般分钢性凸模胀形和软凸模胀形两种。

图 12-25 所示为钢性凸模胀形，凸模做成分瓣式，分瓣凸模在向下移动时因锥形芯块的作用向外胀开，使毛坯胀形成所需形状尺寸的工件。胀形结束后，分瓣凸模在顶杆的作用下复位，拉簧使分瓣凸模合拢复位，便可取出工件。凸模分瓣越多，所得工件的精度越高，但模具结构复杂，成本也较高。因此，用分瓣凸模钢膜胀形不宜加工形状复杂的零件。

图 12-26 所示为软凸模胀形，其原理是利用橡胶、液体、气体和钢丸等代替钢性凸模。凸模压柱将力传递给橡胶棒等软体介质，软体介质再将力作用于毛坯上使之胀形，材料向阻

力最小的方向变形，并贴合于可以分开的凹模，从而得到所需形状尺寸的工件。压力机回程时，橡胶棒复原为柱状，下模推出分块凹模取出工件。软膜胀形时，毛坯变形比较均匀，容易保证工件准确成型，工件的表面质量明显优于钢性凸模胀形，因此在生产中应用比较广泛。

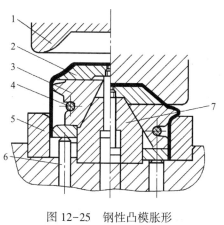

图 12-25　钢性凸模胀形

1—凹模　2—定位板　3—分瓣凸模　4—拉簧

5—下凹模　6—顶杆　7—锥形芯块

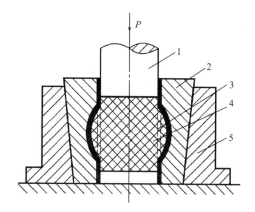

图 12-26　软凸模胀形

1—凸模压柱　2—凹模　3—毛坯

4—橡胶　5—模套

第三节　缩口

缩口是将预先成型好的圆筒件或管件坯料，通过缩口模具将其口部缩小的一种成型工艺。缩口在国防、机器制造、日用品工业中应用较为广泛。用缩口代替拉深工艺成型圆筒形壳体的口部，可以减少工序、提高效率。

一、缩口变形特点及变形程度

缩口的变形特点如图 12-27 所示。在压力 F 的作用下，模具工作部分压迫坯料的口部，使变形区的材料处于两向受压的平面应力状态和一向压缩、两向伸长的立体应变状态。在切向压缩主应力 σ_θ 的作用下，产生切向压缩主应变 ε_θ。由此产生的材料转移引起高度和厚度方向的伸长应变 ε_ρ 和 ε_t，同时阻止 ε_ρ 的压应力 σ_ρ 产生。由于厚度相对很小，阻止 ε_t 的阻压应力几乎为零，因此变形主要是直径因切向受压而缩小，同时高度和厚度也相应有所增加。

壳体毛坯端部直径在缩口前后不宜相差太大，否则切向压应力值过大，易使变形区失稳起皱，在非变形区

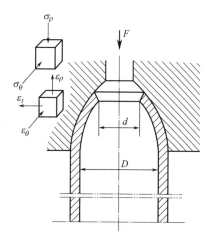

图 12-27　缩口的应力应变特点

的筒壁部分由于承受缩口压力，也有可能失稳而弯曲变形，所以防止失稳起皱和弯曲变形是缩口工艺的主要问题。缩口的极限变形程度主要受失稳条件的限制，选择缩口系数至关重要。

缩口变形程度用缩口系数 m_s 表示：

$$m_s = \frac{d}{D} \tag{12-25}$$

式中：d 为缩口后直径；D 为缩口前直径。

缩口极限变形程度用极限缩口系数 $m_{s\,min}$ 表示，$m_{s\,min}$ 取决于对失稳条件的限制，其值大小主要与材料的机械性能、坯料厚度、模具的结构形式和坯料表面质量有关。材料的塑性好、厚度大，模具对筒壁的支承刚性好，极限缩口系数就小。坯料越厚，抗失稳起皱的能力就越强，有利于缩口成型。合理的模角，较低的锥面粗糙度和较好的润滑条件，可以降低缩口力，对缩口成型有利。当缩口变形所需压力大于筒壁材料失稳临界压力时，筒壁非变形区将先失稳，这也将限制一次缩口的极限变形程度。不同材料和厚度的平均缩口系数见表 12-6。采用不同支承方式时材料所允许的第一次缩口的极限缩口系数见表 12-7。

表 12-6　不同材料和厚度的平均缩口系数

材料	材料厚度/mm		
	≤0.5	>0.5~1	>1
黄铜	0.85	0.8~0.7	0.7~0.65
钢	0.85	0.75	0.7~0.65

表 12-7　不同支承方式时材料的第一次极限缩口系数

材料	支承方式		
	无支承	外支承	内外支承
软钢	0.70~0.75	0.55~0.60	0.30~0.35
黄铜（H62、H68）	0.65~0.70	0.50~0.55	0.27~0.32
铝	0.68~0.72	0.53~0.57	0.27~0.32
硬铝（退火）	0.73~0.80	0.60~0.63	0.35~0.40
硬铝（淬火）	0.75~0.80	0.68~0.72	0.40~0.43

缩口模的支承有三种方式（图 12-28）：其中图 12-28(a) 为无支承缩口模，筒状坯料的内外壁均没有支承结构。图 12-28(b) 为外支承缩口模，筒状坯料的外壁有支承结构。图 12-28(c) 为内外支承缩口模，筒状坯料的内外壁都有支承结构。三种支承结构的缩口模在缩口过程中坯料的稳定性依次增大，许可的缩口系数则依次减小。

二、缩口的工艺计算

1. 缩口次数及缩口系数的确定

当制件的缩口系数 m_s 小于极限缩口系数 $m_{s\,min}$ 时，要进行多次缩口。其缩口次数 n 由下

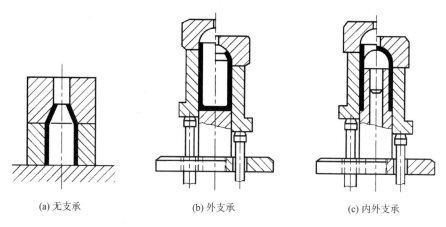

(a) 无支承　　　　　　　　(b) 外支承　　　　　　　　(c) 内外支承

图 12-28　三种支承形式的缩口模

式确定:

$$n = \frac{\lg m_{sz}}{\lg m_0} = \frac{\lg d - \lg D}{\lg m_0} \qquad (12-26)$$

式中: m_{sz} 为总缩口系数, $m_{sz} = d/D$; m_0 为平均缩口系数, 可先取 $m_0 \approx m_{s\,min}$;

计算所得的 n 值一般是小数, 应进位成整数。

多次缩口工序中第一道次的缩口系数比平均值 m_0 小 10%, 以后各道次采用的缩口系数比平均值 m_0 大 5%~10%。每次缩口工序后最好进行一次退火处理。鉴于材料的加工硬化以及道次增加可能增加生产成本等因素, 缩口次数不宜过多。

2. 各次缩口直径

各次缩口直径按下式计算:

$$d_1 = m_1 D \qquad (12-27)$$

$$d_2 = m_n d_1 = m_1 m_n D \qquad (12-28)$$

$$d_3 = m_n d_2 = m_1 m_n^2 D \qquad (12-29)$$

$$d_n = m_n d_{n-1} = m_1 m_n^{n-1} D \qquad (12-30)$$

其中, d_n 应等于工件的缩口直径。缩口后, 由于回弹, 工件要比模具尺寸增大 0.5%~0.8%。

3. 毛坯尺寸的计算

常见的缩口形式如图 12-29 所示, 有斜口式、直口式和球面式三种。毛坯尺寸的主要设计参数为缩口毛坯高度 H。根据体积不变条件, 可得如下毛坯高度的计算公式:

图 12-29(a) 所示的斜口形式:

$$H = (1 \sim 1.05)\left[h_1 + \frac{D^2 - d^2}{8D\sin\alpha}\left(1 + \sqrt{\frac{D}{d}}\right) \right] \qquad (12-31)$$

图 12-29(b) 所示的直口形式:

$$H = (1 \sim 1.05)\left[h_1 + h_2\sqrt{\frac{d}{D}} + \frac{D^2 - d^2}{8D\sin\alpha}\left(1 + \sqrt{\frac{D}{d}}\right) \right] \qquad (12-32)$$

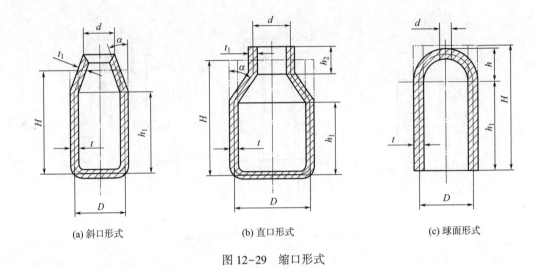

(a) 斜口形式　　　　　　　(b) 直口形式　　　　　　　(c) 球面形式

图 12-29　缩口形式

图 12-29(c) 所示的球面形式：

$$H = h_1 + \frac{1}{4}\left(1 + \sqrt{\frac{D}{d}}\right)\sqrt{D^2 - d^2} \tag{12-33}$$

4. 缩口力

只有外支承的缩口压力，可按如下公式计算：

$$F = k\left[1.1\pi Dt_0\sigma_s\left(1 - \frac{d}{D}\right)(1 + \mu\cot\alpha)\frac{1}{\cos\alpha}\right] \tag{12-34}$$

式中：F 为缩口力（N）；k 为速度系数，曲柄压力机取 $k=1.15$；D 为缩口前直径，中径（mm）；t_0 为缩口前板料厚度（mm）；d 为制件缩口部位直径（mm）；σ_s 为材料屈服强度（MPa）；μ 为制件与凹模接触面摩擦系数；α 为凹模圆锥半锥角。

值得注意的是，当缩口变形所需压力大于筒壁材料的失稳临界压力时，筒壁将先失稳，缩口就无法进行。此时要对有关工艺参数进行调整。

三、缩口模结构设计及举例

缩口模工作部分的尺寸根据缩口部分的尺寸来确定。考虑到缩口制件的实际尺寸一般有 0.5%~0.8% 的弹性回复，设计时，应以制件尺寸减去弹性回复量来确定缩口模的尺寸，以减少甚至避免试冲后的修模。

缩口凹模锥角 α 的正确选用很关键。在缩口系数和摩擦因数相同的条件下，锥角越小，缩口变形力在轴向的分力越小，但同时变形区范围增大使摩擦阻力增加，所以理论上应存在合理锥角 $\alpha_合$，在此合理锥角缩口时缩口力最小，变形程度得到提高。通常可取 $2\alpha_合 \approx 52.5°$。生产中一般使 $\alpha < 45°$，最好将 α 控制在 30° 以内。

图 12-30 所示为钢制气瓶缩口模。材料为厚度 1mm 的 08 钢板。缩口模采用外支承结构，一次缩口成型。由于气瓶锥角接近合理锥角，凹模表面粗糙度 Ra 为 0.4μm。

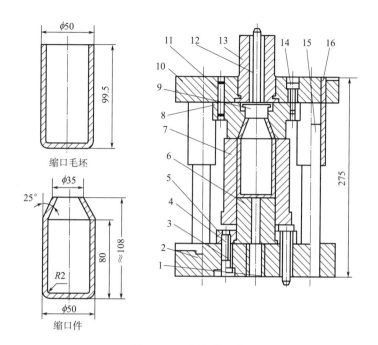

图 12-30　气瓶缩口模

1—顶杆　2—下模板　3,14—螺栓　4,11—销钉　5—下固定板　6—垫板　7—外支承套
8—缩口凹模　9—顶出器　10—上模板　12—打料杆　13—模柄　15—导柱　16—导套

第四节　校平与整形

在制件的形状和尺寸已相当接近成品要求的情况下，使之产生少量的塑性变形，提高制件的形状和尺寸精度的成型方法称为校形。冲压后的制件，当其形状、尺寸精度（如平直度、圆角半径等）还不能满足要求时，则采用校形做最后的保证，因此在实际生产中应用较为广泛。校形属于整修形的成型工序，包括校平和整形。将毛坯或冲裁件的不平度和挠曲度压平，即所谓校平；将弯曲、拉深或其他成型件校整成最终的正确形状，即整形。

一、校平

1. 校平方法

根据板料厚度和表面要求的不同，校平可分为光面模校平和齿形模校平两种。

图 12-31 所示为光面校平模。对于材料薄而软，且表面不允许有压痕时，一般采用光面模校平。为使校平不受压力机滑块导向误差的影响，校平模最好采用浮动上模或浮动下模。采用光平面校平模校正材料强度高、回弹较大的工件时，其校平效果较差。

对于材料比较厚的工件，通常采用齿形模校平。齿形校平模又分为细齿模和粗齿模，如图 12-32 所示。细齿模的齿形在平面上呈正方形或菱形，齿尖模钝，适用于材料较厚且表

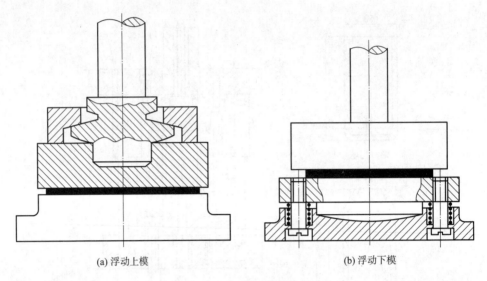

(a) 浮动上模　　　　　　　　　　(b) 浮动下模

图 12-31　光面校平模示意图

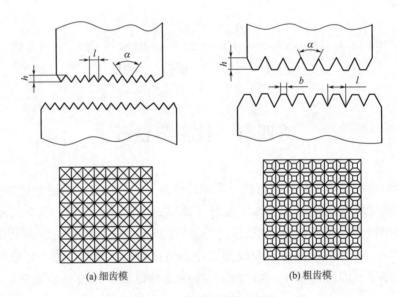

(a) 细齿模　　　　　　　　　　(b) 粗齿模

图 12-32　齿形校平模示意图

面允许有压痕的工件。粗齿模的齿顶有一定的宽度，适用于料厚较小的青铜、黄铜、铝等表面不允许有齿痕的工件。无论是细齿模或是粗齿模，上下齿形均应互相错开。

2. 校平变形特点与校平力

校平变形情况如图 12-33 所示，在校平模的作用下，工件材料产生反向弯曲变形而被压平，并在压力机的滑块到达下止点时被强制压紧，材料处于三向压应力状态。校平时的工作行程不大，但压力很大。

校平时的校平力 F 可按下式计算：

$$F = Aq \tag{12-35}$$

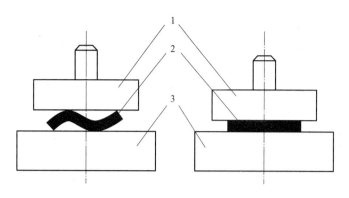

图 12-33 校平变形情况
1—上模板 2—工件 3—下模板

式中：A 为校平工件的校平面积（mm^2）；q 为单位面积上的校平压力（MPa）。

对于软钢或黄铜，在光面模上校平，$q = 50 \sim 100MPa$；在细齿模上校平，$q = 100 \sim 200MPa$；在粗齿模上校平，$q = 200 \sim 300MPa$。

二、整形

空间形状工件的整形是在弯曲、拉深或其他成型工序之后，这时工件已接近于成品零件的形状和尺寸，但圆角半径可能较大，或某些部位尺寸形状精确度不高，需要整形使之完全达到图纸要求。整形模和先行工序的成型模大体相似，只是模具工作部分的公差等级和粗糙度的要求更高，圆角半径和间隙较小。按工件形状和要求的不同，整形方法也不相同。

图 12-34 所示为弯曲件的整形模。一般取整形前半成品的长度稍大于成品要求的长度。整形时，工件的上、下表面受压力作用，长度方向也受到模具凸肩的纵向加压，毛坯变形区内处于三向压应力状态，从而回弹减小，所以整形后弯曲件的形状和尺寸精度较高。但对于带有大孔的工件或宽度不等的弯曲件不能用这种方法进行整形。

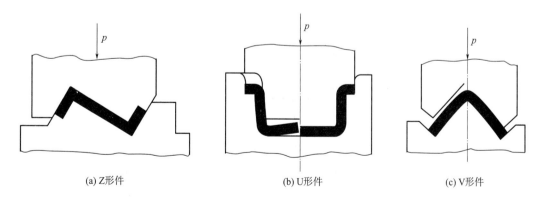

(a) Z形件　　　　　　　　　(b) U形件　　　　　　　　　(c) V形件

图 12-34 弯曲件的整形模示意图

由于拉深件的形状、尺寸精度等要求不同，所采用的整形方法也有所不同。对于不带凸缘的直壁拉深件，常采用变薄拉深的整形方法提高零件侧壁的精度。可将整形工序和最后一

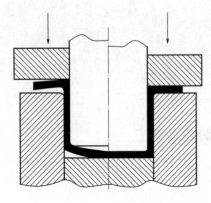

图 12-35　带凸缘拉深件的整形模

道拉深工序结合进行，即在最后一道拉深时取较大的拉深系数，其拉深模间隙仅为 $(0.9 \sim 0.95)t$，使直壁产生一定程度的变薄，以达到整形的目的。当拉深件带有凸缘时，可对凸缘平面、直壁、底面以及直壁与底面相交的圆角半径进行整形，其模具如图 12-35 所示。

整形力 F 可由下式计算：

$$F = Ap \qquad (12-36)$$

式中：A 为整形的投影面积（mm^2）；p 为单位面积上的整形力（MPa），一般为 $150 \sim 200\mathrm{MPa}$。

校平和整形后制件的精度比较高，因此，对模具的精度要求也比较高。校平和整形时，需要在压力机下死点对材料进行刚性卡压，因此，所用设备最好为精压机，或带有过载保护装置的、较好的机械压力机，防止损坏设备。

思考题

1. 什么是翻孔、翻边、胀形、缩口、校形？这些成型工序的变形特点和材料的主要损坏形式分别是什么？

2. 翻孔、翻边、胀形、缩口的变形程度分别用什么量来描述？如果零件的变形超过了材料的极限变形程度，在工艺上分别可以采取哪些措施？

3. 翻孔模与翻边模的结构特点分别是什么？

4. 零件尺寸如图 12-36 所示，材料为 08 钢，试判断能否一次翻边成型？若不能一次翻边成型而采用先拉深再翻边的方法，试计算预制孔尺寸和翻边所能达到的最大高度（预制孔用钻孔、凸模用圆柱形凸模）。

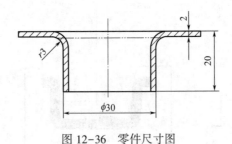

图 12-36　零件尺寸图

第十三章　压铸工艺及压铸模设计

第一节　概述

一、压铸的应用

金属压铸成型所用的模具称为压铸模。广泛应用于汽车、摩托车、航空和仪器仪表等工业领域。随着铸造行业对精度等质量要求的不断提高，压铸件的应用范围快速增多。目前压铸在制造行业的应用分布为：汽车零部件约占70%，摩托车零部件约占10%，农业机械约占8%，电信电器约占7%，其他约占5%。

压铸零件的形状多种多样，大体上可以分为6类：

（1）圆盖类。如表盖、机盖、底盘等。

（2）圆盘类。如圆盘座等。

（3）圆环类。如接插件、轴承保持器、方向盘等。

（4）筒体类。如凸缘外套、导管、壳体形状的罩壳、仪表盖、上盖、深腔仪表罩、照相机的壳与盖、化油器等。

（5）多孔缸体、壳体类。如汽缸体、汽缸盖及油泵体等多腔的结构较为复杂的壳体（这类零件对力学性能和气密性均有较高的要求，材料一般为铝合金），汽车与摩托车的汽缸体、汽缸盖等。

（6）特殊形状类。如叶轮、喇叭、字体等由筋条组成的装饰性压铸件等。

目前，用压铸方法可以生产铝、锌、镁和铜等合金。基于压铸工艺的特点，由于目前尚缺乏理想的耐高温模具材料，黑色金属的压铸尚处于研究试验阶段。在有色合金的压铸中，铝合金所占比例最高，为60%~80%；锌合金次之，为10%~20%。在国外，锌合金铸件绝大部分为压铸件。铜合金压铸件较少，仅占压铸件总量的1%~3%。镁合金压铸件过去应用很少，曾应用于林业机械中，不到1%，但近年来随着航空航天、兵器工业、汽车工业、电子通信工业的发展和产品轻量化的要求，加之镁合金压铸技术日趋完善，镁合金压铸件受到市场关注。目前，在世界范围内已经形成有一定规模的汽车行业、IT行业、基础结构件的镁合金生产企业，镁合金压铸件的应用逐渐增多，其产量明显增加，并且预计将来还会有较大发展空间。

二、压铸的特点

压铸是一种特种铸造，金属压铸成型与塑料注射成型两者均是通过金属模具在压射（或注射）设备上进行成型生产的工艺方法，但是，前者的原材料为熔融的金属，后者为熔融的塑料，因此，在成型工艺与模具设计方面有许多不同之处。

（一）压铸与砂型铸造比较

1. 模具材料的导热性能不同

金属模具具有高的导热性，无论采用什么样的工艺措施，铸件在金属模具中的凝固速度总是比在砂型中要快得多。凝固速度快一方面会导致铸件表面层晶粒细化，铸件强度与耐磨性较砂型铸件高得多；另一方面，金属模由于冷却速度快，在薄壁处充填型腔很困难，因此需要有较高的充填速度。

2. 金属材料的模具无退让性

在压力铸造时，由于模具的凹模和凸模都是金属材料，没有退让性，当金属液凝固至固相形成连续的骨架时，压铸件上开始出现的线收缩便会受到模具的凹模或凸模的阻碍。考虑到金属模具无退让性的特点，在压铸过程中尽早抽芯脱模取出压铸件和适当加厚涂料层的厚度是防止铸件产生裂纹的有效措施。

3. 模具材料无透气性

金属液在充填模具型腔的过程中，模具无透气性，型腔中原有气体及涂料中产生的气体会集中在型内无法排出的死角或两股金属液流的汇合处，形成气阻，使该处的型腔无法完全充填，造成压铸件上有充填不足的缺陷。

此外，长期使用的压铸模，在模具成型零件的表面会出现许多细小裂纹，当金属液充填模具型腔后，处于细小裂纹中的气体受热膨胀，会通过涂料层而渗进液态金属，使压铸件出现针孔。

因此，压铸模设计时，必须设计排气系统，尤其是在型腔的局部死角气体汇集处设计排气槽，以便及时将气体排出。另外，合理的浇注系统的设计也是减少压铸件气孔的有效方法。

（二）金属压铸成型与塑料注射成型比较

1. 熔体的流动性质不同

塑料是假塑性的非牛顿流体，黏度很大，而且是可以压缩的；而金属熔体不可压缩，其黏度很低，可近似地看作牛顿流体。

2. 熔体的温度不同

一般塑料熔体温度在 $200 \sim 240℃$，而压铸铝合金时，熔体温度在 $640 \sim 740℃$，模温在 $70 \sim 200℃$，两者温差很大，对模具的影响远比塑料注射模严重，常在高温下工作，时间久了会在模具的凹模和凸模表面产生微小裂纹，即龟裂，使模具逐渐失效。

3. 压射压力与压射速度不同

由于金属熔体的温度远高于塑料熔体，且其导热能力与传热能力也远远大于塑料，所以压射金属液时，压射速度必须比注射塑料时高得多。

一般塑料注射成型，注射时间为几十秒，而压铸金属的压射时间仅几分之一秒，甚至几十分之一秒，要使金属液在这样短的时间内充填满型腔，就必须用很大的压力，流速也必然很高，对模具的冲击很大，这就要求压铸成型零件的模具材料强度要高、变形要小、抗热疲劳的性能要好，模具的刚度也远比塑料注射模要高。

4. 脱模斜度和脱模力不同

塑料凝固后脱模时为弹性体,在没有脱模斜度或脱模斜度很小时,甚至个别情况下存在一定的反斜度时也能强行脱模;而金属凝固后是一个刚体,没有脱模斜度时很难脱模,因此要比塑料件有较大的脱模斜度。金属件的脱模力也远大于塑料件,在设计模具的推出机构时,推杆的位置、直径和数量应引起重视。

5. 浇注系统不同

金属压铸机与塑料注射机在原理上有很多相似之处,但仍存在较大差异,压铸时要求充模时间短,同时金属熔体的流动行为与塑料熔体不同,结晶时还有熔渣和氧化物夹杂,影响压铸件的质量,所以浇口位置的选择和浇道的设计显得更加重要,同时还要设置好排溢系统。

（三）压铸成型的优缺点

1. 优点

（1）生产效率高。

（2）压铸件的尺寸精度高。

（3）压铸件的力学性能较高。

（4）可压铸复杂薄壁零件。

（5）压铸件中可嵌铸其他材料的零件。

2. 缺点

（1）压铸件中易产生气孔。

（2）不适宜小批量生产。

（3）压铸高熔点合金时模具寿命较短。

第二节　压铸工艺原理

一、压力

压力是使压铸件获得致密组织和清晰轮廓的重要因素,压铸压力有压射力和压射比压两种形式。

（一）压射力

压射力指压射冲头（图 13-1）作用于金属液上的力,来自高压泵。压铸时,压射力推动金属液充填到模具型腔中。在压铸过程中,作用在金属液上的压力并不是一个常数,而是随着不同阶段而变化的。图 13-2 所示为压射各阶段压射力与压射冲头运动速度的变化。图中所示压射四个阶段分别是:

第一阶段（τ_1）。此阶段压射冲头低速前进,封住加料口,推动金属液前进,压室内压力平稳上升,空气慢慢排出。高压泵作用的压力 P_1 主要克服压室与压射冲头及液

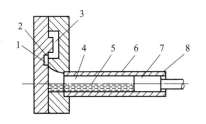

图 13-1　压射冲头

1—横浇道　2—内浇道　3—型腔　4—压室　5—金属液

6—加料口　7—压射冲头　8—压射缸

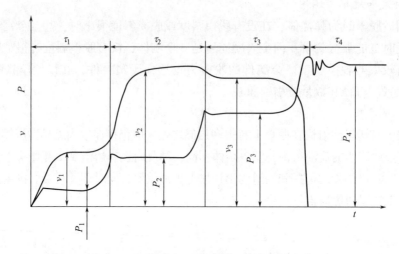

图 13-2　压射力与压射冲头运动速度的变化

压缸与活塞之间的摩擦力，其值很小。

第二阶段（τ_2）。压射冲头以较快的速度前进，将金属液推至压室前端，充满压室并堆积在浇口前沿。由于内浇口在整个浇注系统中截面积最小，因此阻力最大，压力升高到 P_2 以突破内浇口阻力。此阶段后期，内浇口阻力使金属液堆积，瞬时压力升高，产生压力冲击而出现第一个压力峰。

第三阶段（τ_3）。压射冲头按要求的最大速度前进，金属液突破内浇口阻力充填型腔，并迅速充满，压力升至 P_3。在此阶段结束前，金属液会产生水锤作用，压力升高，产生第二个压力峰并出现波动。

第四阶段（τ_4）。压射冲头稍有前进，但这段距离实际上很小。铸件在这一阶段凝固，由于 P_4 的保压作用，铸件被进一步压实，消除或减少内部缩松，提高了压铸件密度。

上述过程称为四级压射。但目前压铸机大多是三级压射，一般将第一、二级压射阶段作为一级压射，第三、四阶段则分别作为第二、三级压射。其中，P_3、P_4 对铸件质量影响最大。P_3 越大，充填速度越快，金属液越容易及时充满型腔；P_4 越大，则越容易得到轮廓清晰、表面光洁和组织致密的压铸件。最终压力 P_4 与合金种类、压铸件质量要求有关，一般为 $30 \sim 500$ MPa。

（二）压射比压

比压是压室内金属液单位面积上所受的力，即压铸机的压射力与压射冲头截面面积之比。充填时的比压称压射比压，用于克服金属液在浇注系统及型腔中的流动阻力，特别是内浇口处的阻力，使金属液在内浇口处达到需要的速度。有增压机构时，增压后的比压称增压比压，它决定压铸件最终所受压力和这时所形成的胀模力的大小。压射比压可按下式计算：

$$P_b = \frac{4F_y}{\pi d^2} \tag{13-1}$$

式中：P_b 为压射比压（Pa）；F_y 为压射力（N）；d 为压射冲头（或压室）直径（m）。

由式（13-1）可见，比压与压铸机的压射力成正比，与压射冲头直径的平方成反比。所以，比压可以通过改变压射力和压射冲头直径来调整。

在制订压铸工艺时，正确选择比压的大小对铸件的力学性能、表面质量和模具的使用寿命都有很大影响。首先，选择合适的比压可以改善压铸件的力学性能。随着比压的增大，压铸件的强度也增加。这是由于金属液在较高比压下凝固，其内部微小孔隙或气泡被压缩，孔隙率减小，致密度提高。随着比压增大，压铸件的塑性降低。比压增加有一定限度，过高时不但使延伸率减小，而且强度也会下降，使压铸件的力学性能恶化。此外，提高压射比压还可以提高金属液的充型能力，获得轮廓清晰的压铸件。

选择比压时，应根据压铸件的结构、合金特性、温度及浇注系统等确定，一般在保证压铸件成型和使用要求的前提下，应选用较低的比压。

（三）胀模力

压铸过程中，在压射力作用下，金属液充填型腔时，施加给型腔壁和分型面的压力称为胀模力。压铸过程中，最后阶段的增压比压通过金属液传给压铸模，此时的胀模力最大。胀模力可用下式初步预算：

$$F_Z = P_b \times A \qquad (13-2)$$

式中：F_Z 为胀模力（N）；P_b 为压射比压（Pa），有增压机构的压铸机采用增压比压；A 为压铸件、浇口、排溢系统在分型面上的投影面积之和（m^2）。

二、速度

压铸过程中，速度受压力的直接影响，又与压力共同对内部质量、表面轮廓清晰度等起重要作用。速度有压射速度和内浇口速度两种形式。

（一）压射速度

压射速度又称冲头速度，它是压室内的压射冲头推动金属液的移动速度，即压射冲头的速度。压射过程中，压射速度是变化的，可分成低速和高速两个阶段，通过压铸机的速度调节阀可进行无级调速。

压射第一、第二阶段是低速压射，可防止金属液从加料口溅出，同时使压室内的空气有较充分的时间逸出，并使金属液堆积在内浇口前沿。低速压射的速度根据压室内金属液的多少而定，可按表13-1选择。压射第三阶段是高速压射，以便金属液通过内浇口后迅速充满型腔，并出现压力峰，将压铸件压实，消除或减小缩孔、缩松。计算高速压射速度时，先由表13-2确定充填时间，然后按下式计算：

$$v_{yh} = \frac{4V[1+(n-1)\times 0.1]}{\pi d^2 t} \qquad (13-3)$$

式中：v_{yh} 为高速压射速度（m/s）；V 为型腔容积（m^3）；n 为型腔数；d 为压射冲头直径（m）；t 为填充时间（s）。

按式（13-3）计算的高速压射速度是最小速度，一般压铸件可按计算数值提高1.2倍，有较大镶件或大模具压小铸件时可提高1.5~2倍。

表 13-1　低速压射速度的选择

压室充满度/%	压射速度/（cm·s⁻¹）
≤30	30～40
30～60	20～30
>60	10～20

（二）内浇口速度

金属液通过内浇口处的线速度称内浇口速度，又称充型速度，它是压铸工艺的重要参数之一。选用内浇口速度时，遵循如下原则：

（1）铸件形状复杂或薄壁时，内浇口速度应高些。

（2）合金浇入温度低时，内浇口速度应高些。

（3）合金和模具材料导热性能好时，内浇口速度应高些。

（4）内浇口厚度较厚时，内浇口速度应高些。

内浇口速度过高也会带来一系列问题，主要是容易包卷气体形成气孔，也会加速模具的磨损。推荐的内浇口速度见表 13-2。

表 13-2　推荐的压铸件平均壁厚与充填时间及浇口速度的关系

压铸件平均壁厚/mm	充填时间/ms	内浇口速度/（m·s⁻¹）
1	10～14	46～55
1.5	14～20	44～53
2	18～26	42～50
2.5	22～32	40～48

三、温度

压铸过程中，温度规范对充填成型、凝固过程以及压铸模寿命和稳定生产等都有很大影响。压铸的温度规范主要是指合金的浇注温度和模具温度。

（一）合金浇注温度

合金浇注温度是指金属液自压室进入型腔的平均温度。由于对压室内的金属液温度测量不方便，通常用保温炉内的金属液温度表示。由于金属液从保温炉取出到浇入压室一般要降温 15～20℃，所以金属液的熔化温度要高于浇注温度。但过热温度不宜过高，因为金属液中气体溶解度和氧化程度随温度升高而迅速增加。浇注温度高能提高金属液流动性和压铸件表面质量。但浇注温度过高会使压铸件结晶组织粗大，凝固收缩增大，产生缩孔缩松的倾向也增大，使压铸件力学性能下降；并且还会造成粘模，模具寿命降低等后果。因此，压铸过程中，金属液的流动性主要靠压力和压射速度来保证。图 13-3 所示为浇注温度对合金抗拉强度的影响。

选择浇注温度时，还应综合考虑压射压力、压射速度和模具温度。通常在保证成型和所要求的表面质量的前提下，采用尽可能低的浇注温度，甚至可以在合金半固态时进行压铸。

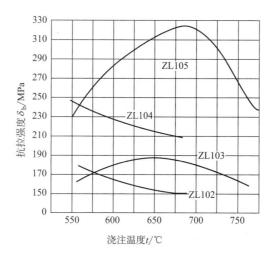

图 13-3 浇注温度对几种铝合金抗拉强度的影响

一般浇注温度高于合金液相线温度 20~30℃。但对硅含量高的铝合金不宜采用半固态压铸，因为硅将大量析出以游离状态存在于压铸件内，使加工性能恶化。各种压铸合金的浇注温度见表 13-3。

表 13-3 各种压铸合金的浇注温度

合金		铸件壁厚≤3mm		铸件壁厚>3mm	
		结构简单	结构复杂	结构简单	结构复杂
锌合金	含铝	420~440	430~450	410~430	420~440
	含铜	520~540	530~550	510~530	520~540
铝合金	含硅	610~630	640~680	590~630	610~630
	含铜	620~650	640~700	600~640	620~650
	含镁	640~660	660~700	620~660	640~670
黄铜	普通黄铜	850~900	870~920	820~860	850~900
	硅黄铜	870~910	880~920	850~900	870~910
镁合金		640~680	660~700	620~660	640~680

（二）模具温度

在压铸生产过程中，模具温度过高、过低都会影响铸件质量和模具寿命。因此，压铸模在压铸生产前应预热到一定温度，在生产过程中要始终保持在一定的温度范围内，这一温度范围就是压铸模的工作温度。

预热压铸模可以避免金属液在模具中因激冷而使流动性迅速降低，导致铸件不能顺利成型，或即使成型也因激冷而增大线收缩，使压铸件产生裂纹或使表面粗糙度增加。此外，预热可以避免金属液对低温压铸模的热冲击，延长模具寿命。

连续生产中，模具吸收金属液的热量若大于向周围散失的热量，其温度会不断升高，尤其压铸高熔点合金时，模具升温很快。模具温度过高，会使压铸件因冷却缓慢而晶粒粗大，并且带来金属粘模，压铸件因顶出温度过高而变形，模具局部卡死或损坏，延长开模时间，降低生产率等问题。为使模具温度控制在一定的范围内，应采取冷却措施，使模具保持热平衡。

压铸模的工作温度可以按经验公式（13-4）计算或由表13-4查得。

$$T_{模} = \frac{1}{3}T_{浇} \pm 25 \tag{13-4}$$

式中：$T_{模}$为压铸模工作温度（℃）；$T_{浇}$为金属液浇注温度（℃）。

表13-4　压铸模温度

合金种类	温度种类	铸件壁厚≤3mm		铸件壁厚>3mm	
		结构简单	结构复杂	结构简单	结构复杂
锌合金	预热温度	130~180	150~200	110~140	120~150
	连续工作保持温度	180~200	190~220	140~170	150~200
铝合金	预热温度	150~180	200~230	120~150	150~180
	连续工作保持温度	180~240	250~280	150~180	180~200
铝镁合金	预热温度	170~190	220~240	150~170	170~190
	连续工作保持温度	200~220	260~280	180~200	200~240
镁合金	预热温度	150~180	200~230	120~150	150~180
	连续工作保持温度	180~240	250~280	150~180	180~220
铜合金	预热温度	200~230	230~250	170~200	200~230
	连续工作保持温度	300~330	330~350	250~300	300~350

四、时间

压铸工艺中的时间是指充填时间、增压建压时间、持压时间和留模时间。

（一）充填时间和增压建压时间

金属液从开始进入模具型腔到充满型腔所需要的时间称为充填时间。充填时间长短取决于压铸件的大小、复杂程度、内浇口截面面积和内浇口速度等。体积大形状简单的压铸件，充填时间长些；体积小形状复杂的压铸件，充填时间短些。当压铸件体积确定后，充填时间与内浇口速度和内浇口截面面积之积成反比，即选用较大内浇口速度时，也可能因内浇口截面面积很小而仍需要较长的充填时间。反之，当内浇口截面积较大时，即使用较小的内浇口速度，也可能缩短充填时间。因此，不能孤立地认为内浇口速度越大，其所需的充填时间越短。

在考虑内浇口截面面积对充填时间的影响时，还要与内浇口的厚度联系起来。如内浇口截面面积虽大，但很薄，由于黏度较大的半固态金属通过薄的内浇口时受到很大阻力，则将使充填时间延长。而且会使动能过多地损失，转变成热能，导致内浇口处局部过热，可能造成粘模。

压铸时，无论合金种类和铸件的复杂程度如何，一般充填时间都很短，中小型压铸件仅为0.03~0.20s，或更短。但充填时间对压铸件质量的影响很明显，充填时间长，慢速充填，金属液内卷入的气体少，但铸件表面粗糙度高；充填时间短，快速充填，则情况相反。充填时间与压铸件平均壁厚及内浇口速度的关系见表13-2。充填时间对压铸件质量的影响如图13-4所示。

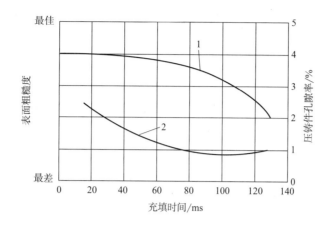

图 13-4　充填时间对典型铝压铸件表面粗糙度和气孔率的影响
1—表面粗糙度　2—孔隙率

增压建压时间是指从金属液充满型腔瞬间开始至达到预定增压压力所需时间，也就是增压阶段比压由压射比压上升到增压比压所需的时间。从压铸工艺角度来说，这一时间越短越好。但压铸机压射系统的增压装置所能提供的增压建压时间有限，性能较好的机器最短建压时间也不少于 0.01s。

增压建压时间取决于型腔中金属液的凝固时间。凝固时间长的合金，增压建压时间可长些，但必须在浇口凝固之前达到增压比压，因为合金一旦凝固，压力将无法传递，即使增压也起不了压实作用。因此，压铸机增压装置上，增压建压时间的可调性十分重要。

（二）持压时间和留模时间

从金属液充满型腔到内浇口完全凝固，冲头压力作用在金属液上所持续的时间称持压时间。增压压力建立起来后，要保持一定时间，使压射冲头有足够的时间将压力传递给未凝固金属，使之在压力下结晶，以便获得组织致密的压铸件。

持压时间内的压力通过比铸件凝固得更慢的余料、浇道、内浇口等处的金属液传递给铸件，所以持压效果与余料、浇道的厚度及浇口厚度与铸件厚度的比值有关。如持压时间不足，虽然内浇口处金属尚未完全凝固，但由于冲头已不再对余料施加压力，铸件最后凝固的厚壁处因得不到补缩而会产生缩孔、缩松缺陷，内浇口与铸件连接处会出现孔穴。但若持压时间过长，铸件已经凝固，冲头还在施压，这时的压力对铸件的质量不再起作用。持压时间的长短与合金及铸件壁厚等因素有关。熔点高、结晶温度范围大或厚壁的铸件，持压时间需长些；反之，则可短些。通常，金属液充满至完全凝固的时间很短，压射冲头持压时间只需 1~2s。生产中常用持压时间见表 13-5。

表 13-5　常用持压时间　　　　　　　　　　　　单位：s

压铸合金	铸件壁厚<2.5mm	铸件壁厚 = 2.5~6mm
锌合金	1~2	3~7
铝合金	1~2	3~8

压铸合金	铸件壁厚<2.5mm	铸件壁厚=2.5~6mm
镁合金	1~2	3~8
铜合金	2~3	5~10

留模时间指持压结束到开模这段时间。若留模时间过短，由于铸件温度高，强度尚低，铸件脱膜时易引起变形或开裂，强度差的合金还可能由于内部气体膨胀而使铸件表面起泡。但留模时间过长不但影响生产率，还会因铸件温度过低使收缩大，导致抽芯及推出铸件的阻力增大，使脱模困难，热脆性合金还会引起铸件开裂。

若合金收缩率大，强度高，铸件壁薄，模具热容量大，散热快，铸件留模时间可短些；反之，则需长些。原则上以推出铸件不变形、不开裂的最短时间为宜。各种合金常用的留模时间可参考表13-6。

表13-6　常用留模时间　　　　　单位：s

压铸合金	铸件壁厚<3mm	铸件壁厚=3~6mm	铸件壁厚>6mm
锌合金	5~10	7~12	20~25
铝合金	7~12	10~15	25~30
镁合金	7~12	10~15	15~25
铜合金	8~15	15~20	20~30

五、压室充满度

浇入压室的金属液量占压室容量的百分数称压室充满度。若充满度过小，压室上部空间过大，则金属液包卷气体严重，使铸件气孔增加，还会使金属液在压室内被激冷，对充填不利。压室充满度一般以70%~80%为宜，每一次压铸循环，浇入的金属液量必须准确或变化很小。

压室充满度计算公式为：

$$\varepsilon = \frac{m_{浇}}{m_{满}} \times 100\% = \frac{4m_{浇}}{\pi d^2 l \rho} \times 100\% \tag{13-5}$$

式中：ε 为压室充满度（%）；$m_{浇}$ 为浇入压室的金属液质量（g）；$m_{满}$ 为压室内完全充满时的金属液质量（g）；d 为压室内径（cm）；l 为压室有效长度（包括浇口套长度）（cm）；ρ 为金属液密度（g/cm³）。

第三节　压铸模具设计

要获得高质量的压铸件，特别是使薄壁且形状复杂的压铸件达到表面光洁、轮廓清晰、组织致密和强度高的要求，必须合理设计压铸模具。

一、压铸模的基本结构与设计原则

（一）压铸模的基本结构

图 13-5 所示为压铸模的基本结构，主要包括成型部分、浇注系统、抽芯机构、排溢系统、冷却系统、导向机构、推出机构以及模体部分。

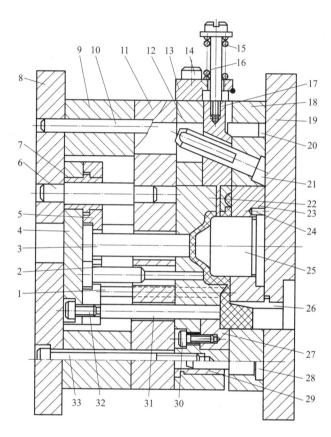

图 13-5　压铸模的基本结构

1—复位杆　2,3—推杆　4—推板　5—推杆固定板　6—推板导柱　7—推板导套　8—动模座板　9—垫块
10—销钉　11—支撑板　12—动模套板　13—挡块　14,30,32,33—螺钉　15—弹簧　16—螺杆
17—成型滑块　18—定模套板　19—定模座板　20—楔紧块　21—斜销　22—动模镶块　23—定模镶块
24—定位销　25—型芯　26—浇口套　27—浇道镶块　28—导柱　29—导套　31—镶块

1. 模体

模体是压铸模的基础部分，包括固定和可动模板、支撑板、定位零件和紧固元件等，如图 13-5 所示零件 8、11、12、18 和 19 等。

2. 导向机构

图 13-5 中的导向机构主要是导柱 28 和导套 29。导柱和导套分别安装在动模和定模的套板上，其作用是保证运动精度。

3. 推出复位机构

推出复位机构的零件主要有推杆、推管、复位杆、推杆固定板、推板、推件板等。

4. 成型部分

成型部分零件主要有镶块和型芯。镶块是组成模具型腔的主体零件，型芯是成型内表面的凸状零件。

5. 浇注系统

浇注系统由浇口套、分流锥、导流块、直浇道、横浇道和内浇口等组成。

6. 抽芯机构

铸件侧面有凸台或孔时，需要用侧向型芯成型。在铸件脱模之前，要用抽芯机构从铸件中抽拔出侧向型芯。图中抽芯机构由挡块 13、成型滑块 17、楔紧块 20 和斜销 21 等组成。

7. 排溢系统

排溢系统是为了排除型腔中的气体、涂料残渣、冷污金属液等而设计的排气槽和溢料槽。

8. 冷却系统

为了适应压铸工艺的需要，平衡模具温度，防止型腔温度急剧变化而影响铸件质量，模具结构上常需要设置冷却系统，通常在模具上开设冷却水道，采用水冷却。

（二）压铸模设计原则

（1）分析压铸模结构，布置分型面与型腔的位置，布置浇注系统和排溢系统。

（2）确定型芯位置、尺寸、固定方式及动作方式。

（3）确定成型部分的尺寸及镶块的固定方式。

（4）确定抽芯方式，计算抽芯力，确定抽芯机构及其主要零件的尺寸。

（5）确定推杆、复位杆的位置及尺寸。

（6）确定导柱、导套的形式、位置和尺寸。

（7）确定加热和冷却系统的布置形式。

（8）确定嵌件的装夹固定方式。

（9）计算模具的总厚度，校核压铸机的闭合高度。

（10）按模具外形轮廓尺寸，校核压铸机拉杆间距。

（11）计算模具分型面的涨型力，校核压铸机的锁模力。

（12）根据动、定模板尺寸，校核压铸机压室位置和安装槽的位置。

（13）按标准选用模块、模架、模座、模套等其他相关零部件。

二、分型面的选择

分型面是从模具中取出铸件的动模和定模的结合面。分型面的类型、形状和位置不仅关系到模具结构及其复杂程度，而且影响铸件质量和操作是否方便。

（一）分型面的类型

1. 按分型面与型腔的相对位置分类

按分型面与型腔的相对位置，分型面可分为五种基本类型，如图 13-6 所示。其中图 13-6（a）所示的结构形式为压铸件形状的型腔，全部位于定模内，以铸件的外端面作为分型面。图 13-6(b)（c）所示为构成压铸件形状的型腔，分别位于动、定模内，一般以铸件中间部位的一个端面作为分型面。图 13-6(d) 所示为铸件形状的型腔全部位于动模内。图 13-6(e) 所示为垂直分型面，压铸件在多个瓣合模块中成型。

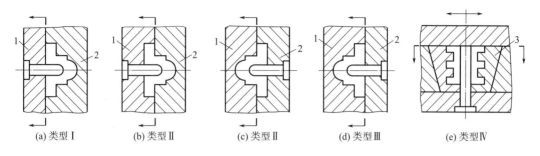

(a) 类型Ⅰ   (b) 类型Ⅱ   (c) 类型Ⅱ   (d) 类型Ⅲ   (e) 类型Ⅳ

图 13-6 分型面的基本类型

1—动模 2—定模 3—瓣合模块

2. 按分型面的形状分类

分型面按形状可分为平直分型面、倾斜分型面、阶梯分型面和曲面分型面，如图 13-7 所示。其中图 13-7(a) 所示为平直分型面，平直分型的分型面是一个平面。图 13-7(b) 所示为倾斜分型面，倾斜分型的分型面是一个斜面，由于铸件上、下两端面不平行，存在倾斜角度，为便于型腔加工，采用斜面作分型面。图 13-7(c) 所示为阶梯分型面。图 13-7(d) 所示为曲面分型面。

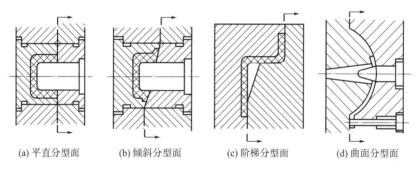

(a) 平直分型面   (b) 倾斜分型面   (c) 阶梯分型面   (d) 曲面分型面

图 13-7 分型面的形状

3. 按分型面的数量分类

分型面按数量多少可分为单分型面、双分型面、三分型面以及组合分型面，如图 13-8 所示。

(二) 选择分型面的要点

分型面选择合适与否，对压铸模的结构和压铸件的质量可产生多方面的影响。一般来说，选择分型面的要点如下。

(1) 应选在压铸件外形轮廓尺寸的最大断面处，能使制件顺利从模具型腔中取出。

(2) 开模后，尽量使压铸件留在动模，这样有利于动模内的顶出装置顶出制件。设计时应考虑动模部分被压铸件包住的成型面积多于定模部分。图 13-9(a) 所示的分型面，由于压铸件凝固冷却后，包住定模型芯的力大于包住动模型芯的力，分型时，压铸件会留在定模内而无法脱出。若改用图 13-9(b) 所示的分型面，就能满足脱模要求。

(3) 应保证压铸件的外观质量及尺寸要求。例如，同轴度要求高的压铸件，选择分型

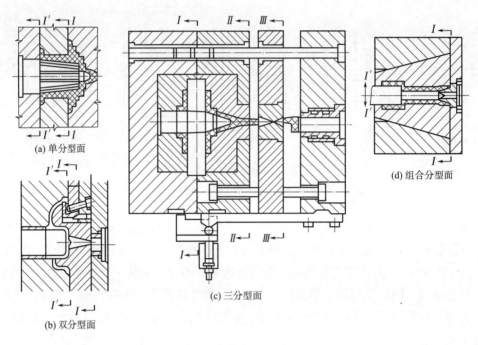

图 13-8　分型面的分类

面时，最好把有同轴度要求的部分放在模具的同一侧，如图 13-9(d) 所示。若采用图 13-9(c) 所示的结构，精度就不易保证。

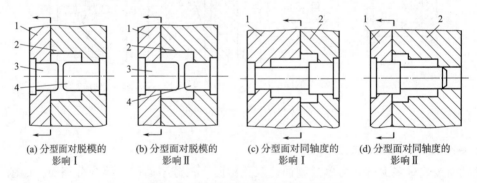

图 13-9　分型面对脱模和同轴度的影响

1—动模　2—定模　3—动模型芯　4—定模型芯

由于分型面不可避免地会使压铸件表面留下合模痕迹，严重时会产生较厚的溢边，因此，通常不要在光滑表面或带圆弧的转角处分型，图 13-10(a) 所示的结构不合理，会影响压铸件外观。图 13-10(b) 的形式比较合理。图 13-10(c) 所示的结构，尺寸 $10_{-0.039}^{0}$ 的尺寸精度难以保证。而采用图 13-10(d) 所示的结构形式，该尺寸精度就容易保证。

（4）分型面应尽量设置在金属液流动方向的末端。这要求在设计分型面时，应与浇注系统的设计同时进行，相互照应。

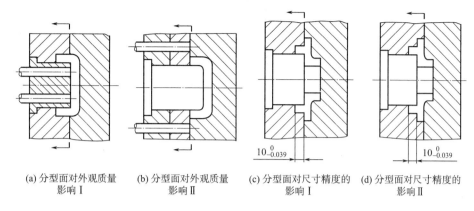

(a) 分型面对外观质量
影响 I

(b) 分型面对外观质量
影响 II

(c) 分型面对尺寸精度的
影响 I

(d) 分型面对尺寸精度的
影响 II

图 13-10　分型面对外观质量和尺寸精度的影响

如图 13-11(a)（b）所示，若采用图 13-11(a) 的形式，金属液从中心浇口流入，首先封住分型面，型腔深处的气体就不易排出；若采用图 13-11(b) 的形式，分型面处最后充填，形成了良好的排气条件。

（5）分型面的选择应便于模具的加工、简化模具结构，应考虑模具加工工艺的可行性、可靠性及方便性。如图 13-11(c)（d）所示的压铸件，底部端面是球面，若采用图 13-11(c) 所示曲面分型，动模和定模的加工都非常困难；而采用图 13-11(d) 所示的平直分型面形式，只需在动模镶块上加工出球面，动模和定模板的加工非常简单方便。

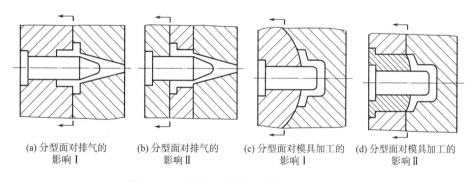

(a) 分型面对排气的
影响 I

(b) 分型面对排气的
影响 II

(c) 分型面对模具加工的
影响 I

(d) 分型面对模具加工的
影响 II

图 13-11　分型面对排气和模具加工的影响

（6）分型面的选择应尽量减少侧向抽芯。由于侧向抽芯机构制造复杂，在设计中应尽量避免。有些压铸件，如果分型面选择的合适，可防止或减少侧向抽芯。如图 13-12 所示的压铸件，如采用 A—A 分型面分型，则需要在压铸件的上下两侧设置侧向抽芯机构；而选择 B—B 分型面，则不必设计侧向抽芯机构，模具结构简单。

（三）分型面选择综合分析

同一压铸件，可以选取不同的分型面。但不同的分型面，其在生产中的效果却相差很大。以图 13-13(a) 所示的一个带侧孔和方凸缘的铝合金压铸件为例，说明分型面选择的方法和思路。

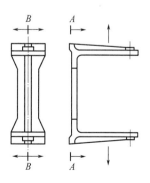

图 13-12　分型面对侧向
抽芯的影响

（1）以 A—A 面为分型面，型腔全部在动模内，模具结构如图 13-13（b）所示，铸件对固定于动模的小型芯的包紧力小于固定于定模的大型芯的包紧力，分型时必须依靠动模上的侧型芯拉住，才能使压铸件留在动模上，此时应使斜销侧型芯动作滞后于分型动作，否则不能保证压铸件留在动模上。该结构采用推管脱模，在推出压铸件后，推管包围住动模型芯，使喷涂涂料发生困难。

（2）以 A—A 面为分型面，型腔全部在定模内，模具结构如图 13-13（c）所示，这样，压铸件对动模型芯的包紧力大，能保证压铸件留在动模上，压铸件用推件板脱模，动作可靠。但这种结构定模部分较厚，内浇口开设在分型面上，压射冲头深入定模部分深度有限，有可能会使浇道余料太厚。

（3）以 B—B 面为分型面，模具结构如图 13-13（d）所示，虽然结构上与图 13-13（c）相似，但压铸件的方凸缘部分设计在动模部分的推件板上，这样分型时，所开设的内浇口在金属液充填型腔时，会首先封闭分型面，对排气不利，方凸缘与主体部分对称性较差。由于推件板上有型腔，实现模具的自动化脱模有困难。

（4）以 B—B 面为分型面，方凸缘在定模内，模具结构如图 13-13（e）所示，此结构基本上与图 13-13（b）相同，只是方凸缘与主体部分的对称性较差，同时也存在充填时金属首先封闭分型面的现象。

（5）以 C—C 面为分型面，侧面小孔由动模成型，压铸件内部的孔由左右侧向型芯组成。如图 13-13（f）所示。内浇口设在压铸件中部，排气效果较好，但是增加了模具结构的复杂性，压铸件的外表面有分型接合缝。

（6）以 D—D 面为分型面，侧面小孔和内部的孔分别由三个侧向型芯成型，如图 13-13（g）所示。这种形式虽然排气效果较好，但要三面侧向抽芯，模具结构过于复杂，加工精度不易保证，且同样在压铸件上留有分型接合缝。

可见，第（2）种分型面选择方案比较好。

分型面的选择与浇注系统、排溢系统、侧抽芯机构及推出机构的设计密切相关。

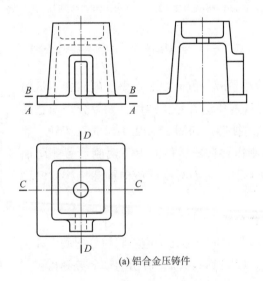

(a) 铝合金压铸件

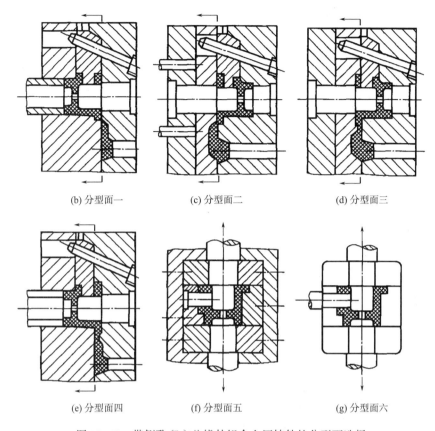

(b) 分型面一 　　　 (c) 分型面二 　　　 (d) 分型面三

(e) 分型面四 　　　 (f) 分型面五 　　　 (g) 分型面六

图 13-13　带侧孔和方凸缘的铝合金压铸件的分型面选择

三、浇注系统设计

在压铸模的设计中，浇注系统的设计极其关键，浇注系统和排溢系统对金属液进入型腔的部位、方向、流动状态、排气条件、压力传递、模具热分布、充填时间以及金属液通过内浇口的速度等起着重要的控制和调节作用。浇注系统的设计是一项工艺性很强的工作，既需要理论分析，又需要实践经验。

（一）浇注系统的结构

浇注系统主要由直浇道、横浇道、内浇道和余料等部分组成，延伸以后还连接溢流槽与排气槽。

压铸机的类型及引入金属的方法不同，浇注系统的形式也不同，图 13-14 所示为各种压铸机常用的浇注系统结构。

（二）浇注系统的类型

1. 按金属液导入方向分类

按金属液导入方向，浇注系统可分为切向浇注系统和径向浇注系统。

（1）切向浇注系统。如图 13-15（a）～（d）所示，切向浇注系统适用于中、小型环形铸件，其浇口为铸件的内、外圆的切向。切向浇口浇注系统的特点是金属液流入型腔的部位适

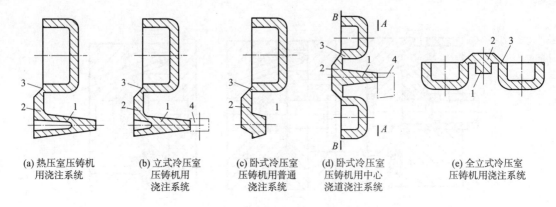

(a) 热压室压铸机　(b) 立式冷压室　(c) 卧式冷压室　(d) 卧式冷压室　(e) 全立式冷压室
　用浇注系统　　　压铸机用　　　压铸机用普通　压铸机用中心　压铸机用浇注系统
　　　　　　　　　浇注系统　　　浇注系统　　　浇道浇注系统

图 13-14　浇注系统的结构

1—直浇道　2—横浇道　3—内浇道　4—余料

应性强，对型芯及型腔的冲击力较小，应用比较广泛，但浇注系统需用机械的方法去除。

（2）径向浇注系统。如图 13-15（e）（f）所示，径向浇注系统适用于不宜开设点浇道或顶浇道的杯形压铸件。其中图 13-15（e）为带凸缘（法兰边）铸件浇注系统的开设方法，杯边的半径 R 应尽量大一些，以减轻金属对型芯的冲击，内浇道的宽度不宜过大，否则杯形底部的气体不易排出；图 13-15（f）所示为不带凸缘压铸件浇注系统的布置方式。

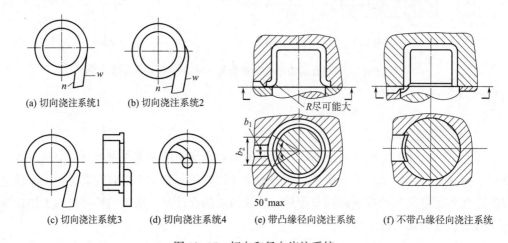

(a) 切向浇注系统1　　(b) 切向浇注系统2

(c) 切向浇注系统3　　(d) 切向浇注系统4　　(e) 带凸缘径向浇注系统　　(f) 不带凸缘径向浇注系统

图 13-15　切向和径向浇注系统

2. 按浇注位置分类

按浇注位置浇注系统可分为中心浇道、顶浇道、侧浇道浇注系统。

（1）中心浇道浇注系统。指对于有底筒类或壳类等压铸件，若其中心或接近中心部位带有通孔时，内浇道就开设在孔口处，同时中心设置分流锥的浇注系统。

中心浇道的特点是金属液进入型腔后，从型腔深处推向分型面，有利于排气；流程均匀，对热平衡有利；流程较短，动能损失少，有利于压力传递。但这种结构的浇注系统去除比较困难，一般只适用于单型腔模具。

中心浇道浇注系统多用于立式冷室或热室压铸机上，如图 13-16 所示。

（2）顶浇道浇注系统。指直浇道直接开设在压铸件顶端的一种浇注系统。顶浇注

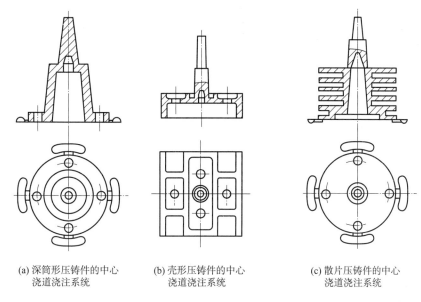

(a) 深筒形压铸件的中心　　　　(b) 壳形压铸件的中心　　　　(c) 散片压铸件的中心
　　浇道浇注系统　　　　　　　　　浇道浇注系统　　　　　　　　　浇道浇注系统

图 13-16　中心浇道浇注系统

系统的特点与中心浇道浇注系统相似，不同之处是设有分流锥，直浇道与铸件连接处即为内浇道，截面大，有利于静压力的传递。其缺点是金属液冲击型芯时会造成飞溅，容易造成粘模，影响模具寿命。

（3）侧浇道浇注系统。侧浇道一般开设在分型面上，内浇道设置在压铸件最大轮廓处的内侧或外侧。侧浇道浇注系统的特点是金属液流入型腔部位的适应性强，可灵活利用铸件的形状特点选择位置。适用于板类压铸件及盘盖类、型腔不太深的壳体类压铸件。对单型腔和多型腔模都很适用，去除浇口方便。

图 13-17 所示为侧浇道的几种形式。其中图 13-17（a）为外侧单支侧浇道，这是应用最广泛的一种形式。图 13-17（b）是外侧双支侧浇道。图 13-17（c）为内侧多支侧浇道。

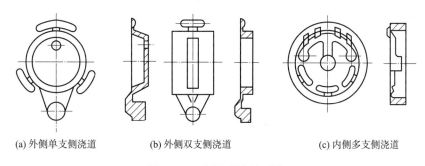

(a) 外侧单支侧浇道　　　　　　(b) 外侧双支侧浇道　　　　　　(c) 内侧多支侧浇道

图 13-17　侧浇道浇注系统

3. 按浇道形状分类

若按浇道形状分类，浇注系统可分为环形浇道浇注系统、缝隙浇道浇注系统、点浇道浇注系统三种。

（1）环形浇道浇注系统。主要用于圆筒形或中间带孔的压铸件。环形浇道浇注系统的特点是金属液在充满环形浇道后，再在整个环形断面上，从压铸件的一端沿型壁向另一端填充型腔，具有十分理想的充填状态。其缺点是浇注系统金属消耗多，去除浇口困难，如图 13-18 所示。

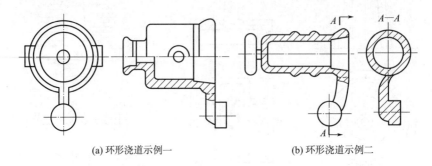

(a) 环形浇道示例一　　　　　　　(b) 环形浇道示例二

图 13-18　环形浇道浇注系统

（2）缝隙浇道浇注系统。如图 13-19（a）所示，金属液流入型腔的形式与侧浇道浇注系统相似。其特点是充填效果好，排气条件好。但加工较困难，适用于型腔比较深的模具。

（3）点浇道浇注系统。适用于压铸外形比较均匀、壁厚均匀、高度不大、顶部无孔的壳类压铸件，尤其适宜于圆柱形压铸件，如图 13-19（b）所示。

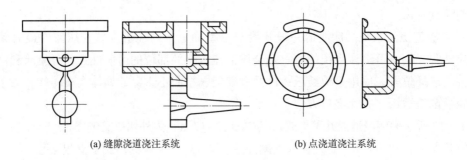

(a) 缝隙浇道浇注系统　　　　　　(b) 点浇道浇注系统

图 13-19　缝隙浇道浇注系统和点浇道浇注系统

（三）内浇口的分类与设计

1. 内浇口的分类

内浇口一般可分为侧浇口、直接浇口、中心浇口、缝隙浇口和点浇口等。

2. 内浇口位置的选择

在浇注系统的设计中，内浇口的设计极为重要。下面通过一些简单的例子来说明选择内浇口位置时应注意的问题。

（1）图 13-20 所示为矩形板状压铸件的内浇口位置。其中图 13-20（a）是在其长边中央设置内浇口，金属液先冲击其对面型腔，然后分两边折回，在折回过程中造成大量旋涡和卷入大量气体。图 13-20（b）是在其长边上设置分支形内浇口，充填型腔时金属液在中间形成两股漩流，把气体卷在中间。图 13-20（c）是在长边靠近端部的一侧开设内浇口，在终端处设置溢流槽，排气效果较好，但总的流程加长。图 13-20（d）是在其短边的一侧开设扇形内浇口，使液流分散推进，在终端设置溢流槽，排气溢流畅通，效果良好。

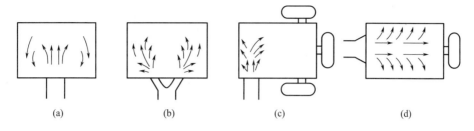

图 13-20　矩形板状压铸件的内浇口位置

（2）图 13-21 所示为盘盖类压铸件的内浇口位置。其中图 13-21（a）采用扇形外侧浇口，内浇口接近压铸件顶部有孔的部位。图 13-21（b）仍采用扇形外侧浇口，内浇口开设在远离压铸件顶部有孔的部位。图 13-21（c）还采用扇形外侧浇口，内浇口也开设在压铸件顶部远离孔的一侧，但增大了扇形浇口的宽度，充填效果较好。

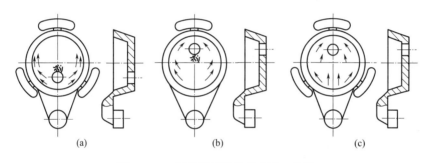

图 13-21　盘盖类压铸件的内浇口位置

（3）图 13-22 所示为圆环形类压铸件的内浇口位置。其中图 13-22（a）采用扇形外侧浇口，效果较差。图 13-22（b）采用切线方向外侧进料的内浇口，效果较好。图 13-22（c）也是采用切线方向外侧进料的内浇口，但内浇口与型腔在分型面的两侧，充填效果好，压铸件质量高。

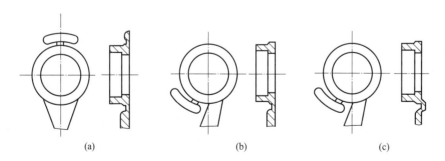

图 13-22　圆环形类压铸件的内浇口位置

（4）内浇口与压铸件及横浇道的连接方式。图 13-23 所示为内浇口与压铸件及横浇道的连接方式。

其中图 13-23（a）为内浇口、横浇道和压铸件在分型面的同一侧的形式。图 13-23（b）为内浇口和压铸件在分型面的同一侧，而横浇道在另一侧的形式。图 13-23（c）所示的形式与

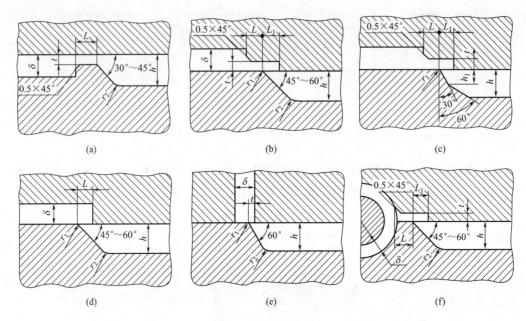

图 13-23   内浇口与压铸件及横浇道的连接方式

图 13-23(b) 类似, 只是在横浇道内多了一个折角, 适用于薄壁压铸件。图 13-23(d) 的横浇道直接搭接在压铸件上, 其搭接部分即为内浇口。图 13-23(e) 与图 13-23(d) 相似, 只是它适于深型腔的压铸件。图 13-23 (f) 适用于管状压铸件。

（四）横浇道设计

横浇道是金属液从直浇道末端流向内浇口之间的一段通道, 作用是将金属液引入内浇口, 同时, 当压铸件冷却时用来补缩和传递静压力。

1. 横浇道的结构形式

横浇道的结构形式主要取决于压铸件的结构、形状、尺寸大小、内浇口的结构形式以及型腔的数量与分布等因素。同时, 与所选用的压铸机也有很大关系。

图 13-24 所示为卧式冷压室压铸机模具采用横浇道的结构形式。其中图 13-24(a) 是平直式; 图 13-24(b) 是扇形扩张式; 图 13-24(c) 是 T 形式; 图 13-24(d) 是平直分支式; 图 13-24(e) 是 T 形分支式; 图 13-24(f) 是圆弧收缩式; 图 13-24(g) 是分叉式; 图 13-24(h) 是圆周方向的多支式。在上面各种形式中, 图 13-24(d)(e)(g)(h) 适用于多型腔模具; 有时, 在单型腔模具开设多个内浇口充填时也可采用图 13-24(e)(g)(f) 的结构形式, 其余均适用于单型腔模具。

2. 横浇道设计和所选压铸机的关系

立式冷压室压铸机、热压室压铸机、卧式冷压室压铸机采用中心浇口时, 如果是多型腔模具, 则横浇道根据需要可对称布置在直浇道的周围。

（五）直浇道设计

直浇道的结构形式与所选用的压铸机有关, 一般可分为热压室、立式冷压室、卧式冷压室压铸机用三种形式的直浇道。

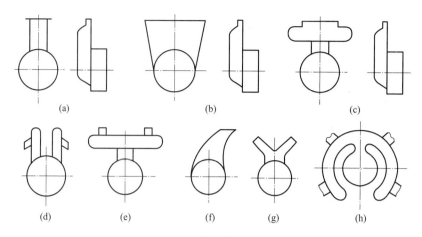

图 13-24　卧式压铸机模具用横浇道形式

1. 热压室压铸机模具用直浇道

热压室压铸机模具所用直浇道的结构形式如图 13-25 所示。它是由压铸机上的喷嘴 5、压铸模上的浇口套 6 以及分流锥 2 等组成。分流锥较长，用于调整直浇道的截面面积，改变金属液的流向，也便于从定模中带出直浇道凝料。

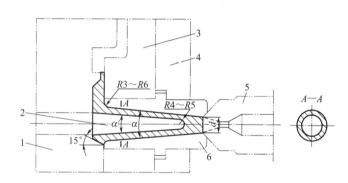

图 13-25　热压室压铸机模具用直浇道
1—动模板　2—分流锥　3—定模板　4—定模座板　5—压铸机喷嘴　6—浇口套

分流锥的圆角半径一般取 $R = 4 \sim 5mm$，直浇道锥角一般取 $\alpha = 4° \sim 12°$。分流锥的锥角一般取 $4° \sim 6°$，分流锥顶部附近直浇道环形截面积为内浇口截面面积的 2 倍，而分流锥根部直浇道环形截面面积为内浇口截面面积的 $3 \sim 4$ 倍。

2. 立式冷压室压铸机模具用直浇道

在立式冷压室压铸机上压铸零件时，模具的直浇道是指从压铸机喷嘴起，通过模具的浇口套到横浇道为止的这部分流道，如图 13-26 所示。

与热压室压铸机所用模具的直浇道相似，立式冷压室压铸机所用模具的直浇道内常需要设置分流锥，如图 13-27 所示。

其中图 13-27（a）所示的结构简单，导向效果好，应用较为广泛。图 13-27（b）适用于单型腔单侧方向分流的模具。图 13-27（c）所示的结构拆装更换方便。图 13-27（d）所示的

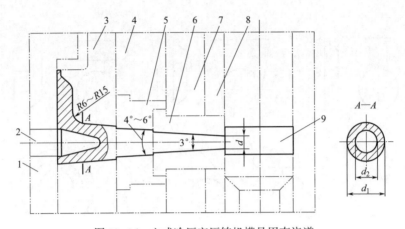

图 13-26　立式冷压室压铸机模具用直浇道

1—动模板　2—分流锥　3—定模板　4—定模座板　5—浇口套　6—压铸机喷嘴
7—压铸机固定模板　8—压铸机压室　9—余料

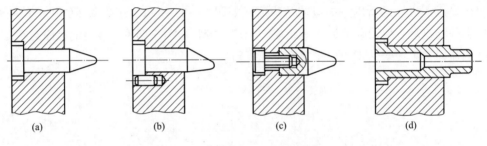

图 13-27　分流锥的结构形式

结构，其分流锥中心设置有推杆，有利于推出直浇道，且推杆与分流锥所形成的间隙还有利于排气。

3. 卧式冷压室压铸机模具用直浇道

卧式冷压室压铸机模具用直浇道可分为压室偏置时的直浇道和采用中心浇口时的直浇道两种形式。

（1）压室偏置时的直浇道。如图 13-28 所示，直浇道由压铸机上的压室 1 和压铸模上的浇口套 2 组成，压射结束，留在浇口套中心一段的金属称为余料。

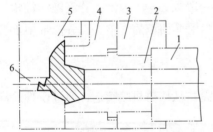

图 13-28　卧式冷压室压铸机压室
偏置时的直浇道

1—压室　2—浇口套　3—定模座板
4—定模板　5—动模板　6—拉料杆

压室的充满度是指压铸时金属液注入压室后充满压室的程度，如图 13-29 所示。也就是压射冲头尚未工作时，金属液在压室和浇口套中的体积占压室和浇口套总容积的百分率。

压铸模的浇口套和压铸机的压室连接形式如图 13-30 所示。其中图 13-30（a）所示为压室与定模座板上孔的配合形式，图 13-30（b）所示为压室与浇口套的配合形式。

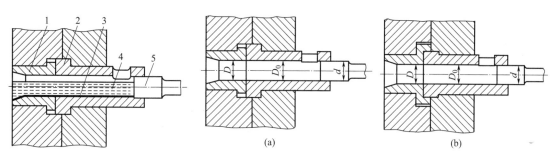

图 13-29　压室的充满情况

1—浇口套　2—压室　3—冷凝层

4—金属液　5—压射冲头

图 13-30　浇口套与压室的常用连接形式

浇口套的结构形式如图 13-31 所示。其中图 13-31(a) 所示结构的浇口套装拆方便，压室靠模板上的定位孔定位，同轴度偏差较大。图 13-31(b) 所示的形式与图 13-31(a) 所示相似，所不同的仅是压室靠浇口套上的定位孔定位，同轴度偏差较小。图 13-31(c) 所示结构为浇口套的台阶固定在定模板上，固定牢固，但更换不方便。图 13-31(d) 所示浇口套的结构与图 13-31(b) 完全相同，不同的是，在浇口套相对模具的另一侧，采用了导流的分流锥，压铸时能节约许多金属液，另外，浇口套的外侧可以接通冷却水，模具热平衡好，有利于提高生产率。

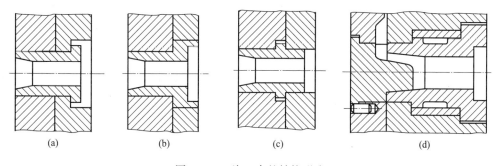

图 13-31　浇口套的结构形式

模板与浇口套、模板上或浇口套上的定位孔与压室的配合如图 13-32 所示。

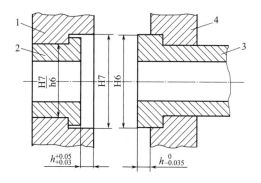

图 13-32　浇口套的固定与压室的定位

1—定模座板　2—浇口套　3—注射机压室　4—注射机固定模板

（2）采用中心浇口时的直浇道。卧式冷压室压铸机所用模具的直浇道也可以采用中心浇口的形式。此时，要求直浇道偏于直浇道内口的上方，以避免压射冲头还没有工作时金属液流入型腔。

图13-33所示为卧式冷压室压铸机采用中心浇口的形式。其中图13-33(a) 为一般的设计形式，直浇道小端设置在浇口套内孔的上方，但还在孔内。图13-33(b) 结构为浇口套上方有一段横浇道，通过横浇道与中心浇口直浇道的小端相连通。

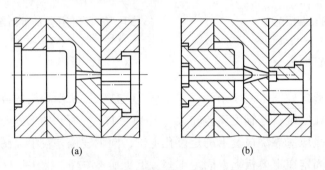

(a)　　　　　　　　　　(b)

图13-33　卧式冷压室压铸机采用中心浇口的形式

为了去除浇口套中的余料，这种浇口类型的模具在定模部分必须增加一个分型面，采用顺序定距分型以及切除余料的措施。

常用切除余料的方法如图13-34所示。其中图13-34(a) 所示为在浇口套的内孔开有1~2条螺旋槽，开模时利用压射冲头的推出力，使余料顺着浇口套内的螺旋槽方向旋转而被扭断。图13-34(b) 所示的结构是在压射冲头的端面上加工出沟槽，利用压射冲头的回程力拉断余料。图13-34(c) 所示切断余料的方法是在定模上方设置有斜导柱滑块切断装置。开模时，定模部分首先分型，余料从浇口中脱出，在分型的同时，固定在定模座板上的斜导柱驱动滑块向下运动，滑块上的切刃将余料切除。

四、排溢系统设计

排溢系统是排气系统和溢流系统的总称。设计排气槽和溢流槽是为了在金属液充填型腔的过程中，排除型腔中的气体及被涂料残余物污染的金属液，这是提高压铸件质量的重要措施之一。

（一）溢流槽设计

1. 溢流槽位置的选择

溢流槽位置的选择如图13-35所示。其中图13-35(a) 所示的溢流槽开设在金属液最先冲击的部位，用于排除金属液流前的气体和冷污金属液，减少涡流。图13-35(b) 所示的溢流槽开设在两股金属液流汇合的地方，清除集中于该处的气体、冷污金属液和涂料残渣等。另外，溢流槽应开设在压铸件局部厚壁的地方，并且增大其容量和溢流口的厚度，以便将气体、夹渣和疏松转移到该处，改善压铸件厚壁处的质量，如图13-35(c) 所示。溢流槽应开设在金属液最晚充填的地方，以改善模具的热平衡状态、充填和排气条件，如图13-35 (d) 所示。溢流槽的开设应防止压铸件变形，如图13-35(e) 所示，在充填末端开设整体式溢流槽，不仅能排气溢流，而且能防止铸件变形。

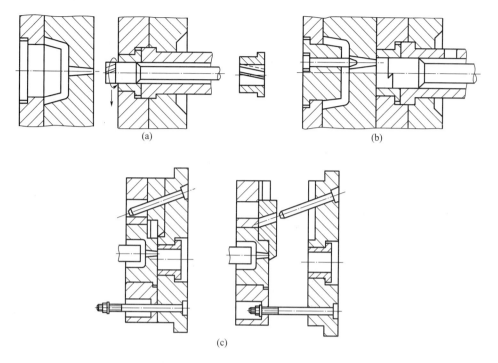

图 13-34 中心浇口余料的切断措施

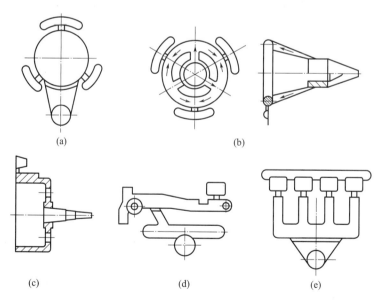

图 13-35 溢流槽位置的选择

2. 溢流槽的形状与尺寸

设置在分型面上的溢流槽结构形式简单，应用最广泛，其基本形式如图 13-36 所示。其中图 13-36(a) 中的溢流槽截面呈半圆形，开设在动模一侧。图 13-36(b) 中的溢流槽截面呈梯形，也开设在动模一侧。图 13-36(c) 中的梯形溢流槽开设在分型面的两侧，这种形

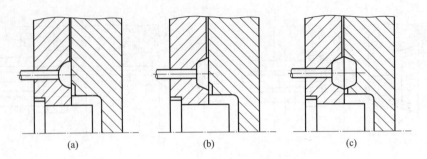

图 13-36 分型面上的溢流槽

式的溢流槽，一般应用在溢流容量大的场合。为了溢流槽内凝料的脱模，一般把溢流槽设置在动模部分，并在溢流槽后设置推杆。

溢流槽的尺寸如图 13-37 所示。通常，溢流槽口的长度取 $l = 2 \sim 3\text{mm}$，宽度取 $b = 8 \sim 12\text{mm}$，溢流槽口部的深度 t 根据合金材料的种类进行选取，具体数值可在设计手册中查出。半圆形截面的溢流槽，其半径取 $R = 5 \sim 10\text{mm}$。梯形截面的溢流槽，其宽度取 $10 \sim 20\text{mm}$，深度取 $h = 5 \sim 10\text{mm}$，斜度取 $\alpha = 5° \sim 15°$。

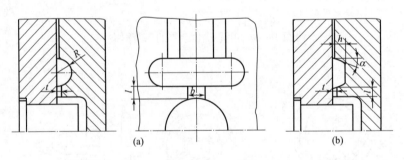

图 13-37 分型面上溢流槽尺寸

设置在型腔深处的溢流槽如图 13-38 所示。其中图 13-38(a) 所示为设置于推杆端部的柱形溢流槽，深度一般为 $15 \sim 30\text{mm}$。图 13-38(b) 是设置在型腔内的管形溢流槽，并利用模板与型芯的配合间隙排气。图 13-38(c) 是设置在型腔深处的环形溢流槽，同时也利用型芯与型腔模板的配合间隙排气。图 13-38(d) 是为了排除型腔深处的气体和冷污金属在型芯

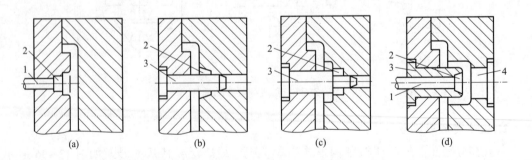

图 13-38 设置在型腔深处的溢流槽

1—推杆 2—溢流槽 3—型芯 4—排气镶块

端部设置的柱形溢流槽，同时增设排气镶块，溢流槽凝料的脱模由推杆推出。

（二）排气槽的设计

排气槽的作用是用来排除型腔和浇注系统中的空气以及涂料中挥发出的气体，其设置位置与内浇口的位置以及金属液的流动状态有关。

1. 利用开设在分型面上的排气槽进行排气

图 13-39 所示为在分型面上开设的排气槽的形状。其中图 13-39（a）是直接从型腔引出的平直式排气槽。图 13-39（b）是从型腔引出的曲折式排气槽，它可以有效防止金属液从排气槽中喷射出来。图 13-39（c）是从溢流槽后端引出的排气槽，其位置与溢流口错开布置，以防止金属液过早堵塞排气槽。

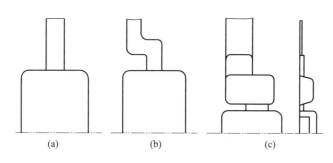

图 13-39　分型面上的排气槽

2. 利用推杆与模具的配合间隙进行排气

对铝合金压铸件，推杆工作部分与模具的配合常采用 H7/e8 的配合；为了提高排气效果，可采用 H8/e8 的配合。

3. 利用固定型芯的前端配合间隙进行排气

主要是利用固定型芯前端伸入模板的配合孔中形成间隙进行排气，此时的配合间隙可取 0.05mm，配合长度可取 8~10mm。

4. 利用型芯的固定部分制出排气沟槽进行排气

这种结构的排气槽一般开设在型芯的底部。

5. 在型腔深处利用镶入的排气塞进行排气

采用这种结构的排气槽进行排气时，要注意排气塞与型腔接触处的长度能满足使用要求。开设在型腔深处的排气槽的各种形式如图 13-40 所示。

其中图 13-40（a）所示为利用推杆与模具的配合间隙排气。推杆工作部分与模具的配合间隙一般采用 H8/e8 的配合等级。图 13-40（b）所示为利用固定型芯的前端配合间隙排气。一般配合的单边间隙取 0.05mm，配合长度取 $L=8~10$mm，图 13-40（c）所示是在型芯的固定部分加工出沟槽进行排气。在型腔底部的型芯长度 $L=8~10$mm 的范围内加工出 0.04~0.06mm 的单边间隙，再在其后部开出深度为 0.1mm 左右的数条沟槽进行排气。图 13-40（d）所示是利用型腔深处镶入的排气塞进行排气。在排气塞与型腔接触长度 $L=8~10$mm 的范围内，加工出 0.04~0.06mm 的单边间隙，再加工出深度为 1.5mm 左右的数条沟槽进行排气，结构形式与固定型芯部分加工沟槽进行排气的原理相似。

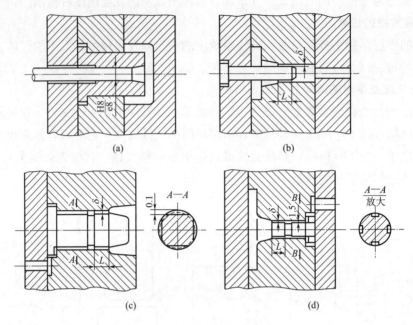

图 13-40　型腔深处排气槽的形式

五、压铸模零部件设计

组成压铸模的零部件主要包括凹模（型腔）、凸模（型芯）、各种镶件、模座、模板、抽芯机构以及推出机构等。

（一）凹模与凸模的基本结构形式

凹模与凸模的基本结构形式有整体式、整体镶入式、组合镶拼式等。

1. 整体式

整体式的凹模和凸模，是直接在整块模板上加工出凹模和凸模的形状和尺寸，如图 13-41 所示。

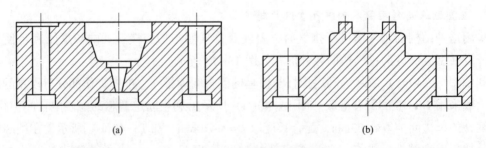

图 13-41　凹、凸模的整体式结构

这种结构的模具强度高、刚性好、压铸件表面没有拼合的痕迹。但是，对于**精度要求高**的复杂压铸件，模具制造困难。因此，这类模具仅用于形状简单、精度不高的压铸件，或用于进行工艺性试验的压铸件。

2. 整体镶入式

图 13-42 所示为整体镶入式模具的结构。其中图 13-42(a) 的模具套板是通孔，镶块带有台阶，在镶块后面加压板固定，称为通孔台阶式。图 13-42(b) 的模具套板也是通孔，镶块不带台阶，在镶块后面加压板，用螺钉直接固定镶块，称为通孔无台阶式。图 13-42(c) 的模具套板不是通孔，镶块镶入后，底部用螺钉拉紧固定，称为盲孔式。整体镶入式模具有整体式模具的优点，镶块镶入模套后，其结构强度和刚度都有所提高，因此这种结构在模具中应用广泛。

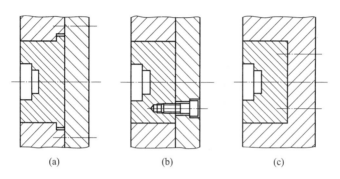

(a)　　　　　　(b)　　　　　　(c)

图 13-42　整体镶入式模具的结构

3. 组合镶拼式

组合镶拼的模具结构形式很多，如图 13-43 所示。其中图 13-43(a) 所示为整体镶入式凹模的结构，加工难度较大；下部尺寸小（窄）的半圆截面及其两侧小的半圆截面的深型腔，根本无法采用一般的机械加工方法进行加工。图 13-43(b) 所示的型腔，可采用在两块镶件上分别加工后，再组合起来镶入模具套板，则容易加工。图 13-43(c) 所示中间凸起的半球体，因其四角空间太窄，很难进行切削加工；若改成图 13-43(d) 所示的组合式镶拼，中间球体部分由单独型芯制造后再镶入，就可方便地加工出来。图 13-43(e) 所示中的环形尖底槽加工困难，若采用图 13-43 (f) 所示结构，则容易加工。

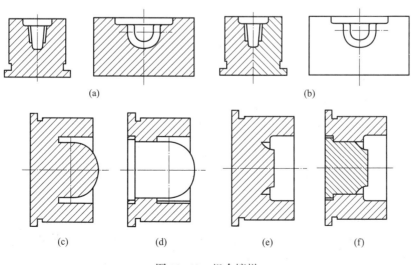

(a)　　　　　　　　　　　　(b)

(c)　　　　(d)　　　　(e)　　　　(f)

图 13-43　组合镶拼

（二）型芯的固定

圆形小型芯的固定形式如图 13-44 所示。其中图 13-44(a) 为台阶固定，垫板压紧，应用最广。图 13-44(b) 所示的固定方式型芯太细，为便于加工和固定，可将型芯的后端直径加大。若型芯后面无垫板或固定型芯的镶块特别厚时，可采用图 13-44(c) (d) 所示形式。如果型芯较大，可采用图 13-44(e) (f) 所示的形式固定。

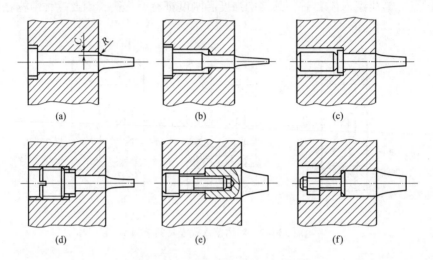

图 13-44　圆形小型芯的固定形式

图 13-45 所示为异形小型芯的固定形式。

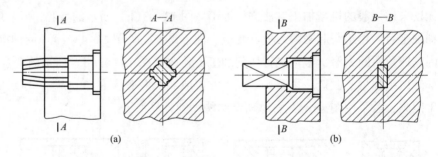

图 13-45　异型小型芯的固定形式

（三）镶块和型芯的止转

圆形的镶块和型芯，如果其成型部分为非回转体形状时，为了保持其与其他成型零件的相对位置，必须采取止转措施。常用的止转形式如图 13-46 所示。

其中图 13-46(a) (b) 是采用圆柱销止转的形式，加工简单，应用较广；但由于销钉的接触面小，经多次拆装后容易磨损而影响其装配精度；尤其是图 13-46(a) 所示的骑缝式圆柱销止转。图 13-46(b) 的优点是热处理之前，镶块台阶与固定板上的圆柱销孔可以单独钻铰出来。图 13-46(c) (d) 是采用平键止转的形式，接触面积大，定位可靠，精度高。图 13-46(e) 是采用平面止转的形式，镶块的台阶面与模板平面接合止转，定位稳固可靠；但固定镶块的台阶孔为非圆形，不能车削加工。为了使台阶孔加工方便，可采用图 13-46(f)

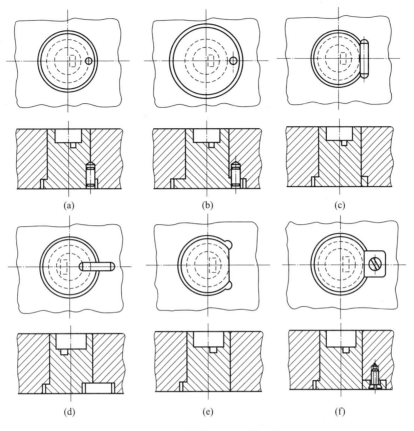

图 13-46 镶块和型芯的止转

所示的形式，镶块在台阶处的平面与定位块接合止转。

（四）动模支撑板的加强

在设计动模支撑板时，一种方法是根据设计手册中的计算公式，计算动模支撑板的厚度；另一种方法是根据支撑板所承受总压力的大小，按经验数值选择动模支撑板的厚度。

当压铸件、溢流槽及浇注系统在分型面上的投影面积较大，且垫块的间距较长或动模支撑板厚度较小时，按一般设计方法设计出的动模支撑板，往往不能满足刚度上的要求。为了加强支撑板刚度，可在支撑板和动模座板之间设置与垫块等高的支柱，也可借助于推板上的导柱加强对支撑板的支撑作用，如图 13-47 所示。

其中图 13-47（a）是支柱固定在支撑板上的形式。图 13-47（b）是支柱固定在动模座板上的形式。图 13-47（c）是把推板导柱作为支柱使用。为了提高压铸件推出过程中推板导柱的刚性，采用两端固定的方法，防止推出过程中出现卡死现象。动模支撑板的这种加强形式，在实际生产中经常采用，主要适用于大、中型压铸模的支撑板加强。

（五）动模模座的设计

动模座板与垫块共同组成动模模座，如图 13-48 所示。模座与动模套板、动模支撑板、推出结构组成动模部分的模体。压铸时，动模部分的模体通过动模座板，与固定在压铸机上的移动模板连接；因此，动模座板上必须留出安装压板或紧固螺钉的位置。垫块的主要作用是支撑动模支撑板，形成推出机构工作的活动空间。

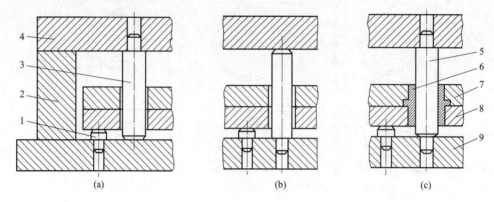

图 13-47 动模支撑板的加强形式

1—限位螺钉 2—垫块 3—支柱 4—动模支撑板 5—推板导柱 6—推板导套

7—推杆固定板 8—推板 9—动模座板

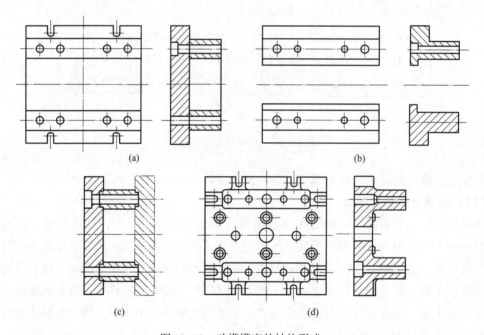

图 13-48 动模模座的结构形式

图 13-48(a)所示的动模模座形式一般适用于小型压铸模,其垫块与动模座板平面接触,使用螺钉连接、销钉定位。小型压铸模的模座有时也设计成支架式模座,如图 13-48(b)所示,这种结构的模座省材料、质量轻、制造方便。对于中型压铸模,常常采用将垫块部分镶入动模座板和动模支撑板内的方法,如图 13-48(c)所示。在生产中,有时把大型压铸模的动模座板和垫块合为一个整体,采用铸造方法成型,如图 13-48(d)所示。大型压铸模的动模模座采用铸造成型时,一般使用的材料为铸钢或球墨铸铁,铸造方法可减少零件数量,提高模具的刚度。

（六）推出机构设计

压铸模最常用的推出机构有推杆推出机构、推管推出机构、推件板推出机构三种形式。

1. 推杆推出机构

推杆推出机构如图 13-49 所示。压铸成型后，动模部分向后移动，压铸件被包紧在型芯 5 和分流锥 6 上，随动模一起移动。动模开模后，压铸机的顶出液压缸开始工作，液压缸的活塞杆推动推出机构的推板进行运动，推杆将压铸件从动模部分推出。这种推出机构的缺点是，推杆的工作端面直接作用在压铸件的表面，因此压铸件上会留下推杆的痕迹，影响其表面质量。但推杆推出机构的结构简单、动作可靠，因此使用最为广泛。

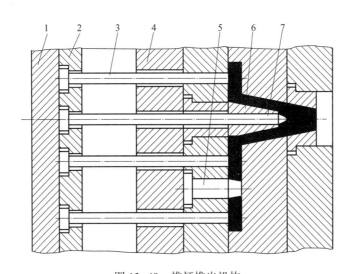

图 13-49　推杆推出机构

1—推板　2—推杆固定板　3,7—推杆　4—支撑板　5—型芯　6—分流锥

推杆的基本形式如图 13-50 所示，其截面形状大部分为圆形。其中图 13-50(a) 为直通式，通常在 $d>6$mm 或 $l/d<20$ 时采用。为减少磨削量，可把推杆后部的直径车细些，如图 13-50(b) 所示。当推杆的直径 $d<6$mm 或 $l/d>20$ 时，推杆后部应适当加粗，如图 13-50(c) 所示。图 13-50(d) 所示是头部为圆锥形的推杆，常用于压铸件上要求压铸出定位锥坑的部位或用于分流锥的中心处。

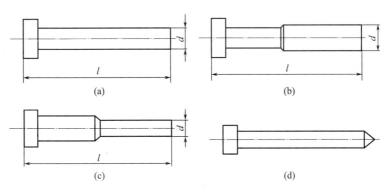

(a)　　　　　　　(b)

(c)　　　　　　　(d)

图 13-50　推杆的基本形式

推杆的尺寸可按 GB/T 4678.11—2017 标准选用。

除了广泛采用的圆形截面外，推杆还有其他几种截面形状，如图 13-51 所示。其中图 13-51(a) 为矩形截面，这种截面的推杆常常设置在压铸件的端面处；但在加工时，要把矩形截面的四角尽量加工出小的圆角，以避免尖角。图 13-51(b) 所示形状的推杆强度高，可代替矩形推杆，以防止四角处的应力集中。图 13-51(c) 所示为半圆形推杆，一般用于推杆位置受到局限的场合。

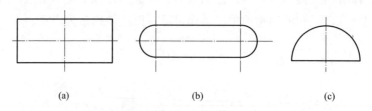

(a)　　　　　　　　　　(b)　　　　　　　　　　(c)

图 13-51　推杆的截面形状

推杆的固定形式如图 13-52 所示。其中图 13-52(a) 所示的形式最常用，在推杆固定板上加工出台阶孔，采用 0.5mm 的单边间隙将推杆装入其中。这种结构强度高、不易变形，但台阶孔深度的一致性很难保证。因此，有时采用图 13-52(b) 所示的结构，用磨削厚度一致的垫圈或垫块，安放在推板与推杆固定板之间。图 13-52(c) 所示的结构，是在推杆后端采用螺塞固定，适用于推杆数量少，且省去推板的场合。推杆与推杆固定板、支撑板之间一般采用 0.5mm 的单边间隙配合。

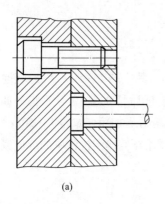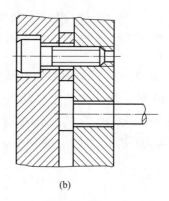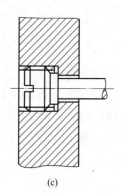

(a)　　　　　　　　　　(b)　　　　　　　　　　(c)

图 13-52　推杆的固定形式

2. 推管推出机构

图 13-53 所示为常见的推管推出机构。图 13-53(a) 为推管固定在推管固定板上，而中间型芯固定在动模座板上，这种结构定位准确，推管强度高，型芯维修和更换方便；其缺点是型芯太长。图 13-53(b) 为采用键连接的方式，将型芯固定在支撑板上，适用于型芯较大的场合。图 13-53(c) 所示的结构是型芯固定在支撑板上，而推管可以在支撑板内移动；这种结构的推管长度较短，刚性好，制造方便，装配容易；但支撑板需要有较大的厚度，适用于推出距离较短的场合。

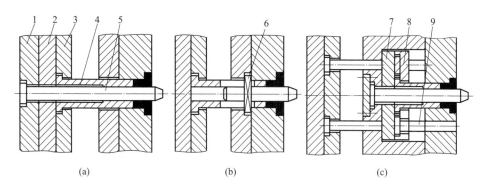

图 13-53　推管推出机构

1—动模座板　2,7—推板　3,8—推管固定板　4—推管　5—型芯　6—键　9—复位杆

推管的固定与配合如图 13-54 所示。推管外侧与推管固定板之间的单边间隙为 0.5mm，推管内径与型芯的配合一般采用 H8/h7。为了保证推管在推出制件时不擦伤型芯及相应的成型表面，推管的外径应比压铸件外壁尺寸单边小 0.5～1.2mm；推管的内径应比压铸件的内径每边大 0.2～0.5mm。

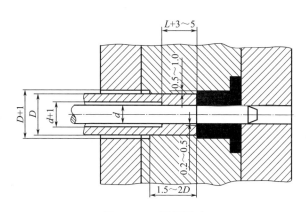

图 13-54　推管尺寸

3. 推件板推出机构

图 13-55 所示为推件板推出机构。其中图 13-55(a) 为用耐热合金钢制成的整块模板作为推件板；工作时，推杆推动推件板，推件板将压铸件从型芯上推出；压铸件被推出后，推件板底面与动模板分开一段距离，清理较为方便，且有利于排气。这种结构的推件板推出机构应用较广。

图 13-55(b) 所示为局部推件板的形式，推件板镶装在动模板内，直接靠推杆导向与支撑。这种结构制造方便，但容易堆积金属残屑，工作中应经常取出清理。

推件板与型芯可采用 H8/h7 的配合。推件板的材料可采用 H13 或 3Cr2W8V 等，热处理硬度为 42～46HRC。推件板推出的特点是作用面积大，推出力大，压铸件推出平稳可靠，且压铸件表面没有推出痕迹。但推件板推出后同样存在型芯难以喷涂涂料的问题。

为了保证推出机构的运动平稳、顺利、可靠，且能准确复位，一般压铸模的推出机构均设有导向机构，如图 13-56 所示。

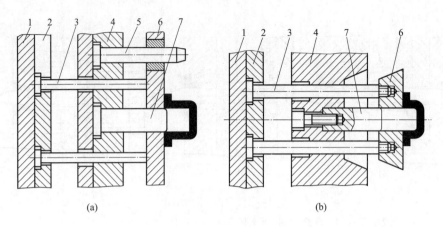

(a)　　　　　　　　　　　　　(b)

图 13-55　推件板推出机构

1—推板　2—推杆固定板　3—推杆　4—动模板　5—导柱　6—推件板　7—型芯

其中图 13-56(a) 所示推板导柱的两端分别固定在动模座板和支撑板上，刚性大，导向支撑效果好，推板导柱还起支撑动模支撑板的作用，适用于大型模具。图 13-56(b) 所示结构简单，推板导柱与推板导套易满足配合要求，但推板导柱易单边磨损，适用于小型模具。

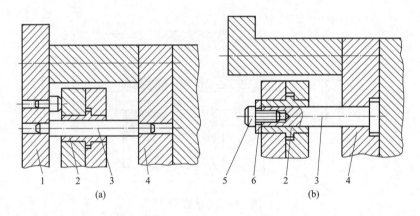

(a)　　　　　　　　　　　　　(b)

图 13-56　推出机构的导向

1—定模座板　2—推板导套　3—推板导柱　4—支撑板　5—螺钉　6—定位圈

(七) 侧向抽芯机构设计

侧向抽芯机构种类很多，这里仅以应用最为广泛的斜销侧向抽芯机构为例，简单介绍其组成结构。

1. 斜销侧抽芯机构

图 13-57 所示为斜销侧抽芯机构。该机构的组成元件及作用如下：做复位运动的侧滑块（运动元件）3 带动侧型芯（成型元件）10，在动模套板 12 的导滑槽内进行抽芯运动；与合模方向呈一定角度的斜销（传动元件）4 固定在定模套板 1 内；楔紧块（锁紧元件）5 可防止侧型芯在压铸时与侧滑块产生位移；限位挡块 8 保证侧滑块在抽芯结束后准确定位；拉杆 6、弹簧 7 及垫圈、螺母等零件组成限位机构。

图 13-57(a) 所示为压射结束的合模状态，侧滑块 3 由楔紧块 5 锁紧。开模时，动模部

分向后移动，压铸件包裹在凸模上随着动模一起移动，在斜销 4 的作用下，侧滑块带动侧型芯在动模套板的导滑槽内向外侧做抽芯运动，如图 13-57(b) 所示。侧向抽芯结束，斜销脱离侧滑块，侧滑块在弹簧 7 的作用下拉紧在限位挡块 8 上，以便再次合模时斜销能准确地插入侧滑块的斜导孔中，迫使其复位，如图 13-57(c) 所示。

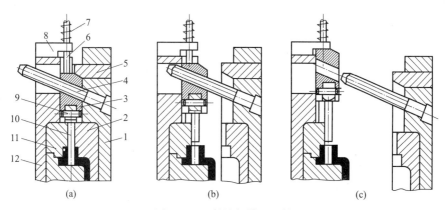

(a)　　　　　　　(b)　　　　　　　(c)

图 13-57　斜销侧抽芯机构

1—定模套板　2—定模镶块　3—侧滑块　4—斜销　5—楔紧块　6—拉杆　7—弹簧
8—挡块　9—圆柱销　10—侧型芯　11—动模镶块　12—动模套板

2. 斜销侧抽芯压铸模结构

图 13-58 所示为斜销固定在定模上、侧滑块安装在动模部分的斜销侧抽芯压铸模结构。

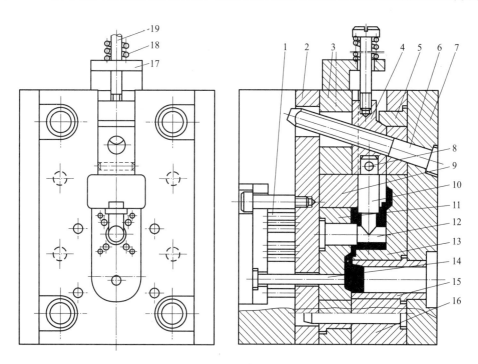

图 13-58　斜销固定在定模、侧滑块安装在动模的结构

1—推杆　2—支撑板　3—动模套板　4—侧滑块　5—楔紧块　6—斜销　7—定模座板　8—圆柱销　9,11—动模镶块
10—侧型芯　12—凸模　13—定模镶块　14—浇道推杆　15—浇口套　16—定模套板　17—限位挡块　18—弹簧　19—拉杆

斜销 6 固定在定模座板 7 上部，侧滑块 4 安装在动模套板 3 的导滑槽内。开模时，动模部分向后移动，楔紧块 5 脱离侧滑块 4，压铸件包在凸模上随动模一起向后移动，浇注系统的直浇道凝料在压射冲头继续向前推动下脱出浇口套 15，留在动模上；同时，在斜销 6 的作用下，侧滑块带动侧型芯 10 在动模套板的导滑槽内向外侧做抽芯运动。侧抽芯结束，侧滑块在限位挡块 17、弹簧 18、拉杆 19 组成的限位装置作用下，紧靠在限位挡块 17 上定位。最后，推出机构开始工作，推杆 1 将压铸件从凸模中推出，浇道推杆 14 把浇注系统凝料从动模部分推出。合模时，斜销准确地插入侧滑块的斜导孔中，使滑块复位，楔紧块将其楔紧。这种斜销侧抽芯压铸模结构在实际生产中应用最为广泛。

思考题

1. 黑色金属压铸模具设计的原则和特点是什么？
2. 压铸模具为什么要预热？
3. 压铸模工作过程及工作原理是什么？
4. 分型面选择的一般原则是什么？
5. 请指出各种组合式镶拼的应用场合。

第十四章　模具新材料与新技术

模具是一种高效、精密的工艺装备，在各种金属、塑料、橡胶、陶瓷、玻璃制品等生产中应用广泛。模具的使用寿命及使用效果在很大程度上取决于模具的设计、制造、调试及维护水平的高低，尤其是与模具材料的选用息息相关。

随着模具工业的迅速发展，对模具的使用寿命、加工精度等提出了更高的要求。模具材料性能的好坏和使用寿命的长短，将直接影响加工产品的质量和生产的经济效益。而模具材料的种类、制造技术是影响模具使用寿命极为重要的因素，所以世界各国都在不断地研究和开发新型模具材料、改进模具制造技术、合理设计模具结构、加强对模具的维护等，来稳定和提高模具的使用寿命，防止模具早期失效。

我国积极开发和引进高性能新型模具材料，增加模具钢材的品种、规格，形成符合我国资源情况的系列化和标准化模具材料，以满足不同模具的使用性能和寿命的要求；重视模具的设计、选材、加工、处理、检验等全过程控制，不断降低生产成本，提高经济效益；加强对模具的新技术、新材料、新工艺的研究，发展模具的成套加工精密设备，提高模具生产的整体水平。

第一节　模具新材料

我国的模具工业发展迅速，现已成为独立的工业体系，特别是 1989 年国务院在《当前产业政策要点的决定》中将模具列为"机械工业技术改造序列的第一位"以来，我国在模具材料方面有了很大的发展，初步建立起了具有我国特色的模具材料体系，包括冷作模具钢、热作模具钢、塑料模具钢等系列模具材料，并在模具制造业广泛使用。同时，针对不同的工作条件与环境因素，开发了多种先进模具材料。目前，我国的模具钢产量已跃居世界前列，基本满足了模具制造业的需要，逐步发展成为国民经济中重要的基础工业。

为了便于模具材料的选用，通常根据工作条件将模具分为冷作模具、热作模具和塑料模具三大类，常用模具材料见表 14-1。随着模具工作条件的日益苛刻，各国相继研发了不少适应新要求的新钢种以及其他一些类型的模具，如玻璃模具、陶瓷模具以及复合材料模具等。目前使用量较大的模具材料集中在一些通用型模具钢上。

一、新型冷作模具材料

冷作模具钢是应用量大、使用面广、种类最多的模具钢，主要用于制造冲压、剪切、辊压、压印、冷镦和冷挤压等用途的模具，一般要求其具有高的硬度、高强度和高耐磨性，一定的韧性和热硬性，以及良好的工艺性能。近年来，碳素工具钢用量越来越少，高合金钢模具所占的比例仍为最高。

表 14-1　常用模具材料概况

模具材料分类	钢种	牌号举例
冷作模具材料	碳素工具钢	T7、T8、T10
	油淬冷作模具钢	9Mn2V、CrWMn、9CrWMn、9SiCr、Cr2
	空淬冷作模具钢	Cr5Mo1V、Cr6WV、8Cr2MnWMoVS、Cr4W2MoV
	高碳高铬冷作模具钢	Cr12MoV、Cr12、Cr12Mo1V1
	基体钢和低碳高速钢	6W6Mo5Cr4V、6Cr4W3Mo2VNb、7W7Cr4MoV
	硬质合金	YG6、YG8N、YG8C、YG11C、YG15、YG25
	钢结硬质合金	GT35、TLMW50
热作模具材料	中碳调质钢	45钢、40Cr、42CrMo、40CrNiMo
	低合金调质模具钢	5CrMnMo、5CrNiMo
	中铬热作模具钢	H10、H11、H12、H13、H14、H19
	高铬热作模具钢	H23、H25
	钨系热作模具钢	H21、H22、H26
塑料模具材料	碳素钢	45钢、50钢、55钢、T8、T10
	渗碳型塑料模具钢	20Cr、20CrMnTi、20Cr2Ni4、12Cr2Ni4
	预硬型塑料模具钢	3Cr2Mo、3Cr2NiMnMo、5CrMnMo、8Cr2MnWMoVS、5CrNiMnMoSCa
	时效硬化型塑料模具钢	25CrNi3MoAl、6Ni6CrMoVTiAl、18Ni
	耐蚀型塑料模具钢	40Cr13、95Cr18、Cr14Mo、Cr18MoV、14Cr17Ni2
	整体淬硬型塑料模具钢	CrWMn、9CrWMn、9Mn2V、Cr12MoV、Cr12Mo1V1、4Cr5MnSiV1

　　冷作模具钢以高碳合金钢为主，属热处理强化型钢，使用硬度高于 58HRC。以 9CrWMn 为典型代表的低合金冷作模具钢，一般仅用于小批量生产中的简易型模具和承受冲击力较小的试制模具；Cr12 型高碳合金钢是大多数模具的通用材料，这类钢的强度和耐磨性较高，韧性较低；在对模具综合力学性能要求更高的场合，常用的替代钢种是具有高淬透性的 W6Mo5Cr4V2 高速钢。随着模具技术的发展，为了适应不同模具的特殊性能要求，模具工作者除对传统的模具材料不断开发新的热处理工艺外，还不断开发具有不同特性，能适应各种性能要求的新型模具材料。各国有针对性地发展了一些新型的模具钢。

1. 高韧性、高耐磨性模具钢

　　Cr12、Cr12MoV、Cr12Mo1V1 型模具钢，耐磨性很好，但是韧性差，抗回火软化能力也不足。Cr12MoV、Cr12Mo1V1 中增加钼、钒合金元素的数量，在钢中形成大量 MC 型高弥散度碳化物，与 Cr12 相比，其耐磨性和使用性能都有所提高，但韧性和耐回火性不足。近年来，国内外相继开发了一些高韧性、高耐磨性模具钢，其碳、铬含量低于 Cr12 型模具钢，其耐磨性不低于或优于 Cr12Mo1V1 钢，韧性和耐回火性则高于 Cr12 型钢。比较具有代表性的钢牌号有美国钒合金钢公司早期开发的 VascoDie（8Cr8Mo2V2Si），近年来，日本山阳特殊钢公司开发的 QCM8（8Cr8Mo2VSi）、日本大同特殊钢公司开发的 DC53（Cr8Mo2VSi）

等，我国自行开发的模具钢则有 7Cr7Mo2V2Si（LD 钢）、9Cr6W3Mo2V2（GM 钢）等，分别用于冷挤压模、冷冲模及高强度螺栓的滚丝模等，都取得了良好的使用效果。另外，还有中合金空淬模具钢，如 Cr5Mo1V 则是国际上通用的钢牌号，其耐磨性优于低合金模具钢 CrWMn、9CrWMn，而韧性则高于高合金模具钢 Cr12、Cr12MoV、Cr12Mo1V1，既具有较好的耐磨性，又具有一定的韧性和热硬性。

2. 低合金空淬微变形钢

低合金空淬微变形钢的特点是合金元素含量低（$w_{Me} \leqslant 5\%$），淬透性和淬硬性好，100mm 的工件可以空冷淬透，淬火变形小、工艺性好、价格低，主要用于制造精密复杂模具。具有代表性的钢牌号有：美国 ASTM 标准钢牌号 A4（Mn2CrMo）、A6（7Mn2CrMo），日本大同特殊钢公司的 G04，日本日立金属公司的 ACD37 等。我国自行研制的 Cr2Mn2SiWMoV 和 8Cr2MnMoWVS 等钢种，也属于低合金空淬微变形钢，后一种钢还兼备优良的可加工性。

3. 火焰淬火模具钢

近年来，国外开发了一些适应火焰淬火工艺的冷作模具钢。这类钢具有淬火温度范围宽、淬透性好的特点。火焰淬火的工艺已经广泛应用于制造剪切、下料、冲压、冷镦等冷作模具，特别是大型镶块模具。对于大型镶块模具的加工和热处理问题，各国都开发了 Si-Mn 系列的高碳（$w_C = 0.6\% \sim 0.8\%$）中合金型火焰淬火钢。这类钢的切削和焊接性能好，淬火温度范围宽，可在机加工完成后采用氧乙炔喷枪或专用加热器对模具的工作部位进行加热并空冷淬火后直接使用。这类冷作模具钢发展很快，代表性的钢牌号如日本爱知制钢公司的 SX5（Cr8MoV）、SX105V（7CrSiMnMoV）、L22J，日本山阳特殊钢公司的 QF3，大同特殊钢公司的 G05，日本日立金属公司的 HMD1、HMD5 等。我国研制的 7CrSiMnMoV 火焰淬火钢与日本的 SX105V 钢成分相同。淬火时可用火焰加热模具刃口切料面，淬火前需对模具进行预热（预热温度为 180~200℃）。该钢淬火温度范围较宽（900~1000℃），对模具刃口进行局部火焰加热，其硬化层的硬度与整体淬火相近，表层具有残余压应力，硬化层下又有高韧性的基体，减少了刃口开裂、崩刃等早期失效的发生，提高了模具寿命。该类钢的另一个特点是淬火变形小，一般只有 0.02% ~ 0.05%，故可以在机加工完成后采用氧乙炔喷枪等工具，对模具工作部位进行火焰加热空冷淬火和火焰加热回火后直接使用，在实际生产中取得了良好的效果。

4. 粉末冶金冷作模具材料

对于大批量生产中要求高耐磨性的冷作模具，常用钼系高速钢替代 Cr12 型模具钢，其中含钴高速钢的耐磨性较高，但韧性很低。近年来国外粉末冶金高速钢发展很快，这种用粉末冶金方法生产的高速钢，碳化物细小均匀，基体硬度高，耐磨性好，韧性也大为改善。如美国"坩埚钢"公司的 CPM10V（$w_C = 2.45\%$、$w_V = 10\%$、$w_{Cr} = 5\%$、$w_{Mo} = 1.3\%$）钢，耐磨性与硬质合金相近，韧性则远超过硬质合金。其中含钴型粉末冶金高速钢的使用硬度最高，耐磨性最好，但韧性很低；而 DEX20 型和 DEX40 型粉末冶金高速钢的韧性可高于相同硬度的 M2（W6Mo5Cr4V2）高速钢。粉末冶金高速钢模具的应用效果表明，其使用寿命比一般钢模具长 3~8 倍。

5. 用于冷作模具的钢结硬质合金

钢结硬质合金是以高熔点碳化物 WC、TiC 作为硬质相，以碳素工具钢、合金工具钢或不锈钢作为黏结相，通过粉末冶金真空烧结轧制而成。钢结硬质合金是新型高效能工程材料，既有硬质合金相的高硬度和高耐磨性，又有黏结相的热加工性能，可进行锻造、热处理、强化和焊接，热处理变形微小，能胜任一般冷作模具材料无法胜任的大锻力、大负荷的模具。钢结硬质合金材料广泛应用于冷作模具。钢结硬质合金代表性的牌号有以 TiC 为硬质相的 GT35、R5、D1、T1 等，以 WC 为硬质相的 GW50、GJW50、TLMW50 等。

二、新型热作模具材料

受工作温度和冷却条件（有无冷却、如何冷却）这两个因素的影响热作模具的工作条件远比冷作模具复杂，因而热作模具用材的系列化，除少数几种用量特别大的以外，总体不如冷作模具用材系列完整。热作模具要求其材料在工作温度下具有良好的强度、硬度、耐磨性、抗冷热疲劳性能、抗氧化性和抗特殊介质的腐蚀性能，用于制造锻压、压铸、热挤压、热镦锻及等温超塑成型用模具。

热作模具钢多为中碳合金钢，用于热锻模、热挤压模、压铸模以及等温锻造模等。热作模具的主要性能要求是在工作温度下具有较高的强韧性、抗氧化性、耐蚀性、高温硬度、耐磨性及抗冷热疲劳性能。常用热作模具钢的种类主要有 5Cr 型、3Cr-3Mo 型、Cr-W 型和 Cr-Ni-Mo 型合金工具钢，特殊场合也可使用基体钢、高速钢和马氏体时效钢。

1. 5Cr 型热作模具钢

5Cr 型热作模具钢的典型钢种是 H18 钢和 H11 钢，这类钢的综合性能较好，尤其是抗冷热疲劳性强，是目前各国用量最多的标准型热作模具钢。近年来，有些国家采用电渣重熔、特殊锻造工艺等，推出了优质 H13 钢，这种钢纯净度高，模块性能具有各向同性，尤其是韧性明显提高。据介绍，用优质 H13 钢制造的压铸模使用寿命比普通 H11 钢提高 2 倍。日本大同特殊钢公司在 H13 钢基础上增加少量 Mo、V 等元素，研制出 DH21 钢，使热强性和高温抗冲蚀能力提高，用 DH21 钢制作铝合金压铸模的寿命相当于 H13 钢模具的两倍。由于 DH21 钢具有优良的耐热裂性，常用来压铸汽车发动机旋转零件和注重外观要求的构件。

对于要求高韧性、低耐热性的锤锻模用钢，国外仍以 5CrNiMo 钢为主。为进一步提高锻模寿命，还开发了韧性较高、耐热性更好的钢种，如俄罗斯的 30X3HMΦ、4X3BMΦ，美国的 H10、H11、H13 等，其模具使用寿命为 5CrNiMo 钢的 1.5~3 倍。

2. 3Cr—3Mo 型热作模具钢

3Cr—3Mo 型热作模具钢的基本钢种是美国的 H10 钢。这类钢韧性较高，热强性优于 H13 钢，可用于热锻模和温锻模。为了提高其热强性和耐磨性，瑞典在 H10 钢的基础上加入 2%~3%（质量分数）的钴，开发出 QRO45 钢、QRO80M 钢和 QRO90 SUPREME 钢，日本大同特殊钢公司研制出了 DH71 钢。

对于小尺寸的锤锻模，采用 H10 类型的模具钢，虽然有许多优点，但其性能受淬火冷却速度的影响较大，冷却速度慢时，韧性就会显著下降。为此，日本爱知钢厂将 3Cr-3Mo 型热作模具钢加以改进，提高了 Si、Cr、Ni 的含量，使其韧性提高了一倍以上。在质量约为 100kg 的汽车锻件上，模具寿命提高了约 0.8 倍。

日本大同钢厂还在 3Cr—3Mo 型热作模具钢基础上进一步加以改进，降低碳含量，加入 2.5%（质量分数）的钴，使钢的韧性提高了 1.6 倍，寿命提高了 50%。各国模具钢标准中都有一些含钴的钢种。日本在公布的新标准中就补进了含钴的 H19 类钢种，定名为 SKD8。钴的价格较高，属于稀缺的物资，只有在必要时才使用含钴的模具钢。另一种提高热作模具钢热稳定性与韧性的途径是使合金元素含量更加合理化。瑞典 Uddeholm 公司近年来开发了 QRO80M、QRO90 SUPREME 新钢种，它是利用合理合金化配比，使其产生较多弥散的 VC 析出相，并在微量元素作用下，提高钢的热稳定性、抗热疲劳性，在这些性能方面均优于 3Cr2W8V 钢。

3. 超级热作模具材料

热作模具材料以要求热强性为主时，可以选用铁基（Cr18、Ni26、Ti12）、镍基（Cr18、Fe18、Nb5、Mo3）以及钴基材料。另外，几乎所有的高温合金均可用于热作模具。热作模具以要求耐磨性为主时，可以选用高铬莱氏体钢、高速钢、高钒粉末钢、钢结硬质合金以及工程陶瓷。高钒粉末钢以其低廉的原料成本和特别高的耐磨性、良好的韧性备受重视。工程陶瓷也具有热强、耐磨特性，但因抗裂性能低而受到限制。

4. 其他热作模具钢

Cr—W 型热作模具钢的传统钢种是 H21（8Cr2W8V）钢，由于这种钢的韧性低，抗冷热疲劳性能差，现在国外已广泛采用 H13 钢取代。Cr—W 型热作模具钢的高温强度和耐磨性好，一些高温锻模和高温压铸模有时使用 H19 钢。

国外还发展了一些新型高铬耐蚀模具钢，如俄罗斯的 2X9B6 钢等。Cr—Ni—Mo 型热作模具钢主要用于大型热锻模，这类钢的淬透性、耐回火性和韧性较高，可加工性好，但耐磨性差。在特殊情况下，以提高耐磨性和热硬性为主要目的而用于热作模具的高速钢，多为 W 系高速钢。为了保证材料具有足够的韧性和抗冷热疲劳性能，钢中碳的含量较低（$w_c = 0.3\% \sim 0.6\%$），相当于基体钢。基体钢属于高强韧性热作模具钢。马氏体时效钢的综合性能最好，表面粗糙度低，热处理变形小，但成本较高，一般仅用于复杂、精密的压铸模和挤压模。

三、新型塑料模具材料

随着塑料工业的发展，塑料制品日益向大型、超小型、复杂、精密的方向发展。模具是塑料成型加工业的重要工艺装备，塑料制品的更新换代对模具的要求也更高。由于塑料模具的工作条件（加工对象）、制造方法、精度及对耐久性要求的多样性，所以塑料模具用材的成分范围很大，各种优质钢都有可用之处，且形成了范围很广的塑料模具用材系列，一般要求具有高的韧性，优良的热处理性、可加工性。

我国目前采用的 45、40Cr 钢等，因寿命短、表面粗糙度值大、尺寸精度不易保证等缺点，不能满足塑料制品工业发展的需要。工业发达国家较早地注意到了提高塑料模具材料的寿命和模具质量问题，已形成专用的钢种系列。如美国 ASTM 标准中的 P 系列包括 7 个钢牌号，其他国家的一些特殊钢生产企业也发展了各自的塑料模具用钢系列，如日本大同特殊钢公司的塑料模具钢系列包括 13 个钢牌号，日立金属公司则包括 15 个钢牌号。我国国家标准中列入了 3Cr2Mo（P20）一个钢牌号，但近年已经初步形成了我国的塑料模具用材系列，几种典型的塑料模具用材现介绍如下：

1. LJ 塑料模具钢

LJ 塑料模具钢是华中科技大学与大冶钢厂合作研制的一种冷挤压成型塑料模具钢。LJ 塑料模具钢在挤压时具有高塑性、低变形抗力，以利于成型；经过表面硬化处理后，表面具有高硬度、高耐磨性，同时，心部具有良好的强韧性，以利于提高模具的使用寿命。

LJ 塑料模具钢采用了微碳、多元、少量的合金化方案，降低碳含量的同时适量加入 Cr、Ni、Mo、V 等合金元素，以保证获得优良的工艺性能与使用性能。其设计成分为：$w_C \leq 0.08\%$、$w_{Mn} < 0.3\%$、$w_S < 0.2\%$、$w_{Cr} = 3.60\% \sim 4.20\%$、$w_{Ni} = 0.30\% \sim 0.70\%$、$w_{Mo} = 0.20\% \sim 0.60\%$、$w_V = 0.08\% \sim 0.15\%$，其 A_{c1} 为 780℃，A_{c3} 为 850℃。

2. 钛铜合金塑料模具材料

钛铜合金是在铜中加入 6.5%（质量分数）以下的钛，然后在一定条件下析出硬化相的新型高强度、高硬度合金，该合金耐磨损、耐腐蚀、耐疲劳。将其固溶处理后有一个硬度最低值，此时易于进行各种形变或切削加工，而随后再进行低温时效处理，可在不产生氧化和变形的情况下，使其强度和硬度大幅度升高，同时其热导性也随之提高，是碳钢的 3 倍左右，所有这些性质都是作为模具材料所期望的。采用"固溶处理→冷挤压成型→时效硬化"的工艺制作的塑料模具型腔就是利用了这些性质。

3. 铍铜合金塑料模具材料

铍铜合金塑料模具材料成分为：$w_{Be} = 2.50\% \sim 2.70\%$、$w_{Co} = 0.35\% \sim 0.65\%$、$w_{Si} = 0.25\% \sim 0.35\%$，其余成分为 Cu。Be—Cu 合金塑料模具有以下优点：

（1）耐磨损，使用寿命长，Be—Cu 合金模具强度高达 980~1100MPa，经时效处理后硬度可达 35HRC。注射次数越多，模面越光滑。

（2）精度准确，复制性佳，表面光洁。

（3）热导性良好，可提高制品的生产速度。

（4）可降低制模成本，缩短工时，减少机床台数，节省人工成本。

（5）可制作形状复杂且无法以机械加工、冷压成型加工或放电加工等方法制作的模具。

4. 大截面塑料模具钢 P20BSCa

华中科技大学研制了一种适合大截面注射使用的 P20BSCa 预硬型易切削塑料模具钢。此钢除满足注射模各项基本性能要求外，还具有高的淬透性，以保证截面性能均匀一致。P20BSCa 钢化学成分为：$w_C = 0.37\%$、$w_{Mn} = 1.43\%$、$w_{Si} = 0.7\%$、$w_{Cr} = 0.99\%$、$w_{Mo} = 0.22\%$、$w_S = 0.08\%$、$w_{Ca} = 0.008\%$，V、B 适量。其中 Cr、Mn、B 可提高淬透性，Mo 可抑制回火脆性，V 可细化晶粒、降低过热敏感性、提高钢的强度与韧性。模拟冷却试验结果表明，P20BSCa 钢具有良好的淬透性，有效直径为 600mm 的模块可淬透，且淬火及回火后心部硬度可达 33HRC 以上，证明该钢完全可以作为要求预硬硬度为 30~35HRC 的大型或超大型塑料模具用材。

5. 新型易切削贝氏体塑料模具钢 Y82

新型易切削贝氏体塑料模具钢 Y82 由清华大学研制而成，采用中碳和少量普通元素 Mn、B 合金化，添加 S、Ca 改善可加工性，是一种很有前途的新钢种。

Y82 空冷后获得贝氏体/马氏体复相组织，具有强韧性配合良好和淬透性高的特点。对于大尺寸模具，中心也能获得所要求的组织与强度。为了改善可加工性，在 Y82 钢中加入了易切削元素 S、Ca。模具在预硬状态（硬度为 40HRC）时具有良好的可加工性和表面抛光性能，加工成型后可直接使用，保证了模具的表面粗糙度及尺寸精度要求，从根本上避免了模具成品热处理变形和开裂等问题。

6. 塑料模具标准件顶杆用钢 TG2

国外标准件顶杆用材已逐步形成系列，国内用材还比较混乱，质量不稳定，因此研制了顶杆用钢 TG2。顶杆在注射模中的作用是将成型好的塑料制品顶出型腔，工作时承受较大的压力，其工作部位应具备较高的耐磨性、耐蚀性、耐热性，具有良好的加工工艺性能。所设计的顶杆用钢在进行整体淬火与回火处理后，应具有一定的强韧性与所需的硬度，还应具备良好的渗氮性能，以满足不同条件下的使用性能要求。

TG2 钢的化学成分为：$w_C = 0.52\% \sim 0.60\%$、$w_{Cr} = 1.20\% \sim 1.60\%$、$w_{Mo} = 0.15\% \sim 0.35\%$、$w_P \leqslant 0.03\%$、$w_S \leqslant 0.03\%$、V、Mn、S 适量。其中 C 可提高整体淬火硬度，Cr 可提高钢的淬透性和强度，Mo 可防止回火脆性，V 可细化晶粒。

四、其他新型模具材料

模具材料还有铸造模具钢、非铁合金模具材料、玻璃模具材料等。另外，我国还开发研制了特种新型模具材料。

1. 铸造模具钢

通过精密铸造工艺直接得到形状复杂的模具铸件，与传统的模具生产工艺相比可以节省加工工时，降低金属消耗，缩短模具制造周期，降低模具制造费用。如美国 ASTM-A597 铸造工具钢标准中包括 7 个牌号，其中冷作模具钢 4 种、热作模具钢 2 种、耐冲击工具钢 1 种。我国不少部门也开始研制并采用精密铸造工艺生产模具，如东风汽车公司冲模厂已经采用火焰淬火冷作模具钢 ZG7CrSiMnMoV 实型铸造工艺，生产出汽车大型覆盖件冲模的刃口镶块模，取得了良好的使用效果和经济效益。

我国研制的铸造热锻模用钢 JCD 钢已应用于小型热锻模块，代替 5CrMnMo 钢锻造模具。我国研制的铸造锻模钢 ZDM-2（3Cr3MoWVSi）钢，采用陶瓷型精密铸造工艺，通过几十种锻模的生产试用，代替传统的 5CrNiMo 和 3Cr2W8V 锻模，取得了较好的使用效果和经济效益。

2. 非铁合金模具材料

随着工业产品的多样化和中小批量生产的增加，一些低成本、易加工、制造周期短以及具有特殊性能的非铁金属材料模具也逐渐增多，使用较多的是铜合金、铝合金、锌合金材料。

铜合金模具的抗黏着性和热导性好，常用作不锈钢和表面处理钢板的拉深模和弯曲模，近年来也用于注射模。常用作模具材料的是铍青铜，由于铍是有害元素，最近国外又开发出了含 Ni、Si 的 Corson 铜合金，这种析出硬化型合金的特点是具有高强度和高热导性。

铝合金除用于模具的导板、导柱等构件外，5000 系和 7000 系铝合金现在也应用于一些小批量生产的试制模具，如薄板拉深、塑料成型、发泡塑料等模具。

锌合金的熔点较低，易于熔化和铸造，可加工性好，且可反复回收使用，常被用作试制模具，主要用于薄板拉深模、弯曲模和铝合金挤压模等。日本近几年又在传统制模用锌合金基础上，通过添加 Cu、Al、Ti、Be 等元素，开发出了新型的锌合金材料。

3. 玻璃模具材料

玻璃模具是玻璃制品生产的主要成型工艺装备。在玻璃制品成型过程中，模具频繁与1100℃以上的熔融玻璃液接触，经受氧化、生长和热疲劳作用。根据玻璃模具的服役条件和失效形式，对模具材料的要求以抗氧化为最主要指标。通常采用耐热合金钢，如 3Cr2W8V、5CrNiMo 以及合金铸铁等。

4. 特种新型模具材料

除了上述几类模具材料外，还开发研制了特种模具用材，如 CrMnN 系无磁模具钢（用于电子产品的无磁模具）、高温玻璃模具钢（用于高温餐具、高透光度车灯、显像管玻璃模壳的模具）、陶瓷模具、复合材料模具等。

第二节 模具新技术

模具行业发展的重点是模具技术的进步，许多新产品开发和生产主要基于模具制造技术的革新。模具制造技术在很大程度上决定着产品的质量、效益和新产品的开发能力。模具是一种高附加值和技术密集型的产品，所以模具技术已成为衡量一个国家生产水平的关键指标。世界各国都非常重视模具技术的研发，积极运用先进设备及技术不断提升模具制造水平，并且获得了较好的经济效益。由此可见，研究和发展模具技术，提升模具科技水平，对于促进国民经济的发展有着非常重要的意义。

模具技术的发展应该为适应模具产品交货期短、精度高、质量好、价格低的要求服务。经过多年的努力，我国模具的 CAD/CAE/CAM 技术、电加工和数控加工技术、快速成型与快速制模技术等取得了显著进步，为提高模具质量和缩短模具设计制造周期等做出了贡献。

一、CAD/CAE/CAM 一体化技术

CAD/CAE/CAM 一体化集成技术是现代模具制造中最合理最先进的生产方式。CAD 是计算机辅助设计，多指三维型体设计造型；CAE 是计算机辅助工程，用于对产品的成型过程进行计算机仿真，优化成型工艺方案和模具设计，缩短模具调试时间；CAM 是计算机辅助制造，通过自动编程，在数控机床上加工出 CAD 所作的复杂型体。CAD/CAE/CAM 一体化技术是将原始计算机文件或图纸资料输入计算机，运用 CAD/CAE 做设计并进行模拟实验，得到需要的计算机文件，在设计当中，系统能进行图纸编辑。设计完成后的模具零部件可用计算机系统的实体成型功能进行显示，方便查看设计的正确性，并对需要修改的部分进行改进处理，如果设计中存在错误，可重新修改设计，将最优的设计结果进行仿真并生成加工程序，传输到数控机床进行加工。

运用 CAD/CAE/CAM 技术是改进传统模具生产方式的重要措施，能大大减少模具设计与制造周期，缩减生产成本，提升产品质量。它使技术人员能借助于计算机对产品、模具结

构、成型工艺、数控加工及成本等进行优化与设计。使用计算机辅助工程、辅助设计与制造系统，按设计好的模具零件分别编制该零件的数控加工程序，整个过程都是在 CAD/CAE/CAM 系统内进行的。在 CAD/CAE/CAM 系统内编制和模拟加工程序可以充分了解发现的问题，在加工前将整套加工程序做好修改工作，对于准确、高效的加工模具零件有着非常重要的意义。

此外，在 CAD/CAE/CAM 软件技术的基础上，还开发了虚拟制造技术。虚拟制造技术是 CAD/CAE/CAM 软件技术发展的更高阶段。它融合了计算机仿真技术和虚拟现实技术，能够把模具从设计到制造，直至装配、检验的全过程，全部在计算机上模拟完成。根据设计出的模具产品模型，利用软件的强大功能，在计算机上模拟出实际加工过程以及各个零件最后装配过程中的情况，对加工或装配过程中出现的问题进行及时的修正，避免把问题带到实际生产中。虚拟制造技术最突出的特点是能够模拟出模具最后装配的情况，不需要加工实体模型，利用计算机建造的虚拟环境，可视化地观察模具装配过程中各个零件的干涉情况，并及时进行修正。而在传统模具装配过程中，必须用实体模型进行反复修改和调试，耗费大量的人工和时间，还难免出现零件报废的情况。所以与传统方式相较，虚拟制造技术的优势不言而喻。

二、模具的电加工技术

1. 电火花成型技术

电火花成型技术原理是利用放电产生的电蚀作用腐蚀需要除去的金属，直至达到需要的形状。电火花成型技术适合加工形状复杂、精度要求高的模具型腔或型芯，它可以加工任何高硬度、难切削的金属，可以在型腔或型芯经过淬火硬化处理后再进行加工，这样可以避免在切削加工后再进行热处理时工件发生变形，致使型腔尺寸精度、形位精度和表面质量明显降低。

电火花成型技术特点：工件与电极不直接接触，不产生宏观切削力，因而加工中不存在因切削力而产生的一系列设备和工艺问题；几乎能加工任何硬度的导电材料。有利于加工通常机械切削法难以或无法加工的复杂形状和具有特殊工艺要求的工件，如薄壁、窄槽、各种型孔和立体曲面等；加工各种淬火钢、耐热合金、硬质合金等机械加工较困难的材料。此外，电火花成型加工易于控制和可实现无人化操作，但其加工速度慢，加工量少。

电火花成型技术主要应用于：

（1）型孔加工。如加工冲裁模、级进模、复合模、拉丝模以及各种零件的型孔等。

（2）磨削加工。如对淬硬钢件、硬质合金、钢结构硬质合金工件进行平面或曲面磨削，内圆、外圆、坐标孔以及成型磨削。

（3）线切割加工。如加工各种冲模的凹模、凸模、固定板、卸料板、顶板、导向板以及塑料模镶嵌件等。

（4）型腔加工。如加工锻模、塑料成型模、压铸模等的型腔。

（5）其他特殊加工。如电火花刻字、金属表面电火花渗碳强化、电火花回转加工、螺纹环规等。

2. 电火花线切割技术

电火花线切割技术也是一种电加工方法，它是利用不断沿轴向运动的金属导线（钼丝、铜丝等）作为工具电极，对工件加工处进行火花放电，产生电腐蚀作用来切割被加工工件。电极丝和工件相对运动能切出直线或曲线的切口，当曲线封闭时便可切下整块金属，形成模具上塑料流动的通道或成型空间。电极丝还可倾斜切割，切出带锥度的模壁或主流道，满足脱模斜度的要求，模壁镶上底之后可成为注塑模或压模型腔。线切割还用来加工圆管或异型材挤出成型的机头口模，在各种塑料模具制造中应用广泛。

电火花线切割技术加工铜、铝、淬火后的钢、硬质合金时，加工过程稳定，切割速度高，表面质量好。加工不锈钢、未淬火的高碳钢和磁钢时，稳定性差、速度慢，加工后的工件表面质量差。工件的厚度对加工过程也有一定影响，工件薄对排屑和清磁有利，但工件过薄，切割时电极丝容易抖动，对表面质量不利。工件过厚则工作液难以进入间隙，使排屑不畅，加工不稳。一般来说随着工件厚度增加，单位时间内切割面积会增加，但厚度超过 50~100mm 后，则切割速度反而下降，在线切割过程中应调好预置进给速度，使其紧密配合蚀除速度，以保持最佳的加工间隙。

3. 电铸模具加工技术

电铸模具加工技术也称电铸法、电解沉积，即利用模具上电解沉积金属，得到所要求的型腔嵌件。电铸成型是将与注塑模型腔相吻合的母模（有较好的尺寸和精度）作为阴极置于镀槽中，再把想要电铸的金属作为阳极置于镀槽中，然后通入直流电，此时阳极的金属板即会逐渐变为金属离子进入电解液中，并向作为阴极的母模上沉积，通电一段时间后，在母模上会沉积适当厚度的金属层，就是所谓的电铸层。根据电铸材料的不同，电铸有电铸铁、电铸铜和电铸镍三种。其中，电铸铁在注塑模中应用较少，电铸镍用得最多，这是因为电铸镍有较高的机械强度和硬度，表面粗糙度小，但它电铸时间长，成本高。电铸铜加工速度快，成本低，但机械强度较低，耐磨性也不如镍。

电铸成型是有别于通常机械切削成型的一种成型方法，其主要特点如下：

（1）电铸件与母模的形状吻合程度很高，只要母模制造精确，电铸件的精度就能满足要求，其表面粗糙度 Ra 可达到 $0.1\mu m$。

（2）电铸成型采用沉积法成型，不管多么复杂的形状，采用电铸成型均能很好的复制，还可以成型出机械加工难以成型、甚至无法成型的腔型。

（3）电铸镍有很好的机械强度，不用热处理即可投入使用。

（4）母模的制作较为简单，原材料也不限于金属材料，将非金属材料经过某种处理后也可以用作电铸成型母模的制作，甚至制品零件也可直接作为母模。

三、数控加工技术

随着时代的发展，传统机械加工技术难以满足高新模具制造的要求而被淘汰，数控加工技术成为了机械制造中的新兴力量。我国逐渐步入技术化机械时代，加工人员通过不断地探索和科学运用数控加工技术，不仅能够将传统的加工技术进行改善，而且提高了机械模具的精准度、质量和生产效率。

数控是数字控制（numerical control，NC）技术的简称，是以数字化信息对机床运动及加工过程进行控制的一种自动控制技术。数控加工技术主要包含硬件与软件两个部分，软件是依据互联网技术的计算机系统和程序编码，硬件是数控机床和其他搭配设施。数控机床是数控加工技术的基石，区别于传统形式的机床。对于数控机床而言，其被加工零件的加工工艺过程和几何参数用数控代码（即数控程序）以数字信息的形式输入数控装置，数控装置发出指令驱动伺服机构（步进电动机）控制机床的动作和各种操作（如决定主轴转速、装夹工件、进退刀具、移动工作台、开车、停车、更换刀具、供给冷却液等）。即数控机床在程序参数输入后可自行工作，能节省部分人力资源，且精确性更高。

数控加工的一个显著特点就是连续地控制切削过程，即同时对多个坐标方向的运动进行不间断地控制，为了使刀具沿工件型面的运动轨迹呈符合要求的直线、曲线或曲面，必须将各坐标方向的位移量与位移速度按规定的比例关系精确地协调起来，这就是所谓的多坐标联动加工。按联动控制的坐标轴数分类，常见的有二轴联动、二轴半联动、三轴联动、四轴联动和五轴联动。

数控加工在模具制造中的优势，主要包括以下几个方面：

（1）模具生产率高，质量好。与传统加工技术相比，数控加工技术不仅降低了模具的生产时间，而且可显著改善模具质量和寿命。此外，在此技术的应用过程中，加工人员可以不断地进行完善与整合，大大提高模具的精准度和技术人员的工作效率。

（2）促进模具的自动化生产。加工人员运用数控技术能够对模具制造进行有效的控制，并且相关数字化系统可以产生自动化的效果。加工技术是由技术人员提前设置，此技术能够有效地避免人员操作失误，减少模具不合格率、降低模具和人员成本。

（3）高效提升模具精准度。传统加工技术会受到外界因素和人为因素影响，致使模具的质量不过关，而数字加工技术却不受这些因素的影响。现代高精度数控加工技术，可直接精确地加工出设计中要求的曲线或曲面，使模具质量大幅度提高，有的模具型腔通过数控加工、高速数控铣床或数控电火花机床加工后，只需稍加修整（抛光或不抛光）即可投入使用。

（4）具有真正的柔性。计算机软件控制的计算机数控系统（computer numerical control），即CNC系统，采用计算机软件来完成基本数控功能，对各类控制信息进行处理，具有真正的柔性，即当加工的工件改变时只需改变加工程序（软件），无需改造机床硬件系统，而且可以处理逻辑电路难以处理的各种复杂信息。

四、模具的高速加工技术

高速加工也称高速切削（high speed cutting，HSC或者high speed machining，HSM），起源于20世纪30年代，日渐成熟并发展于21世纪，已成为国际制造业的重大高新技术之一。目前，高速加工技术已经应用于航空航天、精密加工和模具制造等领域。

高速切削加工是指比常规切削速度和加工效率高出很多的切削加工技术。它基于高速切削理论，认为对于每一种零件材料，在常规的加工速度范围内，切削温度随着切削速度的增加而升高，如果切削速度远远超过常规切削速度时，切削温度反而会降低。高速加工不仅仅是提高切削速度的问题，而且涉及高速加工机床是否具备高速加工的能力，切削刀具及夹具能否满足高速加工的性能要求，以及数控系统的运算能力和编程人员高超的编程水平等。

高速切削技术具有加工效率高、加工精度高、零件表面质量好、可加工超薄件、干切削加工、加工成本低等诸多优点，在工业发达国家得到广泛的应用。高速切削技术在模具制造方面除了应用于高硬度材料模具型腔的直接加工外，在电火花加工（EDM）、快速样件制作和模具快速修复等方面也得到了大量应用。采用高速切削加工制备的模具具备以下特点：

（1）模具制造周期短。外形别致、线条流畅的模具型腔通常在数控铣床或加工中心上加工。由于这些铣削加工会留下刀纹，影响产品美观，因此，加工后的模腔要花费很多时间进行手工抛光处理。采用高速加工方法，铣刀高转速，快进给，粗、精加工可一次完成。机床具有快速空行程和快速换刀的特点，使模具的加工时间减少，模具的制造周期可缩短40%左右。

（2）在淬硬钢切削方面具有优势。采用高速加工技术，不仅使得快速铣削和快速车削各种淬硬钢成为现实，而且能高速切削硬度在60HRC左右的淬硬材料，并可获得表面粗糙度低于 Ra 0.6μm 的高质量零件。用高速加工技术来铣削或车削淬硬钢，有时可替代磨削加工，从而使加工效率提高 3~4 倍，而加工的能量消耗仅是普通磨削加工的1/5。

（3）选择合适刀具十分重要。用于高速加工切削淬硬钢的刀具必须具备硬度高、热硬度好、耐磨损的条件。刀具不能使用高速钢和普通硬质合金，要选择超微粒、极超微粒的硬质合金刀具、陶瓷刀具以及涂层硬质合金刀具。

（4）高速加工数控编程。高速加工数控编程应当使用 CAD/CAM/CAE 软件，如 Power-Mill、Cimatron 和 UG 等软件。这些编程软件都有较好的防过切能力。但是编程技术的高低会直接影响到切削效果和工作效率，编程技巧十分重要。编程人员应熟悉机床的加工特性、精通编程软件，编出高效安全的高速加工程序。

五、快速模具制造技术

1. 快速成型技术

快速成型技术（rapid prototyping，RP）是 20 世纪 80 年代末期产生，在 20 世纪 90 年代迅速发展起来的一种先进制造技术。快速成型技术将计算机辅助设计（CAD）、计算机辅助制造（CAM）、计算机数字控制（CNC）、激光技术、精密伺服驱动技术及新材料技术融为一体，属于"增材制造"。与传统制造方法不同，快速成型技术从零件的 CAD 几何模型出发，通过软件分层离散和数控成型系统，用激光束或其他方法使材料堆积形成实体零件。由于它把复杂的三维制造转化为一系列二维制造的叠加，因而可以在不用模具和工具的条件下生成任意复杂的零部件，极大地提高了生产率和制造柔性。根据成型原理和系统特点以及所用成型材料的不同，快速成型技术可分为三维喷墨打印、FDM 熔融层积成型技术、SLA 立体平版印刷技术、SLM 选区激光熔融、SLS 选区激光烧结技术和 DLP 激光成型技术等多种类型。尽管快速成型有多种技术类型，但它们的基本原理均为分层制造、逐层叠加，就像一台"立体打印机"，因此，可把快速成型技术形象地称为"3D 打印"技术。

快速成型加工又称为层加工（layered manufacturing），其加工过程是首先生成一个产品的三维 CAD 实体模型或曲面模型文件，并将其转换成 STL 文件格式，再用软件从 STL 文件中"切"出设定厚度的一系列的片层，或者直接从 CAD 文件切出一系列的片层，把这些片层按次序累积起来即是所设计零件的形状。将上述每一片层的资料传到快速自动成型机中，类似于计算机向打印机传递打印信息，用材料添加法依次将每一层做出来并同时连接各层，直到完成整个零件。因此，快速成型技术可被定义为一种利用计算机中储存的任意三维形体信息通过材料逐层添加法将三维实体直接制造出来，而不需要特殊的模具、工具或人工干涉的新型制造技术。美国、日本及欧洲发达国家已将快速成型技术应用于航空航天、汽车、通信、医学、电子、玩具、军事装备、工业造型（雕刻）、建筑模型、机械行业等领域。

快速成型技术将计算机上可见的设计图形，迅速、准确地变成产品原型或直接制造零件，对缩短产品开发周期、减少开发费用、提高市场竞争能力具有重要的现实意义。与传统方法相比，快速成型技术具有独特的优越性和特点。

（1）产品制造过程几乎与零件的复杂性无关，可实现自由制造，传统方法无法比拟。

（2）产品单价几乎与批量无关，特别适合于新产品的开发和单件小批量零件的生产。

（3）由于采用非接触加工的方式，不存在工具更换和磨损的问题，加工时可做到无人值守，无须机加工方面的专门知识也可操作。

（4）无切割、噪声和振动等，有利于环保。

（5）整个生产过程数字化，直接关联 CAD 模型，零件可大可小，可随时修改和制造。

（6）与传统方法结合，可实现快速铸造、快速模具制造、小批量零件生产等功能。

（7）具有高度柔性，若要生产不同形状的零件模型，只需改变 CAD 模型，重新调整和设置参数即可。

（8）制造周期短、费用低。其制造周期为传统数控切削方法的 $1/3 \sim 1/2$，而成本仅为其 $1/5 \sim 1/3$。

2. 快速制模技术

快速制模技术（rapid tooling，RT）是为适应快速更新产品、增强竞争能力、降低成本而迅速发展起来的一种制模手段。它将传统的制模方法（如数控加工、铸造、金属喷涂等）与 RP 技术相结合直接或间接制造模具，使得模具制造周期短、成本低、质量好、综合经济效益好，并且在模具的精度和寿命方面能满足生产使用要求的模具制造技术。快速模具制造工艺的特点在于将快速成型技术与传统制模技术相结合，互相补充，使模具的设计和制造周期缩短。从模具的概念设计到出模，快速制模的所需时间和成本分别是传统模具加工方法 $10\% \sim 30\%$ 和 $20\% \sim 35\%$，对复杂零部件节省的时间更多。

利用 RT 技术生产模具有两种方法，即直接法和间接法。

（1）直接法。直接快速模具制造指的是利用不同类型的快速原型技术直接制造出模具本身，然后进行一些必要的后处理和机加工以获得模具所需的机械性能、尺寸精度和表面粗糙度。目前能够用于直接快速模具制造技术的快速原型工艺包括激光选区烧结（SLS）、三维印刷（3DP）、形状沉积制造（SDM）和三维焊接（3D Welding）等。直接快速模具制造环节简单，能够比较充分地发挥快速原型技术的优势，特别是与计算机技术密切结合，快速完成模具制造，对于需要复杂形状的内流道冷却的注塑模具，直接法有着其他办法不能代替的独特优势。直接法采用 LOM 方法直接生成的模具，可以经受 200℃ 的高温，可以作为低熔点合金的模具或蜡模的成型模具，还可以代替砂型铸造用的木模。

（2）间接法。如果零件的批量小或用于产品的试生产，则可以用非钢铁材料生产成本相对较低的简易模具，这类模具一般用 RP 技术制作零件原型，然后根据该原型翻制成硅橡胶模、金属模、树脂模或石膏模，也可对零件原型进行表面处理，用金属喷镀法或物理蒸发沉积法镀上一层熔点较低的合金来制作模具。

尽管直接快速模具制造具有独特的优点，但是，它在模具精度和性能控制方面比较困难。而间接快速模具制造，通过快速原型技术与传统的模具翻制技术相结合制造模具，由于成熟翻制技术的多样性，可以根据不同的应用要求，选择不同复杂程度和成型工艺，一方面可以比较好地控制模具精度、表面质量、机械性能与使用寿命，另一方面也可以满足经济性要求。因此，目前工业界多数使用间接快速模具制造技术。这类技术可用于生产喷涂模具、中低熔点合金模具、表面沉积模具、电铸模、铝颗粒增强环氧树脂模具、硅胶模以及快速精密铸造模具等。

六、其他模具加工新技术

除了以上常用模具加工技术外，还有其他一些新技术，如逆向工程技术、并行加工技术、平行加工技术、五轴枪钻加工技术等，这些技术都广泛地运用在模具设计开发、加工过程中。

1. 逆向工程技术

逆向工程即先对制件进行扫描生成多种格式的 CAD 数据文件，然后在 CAD/CAE/CAM 软件中进行改型设计，这种技术是现代模具制造中的一种新兴技术。美国雷姆尔公司专门为模具开发生产制造的扫描系统，能够成功地应用于模具制造的逆向工程中，不但可以提高数控机床的性能和效率，还可以增加数控机床的功能。雷姆尔公司的高速扫描机产品已被国内多家知名企业在生产中使用。

2. 并行加工技术

并行加工技术是指模具的型芯和型腔合并成一个零件在多任务机床上被并行加工。这个观念由 Mazak 公司的 e 系列 Integrex 加工中心在 IMTS2004 展会上进行演示。型芯和型腔零件在工件合并成一体时，使用具有柔性的倾斜铣削主轴（B 轴）和反向的车削主轴（C 轴），长方形工件的四个侧面和背面上的冷却孔由铣削完成。通过车削主轴的旋转和铣削主轴倾斜的协调，优化刀具的定向可以改善刀具表面粗糙度并提高刀具寿命。与传统加工相比，这个方法极大地缩减了装夹次数和工序。在分离前，模具的两个部分之间都保持很好的定位，因此加工精度高。

3. 平行加工技术

大型模具零件被分割后在较小的加工中心上加工。加工后的部件再装配成一个完整的型芯或型腔。在某些情况下，部件被设计成镶嵌件以装配到模架上的型腔里。在分割一个大型模具零件之后，每个部件可能在较小的加工中心上加工，而不需要放到具有大工作台的大型立式机床上加工。虽然也可应用较小的立式机床，但在较小的卧式加工中心中加工更加理想，因为它具有排屑和生产能力方面的优势。

4. 五轴枪钻加工技术

钻削具有复合角水管线路的能力，有望提高大型模具的冷却性能。用于汽车保险杠、汽车仪表板和其他塑料件的模具可以依靠快速而有效的冷却技术来缩短生产周期。

当前，我国的模具制造业方兴未艾，涌现出的各种模具制造新技术也如百花齐放，又可以很好地互相衔接，分别在模具制造的各个环节大显身手。随着科技的不断发展和市场需求，还会出现更多、更先进的新技术，并将在模具的制造过程中得到应用。模具技术的发展趋势主要是模具产品向着更大型化、更精密、更复杂、更人性和科学化及更经济的方向发展，模具产品的技术含量也在不断地提高，为更多的制造业服务。

思考题

1. 模具材料一般可分为哪几类？
2. 简述我国模具材料的发展概况。
3. 简述数控加工技术在模具制造方面的优势。
4. 快速成型技术的特点有哪些？

参考文献

[1] 高为国. 模具材料 [M]. 2 版. 北京：机械工业出版社，2017.

[2] 赵德勇. 浅析模具先进制造技术进展 [J]. 科学之友，2013，2 (12)：36-38.

[3] 龚世海. 注塑模具先进制造技术发展趋势综述 [J]. 现代制造技术与装备，2019 (9)：208-209.

[4] 李晓波. 模具制造新技术应用前景 [J]. 金属加工 (冷加工)，2020 (6)：13-15.

[5] 金涛. 微探数控加工技术在机械模具制造中的应用 [J]. 中国设备工程，2020 (19)：164-166.

[6] 徐小娟. 数控加工技术在机械模具制造中的应用分析 [J]. 中国设备工程，2021 (3)：194-195.

[7] 黄云. 高速加工技术在模具制造中的应用 [J]. 模具制造，2020 (9)：64-66.

[8] 张昌明. 基于 RP 的快速模具制造技术研究 [D]. 太原：太原理工大学，2006.

[9] Upadhyay M. Sivarupan T，Mansori M EL. 3D printing for rapid sand casting-A review. Journal of manufacturing processes [J]. 2017，29：211-220.

[10] 李佳等. 一种基于增材制造技术的铸造模具制造方法 [J]. 南方农机，2020，51 (1)：25-26.

[11] 张国艳. 模具制造新技术 [M]. 北京：机械工业出版社，2015.

[12] 韩礼华，施义. 快速树脂模具新技术在国内外铸造业的应用 [J]. 铸造技术，2003 (5)：370-371.

[13] 黄虹. 塑料成型加工与模具 [M]. 2 版. 北京：化学工业出版社，2008.

[14] 李集仁，翟建军. 模具设计与制造 [M]. 2 版. 西安：西安电子科技大学出版社，2010.

[15] 申开智. 塑料成型模具 [M]. 3 版. 北京：中国轻工业出版社，2013.

[16] 屈华昌，吴梦陵. 塑料成型工艺与模具设计 [M]. 4 版. 北京：高等教育出版社，2018.

[17] 梁基照. 聚合物材料加工流变学 [M]. 北京：国防工业出版社，2008.

[18] 朱光力，万金保. 塑料模具设计 [M]. 北京：清华大学出版社，2002.

[19] 张维合. 注塑模具设计实用手册 [M]. 北京：化学工业出版社，2011.

[20] 张国志. 材料成形模具设计 [M]. 浓阳：东北大学出版社，2006.

[21] 牟球，冷冲压工艺及模具设计数程 [M]. 北京：清华大学出版社，2005.

[22] 陈剑鹤. 冷冲压模具设计图册 [M]. 北京：清华大学出版社，2007.

[23] 骆相生. 金属压铸工艺与模具设计 [M]. 北京：清华大学出版社，2006.

[24] 邢建东. 材料成形技术基础 [M]. 北京：机械工业出版社，2007.

[25] 薛啟翔. 冲压模具设计结构图册 [M]. 北京：化学工业出版社，2005.

[26] 杨裕园. 压铸工艺与模具设计 [M]. 北京：机械工业出版社，2004.

[27] 曾斌. 模具设计与制造基础 [M]. 北京：电子工业出版社，2008.

[28] 中国机械工程学会，中国模具工业协会，中国模具工程大典编委会. 中国模具工程大典 [M]. 北京：电子工业出版社，2007.